ETHER ET ESPACE

2ème édition revue et corrigée

Bernard PIETTE

ETHER et ESPACE

Du même auteur :

- *Multicoupleurs et Filtres VHF/UHF*
  Hermes, 2007

- *VHF/UHF Filters and Multicouplers*
  ISTE-Wiley, 2010

- *L'Univers de Maxwell*
  Lulu, 2012

- *La Physique de Descartes*
  Lulu, 2014

à René-Louis Vallée, avec ma
reconnaissance et mon admiration

Ce livre est la version politiquement correcte de
« l'Univers de Maxwell ».

Recommandation

Il y a dans cet ouvrage, à l'usage de ceux qui veulent vérifier les développements théoriques et les calculs attachés aux thèses défendues, des passages qui demandent un certain niveau en mathématiques et qui seront sans intérêt pour les autres lecteurs. Ils ne sont pas indispensables à la compréhension du texte, qui est le plus important, et les non-spécialistes sont invités à sauter les paragraphes en question.

SOMMAIRE

Avertissement...9

Introduction...11

Chapitre 1 : L'éther (1)

1-1 : Observation et analogies.....................................21
1-2 : Descartes et l'éther...24
1-3 : Christian, Isaac, Gilles, Augustin et les autres.........33
1-4 : De Descartes à Maxwell.....................................41
1-5 : L'éther de Maxwell...45
1-6 : L'éther de Clémence Royer.................................56
1-7 : L'éther de Tommasina..61
1-8 : L'éther de Gustave le Bon...................................69
1-9 : L'éther de Lakhovsky...77
1-10 : Conclusion du 1er chapitre.............................83

Chapitre 2 : L'affaire Vallée

2-1 : L'homme et son parcours....................................93
2-2 : La découverte...97
2-3 : La brouille...101
2-4 : L'exil et la résistance..104
2-5 : La Synergétique et les médias............................114
2-6 : La Théorie...135
2-7 : Le photon de Vallée..144
2-8 : Critique de la théorie..150
2-9 : Conclusion du 2ème chapitre............................154

Chapitre 3 : L'éther (2)

3-1 : La physique rationnelle..159
3-2 : La théorie cinétique des gaz revisitée........................166
3-3 : Le premier moteur..174
3-4 : Cosmologie 185
3-5 : La pesanteur...189
3-6 : Le système solaire... 199
3-7 : Les lois de Kepler revisitées................................217
3-8 : La masse..226
3-9 : Conclusion du 3ème chapitre.....................233

Chapitre 4 : Les mythes de la science moderne

4-1 : les génies..237
4-2 : La théorie de la Relativité.................................247
4-3 : Le Big Bang..263
4-4 : Les forces d'attraction....................................270
4-5 : La vitesse de la lumière...................................281
4-6 : L'atome et la physique quantique...........................297
4-7 : Conclusion du 4ème chapitre....................309

Chapitre 5 : L'éther (3)

5-1 : Impressions et réalité.....................................313
5-2 : Matière et vide..327
5-3 : La nouvelle donne..337
5-4 : Masse volumique de l'éther.................................344
5-5 : La force musculaire..358
5-6 : L'électricité..372
5-7 : Conclusion du 5ème chapitre...................384

Conclusion provisoire

Conclusion provisoire...395

Bibliographie

Bibliographie...409

Appendice..413

Avertissement

A partir d'un certain niveau la physique théorique, celle qui est officiellement enseignée, est devenue indéchiffrable pour les gens normaux, et le fait d'y utiliser les mathématiques comme vecteur incontournable y est pour l'essentiel. On trouvera dans ce livre une autre physique, appelée par l'auteur physique rationnelle, qui n'existe pas encore officiellement mais qui ne pourra que l'être un jour tant ses perspectives sont grandes. Son nom ne signifie d'ailleurs pas qu'elle soit plus rationnelle que l'autre, mais simplement qu'elle est basée avant tout sur le raisonnement, et non pas sur la modélisation systématique et le jeu des mathématiques, ainsi que l'avaient conçue Pierre Duhem et Henri Poincaré, et plus précisément ainsi définie par le premier dans son ouvrage « la Théorie Physique ».

Néanmoins, si l'excès de mathématiques est nuisible à la physique, on ne peut nier leur caractère indispensable et on en trouvera, parfois même d'un niveau relativement conséquent, dans les pages qui suivent. Ceci est pour contenter, dans un esprit de rigueur, ceux qui accordent une importance vitale à la démonstration et à qui une simple explication ne suffit pas, mais le lecteur moyen pourra aisément passer au-dessus des calculs et ne considérer que leurs résultats, le texte proprement dit étant le plus important.

Ceci étant précisé, la théorie exposée dans ce livre est, il faut le dire dès le début, incroyable. En effet tous nos sens, et en particulier la vue, sont d'une telle intensité qu'ils nous présentent les choses d'une manière à priori indiscutable. Or il ne faut pas oublier que l'évidence est un sentiment personnel et momentané, tant il est vrai que ce qui est évident pour quelqu'un peut ne pas l'être pour quelqu'un d'autre, et que ce qui est évident pour soi-même à un instant donné peut ne plus l'être du tout quelque temps plus tard. C'est pourquoi un physicien devrait bannir le mot « évidence » de son vocabulaire et, contrairement à Saint-Thomas d'Aquin, ne jamais croire à ce qu'il voit. En conséquence de cela, la suite sera pleine de surprises.

D'autre part, on trouvera dans le cours de l'ouvrage une critique argumentée des dogmes de la physique officielle, en premier lieu de la Théorie de la Relativité d'Einstein, que l'on traîne comme un boulet depuis maintenant plus d'un siècle. On y trouvera également relatée la destruction d'une magnifique théorie concurrente due au professeur René-Louis Vallée, mais que l'Establishment a refusée et s'est même acharné à détruire, elle et son auteur. Elle s'appelait « Théorie Synergétique » et a encore de nombreux supporters, réduits au silence par le Système.

Tous ceux qui ne comprennent rien à la Relativité et ne croient, ni au neutrino, ni au Big Bang, retrouveront ici toutes les raisons de continuer à douter et de garder confiance en leurs capacités intellectuelles.

Introduction

« Il importe que le plus grand nombre ait la possibilité de connaître avec clarté et précision les forces directrices et les conquêtes de la science. Il serait déplorable que seul un cercle étroit de spécialistes s'approprie ces conquêtes pour les perfectionner et les appliquer dans un domaine concret. Si le cercle des gens qui ont accès à la connaissance devait se rétrécir à un petit groupe d'initiés, cela signifierait le dépérissement de l'esprit philosophique dans le peuple et l'avènement de l'indigence spirituelle. »

On ne pourrait que souscrire à ce message généreux, altruiste et universel dans son esprit, à ceci près que l'emploi du conditionnel est inadéquat : le pire est effectivement arrivé. La science est bel et bien aux mains d'un cercle restreint d'individus, qu'on le souhaite ou non. Le langage ésotérique de la physique théorique l'a depuis longtemps rendue incompréhensible au grand public, et l'indigence intellectuelle a pris possession de l'espace public, au même titre et avec la même densité que le téléphone portable. On devine pourtant, derrière son message de mise en garde, la conscience troublée d'un homme de science inquiet et désabusé, peut-être dépassé par des événements imprévus pour lesquels il s'est rendu compte que sa responsabilité était finalement engagée, contre son gré et malgré ses avertissements.

Les réflexions crépusculaires d'Albert Einstein, car c'est bien sûr de lui qu'il s'agit, nous démontrent une fois de plus que les plus réputés des grands cerveaux de l'espèce humaine, s'ils sont doués pour prévoir les catastrophes, dont ils sont d'ailleurs parfois responsables, sont le plus souvent dans l'incapacité d'y faire barrière. Pourtant, des voix se sont toujours élevées pour mettre en garde contre une utilisation irréfléchie de nos découvertes, et Einstein n'était ni le premier, ni le dernier. Trois siècles plus tôt, le docteur Rabelais avait, comme tant d'autres, la prémonition d'une catastrophe à venir : « science sans conscience n'est que ruine de l'âme », faisait-il dire à Pantagruel. La citation est bien connue, mais a-t-elle encore un sens aujourd'hui ? Bien que les problèmes écologiques actuels, qui menacent d'une manière de plus en plus évidente notre avenir, voire notre survie sur notre planète, commencent peut-être à donner lieu à une prise de conscience générale, ce thème de l'irresponsabilité collective mérite peut-être d'être quelque peu approfondi, et il n'est sans doute pas inutile de faire un petit retour en arrière, dans un passé proche, pour essayer de comprendre pourquoi et par quel cheminement nous sommes arrivés là où nous sommes.

A la fin du 19ème siècle et au début du 20ème, c'était le triomphe de la mécanique. Pas de la mécanique théorique, celle qui appartient aux mathématiciens, mais plutôt de la mécanique pratique, industrielle, celle des constructions, des moteurs, des moyens de locomotion. En une cinquantaine d'années à peine, tout fut inventé : l'automobile, l'avion, les buildings, les ponts métalliques, le moteur à explosion, les pneumatiques, les trains... Dans le même temps et sous l'impulsion de Gramme, l'électromécanique s'invita à la fête, permettant la fabrication de l'électricité à partir de la vapeur ainsi que, et surtout, sa distribution à distance. Entre 1875 et 1905 on a franchi un siècle, dans les deux sens de l'expression : non seulement on est passé du 19e au 20e, mais en trente ans nous avons été transportés, nous occidentaux, de l'âge de pierre à l'âge de bronze, ou si l'on préfère, de la traction animale à la traction électrique, du chariot à bœufs à l'avion. Trente ans, ce n'est rien. Si on veut faire une comparaison avec l'époque actuelle, c'est bien moins que le temps déjà écoulé, par exemple, en ce début du vingt-et-unième siècle, depuis la première fois que l'on nous a promis la fusion contrôlée, cette farce gigantesque qui est de toute évidence l'un des plus grands fiascos technologiques des temps modernes. C'est pour l'instant, après le Big Bang, la plus grande arnaque scientifique de notre époque, une mystification du même ordre de grandeur que les avions renifleurs de Giscard-d'Estaing. Pour ceux qui ne se rappellent pas ou qui étaient trop jeunes dans les années 80, il s'agissait, à l'aide d'un émetteur-récepteur hyperfréquence placé dans le nez d'un avion, de repérer des champs pétrolifères. On en rit encore.

Cet avènement triomphal de la mécanique était, dans ces temps-là, largement partagé, suivi et soutenu par un grand public enthousiaste, gavé de découvertes, se préparant à chaque instant à l'annonce d'une nouvelle révolution technologique pour le lendemain, se pressant aux expositions universelles où la France avait encore une position de leader. On croyait en l'avenir, les choses évoluaient vite, et la science tenait parfaitement son rôle éducatif : peu de mathématiques, beaucoup d'images, des revues scientifiques non seulement mensuelles, mais pour beaucoup hebdomadaires. On n'avait pratiquement aucun autre effort à faire, pour rester au contact des découvreurs, que d'acheter régulièrement une des nombreuses publications mises à disposition comme La Science pour Tous, Sciences et Voyages, La Revue Rose, La Technique Moderne, Le Monde et la Science, Cosmos, Science et Monde, Omnia, La Vie Scientifique, La Science Illustrée de Figuier, et particulièrement La Nature, de Gaston Tissandier, revue hebdomadaire pour laquelle il était tout à fait naturel, à l'époque, d'inclure dans ses colonnes, à l'attention d'un large public, tous les comptes-rendus résumés de l'Académie des Sciences. Imagine-t-on, aujourd'hui, une publication scientifique qui soit hebdomadaire et qui de surcroît nous tiendrait au courant de ce qui se passe à l'Académie des Sciences ? Il est bon de saluer, à ce propos, la remarquable initiative du Conservatoire National des Arts et Métiers, qui met aujourd'hui les archives de cette revue à la disposition de tous, sur Internet, à partir du premier numéro de 1873 : c'est une mine de renseignements que chacun d'entre nous a la possibilité d'explorer facilement en se rendant sur le site CNUM-CNAM, et qui a été abondamment utilisée pour en extraire certains jalons de ce livre. C'est aussi une plongée nostalgique dans le monde de nos arrière-grands-parents, que l'on feuillette souvent avec amusement, mais qui nous en apprend beaucoup sur l'évolution des technologies et des courants de pensée, en nous rappelant des repères oubliés tout en nous réservant bien des surprises quant à l'ampleur supposée du chemin parcouru depuis, dans le domaine de la connaissance.

Qu'en est-il aujourd'hui de la fièvre de savoir du début du 19ème siècle ? En fait il est probable, et il faut l'espérer, qu'elle existe toujours, mais avec moins de fougue et les périodiques scientifiques, qui sont maintenant mensuels au lieu d'être hebdomadaires, n'arrivent plus à intéresser autant. La disparition des hebdomadaires est d'ailleurs le signe irréfutable qu'il y a moins à écrire à notre époque qu'il y a une centaine d'années, pour les trois raisons qui ont déjà été évoquées : le rythme des inventions s'est ralenti, leur nature a beaucoup changé et leur approche se fait avec un langage qui n'est plus celui de tout le monde. A qui s'adresse un mensuel comme La Recherche, qui est en France la référence de haut niveau des revues scientifiques? Aux chercheurs, aux étudiants déjà capés, disons à un public averti, mais sûrement pas à n'importe qui, disons au quidam. Même les revues plus populaires, comme Science et Vie, qui date de 1913, ou Science et Avenir, le dernier avatar de La Nature, malgré des efforts de pédagogie louables, ont du mal à passionner le lecteur moyen en quête de nouveautés. Bien sûr, il reste les évolutions technologiques, mais ce n'est pas la même chose : ce n'est plus tout à fait de la science, c'est déjà mettre un pied dans le commerce.

La mécanique, par rapport aux autres branches de la science, possède quelque chose de particulier : c'est que, d'une certaine manière, elle fait partie de nous. Depuis que l'homme existe en tant qu'espèce dominante et malgré ce statut auto-décerné, il est tellement lié à la nature qu'il est évident que celle-ci lui a transmis au cours des siècles, sans qu'il ne s'en rende toujours bien compte, les bases de sa pensée abstraite, mathématique dira-t-on, avec laquelle il a pris l'habitude de se représenter la réalité en la modélisant: le lac tranquille, par exemple, est devenu dans notre esprit le plan horizontal. De même la trajectoire de la goutte d'eau qui tombe du bord de la caverne, ou de la gouttière du pavillon de banlieue selon l'époque, c'est la verticale. Le rapprochement et la comparaison des deux induisent la perpendicularité, la pierre que l'on lance imprime dans notre cerveau la trajectoire parabolique bien avant qu'on l'ait mise en équation, etc... Voilà pourquoi la mécanique s'assimile sans gros effort : elle est en quelque sorte passée dans nos gènes, elle constitue une partie de notre inné. N'importe quel banlieusard anonyme est en fait un géomètre qui s'ignore, mais le fait qu'il s'ignore, c'est-à-dire qu'il n'ait pas conscience de cet héritage fabuleux qu'il porte en lui, qui lui vient des générations passées et dont il ne sait pas se servir parce qu'on ne lui apprend pas à le faire, est tout compte fait dramatique. Il est surtout dramatique par les conséquences qu'il a sur le niveau moyen de l'individu du même nom, c'est-à-dire nous tous. Ceci est probablement dû à notre système éducatif, si imparfait et toujours en retard sur son époque, ce qui constitue pour nous, de ce fait, un problème récurrent qui nous échappe totalement, ainsi qu'une des causes probables de notre comportement grégaire, parfois totalement irrationnel.

Pour ce qui concerne les sciences modernes, disons depuis le deuxième quart du vingtième siècle, et par comparaison avec la mécanique, c'est une autre affaire. L'électronique, l'atomistique, la théorie des quanta, la relativité, demandent pour être abordées une base mathématique adaptée, autant dire de haut niveau, que seule une minorité possède aujourd'hui. Et cette vision des choses nous transporte d'emblée au cœur de l'un des problèmes majeurs de notre système éducatif, qui est celui du rôle, qu'on a voulu prépondérant, des mathématiques, et qui se révèle en fait excessif et trop systématique. L'ancien ministre Jack Lang avait dit un jour, alors qu'il était dans l'exercice de sa fonction : « ...il faut en finir avec la dictature des mathématiques... ». Belle phrase, beau projet auquel on a forcément envie d'adhérer, belle résolution de principe, mais pas plus d'efficacité qu'Albert Einstein quand il nous mettait en garde contre le sectarisme scientifique. Pourtant Jack Lang avait raison : les mathématiques ont vraiment pris le pouvoir dans l'enseignement, elles se sont installées partout, y compris dans les sciences non exactes mais qu'elles voudraient rendre exactes, comme l'économie ou la sociologie pour ne citer que ces deux-là. De plus, et surtout, on en a fait le test d'intelligence par excellence, le premier critère de sélection qui va déterminer les bons élèves, les grosses têtes comme on dit souvent, qui auront comme récompense de leur « don » et de leur travail acharné l'accès à ces grandes écoles auxquelles nous tenons tant, pour aboutir à des postes de responsabilité où ils vont faire la preuve que, finalement, malgré leurs études brillantes, ils ne sont ni meilleurs ni plus intelligents que les autres.

Autre constatation de la vie moderne : nous sommes dans une société entièrement gouvernée par le commerce international, où le monde des affaires contrôle totalement la recherche scientifique, qui n'obtient de crédits que si elle consent à rester encadrée dans des lignes d'action devant obligatoirement se révéler rentables. Les responsables de recherche doivent aujourd'hui se transformer en comptables une bonne partie de leur temps, et veiller constamment à l'équilibre budgétaire de leur activité. Mais surtout, ils doivent apporter la promesse que leurs études déboucheront sur des produits rentables et généreront des activités nouvelles qui rapporteront suffisamment pour que l'on n'ait pas à regretter des investissements consentis dans la douleur et la méfiance.

Cette notion de rentabilité est quelque chose qui ronge la société occidentale de l'intérieur. Montesquieu disait que le commerce international rapprochait les nations mais divisait les individus, il avait certainement déjà raison et nos rapports de plus en plus difficiles avec le tiers-monde et les pays en voie de développement n'en sont que l'une des manifestations. La science, dans ce contexte, se sent aussi mal considérée que le citoyen ordinaire, et on finit par se demander ce qu'elle est devenue dans la conscience collective, dans la mesure où celle-ci existe encore. Contrairement à ce que pensent encore beaucoup d'entre nous, elle n'est pas un sanctuaire de cristal insensible aux péripéties humaines. C'est une activité qui est devenue comme le reste, complètement contrôlée par une société financière où le décideur final est l'argent. La recherche pure n'existe plus, les Laplace et les De Broglie sont morts depuis longtemps et les sponsors préfèrent investir dans le sport professionnel plutôt que dans le savoir.

Un peu comme la chaudière d'une locomotive à vapeur, le cerveau humain est une fournaise qu'il faut alimenter sans relâche si on veut qu'il ne cesse de fonctionner. Ce qui différencie l'homme de l'animal, c'est son désir incoercible de connaître, de percer les secrets de l'univers, de perpétuellement poursuivre une quête dont il ne connaît même pas lui-même le but ultime, et il n'y a qu'une voie d'investigation pour progresser dans l'inconnu : la science, et en premier lieu la physique. Et quand la science hésite, quand elle s'enlise dans le marécage des mathématiques, quand elle ne trouve plus rien, quand elle ne remplit plus son rôle éducatif, tous les dangers qui guettent l'esprit humain ressurgissent soudain de l'ombre. La religion, toutes les religions, sont là, prêtes à offrir le cocon douillet, protecteur et hypnotique des réponses à tout qui ne fatiguent pas l'esprit, qui anesthésient liberté de penser et esprit critique, et réduisent les populations intellectuellement fragiles à l'état de troupeaux à la fois disciplinés et décervelés. Il faut choisir. Il est bien certain que s'attaquer de front aux mystères de l'univers et de la nature demande un certain courage : la découverte pas à pas de notre petitesse vis-à-vis du cosmos, de notre précarité dans un environnement dont on mesure peu à peu la versatilité, de notre impuissance face aux forces naturelles, tout cela ne favorise pas l'optimisme et la sensation de bien-être béat que la foi nous propose par ailleurs. Mais l'émancipation de l'homme, considéré en tant qu'espèce, passe obligatoirement par cette prise de conscience nécessaire, et sa grandeur est de rester debout, de refuser l'ignorance, de rejeter l'assistanat des pensées toutes faites, de toujours chercher à accroître son maigre savoir et de vivre avec dignité, même sachant individuellement, dés le départ de sa vie, qu'il va inévitablement mourir. Quelqu'un a même écrit que c'était là sa grandeur.

Mais sans se laisser aller à ces considérations philosophiques et pour revenir au problème des sciences dans notre vie quotidienne, posons-nous la question : qu'est-ce qui pourrait bien attirer un jeune, de nos jours, vers les études scientifiques ? A 15 ans, les médias lui ont déjà fourni un panorama complet de ce que la société peut lui offrir comme plan de vie, en même temps qu'elle l'a formaté à la société de consommation. Pourquoi se casser la tête à faire des maths jusqu'à 25 ans alors qu'il sait ce qui l'attend dans la vraie vie? Pourquoi poursuivre des études jusqu'à bac plus cinq si les diplômes ne protègent pas du chômage ? Pour avoir une vie comme celle des parents, qui font ce qu'ils peuvent dans un monde sans projet, travaillent comme des bêtes, rentrent tard le soir, conchient à l'instar d'Aragon les employeurs et les politiques dans leur intégralité et, le nécessaire vital étant accompli, se plantent devant la télé pour voir défiler les litanies de l'info en boucle, la météo à la minute, les messages lumineux des politiques, la finesse des sitcoms, tandis que la pub, tiède et gluante, dégouline le long du poste ?

Un jour, la Terre disparaîtra, happée dans le cœur du tourbillon solaire, car on verra plus loin que tout système solaire est tourbillonnaire. Mercure, puis Vénus l'auront précédée dans cette issue fatale, mais peut-être que, pour compenser, une ou plusieurs planètes nouvellement capturées seront dans le même temps apparues au-delà de Pluton. Bien avant cela, l'engloutissement de Mercure dans la fournaise solaire déclenchera un cataclysme tel que toute vie disparaîtra probablement de notre planète, au moins momentanément. Cela se passera dans très longtemps, si longtemps que l'espèce humaine telle que nous la connaissons aujourd'hui aura eu cent fois l'opportunité de se suicider en détruisant son environnement. Ce sera peut-être le prix à payer pour que, de même que Cro-Magnon a remplacé un jour Neandertal, l'Homo Rationnalis prenne la suite d'Homo Sapiens le mal nommé pour assumer convenablement, enfin, sa responsabilité envers sa planète-mère.

Mais la survie de l'homme passera obligatoirement, à un moment donné, par la capacité qu'il aura acquise par ses connaissances scientifiques et technologiques à quitter un endroit devenu invivable pour migrer vers un autre qui sera forcément Mars, dans un premier temps. Cette prédiction, fondée par l'ensemble des arguments proposés dans ce livre, sous-entend qu'il soit possible que nous, ou plus exactement nos lointains ancêtres, ayons déjà fait un voyage similaire de Vénus vers la Terre, donnant ainsi au mythe de l'Arche de Noé une résonance et une échelle inattendues et non-conventionnelles: on ne connaît pas encore parfaitement les avatars cosmiques de la planète dont nous sommes peut-être originaires, mais nous pouvons facilement imaginer que l'état dans lequel se trouve Vénus telle que nous pouvons l'observer aujourd'hui, avec sa température de 400 degrés et son atmosphère de gaz carbonique, soit imputable à un chapitre antérieur de notre saga dans le système solaire et à notre don extraordinaire pour détruire systématiquement nos conditions d'existence, où que nous soyons. Le pire ennemi de l'homme, c'est bien connu, c'est lui-même.

Mais la société de consommation, solidement refermée en boucle sur elle-même, n'a cure de cela, qu'elle ignore. Les financiers, les comptables, les économistes d'un côté, les religieux de l'autre, ont pris le pouvoir et nous imposent leurs discours péremptoires et hypocrites, et ce ne sont pas les quelques soi-disant écologistes aux idées fumeuses qui réveilleront la conscience du monde, et qui surtout lui procureront les moyens d'évoluer.

Pourtant, nous avons tout ce qu'il faut pour progresser et quitter cette voie sans issue. En 1970, un ingénieur du CEA de Fontenay-aux-roses, René-Louis Vallée, présenta à ses collègues puis au public une théorie extraordinairement bien conçue, basée sur une conception électromagnétique moderne et nouvelle de l'éther. Se contentant d'éliminer l'hypothèse de base de la Relativité Restreinte, qui consiste à nier l'existence d'un milieu de propagation des ondes électromagnétiques et à considérer la vitesse de la lumière comme une constante universelle, il montra que celle-ci est au contraire éminemment variable et liée directement au champ de gravitation, dont elle est le reflet et en quelque sorte l'indicateur. Le modèle du photon qui en découle est d'une beauté et d'une fécondité stupéfiantes et rend compatibles, il est le seul à le faire, l'aspect corpusculaire et l'aspect vibratoire de la lumière. Mais surtout, il montre que l'éther est structurellement une source gigantesque et inépuisable d'énergie qu'il est possible de convertir sous forme électrique ou thermique. Il semblerait que certaines expériences conduites par lui sur les Tokamaks (tores de fusion) de Fontenay-aux-Roses lui aient donné raison, et cependant l'homme et sa théorie ont été broyés par l'Establishment nucléaire, qui n'a pas supporté de voir quelqu'un, aussi doué soit-il, remettre en question son programme d'études, et qui surtout, probablement, a du être terrorisé par les implications sociales bouleversantes de sa découverte. Quelques centaines d'ingénieurs et de scientifiques valables ont pourtant étudié la Théorie Synergétique (c'est ainsi que l'inventeur l'a baptisée) et ont pu témoigner de son bien-fondé. Mais ce petit monde de partisans a été méticuleusement mis hors d'état de nuire, tous les documents concernant la découverte ont été détruits ou interdits de publication, et Vallée lui-même fut contraint de démissionner pour finalement s'exiler aux Etats-Unis, où des gens plus compréhensifs lui ont laissé poursuivre ses recherches et où il a été fait membre de l'Académie des Sciences américaine. Il est mort en 2007.

Nous avons tout pour réussir, pour être heureux, pour profiter pleinement de cette oasis spatiale provisoire qu'est la Terre, mais à travers tout ce qui précède, jeté ici en vrac, on comprend mieux pourquoi il y a peu d'espoir, si un déclic indispensable ne se produit pas, d'éviter une catastrophe mondiale qui n'a que peu à voir avec le réchauffement climatique. Nous sommes constamment coincés entre deux ennemis mortels de notre culture que nous avons nous-mêmes engendrés: l'argent, qui détourné de sa fonction vitale originelle corrompt tout, et la religion, toujours à l'état de veille quelque part, quand elle n'est pas au pouvoir, et constamment prête à se redéployer pour le reprendre quand elle l'a perdu. Car c'est bien de cela qu'il s'agit : le pouvoir. Le pouvoir sous toutes ses formes, social ou sociétal quand il s'agit de l'argent, intellectuel ou spirituel quand il s'agit de religion. Au milieu de tout cela, la science, qui devrait être notre principal moteur, est bien malheureuse. Mal fagotée, rongée de l'intérieur, dépassée par la technologie qu'elle a engendrée, elle n'a plus rien qui puisse attirer les jeunes vers des carrières passionnantes. Elle n'a plus d'âme.

Sommes-nous pour autant condamnés à assister, impuissants, à une prolifération humaine incontrôlée et à la dégradation morale et intellectuelle d'une espèce animale qui, bien qu'ayant tous les atouts en main, est en train de détruire stupidement son milieu vital ? A voir les jeunes, éblouis par les chimères de la société de consommation, se détourner des fondamentaux en ne rêvant qu'à un plaisir suicidaire ? A écouter les économistes nous vanter les vertus de la croissance salvatrice, alors qu'une décroissance démographique programmée est la seule voie raisonnable pour, sinon éviter, du moins retarder l'échéance tragique que nous sommes collectivement en train de construire ?

Plutôt que cette image sans avenir, on peut aussi voir l'humanité sous la forme d'un petit être malingre, chétif, battu par les intempéries, les maladies, les calamités, roseau pathétique attaqué de partout par une nature qui l'ignore, mais toujours accroché à son bout de rocher, aigri, vindicatif, hargneux, échevelé livide au milieu des tempêtes, mais aussi intelligent, volontaire, tenace et pointant vers le ciel indifférent un doigt rageur en grommelant, tremblant de colère et d'obstination : « un jour je saurai comment tout cela fonctionne ! ».

En attendant, la route est longue, sinueuse et parsemée d'obstacles, mais il ne faut pas perdre espoir, sinon autant ne pas vivre. Nous devons unir nos intelligences et nos volontés, ou ce qu'il en reste, pour essayer de nous sortir de l'ornière consumériste et en finir le plus vite possible avec cette civilisation absurde, où on a oublié que c'est la physique, et elle seule, qui nous a donné le meilleur de ce que nous possédons, la connaissance du Monde.

Chapitre 1
L'Ether (1)

1-1 : Observation et analogies.

La curiosité est un vilain défaut, dit-on parfois aux enfants indisciplinés. La curiosité scientifique, en revanche, est une qualité reconnue mais finalement assez peu répandue. C'est rarement quelque chose qui s'acquiert au fil du temps, comme la sagesse ou l'expérience, c'est plutôt un inné particulier que possèdent certains individus et d'autres pas, ces derniers étant, semble-t-il à première vue, plus nombreux que les autres. On ne peut pas être un bon physicien si on n'est pas dans la première catégorie, si on n'a pas cette habitude, ce réflexe, cette manie peut-être, de s'arrêter soudainement pour regarder un objet ou un phénomène qui vous intrigue, on ne sait pas toujours pourquoi de prime abord, alors que les autres vont passer sans se poser de question devant ce qui leur paraîtra ordinaire ou sans intérêt. C'est déjà là, peut-être, le premier signe de la vocation scientifique chez les enfants. Quand on regarde le ciel nocturne, par exemple, on peut simplement y voir ce qui est pour tout un chacun un spectacle unique et permanent et en rester au plaisir des yeux, ou bien laisser un cerveau insatisfait commencer à se poser, insidieusement d'abord, puis de plus en plus clairement, les questions toutes simples auxquelles il est si difficile de répondre : combien y-a-t-il d'étoiles, qu'est-ce que l'infini, est-ce qu'il y a eu un début, est-ce qu'il y a des limites à l'univers...? Etc.

Après ces questions sans réponse que posent les tout jeunes et qui embarrassent tant leurs parents, il y en a d'autres plus précises, plus ciblées, qui nous viennent après que l'on ait acquis dans les cours de physique un minimum de connaissances, un minimum d'outils, et que l'on commence à mettre ces nouveaux outils à l'épreuve de la réalité.

En ce qui concerne le ciel astronomique, les vraies interrogations de nature scientifique arrivent habituellement dès que l'on a appris que la lumière met pour parvenir des étoiles les plus éloignées des temps qui se comptent en milliers, en millions et en milliards d'années. C'est un premier choc, ce sont des informations qu'il faut digérer souvent longtemps avant qu'elles prennent un début de signification : l'échelle du temps cosmique n'est pas du tout la nôtre, et c'est au prix d'un effort intellectuel assez volontaire que l'on parvient à passer de l'une à l'autre, puis ensuite à banaliser l'exercice pour parvenir à le maîtriser. Et de fait, réaliser que l'on voit une image du passé quand on regarde les étoiles n'est pas quelque chose que l'on assimile facilement quand on est jeune. Puis, après réflexion, les choses s'enchaînent, se mettent peu à peu en ordre, mais on a beau se plonger dans les livres de cosmographie à la recherche de nouvelles informations, les questions fondamentales restent toujours sans réponse : on a la curieuse impression que plus les astronomes voient loin, plus ils découvrent de nouveaux objets, et plus en fait les points d'interrogation se multiplient.

Depuis que l'astronomie existe, les ouvrages de vulgarisation se sont toujours bien vendus. C'est un cadeau que l'on offre volontiers aux enfants en âge de les apprécier, c'est une attirance instinctive vers un domaine dont on sent plus ou moins confusément qu'il faut s'y intéresser, qu'il y a de ce côté-là une fenêtre donnant sur le grand mystère du monde. On voit très souvent sur les couvertures de ces livres, dont au moins un exemplaire doit figurer dans toute bibliothèque digne de ce nom, des photographies similaires autour de quatre thèmes traditionnels : la lunette ou le télescope, la coupole d'observatoire, le ciel nocturne, et la nébuleuse d'Andromède. C'est cette dernière ainsi que toutes les autres galaxies spirales qui suscitent, par le rapprochement avec d'autres manifestations naturelles présentant le même aspect, l'interrogation basique que tout physicien, professionnel ou amateur, est un jour ou l'autre amené à se poser : cette forme rappelle immanquablement celles d'autres phénomènes dynamiques terrestres, qui sont tous tourbillonnaires et se manifestent dans un fluide. On peut ainsi penser au vent d'automne qui soulève les feuilles mortes ou la poussière pour dévoiler à nos yeux d'aveugles un mouvement vaguement circulaire, invisible autrement, à l'eau couverte de multiples dépôts flottants qui nous révèlent un tourbillon près d'une porte d'écluse, à une trombe au-dessus des plaines du Texas, à un cyclone vu d'un satellite...

Il existe dans cet ordre d'idées une petite expérience très intéressante qu'on peut faire chaque matin et qui ne coûte pas cher, lorsque l'on prépare son thé ou son café dans son bol. On y ajoute généralement un sucre ou deux puis on touille avec sa cuiller et, profitant du mouvement giratoire ainsi provoqué, on verse précautionneusement quelques gouttes de lait bien au centre. C'est alors, à ce moment précis, qu'un miracle se produit : on voit soudain se former une nébuleuse spirale miniature, tout à fait semblable à celles qu'on nous propose en photographie dans les ouvrages d'astronomie. La similitude est telle, la ressemblance est tellement forte, qu'elles déclenchent à chaque fois chez chacun d'entre nous la même réaction, le même petit sourire interrogateur, mi-perplexe mi-inspiré, de celui qui se doute mais qui ne comprend pas vraiment, et pour finir la même question que l'on se pose immanquablement: est-ce seulement une ressemblance, une malice de la nature, ou bien s'agit-il vraiment du même phénomène à deux échelles différentes ? On est d'autant plus tenté de croire à cette dernière hypothèse que l'imagerie télévisée de notre siècle audio-visuel nous donne aujourd'hui, à l'occasion des diffusions répétitives des prévisions météo, des documentaires scientifiques et des reportages sur les événements liés au passage des cyclones, d'autres points de comparaison exceptionnels qui n'existaient pas au siècle dernier et qui ne peuvent manquer d'orienter nos réflexions dans cette direction.

Et nous voici déjà au cœur du sujet : si une galaxie spirale possède la forme caractéristique qu'on lui connaît, c'est-à-dire celle d'un tourbillon, c'est qu'il s'agit réellement d'un tourbillon. Sinon quoi d'autre ? Or un tourbillon est un phénomène physique qui ne peut exister que dans un fluide. On peut donc en déduire qu'une galaxie spirale se trouve dans un milieu fluide en mouvement mais qui cependant nous reste invisible, et dont ses soleils ne seraient en fait que les révélateurs de sa forme. Malheureusement, atteints que nous sommes par le syndrome de Saint-Thomas, nous ne croyons que ce que nous voyons, et nous ne voyons que des myriades d'étoiles suspendues dans le ciel. Dès lors on éprouve les pires difficultés, même si malgré tout on a convenu qu'il s'agit d'un fluide réel, à en définir des caractéristiques physiques qui soient accessibles à notre entendement, ce qui a finalement conduit Einstein à en abandonner l'idée pour se retourner vers la physique théorique en publiant en 1905 la Relativité Restreinte, qui fit de l'éther un cadavre maudit après trois siècles de tentatives aussi vaines que variées pour lui donner un visage, depuis le précurseur René Descartes.

1-2 : Descartes et l'éther.

On ne sait pas très bien si Descartes prenait du thé ou du café, nouveauté qui faisait alors son apparition en Angleterre, mais il n'est pas impossible que ce genre d'observation, que tout le monde peut faire, ait été, pour lui aussi, le déclencheur d'une méditation profonde et le prélude à sa théorie cosmique, un peu comme on imagine que cela s'est passé avec Newton pour la théorie de la gravitation, dont la légende dit qu'elle lui aurait été inspirée par la chute d'une pomme, revue et interprétée par un esprit d'analyse exceptionnel. En fait, Descartes n'avait pas connaissance des nébuleuses spirales, dont la première fut découverte en 1780 par Pierre Méchain, mais une intuition particulière lui avait rendu évidente l'hypothèse que, selon son expression, les cieux étaient « liquides » et que chaque corps céleste se mouvait au centre d'un tourbillon d'éther. Certains prétendent qu'il aurait eu cette inspiration en contemplant les remous d'un torrent, ce qui est à la fois possible et logique, mais également invérifiable. Cela restera une image symbolique de l'histoire des sciences, analogue à celle de Newton et de la pomme qui tombe, ou d'Einstein et de son ascenseur dans le vide.

Si le nom de Descartes se trouve cité en premier lieu, c'est avant tout parce que l'on ne peut pas parler de l'éther sans parler de lui. Non pas parce qu'il aurait été le premier à en avancer l'idée, car on peut toujours trouver, en cherchant bien dans l'histoire des sciences, des antécédents plus ou moins précis sur le problème philosophique du vide dans l'étude de la structure du Monde, mais surtout parce qu'il lui a consacré dans son œuvre une place très importante et un luxe de détails qui en font à la fois un choix particulier et une référence incontestable. Le document de travail sur lequel il est plus spécialement conseillé de porter son attention pour les néophytes qui veulent aborder ce sujet précis est « Principia Philosophiæ » qui, contrairement à ce que pourrait suggérer son titre à un

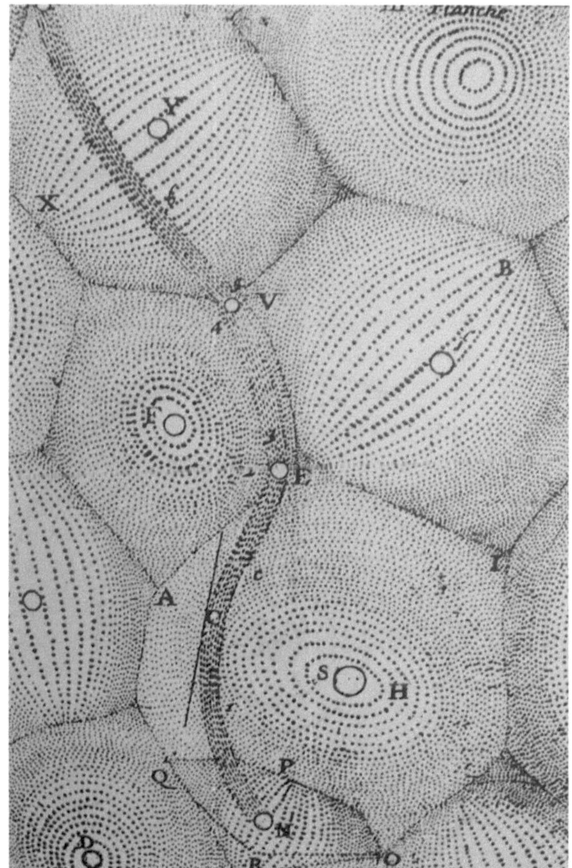

figure 1-1 : Le système solaire vu par Descartes

lecteur contemporain, n'est pas un livre de philosophie mais bel et bien un livre de physique. Cet ouvrage est de première importance en ce qui concerne l'orientation des réflexions sur l'existence de l'éther, car c'est le premier qui en donne autant de descriptions et de précisions, par ailleurs indéfendables aujourd'hui pour un certain nombre d'entre elles, mais peu importe : c'est un point de départ solide et peu contesté, bien que souvent oublié. Au début du 20ème siècle Parenty, lauréat de l'Institut et auteur des « Tourbillons de Descartes » (Bellet, 1903), déplorait qu'aucune édition n'ait vulgarisé « Les Principes », mises à part quelques éditions de luxe inaccessibles au commun des mortels. Aussi convient-il d'avoir une pensée reconnaissante pour la librairie Vrin, qui met à la disposition des amateurs et des chercheurs une réédition abordable non seulement de la version latine originale, mais également de la traduction en français de l'abbé Picot, magistralement décodée par Adam et Tannery. Pour ceux qui ne sont pas spécialement branchés sur ce type d'études, disons que l'abbé Picot est à Descartes ce que Solovine est à Einstein ou l'abbé Moigno à Tyndall, c'est-à-dire une garantie de qualité et d'authenticité du travail de traduction, approuvée d'ailleurs en son temps par le maître lui-même. Est-ce que beaucoup de physiciens, professeurs ou étudiants, profitent de cette opportunité pour remonter aux sources de l'éther? C'est une autre question, à laquelle il leur appartient de répondre.

Que nous propose donc Descartes à propos de la « matière subtile », comme il se plaisait à l'appeler ? L'idée essentielle, pour lui, est que le vide ne peut exister, car son esprit ne le conçoit pas (c'est ainsi, c'est du Descartes). Il faut donc remplacer le vide par quelque chose, par une substance quelconque qui soit présente partout, aussi bien à l'intérieur de la matière, qu'elle imbibe et remplit, que là où il n'y a pas de matière : ce sera l'éther, qui ne pouvait et ne peut toujours être imaginé que comme un fluide matériel, afin qu'il n'y ait pas incompatibilité entre sa nature physique, l'apparence des choses et le fonctionnement de la machine cosmique. L'argumentation paraît bien légère aujourd'hui, mais à l'époque elle ne choquait pas dans la mesure où la science s'appuyait assez largement sur l'existence de Dieu, le sauveur du physicien arrivé au bout de ses arguments, dans un milieu de la recherche encore bien maîtrisé par l'Église. Celle-ci a eu au 17ème siècle un rôle important, sinon majeur, dans la circulation des idées scientifiques, dont elle a toujours senti le danger potentiel. La science est en effet susceptible de provoquer une dangereuse émancipation des intelligences vers la rationalité et le libre arbitre intellectuel, lesquels sont les pires des catastrophes pour toutes les religions.

Il ne faut pas oublier, dans cet ordre d'idées, que le dernier livre de Descartes, « Le Monde » ou encore « Traité de la Lumière », fut publié à titre posthume, l'auteur ne voulant pas se heurter de front aux autorités toutes-puissantes, à un moment où se déroulait le procès de Galilée, dont on connaît maintenant fort bien l'équité et l'impartialité de ses juges. Pour contrôler le mieux possible une activité finalement (et heureusement) inévitable, liée à la curiosité humaine et son désir de savoir, et la garder au

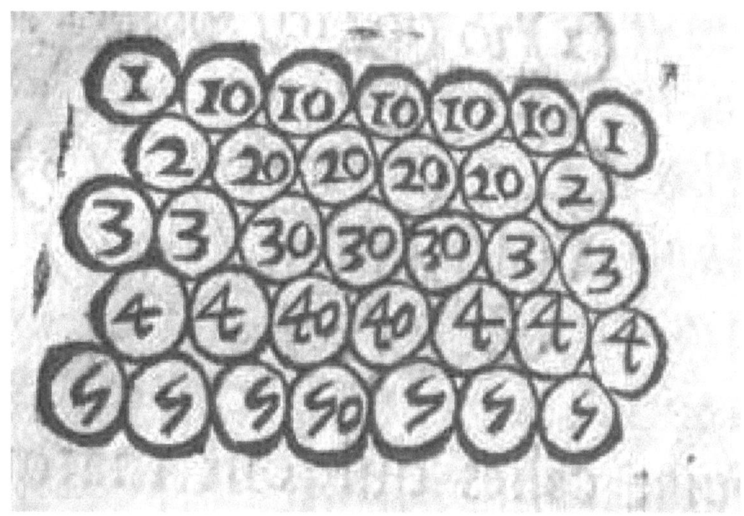

figure 1-2 : la structure fine de l'éther de Descartes
première disposition

service de ses intérêts vitaux, l'Église a continuellement dépêché dans le milieu scientifique ses propres éléments, qui d'ailleurs ont assez souvent contribué, il faut savoir l'admettre, au progrès et à la diffusion des connaissances en physique. Ainsi découvre-t-on sans surprise la présence du père Marin Mersenne, de l'ordre des Minimes, placé au centre de ce groupe international d'intellectuels de la recherche « philosophique » que l'on considère volontiers comme le germe de la future Académie des Sciences et où l'on trouve Descartes, Roberval, Huygens, mais aussi Malebranche le « Grand Oratorien », à la fois disciple et critique de son maître Descartes, l'abbé Picot, le père Noël (ce n'est pas une plaisanterie, il s'agit du révérend Estienne Noël, de la Compagnie de Jésus, disciple un peu trop zélé de Descartes et que le roi appelait affectueusement son « père aux tourbillons ») et bien d'autres dont il sera fait citation plus loin, dans le courant du texte et au gré de leur utilité. Cette parenthèse étant refermée, revenons à l'éther.

Pour les philosophes de l'époque, le monde est fait de quatre éléments, dont Descartes va réduire le nombre à trois dans son livre testament, tout en gardant leur appellation convenue. Le premier élément est le Feu, le second l'Air et le troisième la Terre. Il est assez difficile d'établir une correspondance entre la vision du monde vu par Descartes et ses prédécesseurs avec nos connaissances actuelles, mais il ne peut y avoir de doute sur le nom que nous donnerions aujourd'hui au premier élément : c'est l'éther. Le texte qui suit est la transcription exacte du chapitre 5 du Traité de la Lumière :

« *Les Philosophes assurent qu'il y a au dessus des nuées un certain air beaucoup plus subtil que le nôtre, & qui n'est pas composé des vapeurs de la Terre comme luy, mais qui fait un Element à part. Ils disent aussi qu'il y a au dessus de cét air, encore un autre corps beaucoup plus subtil qu'ils appellent l'Element du Feu. Ils ajoûtent que ces deux Elemens sont mélez avec l'Eau & la Terre, en la composition de tous les corps inférieurs : si bien que je ne feray que suivre leur opinion, si je dis que cét Air plus subtil & cét Element du Feu, remplissent les intervales qui sont entre les parties de l'air grossier que nous respirons ; en sorte que ces corps entre-lacez l'un dans l'autre, composent une masse qui est aussi solide qu'aucun autre corps. Mais afin que je puisse mieux faire entendre ma conception sur ce sujet, & que vous ne pensiez pas que je veüille vous obliger à croire tout ce que les Philosophes racontent des Elemens, il faut que je vous les décrivent à ma façon. Ie conçoy le premier qu'on peut nommerl'Element du Feu, comme une liqueur la plus subtile & la plus penetrante qui soit au Monde. Et en suite de ce qui a été dit icy dessus, touchant la nature des corps liquides, je m'imagine que les parties sont beaucoup plus petites, & remuent beaucoup plus vite, qu'aucune de celles des autres corps ; ou plûtost afin de n'estre pas contraint de recevoir aucun vuide en la Nature, je ne luy attribuë point de parties qui ayent aucune grosseur ni figure determinée : mais je me persuade que l'impetuosité de son mouvement est suffisante, pour faire qu'il soit divisé en toutes façons en tous sens, par la rencontre des autres corps, & que ses parties changent de figure à tous momens pour s'accomoder à celle des lieux où elles entrent : en sorte qu'il n'y a jamais de passage si étroits, ni d'angles si petits entre les parties des autres corps, où celles de cét Element ne penetrent sans aucune difficulté, & qu'elles ne remplissent exactement. Pour le second qu'on peut prendre pour l'Element de l'Air, je le conçois bien aussi comme une liqueur tres-subtile, en le comparant avec le troisiéme : mais pour le comparer avec le premier, il est besoin d'attribuer quelque grosseur & quelque figure à chacune de ses parties, & de les imaginer à peu prés toutes rondes & jointes ensemble, ainsi que de grains de sable ou de poussiere. En sorte qu'elles ne se peuvent si bien agencer, ni tellement presser l'une contre l'autre, qu'il ne demeure toûjours autour d'elles plusieurs petits intervales, dans lesquels il est bien plus aisé au premier Element de se glisser, qu'à elles de changer de figure expressément pour les remplir. Et ainsi je me persuade, que ce second Element ne peut être si pur en aucun endroit du Monde, qu'il n'y ait toûjours avec luy, quelque peu de la matiere du premier. Apres ces deux Elemens je n'en reçois plus qu'un troisiéme , savoir celuy de la Terre, duquel je juge que les parties sont d'autant plus grosses & se remuent d'autant moins vîte, à comparaison de celles du second, que sont celles-cy à comparaison de celles du premier.Et mêmes je croy que c'est assez de les concevoir comme une ou plusieurs grosses masses, dont les parties n'ont que fort peu ou point du tout de mouvement, qui leur fasse changer de situation l'une à l'égard de l'autre.... »*

De ce passage ressort une définition de l'éther qui serait donc composé de deux éléments, l'air subtil et le feu, les deux étroitement imbriqués et formant un fluide unique qui s'insinue dans la matière et remplit totalement l'espace, ne laissant aucune place au vide. Les constituants de ces deux éléments mêlés sont comparés à des grains de sable de grosseurs différentes, telles que leur composition soit capable de pénétrer n'importe quel interstice, et qui seraient animés d'une « agitation » qui leur permettraient de se glisser plus facilement partout (figures 1-2 et 1-3). De plus, Descartes ajoute à ces matériaux de base de son univers des « raclures », produites par le frottement incessant des précédents entre eux et avec la matière, ainsi que des « parties cannelées », sortes de tortillons capables de se visser dans les espaces laissés libres par les sphères. A l'aide de ce Mécano, de ce Lego cosmique dont il a construit lui-même les éléments, il explique tout : l'entraînement des planètes, la lumière, les taches solaires, le fonctionnement des aimants, bref tout l'univers, macroscopique et microscopique. Il faut reconnaître que la plupart de ses démonstrations sont aujourd'hui insoutenables, et que même à l'époque pratiquement tous les autres savants, amis ou ennemis, ont trouvé à redire à ses affirmations. Affirmations est bien le mot qui convient car Descartes est très sûr de lui, ce qui lui a valu soit l'admiration de ses disciples, soit la jalousie destructrice, voire la haine, de ses détracteurs. C'est ce que l'on appelle la rançon de la notoriété. Malgré cela, certaines de ses idées se sont avérées déterminantes et ont servi, soit de repères à ses contemporains, soit de points de départ à ses successeurs. Son travail et sa puissance de raisonnement ont été incroyables. Du point de vue qui nous intéresse, nous retiendrons surtout sa vision globale d'un Univers où le vide ne peut exister et qui ne peut mieux se résumer que dans les sous-titres des §24 et suivants de la troisième partie des Principes, paragraphes qui sont le signe d'une extraordinaire prémonition parce qu'en accord total, non seulement avec les faits, mais aussi avec les théories les plus modernes de l'éther, qui seront exposées plus loin :

§24 : *« Que les Cieux sont liquides »*.

§25 : *« Qu'ils transportent avec eux tous les corps qu'ils contiennent »*.

§26 : *« Que la Terre se repose en son Ciel, mais qu'elle ne laisse pas d'estre transportée par lui »*.

§27 : *« Qu'il en est de mesme de toutes les Planetes »*.

§28 : *« Qu'on ne peut pas proprement dire que la Terre ou les Planetes se meuuent, bien qu'elles soient ainsi transportées »*.

§29 : « Que mesme en parlant improprement & suiuant l'usage, on ne doit point attibuer de mouument à la Terre, mais seulement aux autres Planetes ».

§30 : « Que toutes les Planetes sont emportées autour du Soleil par le Ciel qui les contient ».

§31 : « Comment elles sont ainsi transportées ».

§32 : « Comment se sont aussi les taches qui se voyent sur la superficie du Soleil ».

§33 : « Que la Terre est aussi portée en rond autour de son centre, et la Lune autour de la Terre ».

§34 : « Que les mouvements des Cieux ne sont pas parfaitement circulaires ».

§35 : « Que toutes les Planetes ne sont pas tous-jours dans un mesme plan ».

§36 : « Et que chacune n'est pas tous-jours également éloignée d'un mesme centre ».

Cela dit et malgré l'admiration que suscite l'ensemble de l'œuvre cartésienne, il faut reconnaître qu'il y a un fossé énorme entre d'une part l'exposé des titres ci-dessus qui, pris tels quels, constituent dans leur ensemble le résumé d'une théorie puissante, et d'autre part les justifications ou explications que tente d'en donner Descartes dans le développement de ces mêmes paragraphes. Découverte aujourd'hui par le public, la théorie cartésienne exposée dans son détail serait rejetée par le bon sens populaire.

Mais soyons juste et réaliste : au $17^{\text{ème}}$ siècle le niveau des connaissances en physique ne permettait pas les rapprochements et les vérifications que l'on peut faire de nos jours d'une manière immédiate, en fonction de ce qu'on nous a appris à l'école, et l'œuvre de Descartes, bien que comprenant des thèses aujourd'hui indéfendables, est quand même considérable.

Nous retiendrons ceci des théories de Descartes, pour ce qui concerne spécialement l'éther : celui-ci est un fluide présent partout, dans la matière et hors de la matière. Il entraîne les planètes dans un mouvement dont il est à l'origine, et chaque planète a son tourbillon qui lui transmet et lui impose sa rotation. Il est bien certain que, par rapport aux procédés graphiques modernes, l'illustration de la figure 1-1 ressemble à un dessin préhistorique, mais il traduit tant bien que mal, avec la technique de

		1550	1600	1650	1700
Cassini	1625-1712				
Copernic	1473-1543				
Descartes	1596-1650				
Fermat	1601-1665				
Galilée	1564-1642				
Gassendi	1592-1655				
Grimaldi	1618-1663				
Hooke	1635-1703				
Huygens	1629-1695				
Kepler	1571-1630				
Leibniz	1646-1716				
Mariotte	1620-1684				
Mersenne	1588-1658				
Newton	1642-1727				
Pascal	1623-1662				
Roberval	1602-1675				
Römer	1644-1710				
Toricelli	1608-1647				
Louis 13	1601-1643				
Louis 14	1638-1715				

Quelques vies du 17éme siècle scientifique

l'époque, la vision cartésienne d'un ciel « liquide » où il n'y a en fait que des tourbillons invisibles dont les planètes sont les centres. Et tout ceci est vrai, à condition de remplacer le mot planète par celui de soleil.

D'une manière plus générale, l'éther est la source et l'explication de toutes les manifestations physiques où l'on constate l'action de forces d'origine invisible, ceci concernant particulièrement les aimants et les charges électrostatiques. Dans cet univers, la lumière est une pression qui se propage quasi-instantanément par l'action les unes sur les autres de billes élémentaires. On a fait dire à Descartes, à ce propos, que la vitesse en question était infinie, ce qui fut infirmé à la même époque par Römer à la suite de ses observations sur les satellites de Jupiter. En fait il ne l'affirme pas mais, n'ayant pas l'intention d'en faire l'étude faute d'arguments sérieux et d'expérimentation adaptée, il est probable qu'il veuille simplement signifier que le phénomène est tellement rapide qu'on peut le considérer comme instantané.

Il est regrettable que Descartes, ayant l'intuition d'un éther lourd qui entraîne les planètes, n'ait pas cherché à en définir plus précisément les paramètres physiques, ni réussi à étendre son modèle au système solaire en entier, et à montrer que les tourbillons planétaires sont des phénomènes secondaires participant à un phénomène de même nature, mais plus global et finalement plus simple. Le fait qu'il ait utilisé le terme de « matière subtile » a entraîné un sous-entendu permanent de masse volumique très petite, qui se trouve en contradiction avec l'idée que l'on doit se faire d'un fluide capable de provoquer le mouvement de masses galactiques énormes. Cette contradiction s'est perpétuée pendant toute la suite de l'histoire des sciences, de Newton à Einstein en passant par Fresnel ainsi que tous les physiciens qui ont étudié et mis en évidence les lois de la propagation lumineuse, et ceci jusqu'à la Théorie Synergétique de René-Louis Vallée en 1970, qui a enfin introduit la bonne hypothèse. Malgré tout, ce qu'il a réalisé dans la voie de la découverte de l'éther est quand même considérable et peut être considéré comme la base de tout ce qui suivra.

1-3 : Christian, Isaac, Gilles, Augustin et les autres.

Christian Huygens est souvent considéré, de nos jours, comme l'esprit le plus brillant du $17^{\text{ème}}$ siècle dans le domaine scientifique. Il l'était déjà à l'époque, ainsi qu'en témoigne ce passage d'une lettre que lui adressait Leibniz en 1690 à propos de l'une de ses démonstrations dans le domaine de l'optique :

« ... quand j'ai vu que la supposition des ondes sphéroïdales vous sert avec la même facilité à résoudre les phénomènes de la réfraction disdiaclastique du cristal d'Islande, j'ai passé de l'estime à l'admiration ».

Descartes lui-même fut stupéfait en lisant une communication d'Huygens, alors âgé de 17 ans, au père Mersenne, sur le « principe de l'équilibre des polygones funiculaires ». Quant à Newton, il l'appelait carrément « Summus Hugentus », hommage dont la traduction est superflue. Ces marques de considération devaient être sincères car elles tranchaient passablement avec l'ambiance habituelle de ce milieu élitiste, où l'on avait plutôt tendance à se haïr et à se dénigrer mutuellement qu'à se faire des compliments. Chose inconcevable de nos jours, n'est-il pas ?

La physique d'Huygens n'est pas aussi péremptoire, aussi flamboyante que celle de Descartes. On y sent la patte de quelqu'un qui est plus physicien que philosophe, plus modeste également, mais surtout qui a le désir d'aller au fond des choses, quitte à ne rien proposer dont il ne soit absolument sûr. Huygens était bien évidemment éthériste, comme tous les physiciens de cette époque, mais il n'a pas cherché comme Descartes à tout expliquer avec cette philosophie. Partisan et quasi-fondateur de la théorie ondulatoire de la lumière, dont on peut considérer qu'il fut le précurseur un siècle avant que Young et Fresnel n'en établissent expérimentalement le bien-fondé, c'est dans ce domaine précis qu'il fut amené à mieux définir le milieu de propagation des ondes lumineuses et à s'opposer à Newton et sa théorie de l'émission. Considérant comme Descartes que l'éther ne pouvait qu'être déformable, donc fluide, il fut amené comme son mentor à le considérer comme formé de petites billes solides en contact les unes avec les autres, sans chercher à développer une approche microscopique plus précise, qu'il jugeait inutile. Cette manière de se représenter l'éther est somme toute naturelle et logique, elle tombe sous le sens dés lors que l'on veut modéliser le plus simplement possible une entité dont on sait seulement que c'est un fluide présent partout, et rien d'autre : quoi de plus évident que d'en faire un agrégat de petits éléments qui se touchent, comme dans une poudre ou un liquide, et quoi de plus simple qu'une bille pour en décrire ou pour en imaginer l'élément constitutif principal?

Cela dit il faut rappeler ici que, par comparaison avec les conceptions de Descartes sur la lumière, Huygens a bénéficié de l'énorme découverte de Römer, dont les observations des occultations des satellites de Jupiter permirent de mettre en évidence que la lumière se propageait non pas instantanément, comme beaucoup pensent que le supposait Descartes, mais avec une vitesse finie que Cassini put calculer et en donner ainsi une première estimation. Cette estimation fut par la suite affinée par Delambre, qui prit en compte les observations faites sur une durée de quelques 150 années, ce qui en fait un résultat qu'on ne peut ignorer et dont l'importance sera démontrée plus loin.

Mais revenons à Huygens. Contrairement à Descartes, il n'avait pas l'ambition de tout expliquer à l'aide de la matière subtile. L'éther était surtout pour lui le milieu dont il avait besoin, dont même il ne pouvait se passer, pour tenter de définir l'essence même de la lumière et de comprendre comment elle chemine dans l'espace, en ayant soin de vérifier en permanence l'accord de sa thèse avec les phénomènes tout nouvellement découverts comme celui de la diffraction. On trouve l'essentiel de son idée à la page 15 du traité de la lumière (réédition Gauthier-Villars) :

«....Or, pour appliquer cette sorte de mouvement à celui qui produit la lumière, rien n'empêche que nous n'estimions les particules de l'éther d'être d'une matière si approchante de la dureté parfaite et d'un ressort si prompt que nous voulons. Il n'est pas nécessaire pour cela d'examiner ici la cause de cette dureté, ni de celle du ressort dont la considération nous mènerait trop loin de notre sujet. Je dirai pourtant en passant qu'on peut concevoir que ces particules de l'éther, nonobstant leur petitesse, sont encore composées d'autres parties, et que leur ressort consiste dans le mouvement très rapide d'une matière subtile, qui les traverse de tous côtés et contraint leur tissu à se disposer en sorte, qu'il donne un passage à cette matière fluide le plus ouvert et le plus facile qui se puisse. Ce qui s'accorde avec la raison que M. Descartes donne du ressort, sinon que je ne suppose pas des pores en forme de canaux ronds et creux, comme lui. Et il ne faut pas s'imaginer qu'il y ait rien d'absurde en ceci, ni d'impossible, étant au contraire fort croyable que c'est ce progrès infini de différentes grosseurs de corpuscules et les différents degrés de leur vitesse dont la Nature se sert à opérer tant de merveilleux effets..... »

Tout est dit, dans ce court passage, sur ce qui semble nécessaire à Huygens, s'agissant de l'éther, pour rendre légitime la propagation de la lumière dans un milieu élastique dont il ne poussera pas plus loin l'analyse : une fois que ce milieu est à peu près défini en ce qui concerne ses supposées caractéristiques physiques, ou plus exactement logiques, et après avoir vérifié qu'elles ne sont pas en contradiction avec sa théorie, il ne cherche pas à s'aventurer plus loin sur un terrain miné où la polémique n'est jamais loin et où personne n'est sûr de rien, pour se consacrer exclusivement à son but principal qui est la découverte méthodique et expérimentale des lois encore inconnues de l'optique. Il faut surtout retenir le soin et la prudente élégance qu'il a apportés dans la présentation de ce qui lui semble nécessaire à quiconque veut étudier la lumière en la considérant comme une vibration : l'élasticité du milieu de propagation. Pour rendre compte de la plasticité de ce milieu, aucun de ceux qui en ont pris l'existence comme une hypothèse de départ n'a pu se contenter de le voir comme un simple assemblage de petites sphères élémentaires, dont l'imbrication est telle qu'elles constituent un solide indéformable lorsqu'elles sont en contact maximal. Pour qu'il existe une possibilité de déformation, il faut que les billes puissent rouler les unes sur les autres, changer de position vis-à-vis des voisines, c'est-à-dire qu'à un moment donné il faut bien admettre qu'il se crée un peu partout des espaces qui leur permettent ce déplacement. C'est la raison logique pour laquelle tous les éthéristes, autrement dit tous les physiciens du 17ème siècle et même ceux des deux siècles suivants, ont supposé qu'en plus des sphères élémentaires il y avait, pour justifier le mieux possible la nécessaire élasticité, soit des particules encore plus petites et en mouvement remplissant les interstices, soit des vibrations permanentes (Descartes parlait d'une « agitation »), soit les deux. Moyennant quoi, sans essayer d'aller plus loin dans l'étude d'un concept où l'on ne peut faire que des hypothèses, on se fabrique et on se met à disposition un milieu matériel où une vibration peut se propager d'une manière normale et physiquement correcte.

Isaac Newton, comme Descartes et Huygens, a lui aussi écrit son traité d'optique. Sacrifier à ce rituel était un passage obligé pour qui voulait être reconnu comme un grand physicien, la lumière et ses différents aspects constituant pour tous, pendant cette période, le mystère premier de la physique. Comme dans les œuvres des deux derniers cités, on trouve dans les siennes, plus précisément dans ce Traité d'Optique réédité par Gauthier-Villars en 1955, un passage particulier où se trouve expliquée succinctement mais avec suffisamment de clarté sa conception de l'éther. Il s'agit de la question XVIII, p 417 :

« Si après avoir suspendu dans deux larges & longs Vases de Verre cylindriques renversés, deux petits Thermomètres, de sorte qu'ils ne touchent pas les Vases, & qu'après avoir tiré l'Air d'un de ces Vases, on les transporte tous deux d'un lieu froid dans un lieu chaud : le Thermomètre qui est dans le Vuide deviendra aussi chaud, et presque aussi-tôt que le Thermomètre qui n'est pas dans le Vuide. Si l'on rapporte ensuite les deux Vases dans le lieu froid, le Thermomètre qui est dans le Vuide, se refroidira presque aussi-tôt que l'autre. La chaleur du lieu chaud n'est-elle pas communiquée à travers le Vuide par les vibrations d'un Milieu beaucoup plus subtil que l'Air, lequel Milieu reste dans le Vuide après qu'on en a pompé l'Air ? Et ce Milieu n'est-il pas le même que le Milieu qui rompt & réfléchit la Lumière, & par les vibrations duquel la Lumière échauffe les Corps, & est mise dans des accès de facile Réflexion, & de facile Transmission ? Les vibrations de ce Milieu ne contribuent-elles pas à la vehemence et à la durée de leur chaleur ? Et les Corps chauds ne communiquent-ils pas leur chaleur aux Corps froids contigus, par les vibrations de ce Milieu, continuées des Corps chauds dans les Corps froids ? Ce Milieu n'est-il pas excessivement plus rare & plus subtil que l'Air, & excessivement plus élastique & plus actif ? Ne penetre-t-il pas facilement tous les Corps ? & par la force élastique ne se répand-t-il point dans tous les Cieux ? »

Ce qui frappe immédiatement, avant d'analyser le contenu, est le style excessivement prudent adopté par l'auteur, qui n'affirme jamais mais seulement suggère. En fait, ce passage fait partie d'un appendice au Traité, que Newton a intitulé « Questions qui servent de conclusion à tout l'ouvrage », ce qui explique en partie la tournure du texte. On peut également en déduire que ces questions-là ne sont pas pour lui de première importance, et aussi, probablement, qu'il ne veut pas s'embarquer dans une affaire un peu tordue où Descartes et Huygens ont déjà fait quelques pas sans apporter véritablement de révélations fracassantes sur la nature du fameux « milieu », qu'il vaut finalement mieux considérer dans sa globalité, en gardant un flou artistique adroit sur sa constitution intime. On ne retrouvera donc pas de petites billes dans l'éther de Newton.

Mon nom est Personne. C'est de cette manière qu'aurait pu se présenter celui dont l'histoire n'a retenu de son œuvre qu'un certain modèle de balance. Gilles Personne naquit dans un petit village proche de Beauvais, appelé Roberval, et il s'anoblit lui-même en annexant le nom de son village au sien, sans savoir qu'en retour son véritable état-civil ne passerait jamais à la postérité. Merci aux Editions Blanchard de l'avoir fait ressortir de l'ombre, car Roberval fut lui aussi l'un des physiciens les plus doués et les plus intuitifs du 17ème siècle. Il voyagea beaucoup en France et partagea continuellement son temps entre apprendre et enseigner. Grâce à quoi il fit la connaissance, assez rapidement, de tous les porteurs de thèses de l'époque, et en particulier du père Mersenne avec lequel et quelques autres il se trouva en confrontation avec Descartes et les rationalistes aristotéliciens. Roberval avait un caractère au moins aussi rugueux que celui de Descartes, et les rapports entre les deux hommes ne furent jamais cordiaux. Ils s'opposèrent souvent, non seulement d'une manière directe sur des thèses personnelles, mais également par personnes interposées. C'est ainsi que Roberval se retrouva aux côtés de Pascal (Etienne, pas Blaise) pour défendre Fermat contre Descartes et un certain nombre d'autres. On considère aujourd'hui que Roberval fut l'un de ceux qui, autour du père Mersenne, fondèrent l'Académie des Sciences ou plus exactement ce qui allait devenir l'Académie des Sciences. On peut décrire en raccourci les relations et l'estime mutuelle des deux hommes à travers deux citations qui les résument :

-Descartes *: « ...Mes méditations m'ont suffisamment élevé audessus de la science vulgaire pour que je voie clairement et distinctement que le corps et l'espace ne font qu'une seule et même chose, alors que vous en faites deux choses distinctes par je ne sais quelle cécité intellectuelle. »*

-Roberval *: « ...Beaucoup de mes amis et moi avons lu vos sublimes méditations, mais nous n'y avons absolument rien trouvé de remarquable ; rien ne nous est apparu, à l'exception de pures pensées et de vains sophismes. »*

A part cela qui reste anecdotique, ce qui est particulièrement inté-ressant dans les travaux de Roberval, c'est précisément ce qui l'a opposé d'homme à homme à Descartes au sujet de la pesanteur et de la structure de l'espace (ou du vide, comme on voudra). Avant de risquer une thèse personnelle, il résume d'abord les trois directions, c'est son analyse, dans lesquelles sont orientées celles de ses contemporains philosophes-chercheurs :

« ...ça esté jusqu'icy vne question dans les Ecoles sçauoir si la pe-santeur résidoit dans le seul corps pesant ; ou si elle estoit commune et réciproque entre ce corps pesant, et celuy vers lequel il est porté, ou si elle estoit produicte par l'effort d'vn tiers qui pousse les corps pesants.

Les auteurs de la 1re opinion veulent qu'il y ait dans le corps pesant vne qualité qui le porte en bas ; ceux de la 2e veulent que ce soit vne quali-té attractiue et mutuelle entre toutes les parties d'vn corps total pour s'vnir ensemble le plus qu'elles pourront. Et ceux de la 3e ont d'ordinaire recours à quelque corps très subtil qui se meut d'vn mouuement très viste et qui s'insinue facilement entre les parties des autres corps plus grossiers, de sorte qu'en les pressant, il les pousse vers le bas ou vers le haut ; et, par ce moyen, ils font la pesanteur ou la légèreté. »

Ce passage est à la fois intéressant et révélateur car il montre bien, avec de la part de l'auteur une concision, une honnêteté et un sens pédagogique propre au professeur reconnu qu'il est, l'état des cogitations de l'époque sur cet autre sujet de réflexion majeur, en physique, qu'est la gravitation. Roberval, homme excessivement prudent sur ce sujet, contrai-rement à Descartes, hésite à affirmer son choix personnel, quoi que fina-lement il avoue avoir un faible pour la deuxième tendance : celle-ci, d'après lui, devrait avoir pour conséquences particulières qu'un corps quelconque, à l'origine à la surface de la Terre, pèserait moins à la fois s'il était plus près de son centre ou au contraire plus éloigné, et qu'une masse proche comme une montagne perturberait sa pesée. Or tout ceci est exact, nous le savons maintenant, et son mérite est grand de l'avoir si bien déduit et discerné, à travers les réflexions de ses collègues concurrents et des siennes propres. Sa prudence d'expérimentateur et d'enseignant lui fait par ailleurs exprimer ses conclusions avec une adresse assez exceptionnelle, qui contraste d'une manière surprenante avec son caractère et son comportement social :

« *...j'établiray comme il (Archimède) a fait, mes raisonnements pour la mécanique, sans me mettre en peine de sçauoir à fond, les principes et les causes de la pesanteur, me réservant à suiure la vérité, si elle veult bien se monstrer vn jour clairement et distinctement à mon esprit.* »

Autrement dit, il ne se prononce pas sur la causalité de la pesanteur et déclare forfait devant un problème qui lui paraît si peu préhensible, contrairement à Huygens, pour qui la troisième hypothèse est la bonne : un corps lâché sans vitesse initiale tombe parce qu'il est entraîné par quelque chose qui est en mouvement là où se trouve le corps, c'est-à-dire partout sur Terre puisque le phénomène se présente partout de la même manière, et ce quelque chose est un fluide invisible qui coule en permanence verticalement et de haut en bas et entraîne les corps, comme l'eau d'une rivière entraîne l'éponge qu'on y abandonne. Cette vision des choses qui n'appartenait pas qu'à Huygens et qui date donc de presque quatre siècles est la seule analogie directe, la seule image, la seule explication simple qui ait jamais été donnée de la pesanteur, et par voie de généralisation de la gravitation, mais qui évidemment repose entièrement sur l'existence de l'éther, dont il faut alors faire un postulat. Mais cela ne suffit pas : en même temps, quand on se fait à cette idée si simple, il faut alors expliquer pourquoi l'éther coulerait verticalement vers le centre de la Terre en tout point de celle-ci, et il faut avouer que les thèses de Descartes à ce sujet font passer de la simplicité première de l'idée à une sophistication et une confusion extrêmes, difficilement assimilables par tout un chacun, quand il s'agit de définir le mécanisme dans ses détails. En tout cas, cette théorie établit d'une manière claire le lien entre éther et gravitation, et c'est ce qui importe ici.

On pourrait aisément, sans commettre d'injustice et en ne considérant que les savants dont l'histoire a gardé le nom en mémoire, tripler ou quadrupler la liste de ceux qui, au 17ème siècle, dans leurs études physico-philosophiques, se sont arrêtés plus ou moins longtemps sur le problème de l'existence de l'éther, soit par simple curiosité scientifique, soit par nécessité pour expliquer, par exemple, les phénomènes liés à la propagation lumineuse ou thermique, soit plus simplement pour faire comme tout le monde et ne pas être en reste. Mais ceci ne serait pas vraiment utile car, en définitive, les idées maîtresses des uns et des autres sont toujours les mêmes et débouchent sur deux thèmes récurrents que l'on retrouve presque systématiquement dans toute la littérature scientifique de l'époque : la gravitation et la propagation de la lumière, deux problèmes majeurs de la physique dont le premier n'est toujours pas aujourd'hui résolu. Quant au second, il faudra attendre un siècle pour que Young et Fresnel brisent la dictature des newtoniens et établissent enfin la nature ondulatoire de la lumière de manière irréfutable, sans pour autant résoudre les problèmes rémanents liés à son apparence corpusculaire qu'elle conserve malgré tout en certaines occasions. Mais si l'existence de l'éther est sous-entendue plus ou moins explicitement dans l'exposé de leurs travaux, aucun d'entre eux n'apporte de nouvelle piste pour en préciser la nature intime et la constitution physique : on en reste à l'idée d'un fluide quasi-impondérable aussi mystérieux que la « matière subtile » de Descartes, et il y a fort à parier que cette appellation a imprimé dans l'esprit de ses successeurs cette idée perfide d'un fluide d'une légèreté extrême dont on ne sait que faire en raison de son inconsistance.

1-4 : De Descartes à Maxwell.

Le 18ème siècle est appelé le « siècle des lumières ». En fait, d'un point de vue purement scientifique, c'est plutôt le 17ème qui devrait être nommé ainsi, surtout dans notre pays, car le suivant a surtout vu une certaine stagnation des idées qui a fait que la France, considérée jusqu'alors comme le phare intellectuel et scientifique du monde, se vit progressivement rattrapée par les autres pays dominants d'Europe avant de se faire distancer par eux. Newton, porté aux nues après la découverte de la loi de la gravitation, prit petit à petit la place de Descartes en tant que référence de la pensée rationnelle, et la propagation de ses idées fut bien facilitée en France par Voltaire et son amie Madame du Châtelet, qui ne furent pas pour rien dans l'accession des newtoniens à l'Académie des Sciences. Il faudra attendre ensuite un siècle pour mettre à mal la théorie de l'émission et se débarrasser d'une école dogmatique qui n'est pas sans rappeler la mouvance relativiste de notre époque, celle qui nous maintient dans un cul-de-sac depuis maintenant plus d'un siècle. C'est le même processus, les mêmes tares grégaires qui, à trois siècles d'intervalle, président à cet état de fait, et les publications d'Einstein sur la « Relativité Restreinte » (1905) et la « Relativité Généralisée » (1915), qui sont les références actuelles de la physique, s'appelaient alors « Les Principes » (1687) et « L'Optique » (1704) de Newton. Ce n'est pas d'ailleurs que ces ouvrages ne soient pas considérables, au sens littéral du terme, mais c'est que la nature humaine veut que les hommes aient constamment besoin de leaders dont ils font rapidement des dieux (on dit des « génies »), autour desquels ils bâtissent des fausses religions qui ont tous les caractères arbitraires, intransigeants et injustes des vraies, avec des textes sacrés, des prêtres, des églises, des fidèles, des rites et surtout des intégristes. Quoi qu'il en soit, les cartésiens se trouvèrent de plus en plus mal face aux critiques motivées des newtoniens, d'autant plus que des découvertes fondamentales comme celle de Römer sur la vitesse de la lumière, montrant que celle-ci était non seulement finie mais calculable, démontraient la fausseté de certaines affirmations du maître défunt.

Dans ce bouillonnement progressiste de la physique, les hypothèses sur l'éther se trouvèrent mises en sommeil par suite de l'accaparement des cerveaux par les deux domaines où les connaissances explosaient : les mathématiques et l'optique. Son existence n'était pas vraiment contestée, mais les réflexions sur sa constitution prirent définitivement un caractère secondaire, non essentiel, l'essor de la méthode expérimentale ayant en fait supprimé la nécessité d'en savoir plus. Quand la science progresse, les priorités qui se dessinent dans les voies fructueuses font toujours passer la réflexion métaphysique au second plan par rapport à des acquis qui s'offrent soudain en nombre, et le comportement habituel des hommes fait le reste : tout le monde suit, comme le chien de chasse suit son lièvre.

Le 18ème siècle fut néanmoins le témoin d'un événement extrêmement important et déterminant dans l'histoire des sciences, bien que son étalement dans le temps fit que l'on n'en saisit que très progressivement l'importance. Il s'agit de l'émergence de l'électricité en temps que branche scientifique, c'est-à-dire justiciable et objet d'une étude systématique à la fois théorique et expérimentale. Descartes s'était efforcé d'expliquer les phénomènes électrostatiques et magnétiques basiques à l'aide de sa matière subtile, mais ses thèses restaient purement théoriques, discutables, et de plus en plus sujettes à polémiques. Il s'agissait surtout de montrer que l'éther, étant présent partout, devait nécessairement participer à tous les phénomènes, à toutes les manifestations de faits relevant de la physique. La prise en main raisonnée et organisée, par ses successeurs, des problèmes posés par les phénomènes invisibles, allait lui donner une nouvelle chance, en même temps qu'elle allait ouvrir à la physique une nouvelle voie indépendante : l'électromagnétisme.

En fait, au tout début du 19ème siècle, ce fut de nouveau l'optique qui reprit le devant de la scène, grâce à Thomas Young et Augustin Fresnel. Le premier était un surdoué intuitif, le second un besogneux rigoureux et méthodique, mais l'un et l'autre apportèrent une nouvelle pierre dans une discipline qui s'était endormie dans le sillage de la théorie corpusculaire de l'émission de Newton, l'Einstein de l'époque, après un siècle de vénération inconditionnelle d'un grand homme abusivement déifié par ses pairs et ses épigones. Mais c'est effectivement en se reposant sur la conception cartésienne de la structure du monde que l'anglais et le français, chacun dans sa hutte, eurent tous deux le sentiment qu'une lumière de nature ondulatoire se propageant dans un milieu éthéré était la bonne manière de poser le problème, ainsi que la seule hypothèse à même d'apporter une explication valable aux nouvelles observations et aux nouvelles acquisitions de la science dans ce domaine. En vérité les deux se partagèrent le travail sans le vouloir, le premier ayant l'intuition du phénomène sans essayer de le théoriser, le second, en élève studieux de Lagrange, Monge et Poisson, ses professeurs à l'École Polytechnique, en soumettant l'idée géniale anglaise à la rigueur des mathématiques françaises, qui cette fois-là firent vraiment ce qu'on attend d'elles, mais sans plus. L'éther était donc réhabilité, pour plus d'un siècle, mais il restait toujours aussi énigmatique pour ce qui est de sa nature intime et de ses caractéristiques physiques. Au moins était-t-il là, sa présence rassurante gardant tous ses mystères mais n'étant discutée, ni par les physiciens, ni par les philosophes.

La progression des connaissances en électricité et en magnétisme, puis la découverte progressive de l'étroite interdépendance des deux disciplines par l'intermédiaire des travaux d'Oersted, de Faraday et d'Ampère, qui aboutirent à leur unification et à la création de l'électromagnétisme, relança le problème de l'éther, puisque l'on voyait bien qu'il se passait des choses étranges dans ce satané « vide », mais sans l'éclairer davantage, bien au contraire. En revanche, la prise en mains de cette nouvelle branche de la physique par les mathématiciens allait en faire, dans la deuxième partie du 19ème siècle, une spécialité à part, entièrement indépendante d'une science classique dominée par la mécanique, et dont la caractéristique essentielle était l'invisibilité des phénomènes primaires. En cela, l'électromagnétisme était déjà comparable à la gravitation, ainsi que le montra Coulomb en établissant une loi d'attraction comparable à celle de Newton, ce qui devait se traduire par la suite par des liens de plus en plus serrés, allant pour certains jusqu'à l'analogie. Ce sont les mathématiciens tels que Poisson, Gauss, Weber, Henry, Lenz, qui sont à l'origine des concepts de champ et de potentiel, ainsi que de toutes les nouvelles notations qui, tout en ignorant la substance éthérée, en construisirent dans le même temps un modèle équivalent. On inventa ainsi la quantité nécessaire de nouveaux objets mathématiques, indispensables aux théoriciens et destinés à donner à l'espace une structure cohérente, apte à un développement mathématique. La notation vectorielle, par exemple et en particulier, commença à prendre une importance déterminante dans cette démarche.

Et puis Faraday, sur la fin de sa vie, remarqua au cours de l'une de ses nombreuses manipulations de laboratoire qu'un faisceau de lumière était dévié par un champ magnétique. Cette découverte, dont on pourrait dire à priori qu'elle n'est qu'une parmi beaucoup d'autres, eut en fait des conséquences exceptionnelles : elle montrait en effet qu'il y avait probablement un lien de famille entre l'optique et le magnétisme, ce dernier encore distinct de l'électricité mais de moins en moins. Ce fut alors l'arrivée dans le riche paysage de la recherche théorique d'un admirateur inconditionnel de Faraday qui allait donner réellement le départ à ce qu'on appelle aujourd'hui, dans le sens plein du terme, l'électromagnétisme : l'écossais James-Clerk Maxwell.

1-5 : L'éther de Maxwell.

Le présent ouvrage aurait pu tout aussi bien s'appeler « La Physique de Descartes » ou « l'Univers de Maxwell », le titre se voulant un hommage à ceux qui ont le plus contribué à la connaissance de l'éther, et par voie de conséquence à la structure de l'Univers, et parmi nos vénérés maîtres ce sont les deux noms qui ressortent le plus naturellement. Finalement le choix, délicat, se serait plutôt porté sur Maxwell parce que son œuvre, moins prétentieuse mais plus ciblée et plus aboutie que celle de Descartes, plus récente aussi, se révélera plus profitable et féconde. On

James-Clerk Maxwell (1831-1879)

dira que la physique de Descartes est une physique du Monde, et celle de Maxwell celle du monde moderne. Nous voulons donc ici rendre hommage à celui qui a véritablement lancé la physique d'aujourd'hui, dominée par les applications industrielles de l'électronique, laquelle dépend complètement de l'électromagnétisme. Maxwell était un mathématicien, mais un mathématicien respectueux de la méthode expérimentale, qu'il admirait particulièrement chez son aîné Faraday pour lequel il ne tarissait pas d'éloges et dont les conceptions de l'espace, en tant que théâtre des phénomènes électriques, le marquèrent d'une manière indélébile. Maxwell ne parle pas d'éther dans son traité d'électricité, mais l'éther est présent en sous-entendu, en sous-couche tellement discrète qu'elle est presque invisible, mais en réalité totalement présente et indispensable quand on veut vraiment suivre et comprendre la genèse de ses idées.

Les lignes et les tubes de force de Faraday, qui ont commencé à structurer l'éther par le biais d'une interprétation des phénomènes électriques, ont constitué une représentation de l'espace qui a remplacé la matière subtile contradictoire de Descartes et de ses contemporains par quelque chose de plus consistant, de plus élaboré, bien que gardant une grande partie de son mystère. La puissante imagination créatrice de Maxwell a transformé les notions intuitives de Faraday en un édifice mathématique à la fois rigoureux et élégant, dont la beauté et la cohérence font une ombre insolente à d'autres théories comme la Relativité, pour prendre un exemple tout à fait au hasard.

Maxwell ne parle de l'éther que dans les « Scientific Papers ». Mais on en trouve également trace dans son « traité élémentaire d'électricité », paru deux ans avant le grand traité, et où l'on découvre dans la préface du professeur Garnett, de l'Université de Nottingham, une explication détaillée des conceptions inavouées de l'auteur. Si Maxwell se montre aussi prudent, c'est qu'il se trouve un peu dans la situation de Descartes au moment de la publication du « Monde », à ceci près que l'inquisition des catholiques est remplacée, dans le cas de Maxwell, par celle de l' « Establishment » scientifique, qui considère ses idées comme des élucubrations ridicules. Il est une constante dans l'histoire des sciences, que chaque découverte déterminante est régulièrement combattue par ceux qui devraient la soutenir et la promouvoir : le mauvais côté de la nature humaine, jaloux, mesquin et imbécile, sévit dans tous les milieux et à toutes les époques.

C'est la découverte faite par Faraday de la déviation de la lumière polarisée par un champ magnétostatique qui relança donc la question éternelle de l'éther, mais seulement après que les mesures de la vitesse de la lumière, faites par Foucault puis par Fizeau, aient permis de trancher entre la théorie de l'émission de Newton et celle, ondulatoire ou vibratoire, de Young et Fresnel. Cette dernière prévoyait, contrairement à la théorie newtonienne, que la célérité lumineuse devait diminuer lors de la pénétration dans un milieu d'indice supérieur. Le montage à miroir tournant de Foucault permit seul de faire la comparaison directe et de trouver une vitesse de 299 000 km/s dans l'air (315 000 pour Fizeau, probablement influencé par le résultat de Römer), et 220 000 km/s dans l'eau.

Michael Faraday (1791-1867)

L'affaire était entendue, la théorie corpusculaire envoyée aux oubliettes et la théorie d'Huygens enfin reconnue. Mais l'autre affaire, celle de l'éther, était complètement relancée avec un mystère de plus en plus épais : une vibration, d'accord, mais une vibration de quoi ? Dans quoi se propage cette ondulation qui est perturbée par un champ magnétique ? Et ce champ magnétique, dans quoi prend-t-il naissance ? Quelle est sa nature ? Y-a-t-il un deuxième éther qui est le siège des phénomènes électriques et magnétiques ? C'est dans ce déluge de questions qui taraudaient ses contemporains que Maxwell décida de s'atteler lui aussi à la tâche.

Après avoir soigneusement assimilé les acquis de Faraday, il remarqua en peu de temps qu'une simple division de deux valeurs se rapportant respectivement au champ électrique et au champ magnétique (les unités de charges) donnait comme résultat la vitesse de la lumière dans l'air. La découverte de ce résultat extraordinaire l'orienta définitivement sur l'idée que tous ces phénomènes étaient de même nature, et que tous devaient se propager dans un éther unique et universel. Ses calculs aboutirent à une équation du type de D'Alembert, analogue à celle qui s'applique à la propagation des ondes sonores, et qui indiquait que le champ électromagnétique devait pouvoir se propager dans l'éther avec la même vitesse que la lumière. Mais Maxwell allait trop vite et trop loin pour pouvoir être suivi par le reste de la communauté scientifique, et à la mort de Faraday il se retrouva seul contre tous. Victime de l'incompréhension des autres physiciens et cible de leurs moqueries, et il se retira du monde pendant quelque temps. Plus tard il fut quand même rappelé à la direction du laboratoire Cavendish, à Cambridge, où il écrivit son Traité, mais il mourut avant que Hertz, en1883, ne prouve expérimentalement la justesse de ses calculs en ouvrant dans le même temps l'ère de la radio. A partir de ce moment, on ne discuta plus l'existence des ondes électromagnétiques, dans lesquelles on intégra rapidement non seulement la lumière, qui se propageait à la même vitesse, mais aussi les « ondes caloriques », qui en devinrent une catégorie comme les autres tout en allant grossir la famille des vibrations parcourant l'éther.

On aurait pu croire alors que l'optique allait devenir une science limpide dont tous les mystères étaient maintenant éclaircis, mais la découverte du photon par les einsteiniens au début du 20ème siècle et les études portant sur la physiologie de l'œil en vision liminaire montrèrent le contraire. Quoi qu'il en soit, cette extension et cette unification des ondes électromagnétiques se firent après la mort de Maxwell dans la conviction générale que l'éther était bien une réalité, mais sans pour autant qu'on en sache plus sur lui. C'était forcément le même fluide que celui de Descartes, celui qui tourbillonne autour de chaque planète, mais aussi celui auquel la pluie des découvertes récentes, dont bien sûr celle de Hertz, donnait à la fois une légitimité enfin reconnue et le statut de support nécessaire de l'optique ondulatoire. Cependant, à part cette conviction à peu près consensuelle, aucun élément nouveau ne semblait pouvoir s'ajouter à un portrait intime toujours flou et inconsistant.

En fait, ce n'est pas exact. Le concept des lignes de forces imaginé par Faraday a joué un rôle considérable dans l'élaboration de la théorie de Maxwell, mais celui-ci, moralement anéanti par les réactions hostiles de l'Establishment aux idées nouvelles, n'en a fait aucune publicité pour les raisons exposées plus haut. Il faut vraiment lire le Traité d'Electricité avec une attention particulière pour y trouver les quelques allusions au milieu éthéré qui s'y trouvent, mais elles sont bien là, en solide fondation de la théorie. Même aujourd'hui cependant, alors que ces lignes de forces ont été rebaptisées « lignes de champ » par ceux qui continent à les utiliser, elles ne servent plus désormais qu'à illustrer des schémas de dispositifs ou de montages électriques, sans vouloir en dire plus sur ce qu'elles représentent vraiment.

Pour Faraday, ainsi que l'explique Maxwell dans les Scientific Papers (Action at a Distance), les lignes de force de l'éther sont comparables aux fibres musculaires. Celles-ci se contractent en se raccourcissant lorsqu'un effort est demandé au muscle, et de la même manière les lignes de forces magnétiques qui figurent par exemple le champ du même nom au voisinage d'un aimant ont une densité, en l'occurrence un nombre de lignes de force passant par une section perpendiculaire donnée, qui varie avec le champ et dans le même sens que lui : près de l'aimant le champ est fort et elles sont plus proches les unes des autres, loin de l'aimant elles se desserrent. Quand il s'agit d'un champ électrostatique, on le représente de la même manière, à ceci près que les lignes de force vont d'une surface électrisée positivement à une autre électrisée négativement, en partant et en arrivant perpendiculairement à ces surfaces. Mais dans le même article, Maxwell ajoute à cette notion venant de Faraday une description supplémentaire, plus fine et plus détaillée, des constituants premiers de l'éther :

« Mais le milieu a d'autres fonctions et réalise d'autres opérations que celle qui consiste à permettre à la lumière de se propager, d'humain à humain et de monde à monde, ainsi que de mettre en évidence l'unité absolue de l'échelle de l'univers. Ses minuscules constituants doivent être le siège de mouvements rotatoires aussi bien que vibratoires, et leurs axes de rotation forment ces lignes de force magnétiques qui se prolongent par une continuité ininterrompue dans des espaces qu'aucun œil n'a jamais

observé et qui, par le biais de leur action sur nos aimants, nous apprennent dans un langage non encore élucidé, se qui se passe dans le monde invisible, de minute en minute et de siècle en siècle ».

Dans une autre note (On Physical Lines of Forces), Maxwell va beaucoup plus loin en se risquant à donner une description de l'éther, en fait pas si éloignée que cela de celle de Descartes ou de Huygens, mais dans laquelle les progrès faits en électromagnétisme lui permettent des hypothèses mieux raisonnées, que ses prédécesseurs ne pouvaient envisager faute de support expérimental. Elles sont malgré tout d'une hardiesse qui se révéla insupportable pour l'époque. Cette note fait suite à une précédente intitulée « On Faraday's Lines of Forces », où Maxwell commence par établir la correspondance entre ces «lignes de force » et le champ magnétique, celui-ci étant la chose qui est révélée par de la limaille de fer disposée sur un carton placé sur un aimant, et que l'on tapote pour voir les grains s'orienter de la manière que l'on sait. Ces notions étant introduites, il montre alors que le « spectre » magnétique, c'est ainsi que l'on nomme encore aujourd'hui ce que dévoilent les dessins formés par la limaille, peut s'identifier aux lignes de force qui caractérisent, d'une certaine manière, l'espace où s'exercent ces forces et qu'on appelle champ. Il est sous-entendu que cette vue de l'esprit qu'il adopte prend sa source dans l'hypothèse sine qua non d'un éther fluide soumis à des tensions mécaniques et à des mouvements variés de différents types, en particulier tourbillonnaires ou linéaires, qu'il décrira par la suite.

Pour Maxwell, la théorie du magnétisme se réduit à un ensemble de formules mathématiques, sans qu'on y trouve le souci de faire le lien avec d'autres parties de la physique. Cet état de fait signifie pour celui qui l'étudie des possibilités de progression limitées, et encore au prix d'efforts importants de déchiffrage. Maxwell insiste en avançant l'idée, pourtant si évidente pour certains, que les progrès de la physique ne peuvent s'accomplir que par une avancée simultanée et parallèle de l'outil mathématique et de la compréhension intuitive : si on ne développe qu'une seule des deux branches de la connaissance, cela ne peut déboucher que sur l'incompréhension.

De plus, pour aller dans le même sens, il arrive souvent que des formules mathématiquement simples, censées représenter un phénomène ou une loi physique, n'apportent aucun éclairage sur le mécanisme des faits étudiés, et aucune explication sur leur causalité. L'exemple type qui est cité par Maxwell est la loi de la gravitation, mais on peut y ajouter sans remords, de nos jours, les théories d'Einstein. Il y a des choses que les mathématiques ne peuvent remplacer, comme la réflexion philosophique (au sens cartésien du terme) ou l'intuition, qui sont les fondements séculaires de la physique, même si l'on croit avec Marcel Boll que cette dernière provient de la connaissance, ce qui n'est que partiellement vrai. Pour montrer à quel point les mathématiques ont besoin de la simple logique pour faire réellement progresser notre savoir, Maxwell emprunte à William Thomson (Lord Kelvin) cette réflexion sur les analogies que l'on peut découvrir, avec un peu d'attention, sur deux domaines à priori indépendants de la physique

: *« Rien ne rapproche apparemment l'attraction universelle de la propagation de la chaleur, et pourtant on trouve les deux cas une loi en $1/r^2$. Il suffit de remplacer « centre d'attraction » par « source de chaleur » et « potentiel » par « température » pour que la solution d'un problème d'attraction soit transformée en celle d'un problème de thermique. Admettre l'intervention d'un milieu dans l'attraction rendrait les deux phénomènes similaires, ce qui irait dans le sens d'une simplification dans leur approche, et donc d'un progrès ».*

C'est ainsi que Maxwell voit les choses, tout en reconnaissant à Faraday, avec son élégance habituelle, la paternité du raisonnement.

Mais passons maintenant à la note la plus intéressante du point de vue de l'éther, « on Physical Lines of Force ». Cette note, ce « paper », est divisé en quatre paragraphes portant sur la théorie des tourbillons, appliquée successivement au magnétisme, aux courants électriques et à l'électricité statique:

1- the theory of molecular vortices applied to magnetic phenomena

2- the theory of molecular vortices applied to electric currents

3- the theory of molecular vortices applied to statical electricity

4- the theory of molecular vortices applied to the action of magnetism on polarized light

L'objectif déclaré de Maxwell est ici, selon ses propres termes, de porter la réflexion sur certains aspects d'actions mécaniques résultant de tensions et de mouvements dans un fluide, puis de les comparer aux divers phénomènes que l'on étudie en électricité et en magnétisme. Ensuite, il se propose de réexaminer ces derniers d'un point de vue uniquement mécanique. Il y a là, en sous-entendu, l'hypothèse majeure que les actions électromagnétiques puissent n'être autre chose que des manifestations déjà connues dans le domaine classique de la physique, mais transposées dans un monde partiellement invisible, qui échappe même à la totalité de nos sens habituels, car tel est bien ce qui distingue avant tout l'électromagnétisme de la physique classique : l'obscurité apparente des causes profondes. On peut d'ailleurs dire la même chose de la gravitation ainsi, éventuellement, que de tous les phénomènes où se manifestent des actions entre corps avec des lois en $1/r^2$. C'est sur cette philosophie que repose le grand Traité de Maxwell, qui n'est pas simplement un édifice purement mathématique, comme il apparaît en première lecture.

C'est ainsi que Maxwell nous amène, petit à petit, et de manière raisonnée, à considérer définitivement l'influence magnétique comme la manifestation de pressions et de tensions (« stress »), s'exerçant dans un certain milieu, suivant ainsi la voie ouverte par Faraday et William Thomson. Il lui faut alors expliquer l'origine de ces diverses forces qui se manifestent dans ce milieu, et c'est dans ce but qu'il introduit ses tourbillons, qui sont les éléments intimes de l'éther, dont l'empilage se fait le long des lignes de force et constitue en fait ces dernières. Que sont donc les fameux tourbillons de Maxwell ? Bien qu'il existe dans la note « on Physical Lines of Force » un nombre important d'illustrations, il n'est pas si simple de se mettre à la place du maître et de tenter de voir ce qu'il a vu lui-même. Néanmoins, étant donné que les équations de Maxwell n'ont jamais été prises en défaut et constituent désormais les fondations inébranlables de l'électromagnétisme, il faut bien essayer de se représenter l'univers comme on peut supposer que le voyait l'auteur du Traité d'Electricité et de Magnétisme, du moins si l'on veut comprendre un tant soit peu la genèse de ces relations fondamentales qui dépendent finalement, et il faut insister sur ce point, d'hypothèses faites sur la constitution du milieu présumé où se manifestent les phénomènes étudiés.

La figure 1-4 montre l'arrangement des tourbillons dans une coupe perpendiculaire aux lignes de force. Ces tourbillons tournent tous dans le même sens, et pour que ceci soit possible Maxwell suppose qu'il existe entre eux une couche d'éléments encore plus petits, comparables aux billes d'un roulement à billes et d'une consistance et d'une forme telles qu'il n'y ait pas de frottement, donc pas de diminution d'énergie sous forme thermique. Pour un tourbillon donné, le sens de rotation est tel qu'il se produit dans le sens des aiguilles d'une montre quand on se déplace, en suivant une ligne de force, d'une région de moindre densité (champ faible) vers une région où les lignes sont plus serrées (champ fort). On reconnaît là les prémices de ce qui deviendra par la suite, à l'échelle

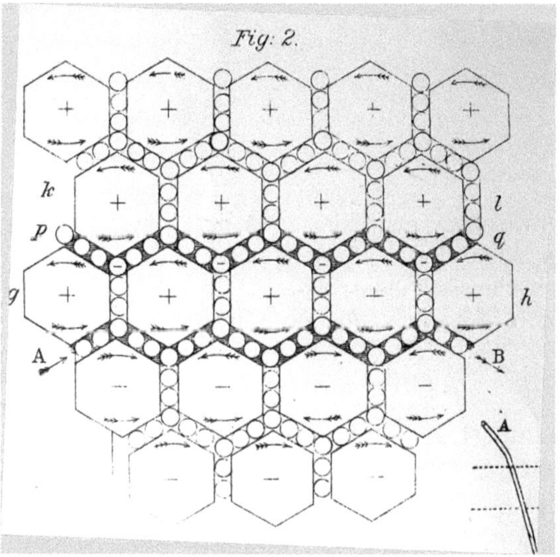

figure 1-4. Le courant électrique AB traverse perpendiculairement les lignes de force vues en coupe (hexagones). Les petites billes intercalées permettent aux tourbillons de tourner librement.

macroscopique, la règle dite du « tire-bouchon de Maxwell ».

Les figures 1-5 et 1-6 sont tirées du même article, elles font partie d'une série plus importante, toutes groupées sur une même page, mais celles-ci sont considérées ici comme les plus représentatives et il ne servirait pas à grand-chose d'en rajouter d'autres, même si elles sont toutes intéressantes. Il est conseillé à ceux qui veulent approfondir de se reporter à l'original, d'autant que l'ensemble des « Scientific Papers » constitue une formidable mine d'idées et peut-être le meilleur exemple de cette belle physique descriptive qui n'existe plus de nos jours.

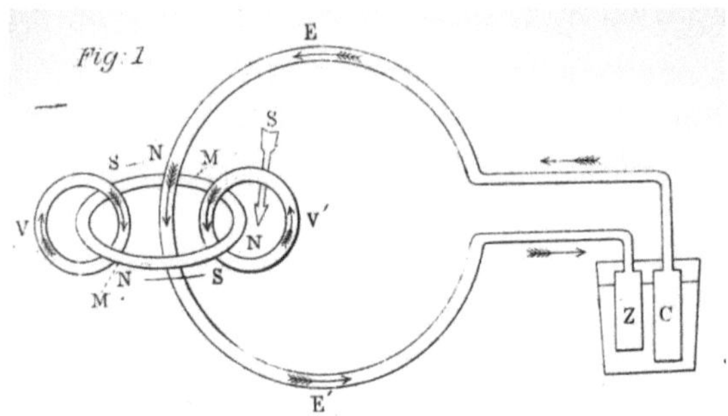

figure 1-5.
La pile ZC (Zinc-Copper) génère un courant EE' qui traverse une ligne de force magnétique autour duquel Maxwell a dessiné deux vortex. En fonction des sens de circulation choisis et indiqués par les flèches, ces vortex entraîneront une particule vers le haut à l'extérieur de la ligne de force.

Pour ce qui est de l'éther, ce qui précède est un résumé suffisamment fourni, bien que loin d'être exhaustif, de la représentation que s'en faisait Maxwell et qui lui a permis, il faut en être bien conscient, de développer par la suite le concept de « courant de déplacement » qui a assuré la complétude des « équations » et que l'on considère comme le trait de génie de leur auteur. Ce trait de génie n'a pourtant pas le caractère de soudaineté que l'on associe en général à cette expression, il est en fait le fruit d'un effort permanent de Maxwell pour essayer d'aller un peu plus loin que ses collègues physiciens dans la découverte de la constitution de ce milieu mystérieux, mais à ses yeux d'une réalité indiscutable, où se propage la lumière. On l'a donc compris, l'éther de Maxwell est constitué de très petits tourbillons ou vortex qui s'empilent là où l'on dit qu'il y a un champ, c'est-à-dire là où on peut dessiner d'une manière ou d'une autre des lignes de force, et leur vitesse de rotation est proportionnelle à l'intensité du champ. Mais il ne se voile pas la face devant la fragilité des hypothèses qu'il avance, et il procède toujours avec la plus grande prudence :

« En fait, nous devons maintenant nous demander quelle relation il peut y avoir entre ces tourbillons et les courants électriques, alors que nous ne connaissons toujours pas la nature de l'électricité, si celle-ci est une substance, ou deux, ou pas de substance du tout, ou en quoi elle est différente de la matière, et quels sont ses liens avec cette dernière. ».

Malgré cette prudence et cette modestie qu'il affiche dans toute son œuvre, on trouve, toujours dans la même note sur les lignes de force, des idées extrêmement hardies qui, confrontées avec ce que nous savons aujourd'hui en électromagnétisme, montre l'étendue de son intuition :

« Nous avons trouvé que la vitesse de révolution de chaque tourbillon doit être proportionnelle à l'intensité de la force magnétique, et que la densité de la matière du tourbillon doit être proportionnelle à l'aptitude du milieu pour l'induction magnétique. ».

Il y a dans ces quelques lignes, dont on chercherait vainement la citation dans les cours supérieurs de physique, quelque chose de stupéfiant : c'est la première fois que l'on trouve posé, même indirectement, le problème de la masse de l'éther. Il ne s'agit évidemment pas de sa masse totale, ce qui n'a aucun sens, mais de sa masse spécifique. Mais il y a encore plus fort, c'est la relation implicite qu'il entrevoit de cette masse avec ce qu'il appelle l'aptitude du milieu pour l'induction magnétique et que nous connaissons aujourd'hui sous le nom de perméabilité magnétique. Il faudra attendre 1970 et la théorie synergétique de Vallée pour voir resurgir cette notion fondamentale de masse, qui ne peut être occultée à partir du moment où on prête à l'éther la capacité d'entraîner les corps.

Voilà donc ébauchée, trop brièvement sans doute, une présentation de l'éther de Maxwell. Bien qu'incomplète, elle montre quel rôle essentiel il a joué dans l'élaboration d'une théorie maintenant mille fois confortée par l'expérience, considérée par tous comme une fondation inébranlable de la science moderne. L'électromagnétisme est pourtant enseigné sous la forme d'un édifice mathématique d'une aridité telle, en passant sous un silence total les hypothèses premières depuis longtemps oubliées, voire carrément ignorées, qu'elle décourage de plus en plus les étudiants de choisir cette option. C'est vraiment désolant, d'autant que les conceptions éthéristes de l'électromagnétisme ouvrent la voie à des recherches et des découvertes fabuleuses. A propos des mathématiques et de leurs outils, notons pour terminer que l'utilisation des rotationnels par Maxwell dans son étude des champs a d'abord eu pour objet celle des vortex élémentaires, qu'elle a été empruntée à Stokes dans une étude

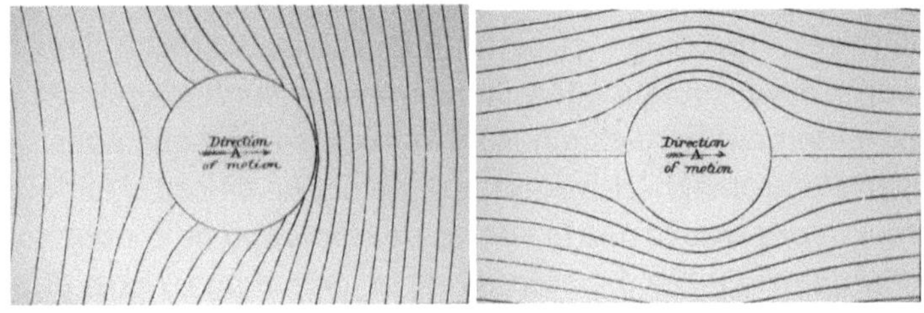

figure 1-6.
Le cercle central représente la coupe d'un conducteur qui se déplace dans un champ magnétique, ou réciproquement. Là où les lignes de force sont comprimées, la vitesse giratoire des vortex est plus grande et le champ plus fort.

générale des phénomènes de diffraction (« On the Dynamical Theory of Diffraction ») et qu'elle fait partie de l'arsenal théorique de la dynamique des fluides, à qui appartient de prime abord l'étude des tourbillons et qui, convenablement réorientée, sera l'arme absolue de toute physique éthérique.

1-6 : L'éther de Clémence Royer.

La nantaise Clémence Royer était contemporaine de Maxwell, mais elle ne le cite pas et ne semble pas, de toute façon, avoir été passionnée par l'électromagnétisme. C'était pourtant une femme très éclectique, traductrice de Darwin, en même temps et aussi bien que physicienne respectée, et à qui on attribua d'ailleurs la légion d'honneur pour son œuvre dans ce domaine. C'est pour cette deuxième casquette qu'elle est citée ici, car l'originalité et la hardiesse de ses thèses sur la matière méritent qu'on s'y arrête un tant soit peu, même si elles n'ont pas été retenues par les spécialistes d'aujourd'hui. Clémence Royer avait d'autant plus de mérite que, pendant l'époque napoléonienne, les femmes n'étaient pas les bienvenues dans une communauté scientifique fortement machiste où, de plus, les physiciens et les mathématiciens étaient en guerre. On peut la considérer, de ce point de vue et en fonction de

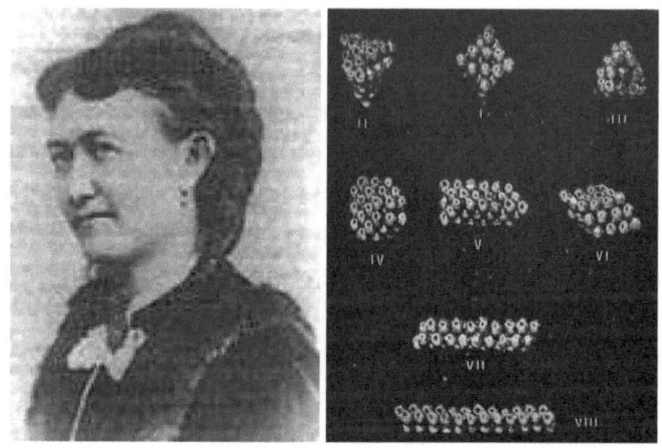

Clémence Royer (1830-1902)

Figure 1-7   Formes moléculaires du calcium

l'environnement social d'alors, comme une Louise Michel de la physique, et un précurseur des mouvements féministes. En ce qui concerne l'éther, en revanche, on est quelque peu surpris lorsque l'on en découvre sa conception dans son ouvrage principal en physique, « la constitution du Monde », où elle construit en 800 pages une théorie extraordinaire qui, il faut le reconnaître, est de nos jours bien difficile à avaler.

Pour Clémence Royer, l'univers est constitué de deux entités distinctes : l'éther et la matière. Jusque là, rien de bien nouveau. Mais la différence essentielle avec les théories précédentes, en prenant pour origine celle de Descartes, est que l'éther ne pénètre plus dans la matière, car les deux sont composés de la même manière, avec les mêmes atomes dont l'ensemble constitue la « matière cosmique ». L'idée maîtresse est que ces atomes ne sont pas rigides et indéformables, comme le supposait l'école épicurienne, mais au contraire fluides et expansibles, tout en étant impénétrables. Chacun d'eux aurait tendance à se constituer en sphère et à occuper tout l'espace s'il était isolé, mais la présence des autres atomes voisins, qui ont le même comportement, aboutit à un remplissage total et uniforme de l'univers (c'est le point commun de toutes les théories éthéristes). Sa déformabilité fait qu'en groupe, ce qui constitue le cas général, les sphères individuelles s'écrasent les unes les autres pour prendre finalement la forme de polyèdres jointifs remplissant complètement l'espace. Il n'y a donc plus de passage entre eux pour qu'un fluide puisse s'y insinuer, l'éther va par conséquent se manifester par une pression omniprésente contre laquelle la matière va lutter en permanence, en développant une pression antagoniste et en maintenant ainsi un équilibre spatial dont les limites géométriques seront fonction de la température du corps considéré. La matière est vue comme un ensemble d'atomes dégradés, devenus de ce fait pondérables (?), par un processus accidentel au cours duquel les atomes éthériques, à l'origine impondérables, ont perdu de l'énergie pour acquérir de l'inertie :

« Si avec les dynamistes ioniens on considère les éléments premiers de la substance cosmique, non comme des centres de douée d'une force d'expansion indéfinie et jouissant de toutes les propriétés absolues des fluides parfaits, la grandeur relative de ces atomes sera, sous les mêmes pressions, proportionnelle à leur quantité de substance, ou à la somme de leurs forces expansives Ils seront d'autant plus grands qu'ils seront plus actifs. Leur inertie ou leur masse deviendra une fonction inverse de leur force et de leur volume, constamment modifié lui-même par la variation des pressions qu'ils exercent les uns sur les autres, en vertu de leur force d'expansion qui les fait lutter pour s'approprier chacun leur part proportionnelle d'espace, sans qu'il n'y ait jamais de vide entre eux. A cet égard

seulement Descartes, en niant l'existence du vide, aurait eu raison contre Leibniz qui a beaucoup tergiversé à ce sujet.

Quant à la pesanteur et à l'inertie, loin d'être des propriétés primaires et essentielles, inhérentes à tous les atomes, elles seraient, au contraire, des propriétés secondaires, acquises seulement par certaines catégories d'entre eux et proportionnelles pour chacun d'eux à leur perte de substance ou à l'affaiblissement de leur force expansive. »

figure 1-8   Propagation des couleurs

Un peu plus loin :

« L'éther impondérable serait donc l'état virtuel et primordial de la substance cosmique. La matière pesante serait constituée d'atomes d'éther plus ou moins affaiblis par une perte variable de leur substance ; leur volume serait virtuellement en raison inverse du cube de leur inertie ou de leur masse, proportionnelle à leur poids. Mais ce volume serait va-

riable sous certaines conditions de pression. » (La Constitution du Monde, p70/71)

A partir de là, Clémence Royer dévoile sa conception de la gravitation, qui découle des hypothèses précédentes :

« Tous les atomes, pesants ou impondérables, se repoussant les uns les autres au contact, en vertu de leur force d'expansion, variable en intensité, proportionnellement à leur volume, les plus faibles, les plus petits, dont l'énergie expansive est diminuée, poussés les uns vers les autres en raison directe de leur inertie ou de leur masse acquise, doivent sembler s'attirer réciproquement. »

On retrouve ici, exprimée avec force, la négation de l'existence des forces d'attraction, ce dont Newton lui-même était presque convaincu, et leur interprétation par des déséquilibres statiques qui poussent les corps les uns vers les autres. Marquée par un mélange continu de critiques justifiées à l'égard de la physique « officielle » et d'idées trop neuves, l'œuvre de Clémence Royer est déconcertante. Certaines conceptions, comme celle de l'atome-monade de volume variable, ouvre la voie à des réflexions probablement prometteuses, à la limite de la métaphysique, mais la rupture avec les thèses classiques est trop brutale, trop franche, pour que l'on n'éprouve pas un certain malaise quand on essaie de jouer le jeu et d'assimiler les démonstrations en chaîne qu'entraînent en avalanche ses hypothèses révolutionnaires. D'autant que la savante est très péremptoire, sûre d'elle, et que le doute ne semble pas l'habiter : c'est assurément une « battante », et son style tranche singulièrement avec la prudence avisée de Maxwell. De ce point de vue, elle tient plus de Descartes que de celui-là. Pourtant, on remarque aussi un emploi fréquent du conditionnel qu'on ne sait trop comment interpréter : hésitation, manque de preuves, embarras d'un

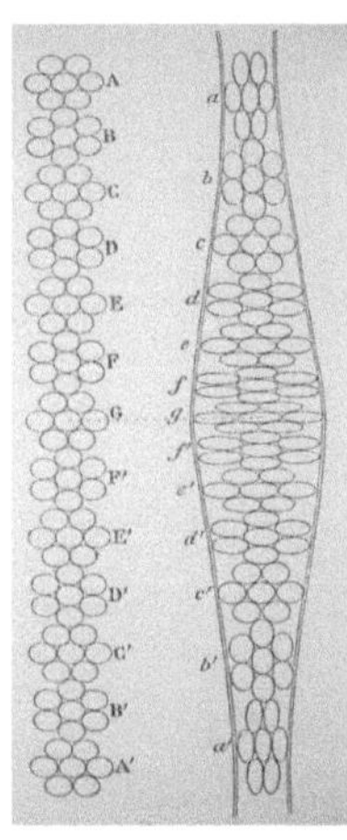

figure 1-9   Onde sonore et déformation des atomes.

vocabulaire trop étriqué pour exprimer des idées aussi déconcertantes ? Mais quand on lit Descartes ou Einstein, est-ce bien différent ?

En revanche, quand il s'agit de critiquer les fondements contestables des diverses théories physiques, et notamment des systèmes du monde, Clémence Royer sait appuyer là où ça fait mal et présenter ce qu'elle considère comme des inepties avec une logique accessible à tous. Témoin ce passage qui justifie à lui seul l'existence de l'éther :

« Ce qu'on ne conçoit pas surtout, c'est la persistance du mouvement des corps dans un vide absolu de toute substance étendue et comment il se fait que, dans ce vide, tous les corps célestes, soumis à la pesanteur, qu'on nous représente comme une attraction réciproque des masses, ne tombent pas verticalement les uns sur les autres.

Il en est autrement, si tout mouvement a lieu dans un milieu absolument plein, mais fluide, plastique, élastique, impondérable et sans inertie, mais surtout incompressible par le fait de son incoercibilité. »

Elle va sans doute trop loin dans l'énumération des propriétés du milieu éthéré qui justifient sa propre théorie, contrairement aux autres, cependant elle utilise une méthode rationnelle qui consiste d'abord à détruire ce qui la gène pour reconstruire un édifice plus conforme à la logique élémentaire, celle que tout le monde est censé posséder et à laquelle elle fait systématiquement appel avec un réel talent.

Quoi qu'il en soit, même si son travail est aujourd'hui complètement inconnu des étudiants en physique, même si sa constitution du monde ne colle plus avec les données actuelles, il n'en reste pas moins que ses critiques, celles qu'elles pointent vers l'Establishment français, mériteraient une nouvelle lecture, ne serait-ce que pour servir d'aliment à un examen permanent de la soi-disant progression des connaissances.

1-7 : L'éther de Tommasina.

Le suisse Thomas Tommasina fait partie des oubliés de la physique, comme Clémence Royer, mais à un point tel qu'on n'arrive même pas à trouver sa biographie sur Internet. On se demande parfois quels crimes ont pu commettre certains pour être ainsi excommuniés et condamnés à l'oubli éternel, la pire des sanctions pour un homme de science. Or homme de science il était assurément, puisque docteur es-sciences et membre honoraire de l'Institut National de Genève. Tommasina a écrit en 1927 un ouvrage intitulé « la physique de la gravitation et la dynamique de l'Univers », qu'il considérait comme son « testament scientifique ». Tout ce qui s'y trouve est basé sur l'existence préalablement supposée de l'éther et, pour bien montrer que sa conception du monde n'est pas une fantaisie individualiste mais s'inscrit dans la continuité d'un certain courant de pensée, il se réfère à d'autres philosophes scientifiques dont il a choisi les idées comme base de départ, et dont les citations qu'il en fait méritent d'être reproduites telles quelles, tant elles sont judicieuses et d'une grande clarté.

1855-1935

D'abord celle du mathématicien Joseph Bertrand, dans un éloge de Lamé :

« Des indices trop certains pour laisser place au doute révèlent l'existence de l'air. On le voit agiter les feuilles d'un arbre ; on l'entend siffler dans ses branches ; on comprend qu'il résiste aux ailes d'un oiseau et, en affirmant que l'air existe, nul n'est tenté d'ajouter : en physique seulement. Aucune main n'a touché l'éther, aucun œil ne l'a vu, aucune balance ne l'a pesé. On le démontre, on ne le montre pas ; il est pourtant aussi réel que l'air, son existence est aussi certaine : si j'osais dire qu'elle l'est davantage, on m'accuserait d'exagération. »

Et encore, du même :

« Lamé, cependant, m'y aurait encouragé. Quoi qu'il en soit toutes les écoles, sur ce point, sont d'accord. Fresnel a poussé la démonstration jusqu'à la complète évidence ; il a fait plus que convaincre ses adversaires,

ils les a réduits au silence. L'Univers est rempli par l'éther, il est plus éten-du, plus universel et peut-être plus actif que la matière pondérable... »

Puis celle de Lamé lui-même :

« Comment croire que ce fluide, dont l'intervention accorde et con-cilie jusqu'aux moindres détails les faits relatifs à la lumière, n'intervienne pas dans les phénomènes calorifiques ? Que, mêlé aux molécules maté-rielles, il n'influe pas sur l'élasticité ? Et que, présent aux actions élec-triques, il n'y joue cependant aucun rôle ? »

Après avoir rendu comme il se doit hommage à ses prédécesseurs, Tommasina s'engage avec autorité dans sa voie personnelle, en dénonçant d'abord les deux erreurs fondamentales, selon lui, des conceptions éthé-ristes, l'une concernant l'entraînement des masses et l'autre la vitesse de la lumière. Pour sortir des contradictions qu'il a relevées, il va émettre deux idées maîtresses dont la pertinence reste intacte.

La première est que pour lui, comme pour Descartes, c'est l'éther qui entraîne les planètes, il n'y a donc plus à lui attribuer ses deux caracté-ristiques usuelles jusque là : une masse nulle et un état d'immobilité ex-pliquant l'absence d'action sur le mouvement d'un corps astral, tout en en faisant une référence spatiale absolue.

Ensuite, et c'est peut-être l'idée la plus forte dans l'ensemble de sa théorie, la vitesse de la lumière dans un tel milieu ne peut être une constante universelle :

« ...la pression Maxwell- Bartoli subit un amortissement continuel étant produite par le mécanisme isotrope de la propagation du rayonne-ment, et que, conséquemment à cet amortissement, la vitesse de la lu-mière c n'est pas une constante, comme le supposent les relativistes, mais une moyenne suffisamment exacte dans les limites de nos expériences et de nos observations. »

Ces idées sont en train de resurgir actuellement, après la faillite non avouée de l'école relativiste, et on verra plus loin qu'elle a probable-ment inspiré la Théorie Synergétique de René-Louis Vallée, qui ne peut avoir manqué de lire Tommasina.

Ce n'est pas tout. Il y a dans l'approche de Tommasina sur le pro-blème de l'éther en général une troisième idée déterminante, extrême-ment pédagogique, qui tente d'expliquer pourquoi nous avons tant de mal à nous mettre d'accord sur cette question, et qui consiste à analyser un peu plus finement la manière dont nous utilisons nos moyens naturels dans l'observation des faits. Si on a tant de mal à s'imaginer l'existence physique réelle d'un milieu de propagation non seulement de la lumière, mais plus généralement de toutes les ondes électromagnétiques, c'est parce que tous nos sens se réunissent pour nous affirmer qu'il n'y a rien entre un objet que l'on regarde et notre œil, à part éventuellement des matières que l'on peut identifier facilement : l'air, le brouillard, une vitre, etc... A partir de cet état de fait, Tommasina va s'efforcer d'expliquer à son lecteur pourquoi les impressions, les apparences, qu'elles soient visuelles, tactiles, auditives ou tout ce qu'on peut imaginer, ne sont pas en contra-diction avec l'existence d'une matière remplissant totalement l'univers. C'est tellement bien fait, c'est tellement bien amené, qu'il est encore pré-férable de le citer intégralement plutôt que de risquer de déformer sa pensée, car chaque mot compte :

« Les mathématiciens relativistes ont tâché de se tirer d'affaire en faisant intervenir une entité purement symbolique laquelle ne s'agit point, d'après eux, d'une substance réelle. Reconnaissant que ce n'est là qu'une solution illusoire, et, d'autre part, ne croyant pas à l'insondable mystère supposé par Lord Kelvin, nous avons examiné à fond le problème et recon-nu la nécessité de tenir compte de sa complexité, commençant par l'étude de la modification qui produit la vision par l'éther, avant d'entreprendre celle astronomique du déplacement des astres.

Nous nous sommes demandé : qu'est-ce que voir ? Pour qui que ce soit, voir c'est apercevoir un objet plus ou moins nettement suivant la dis-tance à laquelle il se trouve. D'après ses propres expériences, tout homme sait qu'il cesse de voir l'objet si un écran opaque est placé entre lui et la chose qu'il regarde. Tous les hommes ont acquis de cette façon la certitude que la vision des choses signifie que l'espace est libre entre nous et ce que nous voyons ; ou, s'il n'est pas absolument vide, ce qui s'y trouve, soit-il solide, liquide ou gazeux, doit être transparent. Nous savons que le verre et l'eau, par exemple, jusqu'à une certaine épaisseur, sont transparents, et qu'il en est de même de l'air. Cette manière de penser est commune à tous les enfants, et quand l'un de ces enfants, ayant terminé ses études est de-venu un professeur de Physique, il conserve encore cette manière de pen-

ser à propos des conditions physiques qui permettent la vision, soit des objets illuminés, soit de ceux qui émettent de la lumière. Cela n'est pourtant qu'une illusion, aussi irréelle que la marche du soleil, que chaque jour de beau temps nous pouvons suivre de nos yeux depuis son lever jusqu'à son coucher.

Pourquoi donc, tandis que tous les hommes ayant l'instruction la plus élémentaire acceptent la correction de cette dernière façon erronée de juger, n'en est-il pas de même pour le phénomène de la vision ? C'est que, pour l'une, il suffit de prendre en considération le fait que la Terre tourne sur elle-même en sens opposé de celui de la marche apparente du Soleil, et qu'alors cette marche n'a pas lieu, et notre illusion visuelle n'est que le résultat de la supposition erronée de notre immobilité ; pour l'autre au contraire il faut pénétrer le mécanisme physique hypothétique qui constitue réellement ce qui se passe dans le phénomène de la vision.

Nous allons tâcher de l'expliquer ; mais pour rendre plus facile et plus claire notre démonstration, nous nous permettrons de laisser de côté, pour un instant, le phénomène de la vision pour examiner celui de l'audition.

Les bruits et les sons que notre oreille perçoit nous arrivent aussi plus ou moins nets suivant leur distance et leur intensité, mais d'autre part on sait que le son marche plus vite dans les solides que dans les liquides, et dans ces derniers mieux que dans les gaz. On sait qu'en collant l'oreille à une porte on entend mieux ce qu'on dit de l'autre côté. Nul n'a de la peine à admettre le mécanisme spécial qui permet la transmission du son dans l'intérieur d'un corps solide interposé sans solution de continuité entre notre oreille et la source du son ou d'un bruit quelconque.

Or, un mécanisme presque identique constitue la vision, et notre œil se trouve collé continuellement à l'éther solide de Lord Kelvin, il ne peut s'en décoller jamais. C'est par et au travers de l'éther qu'il reçoit les vibrations qui lui font voir les objets illuminés et les points lumineux, soient-ils des étincelles ou des astres.

Mais nous ajoutons la remarque que si nous avons les yeux pour voir la porte à laquelle nous collons notre oreille et l'organe du tact pour la sentir, nous n'avons aucun organe pour constater directement la présence de cet éther solide, qui s'interpose entre nous et tout ce qui nous entoure, *qui , même, nous pénètre jusque dans les atomes des cellules de nos tissus organiques*

D'après ces quelques considérations, je pense que le lecteur n'aura aucune difficulté à corriger sa manière, précédemment décrite, d'envisager le phénomène de la vision, c'est-à-dire ce que c'est que voir, et qu'il sera convaincu que c'est l'espace plein qui lui permet de voir, car l'espace vide constituerait, au contraire, l'opacité absolue, ne pouvant transmettre aucune vibration. »

Pour se convaincre de l'existence de l'éther, pour éventuellement essayer d'en convaincre les autres s'il y a lieu de le faire, l'expérience quotidienne montre qu'il est obligatoire, indispensable, de faire ce genre de travail dialectique préparatoire que Tommasina pratique avec tant de maîtrise et de subtilité. On trouvera dans le présent ouvrage, dans les autres chapitres sur l'éther, un développement, ou du moins une autre présentation de la chose, mais il faut reconnaître que la méthode de Tommasina est d'une incontestable élégance. Son analyse est d'un poids énorme. Son livre sur la dynamique de l'univers, d'où sont tirées les citations précédentes, est d'une richesse telle qu'il mériterait cent fois d'être réédité, tant sa logique, qui n'a rien à envier à celle de Marcel Boll, pourtant une référence en la matière, est à la fois puissante et pertinente. C'est l'arme absolue pour lutter contre l'envahissement de la physique par les relativistes, dont les thèses de plus en plus fumeuses finissent par décourager le public d'essayer de comprendre le contenu des revues scientifiques et l'éloigne petit à petit, mais sûrement, de la pus belle activité intellectuelle qui soit : la Science.

Mais courrons vite à l'éther, qui est notre sujet. Une fois qu'il a démonté, à travers quelques exemples judicieusement choisis, toutes les invraisemblances des thèses relativistes et montré la nécessité de l'existence d'un milieu pour que se propagent les ondes électromagnétiques, Tommasina commence à dessiner ce qui va être son éther à lui, et se réfère tout d'abord à Maxwell, avec lequel il se met d'accord sur le fait qu'il y a partout des corpuscules qui tournent ou qui vibrent. Autrement dit, l'éther est actif : c'est un milieu globalement et localement immobile, mais où tout remue, où rien de ce qui parait stable n'est au repos. Ce qui était vortex pour Maxwell devient « énergon » pour Tommasina, mais ce dernier admet tout à fait l'existence des lignes de force de Faraday, et on peut le considérer, en fonction de ce parallélisme des deux démarches, comme le continuateur de l'œuvre de Maxwell pour ce qui est du sujet particulier de l'éther. L'énergon en est donc la particule ultime, dont le mouvement est vibratoire au lieu d'être rotatoire, ce qui le différencie du vortex et le rapproche curieusement de l'éther de Descartes et de « l'agitation » des particules élémentaires. L'énergon est ensuite défini comme un électron ponctuel possédant un domaine propre autour de lui, domaine dont l'extension est fonction de son état énergétique, lequel est le résultat de l'interaction permanente entre l'éther et la matière.

Un autre point, extrêmement important, de la théorie de Tommasina, est l'affirmation que l'éther n'a pas une masse volumique négligeable, que ce n'est pas le corps infiniment léger que laisserait entendre son qualificatif de « matière subtile » donnée par Descartes, mais au contraire un fluide d'une densité énorme propre à donner aux corps astraux le mouvement qu'on leur connaît, à les entraîner sur leurs orbites ou les fixer dans leurs positions.

Le livre de Tommasina, dont le titre exact est : « la Physique de la Gravitation et la Dynamique de l'Univers », est d'une telle richesse qu'il est dommage de n'en donner que quelques extraits, alors que sa lecture complète est un plaisir rare pour qui aime vraiment la physique. Cependant on ne pourra que se contenter, pour terminer ce survol trop court, d'un résumé des idées de l'auteur qu'en donna le physicien français Cornu dans un discours prononcé en 1899 à l'Université de Cambridge :

« Monsieur Tommasina commence par établir les axiomes physiques suivants :

1- Tout phénomène a lieu dans l'espace et dans le temps.

2- Tout phénomène ne peut être produit que par de la matière en mouvement.

3- Aucune action ne peut se transmettre entre deux corps sans un intermédiaire matériel.

4-L'espace illimité, où l'Univers évolue, doit être rempli partout de matière en mouvement.

5- Le mouvement sans matière est inconcevable.

Ensuite M. Tommasina passe au développement de ses hypothèses fondamentales qui sont les suivantes :

1- L'éther existe réellement, il est matériel, isotrope, symétrique, homogène et d'une élasticité parfaite, il est illimité et il remplit tout l'espace occupé par l'Univers.

2- L'éther agit sur les atomes de tous les corps, avec lesquels il est toujours en contact par les mouvements vibratoires de ses cellules (électrons) et par la pression qui existe entre elles. Celle-ci étant la condition nécessaire et suffisante pour la transmission de l'énergie.

3- La gravitation Universelle et tous les phénomènes physiques et chimiques sont dus à ces deux actions de l'éther, c'est-à-dire à l'énergie radiante et à la pression éthérique.

4- Les phénomènes apparents d'attraction et de répulsion sont toujours dus à des poussées ou entraînements dans un sens ou dans le sens contraire ; la transmission de l'énergie se faisant par communication de mouvements entre l'éther et les atomes pondérables et réciproquement. »

Voilà donc, bien que résumée incomplètement, une théorie d'une qualité exceptionnelle, dont le prolongement par René-Louis Vallée et sa Théorie Synergétique sera détaillé au chapitre suivant. Le nom de Tommasina est aujourd'hui complètement ignoré des universitaires, tout comme celui de Clémence Royer. L'un et l'autre ont ceci de commun qu'ils ont rejeté l'enseignement obligatoire de la science officielle pour suivre des voies personnelles et laisser parler leur instinct de physicien. Mais ceci ne se fait jamais sans indisposer l'Establishment, représenté chez nous, entre autres, par les membres de l'Académie des Sciences, qui de tous temps se sont considérés comme les gardiens incorruptibles et incontestables des connaissances acquises. Ajoutons comme circonstance aggravante que les contestataires cités plus haut n'étaient pas vraiment timides, et professaient leurs thèses révolutionnaires avec une vigueur tout à fait insupportable. Pour en terminer, en ce qui concerne plus particulièrement Tommasina, ce dernier était coupable de sacrilège et de lèse-majesté en osant critiquer ouvertement Einstein, la nouvelle idole de la Physique Théorique. Même aujourd'hui, pratiquement un siècle plus tard, on en est encore là, les pratiques et les mentalités sont toujours les mêmes. Il ne faut pas oublier qu'il a fallu plus d'une centaine d'années pour démontrer que la théorie de l'émission de Newton n'était pas la bonne. Mais il ne faut pas perdre espoir, l'exemple de Maxwell montre que la vérité et le talent peuvent finir par triompher un jour.

1-8 : L'éther de Gustave Le Bon

Branly et Gustave Le Bon, qui se connaissaient bien, sont deux exemples de cerveaux éclectiques qui œuvraient dans plusieurs disciplines, aussi bien en médecine qu'en physique, cette dernière étant probablement, et même certainement, leur passion commune. Si le premier commença par étudier la physique avant de se tourner tardivement vers la médecine, le second suivit un chemin inverse et se fit également connaître en anthropologie et dans les sciences sociales, mais c'est sa prestation en physique qui sera retenue ici car, d'une part, il a réalisé des expériences formidables dont plus personne ne parle, et d'autre part il était un éthériste convaincu. Ses deux ouvrages majeurs en physique sont « l'Evolution des Forces » et « l'Evolution de la Matière ».

Ce qui est particulièrement intéressant, dans la lecture des travaux de ce genre assez peu répandu de savants, c'est un style particulier qui provient probablement de l'éventail plus étendu de leurs connaissances, et qui se caractérise par un langage écrit plus élaboré, plus souple et plus proche du lecteur que ne peuvent l'être celle des spécialistes de physique théorique, comme Poincaré ou Duhem par exemple, qui ont fait des mathématiques leur outil premier et dont le style d'écriture est en conséquence. Ceux qui compilent les vieux cours de physique du début du 20ème siècle, en particulier ceux de terminale, peuvent témoigner de la clarté singulière de ceux qui sont destinés aux étudiants en biologie, en médecine, en pharmacie ou même en lettres, par rapport à ceux de la « ligne dure » de la filière des sciences dites exactes. Lire Le Bon, c'est savourer la physique comme on le fait pour un roman, c'est retrouver le plaisir de la connaissance, le plaisir d'apprendre et de réfléchir. Ceci est d'autant plus vrai que le souci d'éviter l'excès de mathématiques, ainsi que l'effort intellectuel que l'on fait pour y parvenir, amènent souvent à des démonstrations plus élégantes et conduit à une présentation des faits plus à même, grâce à une logique plus abordable, de mieux intéresser le lecteur, qu'il soit étudiant concerné dans la branche ou simple curieux. Le Bon a ceci de commun avec Tommasina qu'il écrivait aussi pour le grand public, contrairement aux « grands savants » de l'histoire des sciences, comme Maxwell ou Fresnel, qui ne publiaient que pour le cercle restreint des chercheurs de leur niveau.

Le Bon était bien sûr éthériste, mais son approche du sujet est très différente des précédentes. Elle est d'abord plus intuitive, reste toujours en rapport étroit avec la réalité et ne progresse qu'en gardant en permanence le souci d'expliquer, sans éprouver le besoin de modéliser. C'est, de ce point de vue, l'« anti-Duhem ». Ensuite son exposé est souvent agrémenté de remarques sociétales et humaines qui rappellent sa culture diversifiée et ses antécédents, ainsi que sa méfiance totale vis-à-vis de la science officielle, point commun à tous les contestataires de la physique. Cela étant, il propose comme le fait Tommasina un condensé de ses idées maîtresses, qu'on trouve au début de « l'Evolution de la Matière » et qui constitue un résumé de sa conception de l'univers :

« Des recherches expérimentales exposées dans nos divers mémoires et qui seront résumées dans cet ouvrage se dégagent les propositions suivantes :

1- La matière supposée jadis indestructible s'évanouit lentement par la dissociation continuelle des atomes qui la composent.

2- Les produits de la dématérialisation de la matière constituent des substances intermédiaires par leurs propriétés entre les corps pondérables et l'éther impondérable, c'est-à-dire entre deux mondes que la science avait profondément séparés jusqu'ici.

3- La matière, jadis envisagée comme inerte et ne pouvant restituer que l'énergie qu'on lui a fournie, est au contraire un colossal réservoir d'énergie -l'énergie intra-atomique- qu'elle peut spontanément dépenser.

4- C'est de l'énergie intra-atomique libérée pendant la dissociation de la matière que résultent la plupart des forces de l'univers, l'électricité et la chaleur solaire notamment.

5- La force et la matière sont deux formes diverses d'une même chose. La matière représente une forme relativement stable de l'énergie intra-atomique. La chaleur, la lumière, l'électricité, etc., représentent des formes instables de la même énergie.

6- Dissocier les atomes, ou en d'autres termes dématérialiser la matière, c'est simplement transformer la forme stable d'énergie condensée nommée matière en ces formes instables connues sous les noms d'électricité, de lumière, de chaleur, etc.

7- La matière ordinaire peut donc être transmuée en des formes diverses d'énergie, mais ce n'est sans doute qu'à l'origine des choses que l'énergie a pu être condensée sous forme de matière.

8- les équilibres des forces colossales condensées dans les atomes leur donne une stabilité très grande. Il suffit cependant de troubler ces équilibres par un réactif approprié pour que la désagrégation des atomes commence. C'est ainsi que certains rayons lumineux peuvent dissocier facilement les parties superficielles d'un corps quelconque.

9- La lumière, l'électricité et la plupart des forces connues résultant de la dématérialisation de la matière, il s'en suit qu'un corps qui rayonne perd, par le fait seul de ce rayonnement, une partie de sa masse ; s'il pouvait rayonner toute son énergie, il s'évanouirait entièrement dans l'éther.

-10 La loi d'évolution applicable aux êtres vivants l'est également aux corps simples. Les espèces chimiques pas plus que les espèces vivantes ne sont invariables. »

Tout comme Tommasina et Maxwell, Le Bon considère l'éther comme étant le siège obligatoire de tous les phénomènes physiques. Comme eux, il suppose qu'il est constitué de particules, ou bien qu'il en contient, particules dont on voudrait bien, mais en vain, connaître la forme et la disposition relative, mais qui en tout cas sont en mouvement. Il emploie souvent le terme de gyrostat, mot qui porte en lui deux notions : d'une part la fixité de la position dans l'espace et d'autre part une rotation extrêmement rapide sur lui-même, ce qui lui confère obligatoirement un axe de symétrie. En fait, les vortex de Maxwell doivent se trouver être exactement la même entité que les gyrostats de Le Bon, qui d'ailleurs ne revendique pas cette appellation, laquelle peut être attribuée aussi bien à Tommasina qu'à William Thomson. Mais le Bon ne cherche pas vraiment à percer le mystère, qu'il juge trop épais, de la constitution intime de l'espace. Il s'intéresse aux phénomènes pour l'étude desquels faire intervenir l'éther peut apporter une explication soit plus simple, soit même entièrement nouvelle. Il y a en effet une quantité extraordinaire de faits physiques, connus de tout le monde, dont les justifications données par la science dans l'enseignement scolaire devraient laisser tout cerveau

figure 1-10

Rigidité d'un jet d'eau à haute pression

normal sur sa faim : la théorie cinétique des gaz, qui semble une des plus solides fondations de la physique, en est un exemple. La Relativité, à l'autre bout de l'échelle de la complexité, en est un autre. Entre les deux, on a le choix : il suffit de se poser un minimum de questions, ce que les étudiants font rarement et les enseignants guère plus.

La figure 1-10 illustre une idée maîtresse de Le Bon sur la matière, à savoir son interaction permanente avec l'éther. On y voit un personnage muni d'un sabre essayant vainement de couper un jet d'eau sortant d'un tuyau après une chute d'un dénivelé de plusieurs centaines de mètres. Comment un fluide, sans rigidité quand il est au repos, peut-il en acquérir une dès qu'on lui communique une vitesse ? Qu'est-ce que cette vitesse peut bien changer dans la constitution intime d'un liquide dont on sait que la force de cohésion moléculaire est intrinsèquement nulle ? La rigidité d'un solide a-t-elle quelque chose à voir avec une vitesse ? Et la vitesse de quoi ?

On peut augmenter à loisir cette rafale de questions, tant il y en a qui viennent aux lèvres dès qu'on essaie de débrouiller n'importe quel phénomène un peu bizarre. Celui-là est particulièrement interrogateur et ouvre la voie à des réflexions profondes sur le comportement et la constitution de la matière, et Le Bon nous livre les siennes dans un article de « La Nature » (no 1855, p17 : le rôle de la vitesse dans les phénomènes), d'où est tirée l'illustration. Pour lui, « les grandes constantes de l'univers sont le mouvement et la résistance au mouvement. Le mouvement c'est l'énergie. La résistance c'est l'inertie. ». La rigidité du jet d'eau acquise par la vitesse n'est qu'un exemple, choisi pour son caractère démonstratif, parmi d'autres phénomènes macroscopiques ou microscopiques, allant du cyclone à l'électron, où la vitesse explique la nature des forces mises en jeu et en change totalement la vision. Mais on ne peut pas sérieusement constater cette mutation de la matière sous l'action de la vitesse comme une évolution propre : il y a nécessairement autre chose qui intervient, et l'interaction avec l'éther est une hypothèse qui vient naturellement à l'esprit dès lors qu'on postule son existence. Quand on s'oriente dans cette voie, il faut par ailleurs supposer à l'éther des propriétés complémentaires sur lesquelles Le Bon, par prudence, ne s'attarde pas, mais que Tommasina a énoncées avec volontarisme, et qui seront développées dans le deuxième chapitre, en particulier sa masse volumique.

Bien que Le Bon ait fait de l'éther son compagnon discret mais omniprésent et indispensable, il en parle finalement assez peu en tant que tel, comme si son existence allait de soi, de même qu'on parle peu de l'air que l'on respire et qui a pourtant pour nous la même importance vitale. Sa ligne de mire, ce qu'il veut élucider et qui a fait l'objet de 10 ans de recherche, dont une partie avec Branly, est une nouvelle approche de la matière, que l'on considérait comme éternelle et absolument stable auparavant, mais qui pour lui se détruit d'une manière continuelle bien qu'en général indétectable, parce que l'évolution est tellement lente qu'on ne la remarque pas. L'une de ses formules est, pour paraphraser Lavoisier : « Rien ne se crée, tout se perd ». On peut ne pas être d'accord, mais la formule fait mouche.

Écrites 40 ans avant l'invention de la bombe atomique, les intuitions de le Bon revêtent un caractère exceptionnel, comme en témoigne cet article intitulé « la dématérialisation de la matière » paru dans l'hebdo no 1699 de La Nature :

« Dans une suite de recherches dont les premières ont été publiées en 1897, j'ai réussi à prouver que la dissociation de la matière, la radioactivité, comme on dit aujourd'hui, est un phénomène universel, pouvant être observé avec tous les corps et se produisant, soit spontanément, soit artificiellement, dans une foule de circonstances...

...Les substances dites radio-actives, comme l'uranium et le radium, ne font que présenter à un haut degré une propriété que tous les corps possèdent à un degré quelconque.

....la matière est, contrairement à toutes les anciennes conceptions, un gigantesque réservoir de force dans un état de condensation extrême. C'est à cette force que j'ai donné le nom d'énergie intra-atomique. »

On attribue volontiers à Einstein, aujourd'hui et par ceux qui ne connaissent que superficiellement la petite histoire de la physique et la chronologie des découvertes, cette découverte des propriétés énergétiques de la matière. On voit à cette occasion, en prenant connaissance des travaux de savants oubliés, que la lecture des ouvrages du passé peut se révéler pleine de surprises, et que la paternité d'une idée est parfois, souvent même, très difficile à déterminer. Il arrive aussi, par voie de conséquence, que les hommages et les distinctions soient distribués avec fantaisie et injustice. C'est la vie.

D'autre part, et c'est le plus grave, les travaux de Le Bon sont, comme ceux des personnages qui ont été évoqués dans les paragraphes précédents, complètement ignorés de la plupart des physiciens actuels. Exemple typique : vers l'an 2000, un peu avant ou un peu après, un cri affreux s'est échappé des poitrines angoissées des gardiens du mètre et du kilogramme étalons : la masse de ce dernier avait diminué ! Après un premier instant de panique, on chercha à déterminer les causes de ce

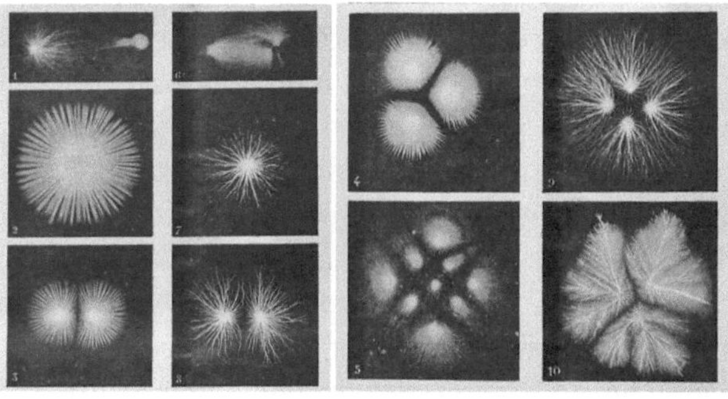

La Nature no 1699. Figures obtenues par contact direct sur une plaque sensible de pointes métalliques reliées à un générateur HT, et montrant les lignes de force.

Figure 1-11

phénomène, dramatiquement confirmé après que l'on ait éliminé la possibilité d'une erreur de mesure, première raison avancée mais vite écartée après contrôle. On assista alors, de la part des experts de la physique fondamentale, à un déluge de théories abracadabrantesques dont la plus ahurissante fut, formulée très sérieusement, que le champ gravitationnel avait pu varier aux environs du Pavillon des Poids et Mesures. Quand on a lu les rapports de manipulations de Le Bon sur l'évaporation des métaux, on ne peut que sourire, tellement la réponse est évidente. Mais en fait ceci n'est pas drôle du tout : cette histoire particulièrement édifiante nous montre à tous à quelles stupidités peuvent conduire, d'une part les lacunes de l'enseignement et l'oubli sélectif des anciens, dont beaucoup ont pourtant passé leur vie entière à essayer de faire progresser la science, d'autre part les déformations de jugement auxquelles conduisent la physique mathématique et d'une manière plus générale les méthodes actuelles de l'éducation scientifique, ainsi que les programmes qui vont avec. Toujours est-il qu'on ne parle plus de cette affaire.

Le Bon était contemporain des Curie, d'Henri Becquerel, de Poincaré, d'Einstein, de Duhem, de Brillouin, de Tommasina, mais aussi de tous les participants à un colloque qu'on a appelé l'École de Copenhague, nom qui désigne un groupe de savants figés pour la postérité sur la photo de groupe d'un congrès Solvay qui s'était tenu dans cette ville au début du 20ème siècle. Ceci pour dire que chacun d'eux était au courant de ce que faisaient les autres, de ce qu'ils pensaient, des orientations principales de leurs travaux de recherche, de sorte qu'on peut se poser des questions, en lisant aujourd'hui les uns et les autres, sur la manière dont ils se sont réciproquement influencés et si certains d'entre eux n'ont pas tout simplement « emprunté » quelques bonnes idées chez les collègues. Comme quoi les règles d'éthique, l'honnêteté et la bonne éducation dans les milieux de la recherche de pointe sont totalement conformes à ce qui se passe ailleurs. Le Bon cite à ce sujet, dans la préface de « l'Evolution de la Matière », une description pertinente qu'en donne le philosophe américain William James :

« Toute doctrine nouvelle traverse trois états. On l'attaque en la déclarant absurde ; puis on admet qu'elle est vraie et évidente mais insignifiante. On reconnaît enfin sa véritable importance et ses adversaires réclament alors l'honneur de l'avoir découverte ».

Que Le Bon ait réellement inspiré Einstein, c'est là quelque chose que l'on ne saura jamais, en revanche la clarté d'expression du premier tranche avec le style continuellement ambigu du second. C'est pourtant ce dernier, celui qui a engagé la physique pour plus d'un siècle dans une impasse, que l'histoire a choisi pour l'immortalité. Dans la lutte pour la promotion de l'éther, notion d'avenir qui sera la prochaine grande avancée scientifique, une fois convenablement relookée, il faudra un jour saluer le Bon pour sa participation courageuse et à qui nous laisserons le mot de la fin de ce paragraphe :

« Il semble que les physiciens auraient du voir depuis longtemps, c'est-à-dire bien avant les découvertes récentes, que la matière et l'éther intimement liés, échangent leurs énergies et ne constituent nullement deux mondes séparés. La matière émet sans cesse des radiations lumineuses ou calorifiques et peut en absorber. Jusqu'au zéro absolu elle rayonne constamment, c'est-à-dire projette des vibrations éthérées. Les agitations de la matière se propagent à l'éther et celles de l'éther à la matière, il n'y aurait même ni lumière ni chaleur sans cette propagation. Éther et matière sont une même chose sous des formes différentes et on ne peut les séparer. Si on n'était pas parti de cette vue étroite que la lumière et la chaleur sont des agents impondérables parce qu'ils ne paraissent rien ajouter au poids des corps, la distinction entre la matière et l'éther à laquelle les savants attachent une si grande importance, se serait évanouie depuis longtemps.

Sans doute l'éther est un agent mystérieux que nous ne savons pas isoler, mais sa réalité s'impose puisque aucun phénomène ne pourrait s'expliquer sans lui. Son existence est aussi certaine que celle de la matière même. On ne peut l'isoler, mais il est impossible de dire qu'on ne puisse ni le voir ni le toucher. C'est au contraire la substance que nous voyons et que nous touchons le plus souvent... ».

1-9 : L'éther de Lakhovsky

On aborde maintenant une catégorie de savants un peu particulière, et si Georges Lakhovsky est mentionné ici c'est comme l'on dit après mûre réflexion, et surtout après une longue hésitation, bien que la valeur du personnage ait été reconnue par ses contemporains du début du 20ème siècle. En effet, on peut facilement imaginer que n'importe qui ne peut être édité chez Gauthier-Villars, Douin ou Alcan et être préfacé par le professeur D'Arsonval. Cependant une partie de son œuvre relève plus du mysticisme que de la science et fait qu'il est bon d'être prudent avant tout éloge et de bien séparer le bon grain de l'ivraie. Son cas n'est d'ailleurs ni unique ni exceptionnel, Flammarion l'astronome s'était lui aussi hasardé dans les zones obscures du spiritisme, et il ne fut pas excommunié pour cela. En fait il y en a bien d'autres, connus ou pas connus, qui se sont aventurés dans des espaces que les physiciens prudents évitent soigneusement s'ils tiennent à garder immaculée leur réputation d'hommes de science. Aurait ainsi pu témoigner de cet ostracisme Yves Rocard, éminent physicien, chef de laboratoire à Normale Sup, et condamné au bûcher par ses supérieurs pour avoir essayé d'aborder scientifiquement le problème des sourciers. Beaucoup d'autres ont subi le même sort. Ces réserves étant faites, les conceptions de l'éther de Lakhovsky ont l'intérêt particulier d'avoir pour cadre le domaine médical, où, bien qu'ingénieur physicien de formation, il a accompli une prestation unique dans le traitement des tumeurs cancéreuses, qui aurait du le rendre définitivement célèbre mais qui s'est terminée tragiquement.

Georges Lakhovsky

1869-1942

Lakhovsky fait partie des individus à la fois illuminés et pragmatiques qui, portés par une volonté sans faille et par une conviction totale d'avoir raison, vont jusqu'au bout de leur idée. Aidé par son ami Nikola Tesla, qui lui donna les conseils et les éléments nécessaires pour réaliser son matériel de traitement médical des tumeurs, il eut très tôt l'intuition que l'espace était parcouru par une infinité d'ondes électromagnétiques qui devaient jouer un rôle primordial dans la création et l'entretien de la vie animale. Cela nous rappelle quelque chose, déjà évoqué dans les paragraphes précédents à propos de Maxwell et Tommasina qui, répétons-le, étaient ses contemporains et dont il avait très certainement pris connaissance de leurs théories et de leurs travaux. Le premier est d'ailleurs cité dans plusieurs de ses ouvrages.

L'univers de Lakhovsky est exactement le même que celui de Tommasina. Mais là où ce dernier cherche à construire sa physique, le précédent veut trouver la source de tous nos maux de mortels et l'explication du grand mystère de l'existence. Ce que les physiciens appellent éther, Lakhovsky lui donne alors le nom d'« Universion », contraction des mots « univèrs « et « ion », et il en donne cette description dans la première partie de son livre « le Grand Problème » :

« Dans mes ouvrages antérieurs, je me suis efforcé d'établir l'existence d'un milieu impondérable, infiniment subtil, que j'ai appelé l'Universion, qui remplirait l'univers entier et qui serait présent, aussi bien dans l'immensité des espaces intersidéraux que dans les interstices intermoléculaires et intra-atomiques des corps les plus subtils.

Ce milieu, qui rappelle par certaines de ses propriétés l'ancien éther des physiciens – et qu'on appelle actuellement « ondes cosmiques » - serait la pro-matière idéale d'où dérivent toutes les substances connues. C'est lui aussi qui règle la course des astres à travers les régions célestes, aussi bien que les mouvements des particules infiniment petites – ions, électrons, protons, etc... - qui s'agitent à l'intérieur des atomes, en tourbillons d'une rapidité extraordinaire et qui constituent le réservoir immense de toutes les énergies dont les effets se font sentir partout dans l'univers.

L'Universion est donc – ainsi que je l'ai montré – le véhicule des ondes et des radiations de toutes sortes qui sillonnent l'espace dans toutes les directions et qui ne peuvent se transmettre d'un point à un autre que par son intermédiaire. C'est donc lui qui explique aussi bien la propagation de la lumière, ou des ondes électromagnétiques de la TSF dans le vide, que le passage de l'électricité dans les corps les plus denses, comme les métaux. »

Hélas, Lakhovsky s'engouffre ensuite dans une théorie métaphysique où se mélangent tous les thèmes irrationnels qui sont à la base des mythes de la pensée humaine et qui voudrait aboutir à la connaissance divine de tout. A l'aide d'arguments scientifiques ou pris comme tels, ce qui constitue la tactique de tous ceux qui proposent et défendent des thèses ésotériques, il essaye de nous embarquer dans une série de pseudo-démonstrations de l'existence de l'âme et de l'immortalité. On ne retiendra donc ici, au cours de cette excursion dans les thèses éthéristes, que les quelques lignes ci-dessus, lesquelles sont largement suffisantes pour donner une image relativement claire de ce que le vide représentait pour Lakhovsky.

Il n'en reste pas moins que, à part cette divagation dans les mystères de l'au-delà, qu'il vaut mieux rejeter comme dangereuse, Lakhovsky était un scientifique et que sa prestation d'ensemble dans le domaine médical, qu'il avait choisi par idéalisme, est digne d'intérêt quand on la considère uniquement sous cet angle. On suppose que son amitié et ses relations avec Tesla n'ont pas été pour rien dans sa connaissance de l'électromagnétisme et de la radio, mais Lakhovsky avait en plus cette curiosité et ce sens de l'analogie sur lequel nous avons un peu insisté dans l'introduction, et qui font les grands physiciens, ou plutôt les grands découvreurs, car on peut être l'un sans l'autre. Étant complètement pénétré de son idée d'un éther actif, sans cesse parcouru comme celui de Tommasina et plus tard celui de Vallée par une double infinité (en directions et en fréquences) d'ondes électromagnétiques, Lakhovsky a cherché à savoir ce que cette réalité pouvait avoir pour conséquences sur les êtres vivants, quels qu'ils soient : microbes, plantes, animaux et l'homme, tout y est passé. Et les résultats sont stupéfiants.

Ses premières études systémiques portèrent sur les vignes et plus précisément sur l'influence des taches solaires sur la qualité des vins. Il mit ainsi en évidence une corrélation entre les années de bon vin et les cycles d'éruptions. Il s'intéressa également, dans le même ordre d'idées, à la relation entre la nature du sol et le nombre de cancers, région par région, voire même arrondissement par arrondissement dans le cas de Paris. L'observation du comportement des pigeons, qui semblaient perdre leur sens de l'orientation près des émetteurs radio de forte puissance, conforta le sentiment qu'il avait depuis quelque temps que les cellules vivantes était des récepteurs d'ondes électromagnétiques, et que celles-ci pouvaient avoir des effets favorables ou défavorables, selon leur fréquence et leur puissance, sur certaines choses comme la santé des gens ou la croissance des plantes. De là lui vint naturellement l'idée que le fait de soumettre un organisme malade à de « bonnes » ondes EM pourrait le guérir en fournissant aux cellules endommagées l'énergie vibratoire adaptée à leur situation.

Lakhovsky décida alors de construire, à 53 ans et avec l'aide de Tesla, un émetteur d'ondes à une fréquence d'environ 150 MHz, qu'on appellerait simplement aujourd'hui émetteur de puissance VHF. Une fois le matériel réalisé, il fallut vérifier la validité du principe, ce qui fut fait d'abord sur des géraniums, sujets dociles et incapables de protester en cas de mauvais traitements, auxquels il commença par greffer des tumeurs, pour ensuite les soumettre à son émetteur. Et ce fut la réussite : les plantes rendues malades retrouvèrent la santé, et se développèrent même plus que les exemplaires témoins. Il ne restait plus alors qu'a essayer sur l'homme. Un an après, de 1924 à 1928, avec le professeur Gosset, chef de clinique à la Salpêtrière, il s'attaqua à des malades condamnés et provoqua les premières guérisons de cas réputés incurables. Les succès s'accumulèrent et commencèrent à susciter des jalousies, mais Lakhovsky persista et perfectionna son dispositif de soins en inventant l'« oscillateur à longueurs d'ondes multiples », émetteur multifréquence fournissant à deux antennes à large bande, entre lesquelles devait être placé l'organisme à soigner, des trains d'impulsions électromagnétiques de puissance contrôlée.

Fuyant l'Europe en guerre, il émigra en 1941 aux USA, où après avoir de nouveau fait la preuve de l'efficacité de sa technique avec son nouveau matériel, il mourut dans des circonstances bizarres l'année suivante : une voiture le renversa, on le conduisit contre son gré à l'hôpital où deux hommes lui rendirent visite, et on le retrouva mort. A-t-il été exécuté par les lobbies hospitaliers, qui auraient vu d'un mauvais œil un traitement trop peu onéreux et trop rapide du cancer ? A-t-il été victime d'une vengeance nazie ? Personne ne le saura jamais. Toujours est-il que tous ses appareils et ses archives ont disparu le jour même, et que depuis ce temps-là on a cessé de guérir les cancéreux par les ondes dans les hôpitaux français et américains.

La figure 1-12 illustre la représentation que se faisait Lakhovsky des phénomènes cellulaires. Il pensait que les cellules et les micro-organismes étaient construits comme des récepteurs comportant des circuits oscillants, au sens électrique et ordinaire du terme, c'est-à-dire formés de selfs et de capacités. Il mit ainsi en évidence, dans des structures microscopiques, des filaments ayant la forme d'une bobine. La capacité, en électricité, n'étant jamais qu'une question de distance d'un conducteur, soit à un plan de masse, soit entre spires d'une bobine, il n'y avait aucun problème pour en trouver l'équivalent dans une cellule. Pour compléter la liste des matériaux électriques nécessaires à sa théorie, il mesura les conductivités des différents éléments pour bien montrer qu'il y avait dans les constituants cellulaires toute une échelle de valeurs, allant du bon conducteur au bon isolant, ces valeurs étant en outre susceptibles de bouleversements dans le cas d'une élévation brutale et trop importante de la température. L'éther étant supposé parcouru sans cesse par des ondes électromagnétiques, il y avait forcément un lien à faire avec la vie cellulaire, et ceci est la base de toutes ses observations, de toutes ses expériences et de tous ses résultats dans le traitement des tumeurs et dans l'explication d'un nombre considérable de phénomènes biologiques jamais

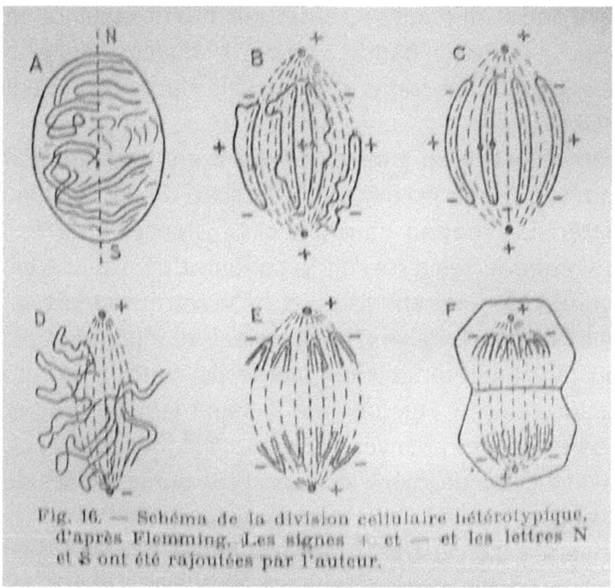

figure 1-12
Division cellulaire et lignes de Faraday

explorés sous cet angle jusqu'alors.

Cette figure 1-12, particulièrement loquace et prolifique, est destinée à nous interpeller sur des analogies troublantes entre les lignes de force de Faraday et de Maxwell et les arrangements géométriques que prennent les constituants cellulaires vus au microscope par Flemming pendant les phases de leur multiplication, et simplement annotés pour introduire sur les images des repères électromagnétiques classiques, susceptibles de renforcer ces analogies et de les mettre plus en évidence. Que Lakhovsky ait eu raison ou tort dans ses interprétations des faits, qu'il fut génial ou simplement un illuminé servi par un heureux hasard, le jugement est à l'appréciation de chacun. C'est, en tous cas, un exemple de plus d'un individu dont à priori on ne peut dire que du bien mais qui, pour des raisons que lui-même ne connaissait peut-être pas, a été effacé de la mémoire collective.

1-10 : conclusion du 1er chapitre

Ce trop rapide panorama des thèses éthéristes montre quand même suffisamment l'importance que les physiciens ont donnée à l'éther depuis le 17éme siècle, c'est pourquoi on peut se poser la question de savoir comment il a pu disparaître si rapidement et si complètement de leurs préoccupations. C'est oublier à quel point la progression de la science est aléatoire et dépend aussi bien des autres activités humaines, avec tout ce que cela implique, que des circonstances.

Les rappels faits sur la petite histoire de l'éther dans les paragraphes précédents sont destinés à remettre en mémoire, pour certains, ou bien à découvrir, pour d'autres, les avatars de ce qui apparaît comme le point de liaison entre la physique, la métaphysique, la philosophie et la théodicée : la réflexion basique sur le vide et la constitution de l'univers. Si tous les physiciens et tous les penseurs en général se sont un jour ou l'autre penchés sur la question, presque tous ont renoncé à approfondir une notion que certains, tels que Huygens ou Fresnel, ont simplement admis comme une hypothèse de travail raisonnable quoique indémontrable, sans véritablement chercher à en percer le mystère. En fait, toute l'histoire de la physique a suivi les mêmes lois que l'Histoire en général, lesquelles lois peuvent se résumer en une seule : la loi du plus fort.

Dans le domaine des sciences, le plus fort a toujours été par définition l'« Establishment », anglicisme qui désigne d'une manière un peu vague mais tout à fait compréhensible l'ensemble des instances de la science officielle : tout en haut l'Académie des Sciences, nébuleuse mystérieuse qui ne communique pas avec le reste de la population mais se constitue en gardienne du savoir, et en-dessous d'elle beaucoup de monde aux diplômes impressionnants, dont malheureusement, comme dans toutes les professions, un certain nombre de carriéristes qui ont fait leur trou dans le système en en gravissant opiniâtrement les échelons, et qui occupent désormais les postes de décision. C'est un résumé peut-être trop abrupt, mais implacablement vrai, qui ne tient qu'à la condition humaine et qui est valable dans tous les microcosmes de notre société d'avant-garde, y compris, comme il se doit, dans le monde scientifique. Dans les exemples traités précédemment dans ce chapitre, tous les savants qui y sont cités ont eu affaire, momentanément ou définitivement, à cet état de fait. Beaucoup d'entre eux sont maintenant plongés dans un silence éternel, et ignorés dans tous les documents d'archives officiels qui constituent la trame de l'enseignement. Ils ont été punis pour leur intolérable esprit d'émancipation, et condamnés à la peine suprême de cette corporation : l'oubli.

En ce qui concerne l'éther, il y a véritablement scandale. Aujourd'hui, en ce début du 21ème siècle, un nombre grandissant de professeurs de facultés éprouvent de plus en plus de peine à inculquer à leurs élèves des notions qu'ils ont eux-mêmes du mal à assumer, mais ils sont payés pour le faire, alors ils le font. Cependant, lors de confidences faites au cours de conversations ayant lieu hors du cadre académique, on sent bien qu'il y a chez eux un malaise. Les relativistes ont un poids énorme dans la société savante. Dans les revues scientifiques, dans les cours de facultés, d'enseignement supérieur, du secondaire même, il est de bon ton de souligner autant que possible que tel fait, tel théorème, tel découverte, est en plein accord avec la théorie d'Einstein, par ailleurs tellement modifiée que lui-même ne la reconnaîtrait pas, et en constitue une preuve supplémentaire. D'abord, on ne dit jamais pourquoi : ce serait trop compliqué. Ensuite, on oublie trop souvent qu'une théorie ne peut pas être prouvée, et qu'être en accord avec les faits est une condition sine qua non d'existence. On peut éventuellement dire que son bien-fondé est conforté, ou parallèlement faire en sorte d'éliminer une théorie concurrente, mais tout ce qu'on peut éventuellement prouver à propos d'une théorie c'est qu'elle soit fausse, et dans ce cas on la supprime ou on la modifie. Les théories qui se vérifient trop bien, avec trop d'assurance, tout en étant incompréhensible pour la quasi-totalité de la population, sont suspectes.

L'éther, dans lequel nous vivons d'une manière tellement quotidienne et triviale qu'il est impossible de prendre conscience de sa réalité, tant il fait partie de nous, ne peut être détecté par aucun de nos sens naturels. Depuis que Descartes l'a baptisée « matière subtile », il véhicule l'idée incoercible d'un fluide si léger qu'il est physiquement impossible de lui attribuer une masse spécifique. Mais les choses se compliquent immédiatement si on lui reconnaît le pouvoir d'entraîner les planètes, ou inversement d'être entraîné par elles. Comment expliquer une interaction éther-matière s'il n'y a de masse que d'un seul côté ? Un article du géologue et physicien Louis de Launay (La Nature n_0 1852, nov 1908, p390), pas encore membre de l'Académie des Sciences au moment où il l'a écrit mais savant mondialement réputé, nous éclaire parfaitement sur les faux raisonnements pratiqués de tous temps, même par des gens très capables :

« L'éther est tout différent de la matière. Dans une première approximation, on doit l'envisager comme un ensemble, un plenum homogène, partout semblable à lui-même...

....L'éther, contrairement à ce qui se produit pour la matière, ne se déplace pas (ou ne le fait que dans des conditions de tourbillonnement toute spéciales); il est éminemment propre à manifester des tensions, des états d'effort, des vibrations, des ondulations, à tel point que l'on a pu le définir purement et simplement « ce qui ondule », ou encore « un milieu, dans lequel quelque chose de périodique se propage sans qu'il soit nécessaire d'admettre que ce soit un mouvement ». Cet éther, à la notion duquel il faut s'accoutumer peu à peu, doit être envisagé comme un fluide, à la fois de masse négligeable, puisqu'il ne ralentit pas d'une manière sensible le mouvement des astres, et pourtant d'une élasticité énorme puisqu'il propage la lumière avec une vitesse de 300 000 km par seconde...

Et dans le même article, à la suite, on lit ceci :

« ...En outre, l'éther a une densité supérieure à celle de tous les corps connus et une rigidité très supérieure à celle de l'acier... »

On n'insistera pas sur ces contradictions qui ont largement contribué, par leur maladresse trop souvent répétée, à l'abandon des recherches théoriques physiques ou philosophiques sur la nature de l'espace, jusqu'à l'intervention d'Einstein qui, exaspéré par le manque d'arguments nouveaux et sérieux de la part de ses collègues et désespéré de ne pouvoir aller plus loin dans cette voie, coupa le nœud gordien et initialisa une nouvelle physique d'où l'éther était exclu.

Mais il n'y a pas que cela. En dehors de tous les raisonnements essayés jusqu'à présent et qui n'ont finalement abouti à rien parce que mal fondés, il existe une autre cause, au moins aussi importante, qui explique la difficulté de progression des idées sur l'éther.

Un éminent professeur de Paris VI, enseignant-chercheur et directeur de laboratoire en fin de carrière, disait en termes crus à un de ses amis, pendant l'une des dernières conférences auxquelles il devait assister: « Le jour de ma retraite, je prends mon sac, je lève le camp et je ne veux plus entendre parler de physique ». Ceci est d'une grande tristesse, mais décrit parfaitement l'épuisement moral dans lequel se trouvent certains enseignants de valeur, et disons même ceux-là en priorité, qui ont choisi cette profession par vocation et qui ont le vague sentiment, après 40 ans de bons et loyaux services, d'avoir été floués et d'avoir enseigné des insanités à leurs étudiants, de force et contre leur gré. D'autres se rendent compte que les jeunes ne sont plus capables, en 3ème cycle scientifique, de faire autre chose que résoudre des équations, sans essayer de vraiment comprendre les phénomènes qu'ils sont en train d'étudier. Mais sont-ils coupables ? Est-ce que précisément on ne leur apprend pas à agir et à penser de cette manière ? En fait, si on consulte les ouvrages du début du 20ème siècle, on se rend compte que ce genre de critiques étaient déjà exprimées par certains professeurs comme Bouasse, qui fustigeait les autorités de l'Education Nationale tout comme Descartes le faisait à l'encontre des « doctes », comme il les appelait alors.

L'enseignement de l'électromagnétisme est aujourd'hui, il faut le dire, un cours de mathématiques. La cause première en a été le rejet de l'éther par les relativistes. Cependant ces derniers, maintenant convaincus que l'hypothèse de son existence était nécessaire, mais ne voulant pas reconnaître d'un autre côté qu'ils se sont constamment fourvoyés dans une logique mal fondée, ont préféré en recréer un de leur fabrication, tellement compliqué qu'il pose largement plus de problèmes qu'il n'aide à en résoudre, et qui les isole encore plus dans leur tour d'ivoire par rapport au grand public, incapables qu'ils sont d'expliquer leurs travaux avec des mots simples. Bon courage à ceux qui veulent essayer de comprendre la théorie des cordes, par exemple, puisque c'est à la mode, mais il y a quantité d'autres exemples qui seront quelque peu développés plus loin. Les contradictions ne leur font pas peur, ils en ont à la fois la pratique et la maîtrise. Mais le problème est que, possédant l'autorité nécessaire, ils peuvent les imposer aux autres. Heureusement, aucune dictature n'est éternelle, et quand on examine de plus près le mur relativiste, on y constate la présence de lézardes. En voici une.

Le Bureau des Longitudes fait publier tous les cinq ans, chez Gauthier-Villars, une encyclopédie de physique en cinq volumes, fort bien faite et où, dans le volume qui traite de l'électromagnétisme de l'édition 1981, en page 243, on peut lire ceci, qui est tout à fait édifiant :

« Le vide est un milieu physique, capable de véhiculer les actions électromagnétiques. Il est caractérisé par trois constantes physiques :

1- Permittivité du vide, $\varepsilon_0 = 8,854187.10^{-12}$ Farad/mètre

2- Perméabilité du vide, $\mu_0 = 1,256637.10^{-6}$ Henry/mètre

3- Vitesse de la lumière dans le vide, $c_0 = 299\ 792\ 458$ m.s^{-1}

Le Bureau des Longitudes est une institution des plus officielles, une instance scientifique comparable pour son sérieux à l'Académie des Sciences, ou à l'École des Mines, ou encore à l'École Polytechnique. Et que lit-on dans cette encyclopédie ? Que le vide n'est pas le vide ? Que c'est un milieu ? Qu'on peut définir ce milieu à l'aide de trois constantes fondamentales qu'on a déterminées avec une précision d'au moins six décimales ? Mais de qui se moque-t-on ?

La Relativité Restreinte nous dit qu'il n'y a pas d'éther et que la vitesse de la lumière est une constante universelle, ce qui est faux comme nous l'établirons dans les chapitres suivants. Mais la définition du Bureau des Longitudes nous dit que l'éther existe, et comme tous les électriciens savent que la permittivité peut varier, il n'y a effectivement aucune raison pour que la vitesse de la lumière, qui en dépend, soit constante, même dans un vide qui, nous le savons maintenant grâce au Bureau de Longitudes, n'en est pas vraiment un.

Voilà une des raisons, parmi des dizaines, des centaines, du malaise de certains professeurs, qui ont du mal à enseigner à leurs élèves des choses auxquelles ils ne croient pas eux-mêmes. Il y en a d'autres, bien sûr, qui tiennent au métier lui-même, dont on ne dira jamais assez qu'il est épuisant, mais quand, après avoir relu le cours qu'ils ont préparé amoureusement en heures non payées, ils en font le « reviewing » en se mettant par la pensée à la place de ceux qui vont l'écouter, ils ne peuvent manquer d'en relever après analyse toutes les incohérences fondamentales, dues aux oukases des relativistes et, en premier lieu à la négation de l'existence d'un milieu de propagation des ondes EM, attitude qui conditionne toutes les hypothèses de la physique, et nous disons bien : toutes. Voilà pourquoi certains d'entre eux ne veulent plus entendre parler de physique quand ils prennent leur retraite. Voilà pourquoi ils sont embarrassés quand des étudiants leur posent certaines questions qu'ils redoutent. Voilà aussi pourquoi il y a en ce moment un murmure, un frémissement de rébellion de la part de cette profession, certes disciplinée, mais qui n'en peut plus d'avaler des couleuvres.

La notion d'éther a besoin d'être revisitée pour qu'elle soit de nouveau d'actualité, pour qu'elle présente aux scientifiques un nouvel attrait, susceptible de les faire réfléchir de nouveau à cette notion fondamentale, mais avec des arguments nouveaux. On ne peut pas aujourd'hui défendre cette notion comme le faisait Descartes, desservi par le si faible support expérimental de l'époque : la science a évolué, le monde a changé grâce à la technologie, et l'électromagnétisme a débouché sur des inventions qui ont aussi changé les hommes. Nos connaissances ont malgré tout progressé. Mais il y a eu aussi beaucoup d'échecs qui devraient donner à réfléchir : outre qu'on a le droit de ne pas croire à la Relativité ou au Big Bang, les fiascos consommés comme celui de la fusion contrôlée montrent que nous ne dominons pas la matière comme les débuts de l'industrie nucléaire nous en laissaient entrevoir l'espérance. La route est longue, mais surtout elle n'est pas droite. Les théories d'Einstein nous enferment depuis 1905 dans une voie sans issue dont on ne pourra sortir qu'en faisant marche arrière. Et faire marche arrière, c'est d'abord relire les idées géniales de Tommasina et des autres proscrits de la physique, les passer au crible à la lumière de ce qu'on a appris de nouveau depuis leur époque, et se lancer enfin dans la bonne direction, ne serait-ce qu'en admettant enfin que la lumière et toutes les autres ondes électromagnétiques se propagent dans un milieu bien réel et non pas dans rien du tout, ce qui n'a aucun sens.

L'idée de l'éther n'a d'ailleurs jamais été complètement abandonnée, sauf par les relativistes qui, au demeurant, commencent à retourner leur veste tant leur théorie devient absconse et insupportable. Dans le cours d'accumulateurs de Supélec de l'année scolaire 1931-1932, rédigé par les élèves, on lit ceci au chapitre 1, à propos de la constitution des électrolytes :

« Pour comprendre cette analogie, on peut supposer qu'un gaz est dissous dans le milieu éther. »

On voit donc que, 25 ans après la promulgation de la Relativité Restreinte, notre plus grande école d'ingénieurs électriciens faisait de la résistance et tenait à conserver la notion, peut-être en hommage à Maxwell l'ancien, de ce qui constitue l'âme et la substance de son univers invisible.

En 2007 fut publié chez Hermes un livre technique un peu particulier, destiné au petit club des ingénieurs et techniciens spécialisés en radiocommunications, et portant sur l'aride sujet du filtrage à grande sélectivité en hautes fréquences. Ayant fait de l'éther, pendant l'exercice de sa profession, un véritable outil de travail qui lui permit d'élaborer des modèles mécaniques extrêmement pratiques sur les cavités résonantes ainsi que d'autres objets typiques de la profession, la tentation vint à l'auteur d'écrire en avant-propos quelques mots sur ce sujet dangereux. Cependant il redoutait, ce faisant, d'être classé prématurément dans une catégorie suspecte, et se voir ainsi refuser l'accès à une édition à laquelle il tenait beaucoup. C'est pourquoi il préféra, par précaution, demander au préalable à son directeur de collection, professeur de Faculté, son avis sur la pertinence de la chose. Contrairement à ses craintes et à son grand soulagement, il fut surpris d'une acceptation sans réserve, et même d'un encouragement explicite à participer à la réaction contre ce qu'il nomma « la politique de l'autruche », pour définir un état de fait laxiste, dans l'enseignement secondaire et supérieur, qui consiste à enseigner parfois à contrecœur des choses auxquelles on a du mal à croire, et en visant en particulier tous ceux qui refusent d'admettre qu'il faut absolument revoir avec courage et volonté le problème fondamental de l'existence d'un milieu de propagation des ondes radio.

Cette anecdote et les diverses remarques précédentes montrent que tout espoir de voir bouger la physique n'est pas perdu, et qu'il se passe quelque chose dans les sous-sols du monde scientifique. L'espoir de voir renaître de puissantes théories éthéristes n'est pas mort. Mais la lutte va être longue et pénible. Le corps social de la recherche et de l'enseignement est une énorme machine qui possède par construction une inertie formidable. Les idées neuves y trouvent devant elles ce que les vagues rencontrent quand elles arrivent sur une falaise ou sur une digue : un rempart hermétique qu'on ne peut abattre que par l'usure, avec le temps. La recherche scientifique est peut-être ce qu'il y a de plus difficile, dans ce pays, à faire bouger et changer de cap. Il y a à la fois trop d'intérêts et trop d'habitudes à combattre, et surtout cette quasi-certitude que la science ne peut que progresser, qu'en aucun cas elle ne peut se fourvoyer, qu'il y a trop de chercheurs pour qu'il soit possible qu'ils se trompent tous, que si c'était le cas la chose se saurait vite, etc, etc.

Les contestataires de la Science, même quand ils ont raison, se font en général éliminer, et on reconnaît éventuellement et exceptionnellement la valeur de leurs arguments quand ils sont morts ou hors d'état de nuire, et qu'on a pu récupérer leurs idées en se les appropriant (voir Gustave Le Bon). Le milieu scientifique n'échappe pas à cette règle sociale universelle qui situe parfaitement le niveau moral de nos sociétés dites avancées. L'éther ne resurgira des oubliettes que lorsque quelqu'un aura fait la preuve expérimentale incontestable de son existence, en présentant soudain à la communauté une invention qui mettra en évidence une propriété nouvelle que lui seul pourra expliquer. Encore faudra-t-il que cette invention ait un retentissement suffisant, avec des implications sociales aptes à faire changer d'avis les plus réfractaires des relativistes et des sceptiques, comme par exemple procurer à l'homme une source d'énergie gratuite et inépuisable, ou vaincre la gravitation, ou quelque chose d'énorme de ce genre. A ce moment-là, le combat sera gagné, peut-être.

Pourquoi peut-être ? Parce que l'Establishment n'admet pas, ne supporte pas, ne tolère pas la concurrence. Les grandes découvertes ne se conçoivent pas en dehors du milieu fermé de la recherche officielle, celle qui se pratique dans les organismes d'état, organismes dont le fonctionnement est aujourd'hui assuré par des gestionnaires de profession. Et directement sous ces spécialistes des équilibres financiers se trouvent les carriéristes de haut niveau, bardés de diplômes et de distinctions internationales, et dont la plupart a oublié en route la vocation scientifique au profit de la réussite sociale et des honneurs bien payés. Ces gens-là sont prêts à tout pour préserver le contrôle qu'ils ont sur les orientations et les règles internes et externes de la Recherche.

Les physiciens aujourd'hui oubliés et dont il a été question dans ce premier chapitre ont été méticuleusement éliminés de l'histoire des sciences. Il n'est pas question qu'un membre de la communauté scientifique, quels que soient son niveau, sa valeur, sa position hiérarchique, s'aventure hors de l'autoroute gardée par les relativistes. Cette autoroute pourra d'ailleurs changer de nom et d'orientation quand la Recherche aura stagné suffisamment longtemps pour que les protestations prennent le pas sur l'autosatisfaction et les annonces mensongères d'un progrès imminent qui ne vient jamais.

En attendant, toute personne qui croît avoir trouvé quelque chose d'important dans le domaine scientifique se doit d'aussitôt avertir les autorités supérieures, qui feront le nécessaire pour que l'invention ne leur échappe pas, et aussi qu'elle ne provoque pas de bouleversement et ne nuise pas ainsi à l'équilibre général. Le contraire serait la preuve de leur incompétence et pourrait avoir des conséquences funestes sur leur réputation, leurs budgets et leur ordre interne : impensable! Celui qui enfreint cette règle implicite est voué au supplice létal du rouleau compresseur, c'est à chaque fois le pot de fer contre le pot de terre avec la fin que l'on sait. Tous les savants qui ont été cités précédemment dans ce chapitre ont été plus ou moins les victimes de ce système, malheureusement universel. En fait, la palme de ce martyrologue va à un autre, qui aurait pu clore cette liste raccourcie, mais dont la prestation a été telle (il est mort le 4 août 2007) qu'il mérite qu'on lui consacre un chapitre entier. Il s'agit de l'ingénieur René-Louis Vallée et de sa théorie du Monde qu'il a appelée « Théorie Synergétique ».

Chapitre 2
L'affaire Vallée

2-1 : L'homme et son parcours.

René-Louis Vallée, ingénieur électronicien de formation mais aussi, pour certains, l'un des plus grands physiciens français de l'après-guerre, termine pour l'instant la liste non exhaustive du premier chapitre qui rend hommage aux savants blessés ou morts au front de la science, victimes de

René-Louis Vallée
1926-2007

l'incompréhension de leurs semblables et de la rigidité des institutions (l'image est osée mais pas si loin que cela de la réalité). Il est né à Constantine, en Algérie alors française, en 1926, mais fit des études scientifiques en métropole où il devint ingénieur Supélec en 1951. Il eut dans cette école réputée d'éminents professeurs comme Louis de Broglie, qui y enseignait la mécanique ondulatoire, attrapa à leur contact le virus de la physique et commença à s'intéresser aux grandes théories, en particulier à la Relativité. A cette époque déjà, et à ce sujet, il démontra un trait de caractère assez peu courant chez les physiciens et qui fit de lui un investigateur exceptionnel, en apprenant l'allemand pour être bien certain de ne pas être trahi par une traduction qui, bien que le plus souvent faite par des spécialistes reconnus, comme Solovine dans le cas précis de la théorie d'Einstein, introduit toujours un élément d'incertitude supplémentaire dans l'étude de tout document.

Apprendre les langues étrangères pour mieux étudier les archives scientifiques, ce n'est pas à la portée ni le fait de tout le monde. Possédant l'anglais et l'allemand avec la même aisance, autant dire couramment, il se fabriqua les armes nécessaires pour la compilation, dans leur langue d'origine, des œuvres les plus importantes de ses prédécesseurs et maîtres en matière de physique, ce travail préparatoire lui semblant indispensable à toute étude sérieuse. Cette rigueur devait finalement, plus tard, lui jouer des tours, car on lui reprocha souvent d'être têtu au point de ne pas savoir entendre les arguments qu'on lui opposait. Surtout, il n'a jamais voulu plier devant l'autorité quand il estimait avoir raison, et il n'a pas compris assez rapidement que les intérêts économiques passent toujours avant n'importe quelle découverte, à plus forte raison quand celle-ci est importante.

Quoi qu'il en soit, Vallée se révéla rapidement être un excellent mathématicien, possédant le don, comme J-C Maxwell, Henri Poincaré ou Pierre Duhem, de savoir modéliser. Modéliser, en physique, consiste en raccourci à permettre à un phénomène à étudier d'être mis en équations, par le biais d'un modèle qui est souvent une représentation mécanique, mais qui peut être également purement mathématique. Contrairement à ce qu'on pourrait croire, c'est une opération qu'il est très difficile de faire correctement. C'est même le grand point faible de la physique théorique, car une mauvaise modélisation, même si elle conduit dans certains cas à l'évidence qu'il faut rapidement faire machine arrière, peut également, et ce n'est pas si rare que cela, conduire à des conséquences à priori admissibles, en accord avec les faits connus, mais qui débouchera sur une théorie qui se révélera finalement fausse. Les dégâts sont toujours réparables, mais le temps perdu ne se rattrape jamais et l'histoire des sciences est malheureusement parsemée de ce genre d'aventures. La dernière en date s'appelle la Relativité, on n'en dira jamais assez de mal.

Quand, en 1959, Vallée se retrouva au CEA, cet organisme était alors dirigé par Jean Debiesse, grand intellectuel scientifique et humaniste, compagnon de la libération et placé là par le ministre de la Recherche de l'époque, Francis Perrin. Debiesse remarqua très vite les talents de Vallée pour les mathématiques et la physique. Ce dernier confiait à ses étudiants, beaucoup plus tard, qu'il lui aurait été suggérée un jour l'idée suivante : le photon ayant un comportement présentant des similitudes avec celui d'un guide d'onde, il serait peut-être intéressant de suivre cette piste pour une nouvelle approche de l'étude de cette particule encore mystérieuse et au comportement contradictoire, tantôt onde, tantôt corpuscule, ou si on préfère tantôt vibration, tantôt matière. C'est de cette suggestion que serait née la Théorie Synergétique. Debiesse n'était pas le seul ni le premier, au CEA, à avoir repéré les talents de Vallée qui, de 1959 à 1976, que ce soit à Saclay ou à Fontenay-aux-Roses, fut un peu la personne de référence, celui auquel on avait recours quand il s'agissait d'un calcul à vérifier ou d'une hypothèse à mettre en forme, et plus simplement celui avec qui on allait discuter quand les idées manquaient.

Également titulaire d'un DEA en logique électronique, il se voyait à l'aise aussi bien en traitement électronique de l'information qu'en physique fondamentale et en électronique. Il travaillait alors avec l'équipe de P.Debraine, spécialiste des automates électroniques, sur les problèmes de logique rapide, à un moment où les circuits intégrés n'étaient apparus sur le marché que depuis quelques années seulement. Le CEA a toujours connu le besoin impératif de posséder, entre autre pour les équipements de comptage de particules, les composants électroniques logiques les plus rapides du marché. Mais avoir le meilleur matériel ne suffit pas : il faut également avoir à sa disposition, pour en tirer le meilleur parti, l'outil mathématique qui permette, pour une fonction logique à réaliser, d'optimiser le nombre de fonctions élémentaires et de le réduire au strict nécessaire, de manière à diminuer autant que possible le temps de transit total du signal, c'est-à-dire son temps de réponse. Jusque là les ingénieurs de hardware ne pouvaient utiliser, pour élaborer et dessiner les schémas des circuits d'interconnexions entre portes et fonctions dans l'étude et la conception des automates, que l'algèbre de Boole. C'était le seul outil qu'ils avaient à leur disposition, outil qui donnait de bons résultats mais ne pouvait mener, de par sa construction particulière, à l'exhaustivité des simplifications possibles pour l'optimisation des circuits. Vallée inventa alors et mit au point, en collaboration avec la petite équipe de spécialistes, une nouvelle algèbre dite binaire, complètement intégrée à l'édifice nouveau de ce qu'on avait introduit en 1956 sous le nom d'« algèbre moderne » et de « théorie des ensembles ». En utilisant ce nouveau concept, il donna aux fonctions binaires une structure d'anneau déjà connue, les réintégrant ainsi dans le champ des mathématiques « normales », et développa des modes opératoires propres à cet ensemble particulier. Après avoir pris possession du nouvel outil, les membres de l'équipe de Debraine

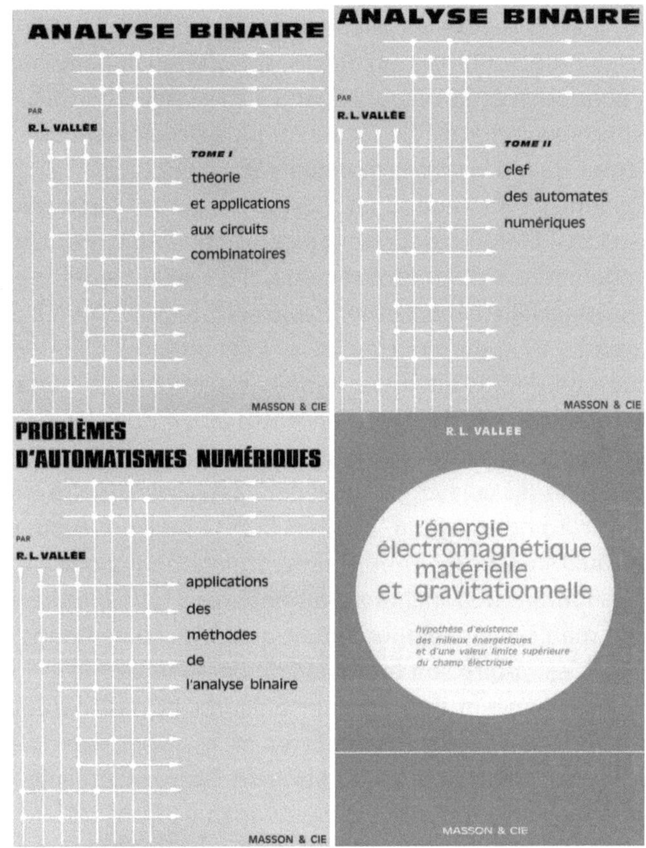

figure 2-1 : Ouvrages de Vallée

abandonnèrent progressivement l'algèbre de Boole à son profit.

En 1966, Vallée donnait sur cette Analyse Binaire une conférence à Saclay, au cours de laquelle les membres de l'équipe Debraine apportèrent leur témoignage d'utilisateurs satisfaits. Ce qui n'empêcha pas, en fin de réunion, que des partisans obstinés de l'algèbre de Boole contestent l'utilité d'une nouvelle algèbre et interviennent avec une hargne surprenante, ce qui donna lieu à une passe d'armes à la fois animée et intéressante, au cours de laquelle Vallée fit preuve de la pugnacité et du talent d'orateur qui ont fait une partie de sa réputation. Ceci tend à prouver, s'il en était besoin, qu'il y a toujours quelque part quelqu'un que l'on dérange lorsque l'on essaie d'introduire quelque idée nouvelle, quels que soient le domaine, l'endroit et l'heure. En ce qui concerne Vallée, ce n'était là que peu de chose, car il ne s'agissait somme toute que d'un nouvel outil qui ne concernait qu'un petit nombre de personnes et qui n'avait d'incidence qu'au sein du CEA, ou éventuellement chez quelques entreprises spécialisées, et surtout sans conséquence financière ou politique. Il en était tout autrement de l'autre discipline où il avait choisi d'intervenir, celui de la physique nucléaire.

2-2 : La découverte.

Pendant que les électroniciens de l'équipe Debraine continuaient d'améliorer l'analyse binaire, Vallée travaillait dans la direction que lui avait suggérée Debiesse à propos du photon, celle d'un phénomène faisant irrésistiblement penser à des ondes guidées. Se débarrassant délibérément de l'hypothèse fondamentale de la Relativité Restreinte, qui suppose que la vitesse de la lumière est une constante, il récupéra de ce fait l'ensemble de l'arsenal mathématique lié à l'existence retrouvée des dérivées de c_0 et entreprit, une fois libéré du carcan des constantes universelles, de regarder d'un nouvel œil les équations de Maxwell. Il est fort curieux, à ce propos, que parmi les nombreux contradicteurs d'Einstein, aucun n'ait fait ce genre de tentative, ne serait-ce que par simple curiosité scientifique. Encore faut-il avoir pour cela certaines aptitudes, que tout le monde ne possède pas. Par ailleurs, comme tous ceux que rebute l'idée de croire que la vitesse de la lumière est une constante, Vallée était de fait éthériste, à la manière de Tommasina, c'est-à-dire que non seulement il considérait que l'éther est parcouru par une infinité d'ondes électromagnétiques, mais il pensait de plus que c'est l'ensemble et l'entrelacement de ces ondes qui constituent la texture, la « matière » de l'éther. Par prudence, il n'employait d'ailleurs jamais le mot éther, car il avait noté depuis fort longtemps que le simple fait de le prononcer coupait souvent court à toute discussion sur ce sujet. Aussi l'avait-t-il rebaptisé « milieu diffus », appellation moins risquée et affranchie de tout passé. Toujours est-il qu'au terme de deux ans de travail solitaire et de trituration des équations de Maxwell, manipulées par le biais du formalisme de Heaviside, il dut se rendre à l'évidence que celles-ci aboutissaient irrémédiablement à la même relation, d'une étrange simplicité, mais dont la signification était d'une portée considérable:

$$\vec{\gamma} = -\overrightarrow{grad}\, c^2 \qquad (1)$$

et qui se lit de la manière suivante : en tout point de l'espace, l'accélération (c'est-à-dire la pesanteur) est égale au gradient du carré de la vitesse de la lumière.

La première fois que ce résultat trop simple apparut sous ses yeux, Vallée eut des doutes et chercha l'erreur pendant une assez longue période, mais vainement : dans cette simple formule, l'expression du fait physique que l'accélération, en tout point de l'espace, était liée à la vitesse de la lumière était une découverte extraordinaire. Pour lui, cela signifiait que le champ de gravitation dérivait d'un potentiel, numériquement égal au carré de la vitesse de la lumière, qu'il allait donc appeler naturellement « potentiel de gravitation ». En clair, cela signifie que la vitesse de la lumière est moindre dans un champ de pesanteur que dans l'espace libre, disons par exemple intersidéral, et que plus la pesanteur est forte en un lieu, plus la vitesse y est diminuée. Pendant deux années de doute et d'incrédulité, il vérifia des dizaines de fois ses calculs, mais cette formule revenait sans cesse, inlassablement, fidèlement comme un animal enfin apprivoisé, ouvrant soudain une fenêtre lumineuse sur un monde auparavant obscur. Il n'osait toujours pas y croire, tellement la découverte était énorme, mais le calcul s'avérait solide et résista à tous les recoupements. Ainsi commença puis s'élabora, année après année, imbriquée dans les multiples voies où s'exerçait la curiosité insatiable de Vallée, ce qui allait devenir la Théorie Synergétique. Peu après l'édition des trois volumes de l' « Analyse Binaire » paraissait en 1971, toujours chez Masson, son livre de référence intitulé « l'Energie Electromagnétique Maté-

● La construction du Tokamak de Fontenay-aux-Roses a été décidée au printemps 1970. Le premier plasma (1 m³ de volume) a été obtenu le 22 mars 1973. Il est alimenté en électricité par un groupe d'une conception originale, délivrant une puissance de 100 MW pendant une seconde toutes les 4 minutes.
Ses caractéristiques sont les suivantes :
● Rayon du tore : 98 cm.
● Rayon du plasma : 20 cm.
● Champ magnétique toroïdal : 60 kilogauss.
● Puissance nécessaire pour les bobines du champ magnétique toroïdal : 100 MW.
● Intensité du courant dans le plasma : 400 000 ampères.

figure 2-2   Science et Vie n$_o$ 703

rielle et Gravitationnelle ».

En parallèle avec ces recherches purement théoriques, il s'intéressait également de très près aux expériences qui se déroulaient dans le TFR (Tokamak de Fontenay-aux-Roses), et cet équipement, conçu pour réaliser le confinement magnétique du plasma de deutérium ou d'hydrogène, en vue de produire la fusion nucléaire contrôlée, allait lui inspirer un programme de manipulations directement issu de sa théorie. C'est dans ce contexte qu'au cours de l'année 1974, il proposa à l'équipe qui travaillait sur le Tokamak une expérience destinée à vérifier une conséquence pratique de la Synergétique, et consistant dans la possibilité d'une émission de neutrons lents dans le plasma, dans des conditions précises de champ magnétique et de direction du flux secondaire. S'étant préparé à une longue justification théorique préalable, il se rendit rapidement compte, à sa grande surprise, que les physiciens auxquels il s'adressait avaient déjà été les témoins du phénomène, qu'ils avaient remarqué à plusieurs reprises mais que, faute d'explication, ils n'avaient mentionné dans leurs rapports que comme un événement parasite.

Cette manière de faire est assez courante dans une recherche encadrée comme celle du nucléaire, où un objectif officiel bien défini permet d'obtenir des crédits importants, jamais suffisants pour les chercheurs mais toujours conséquents pour le contribuable. Étant donné la dotation importante du dispositif en temps et en moyens, il n'est pas question de s'écarter de cet objectif : si un résultat d'expérience ne va pas dans le bon sens, on le classe rapidement dans les erreurs de manipulation, ou de mesure, quitte à inventer ce qu'il faut pour ne pas attirer l'attention. Vallée, qui savait parfaitement de quoi il parlait, leur exposa alors « son » explication du phénomène classé comme « bizarre » et leur proposa d'aller plus loin en réalisant une autre expérience de son cru : introduire dans le tore de fusion (c'est la traduction de Tokamak, Tok = courant et Mak pour magnétique), avec l'hydrogène ou le deutérium, un élément supplémentaire également léger et en phase gazeuse, mais avec un numéro atomique un peu plus élevé, en l'occurrence de l'azote 15, pour vérifier s'il y avait production, comme le prévoyait sa théorie, d'un isobare radioactif émetteur de rayonnement β, c'est-à-dire d'électrons énergétiques. Les responsables, pas encore repris en main par la direction mais assez enthousiastes sur l'idée même, acceptèrent de préparer une expérimentation. Quelques années plus tard, Vallée la racontera de cette manière à ses étudiants :

« Première décharge, rien ne se passe. Deuxième décharge, on modifie un peu les paramètres, mais toujours rien de spécial. Troisième décharge, nouvel ajustement des paramètres : 5 millions de dégâts ! ».

La chambre à vide en sortie du tore a été littéralement désintégrée par un flot de particules énergétiques, non envisagé dans la planification initiale, mais prévu par une théorie non officielle, élaborée par un ingénieur à qui on ne demandait rien et qui venait semer le trouble dans un programme d'état !

2-3 : La brouille

On pourrait penser, de prime abord, qu'une pareille trouvaille ait dû immédiatement déclencher, sinon l'enthousiasme, du moins l'intérêt et la considération des sphères supérieures, et que le découvreur fasse l'objet d'égards particuliers. En fait d'égards, Vallée se retrouva soudain en face d'un collège de responsables complètement paniqués par ce coup de tonnerre claquant soudainement dans le ronron intemporel du CEA : ici on aime bien les découvertes, mais il faut qu'elles soient un peu attendues, qu'elles apparaissent comme les résultats d'un plan de recherche mis en place de longue date et parfaitement organisé, et qu'elles proviennent d'en haut, pas d'à côté. Il faut éviter à tout prix que les responsables de haut niveau, ceux qui décident, puissent apparaître comme des technocrates qui se seraient peut-être fourvoyés dans l'orientation donnée à l'utilisation des deniers publics, hypothèse heureusement fort improbable, cela va sans dire. Quoi que... ? Mais ce n'était peut-être pas là le plus grave : en fait Vallée, tout à fait accessoirement, avait également expliqué aux physiciens du Tokamak pourquoi celui-ci, conçu pour augmenter la température du plasma par une augmentation de la densité d'énergie, provoquée elle-même par un accroissement de la section efficace, ne pourrait jamais fonctionner de cette manière. En effet, selon lui, une augmentation du confinement magnétique ne pouvait que diminuer au contraire cette section efficace au lieu de l'augmenter, d'où l'avertissement. On remarquera à ce propos qu'il n'y a plus de Tokamak, ni à Orsay ni à Fontenay-aux-Roses, ce qui tendrait bien à prouver que Vallée avait raison, sinon la fameuse (ou fumeuse ?) fusion contrôlée en serait probablement à son stade industriel depuis longtemps. Bref, Vallée venait de démontrer que le plan nucléaire français s'était engagé depuis le début dans une impasse, et qu'il était irrémédiablement voué à l'échec. C'était cette fois la faute impardonnable, et la direction commença à prendre des mesures coercitives contre l'imprudent trublion, en même temps qu'elle se vit contrainte de déployer un énorme écran de fumée sur ce qui se passait à Fontenay-aux-Roses.

Dans le bulletin des activités scientifiques et techniques 1974 du CEA, disponible à l'époque dans la sphère publique, on peut lire cette description officielle hallucinante du phénomène provoqué par Vallée :

« L'étude du courant collecté par le plan d'épreuve et celle de son rayonnement X indiquent qu'il s'agit d'électrons à forte énergie transversale qui dérivent vers la paroi à la faveur d'une faible ondulation du champ magnétique. Le domaine d'existence de ce phénomène suggère que ces électrons sont créés par une instabilité qui prend sa source dans le faisceau d'électrons découplés. Le spectre du rayonnement de freinage des électrons découplés, mesuré dans une décharge à faible densité, a donné une énergie de 6 MeV. Par ailleurs, le courant transporté par ces électrons peut atteindre 0,15 % du courant principal : TFR fonctionne alors comme un bêtatron de grande intensité ».

Voilà exactement de quelle manière il est procédé, quand on est en charge de la gestion d'une grande entreprise d'état, pour enterrer définitivement une affaire que l'on ne contrôle plus et qui pose un grave problème d'autorité et de compétence : on fabrique un rapport technique d'une herméticité totale, un document bien obscur dont on sait que, par construction, il ne pourra être compris de personne, puis on ferme la grille. Alors, en fonction de tout ce remue-ménage et pour que soit mis enfin un terme à une situation bloquée pour des questions de personnes, il arriva ce qui devait arriver.

Devant l'attitude de la direction, Vallée comprit très vite la situation. Il eut conscience que son affaire était faite et que ses jours au CEA étaient comptés, dès lors qu'au lieu d'être sinon félicité, ou du moins encouragé, on l'avertit au contraire fermement qu'il aurait grand intérêt à se faire tout petit et discret, et surtout à faire ce qu'on lui dirait de faire. Or Vallée était tout sauf un mouton, et il décida que ce n'était pas parce que la direction coalisée du CEA avait décidé de jeter un voile hermétique sur une invention qui mettait leur statut de donneurs d'ordres en péril que la nation devait se priver d'une solution définitive à la crise de l'énergie, et de plus une solution française. Et c'est alors qu'il commença réellement à entrer en lutte ouverte contre l'autorité.

Sa première action dissidente fut de communiquer les résultats de ses travaux théoriques à l'Académie des Sciences. Il faut en effet savoir que tous les documents relatifs à la Théorie Synergétique et à ses applications industrielles s'y trouvent, ou s'y sont trouvés, et que personne aujourd'hui, dans le grand public, n'en a jamais eu connaissance. Ensuite, ou peut-être auparavant d'ailleurs, on ne se souvient plus très bien, Vallée décida de rendre publique toute son œuvre. Pour ce faire, il confia ses confidences à la revue Science et Vie et plus précisément au journaliste Renaud de la Taille, qui fut immédiatement enthousiasmé à la fois par la théorie et par l'homme, et qui devait lui ouvrir pendant deux ans les colonnes de la revue, avant d'être lui-même soumis à d'insupportables pressions. Le premier article sur la Théorie Synergétique parut dans le numéro 677 de février 1974, p 15, sous le titre : « un français découvre : le vide est une forme d'énergie ». Il devait être suivi de trois autres, jusqu'au dernier en 1976 :

- n_0 688, janvier 1975, p 32 : *« un physicien français :la fusion nucléaire est deux fois impossible »*

- n_0 698, novembre 1975, p 52 : *« qui osera réfuter la théorie synergétique ? »*

- n_0 700, janvier 1976, p 45 : *« la synergétique attend toujours des contradicteurs sérieux »*

On peut même rajouter à cette liste l'encadré paru dans le n_0 703, d'avril 1976, inséré dans un article consacré à la fusion, p 45, et où on se rend compte que la situation de Vallée et l'orientation des recherches au CEA n'avaient cette fois plus aucune chance d'évoluer :

« on aurait atteint des températures beaucoup plus hautes sans les pertes d'énergie prévues et expliquées par la synergétique ».

Cet encart, qui était un chant du cygne, n'était même pas signé par Renaud de la Taille, alors prié de ne plus s'occuper de cette affaire, mais par un de ses collègues qui avait pris momentanément le relais, avant d'être lui-même rappelé à l'ordre.

Vallée essaya également, au moment même où il s'apprêtait à envoyer sa communication à l'Académie des Sciences, de demander au préalable l'avis de son ancien maître et professeur Louis de Broglie, qui en était le secrétaire perpétuel, et dont il savait d'avance qu'il était réceptif aux idées qu'il portait. Il put alors constater à quel point sont surveillés les savants, même réputés, dont on craint qu'ils fassent des écarts coupables par rapport à la ligne droite du politiquement correct : la lettre fut interceptée par l'équipe qui entourait de Broglie, lequel ne la reçut jamais.

Les pressions, qui étaient passées du niveau de la direction du CEA à celui du Ministère de la Recherche, s'exercèrent alors non seulement directement sur Vallée, mais également sur toutes les personnes et tous les organismes qui auraient pu le soutenir. Les éditons Masson se virent dans l'obligation de retirer ses livres de la vente. Ils sont pratiquement introuvables actuellement, et il n'y a plus que la fig 2-1 de ce chapitre pour témoigner du fait qu'ils ont bien existé. Pour en terminer avec le long épisode CEA, Vallée fut convoqué en novembre 1976 au service du personnel. On lui proposa une promotion-placard à la DAM (Direction des Applications Militaires du CEA), avec l'obligation de ne plus faire de vagues et d'oublier toute cette saga du Tokamak. Les exigences de son employeur lui étant devenues insupportables, il refusa et reçut sa lettre de licenciement le 1er décembre. La méthode, initialisée par les Athéniens pour se débarrasser des personnes jugées dangereuses pour leur société, et qui consiste à leur pourrir la vie jusqu'à ce qu'ils n'aient plus la force de lutter et partent d'eux-mêmes, s'appelle l'ostracisme. C'est une pratique devenue universelle dans nos démocraties, qui interdisent les actions violentes à l'encontre les individus indociles.

2-4 : L'exil et la résistance

Vallée n'avait pas que des ennemis, fort heureusement. De plus, son DEA de logique électronique et sa prestation connue dans ce domaine avec l'Analyse Binaire, ainsi que des amitiés bien placées, lui permirent de trouver un poste de professeur au CIEFOP, organisme de formation permanente de la Thomson-CSF. La survie sociale et matérielle était ainsi assurée, mais il avait quand même été mis hors d'état de nuire par le lobby nucléaire. C'est alors que le destin, qui aime ceux qui luttent, se mit du côté du proscrit. Il se trouva que l'ingénieur Vergès, ami de Vallée et membre de l'équipe des logiciens de Debraine, épousa la fille d'un vieux monsieur, ancien professeur à l'École de Guerre et possédant sa propre société dédiée entre autre à l'enseignement de la dialectique. Ayant appris par son gendre l'histoire de Vallée dans ses moindres détails, il jugea que cet homme injustement traité méritait d'être aidé. Georges Sauge, ainsi se nommait l'homme providentiel, commença par faire plus ample connaissance avec l'intéressé, fut impressionné par son histoire et décida de fonder avec lui une seconde société dont le but serait de répandre et de diffuser aussi largement que possible la théorie physique de Vallée et de lui permettre de continuer le combat avec de nouvelles armes. Ainsi naquit la SEPED, acronyme pour Société d'Étude et de Promotion de l'Énergie Diffuse.

A partir de cet instant, Vallée et Sauge allaient parcourir la France pour faire connaître la Théorie Synergétique à tous ceux qui étaient susceptibles de s'y intéresser, de la comprendre, de la discuter et surtout de la propager : étudiants, professeurs, ingénieurs, simples curieux de bon niveau, disons tous les cerveaux et toutes les bonnes volontés disponibles prêtes à mordre dans le sujet. Le fait est que les deux hommes firent salle comble à chacune des réunions programmées, et que l'on put mesurer à cette occasion à quel point l'opinion publique est, non seulement réceptive à la nouveauté en matière de science, mais demandeuse.

Vallée doit-il être considéré simplement comme un ingénieur ou également comme un professeur, puisque certains l'appellent ainsi? Il semble qu'il ait été très tôt attiré par une certaine forme de professorat puisque, étant sorti de Supélec en 1951, il écrivait sa première publication sur les équations de Maxwell en 1956, dans la revue l'Onde Électrique. Ce n'était qu'un début, et d'autres articles parurent sous l'égide du CEA, dont un consacré, déjà, à l'hypothèse que la vitesse de la lumière ne soit pas une constante universelle, ni même une constante du tout, en 1962. Vallée enseigna effectivement l'électromagnétisme et la Relativité à l'Institut National des Sciences et Techniques Nucléaires de Saclay, il peut donc être considéré comme un professeur à part entière : il n'a pas usurpé ce titre. Puis il y eut le long épisode que l'on sait, pendant lequel il faut noter que la direction du CEA, qui n'avait pas encore pris la mesure de l'importance des thèses de Vallée, ne s'était pas opposée à la publication de ses ouvrages aux éditions Masson, y compris celui traitant explicitement de la Théorie Synergétique. C'est toujours pendant son séjour au CEA qu'il déposa sous pli cacheté, en 1970, sans avoir pu bénéficier de l'avis préalable de Louis de Broglie pour les raisons déjà exposées, l'essentiel de ses découvertes théoriques à l'Académie des Sciences. Celle-ci, qui communique si peu et dont le grand public se demande souvent à quoi elle sert exactement, mais sûrement pas à la promotion des idées nouvelles, apparaît en l'occurrence comme un puits sans fond où on enterre tout ce qui dérange. Pourvu seulement que ses membres soient compétents !

Cette parenthèse étant faite, revenons à nos moutons. Vallée et Sauge, aidés dans leur croisade pro-Synergétique par quelques fidèles du CEA, de Supélec et de toutes les institutions de la recherche et de l'enseignement où des émules avaient surgi à la suite des prestations oratoires du maître, dépensèrent l'essentiel de leur temps à répandre au maximum les nouvelles idées de la physique. On peut dire sans mentir que partout où ils sont passés, que se soit dans les écoles d'ingénieurs ou dans les salles publiques, ils ont provoqué, d'une part l'enthousiasme, et d'autre part une avalanche de questions, toujours les mêmes d'ailleurs :

- *« pourquoi vous-a t-on renvoyé du CEA ? »*
- *« pourquoi n'a-t-on pas poursuivi vos expériences ? »*
- *« pourquoi n'essayez-vous pas de trouver un acquéreur pour votre découverte ? »*
- *« pourquoi personne ne semble-t-il s'intéresser à votre cas ? »*
- *« pourquoi a-t-on démonté les Tokamak.......*

Oui, à propos, pourquoi a-t-on démonté les Tokamak ? Quand R-L Vallée eut quitté le CEA, il laissa derrière lui un tel état de perplexité que la direction et les instances nationales de la recherche nucléaire ne pouvaient l'effacer par la simple diffusion d'une note de service. Ce qui s'était passé dans les Tokamaks de Fontenay-aux-Roses était quand même quelque chose d'extraordinaire et aurait du déclencher, normalement, une série de décisions visant à approfondir les connaissances nécessaires à la compréhension du phénomène, et par la suite, éventuellement, à définir à partir de là une nouvelle ligne d'action. Il n'en fut rien, d'une part parce qu'on ne remplace pas comme cela quelqu'un de l'envergure de Vallée, d'autre part pour des raisons plus terre à terre déjà évoquées et qui se résume dans la formule que l'autorité ne peut avoir tort, jamais. Il fut malgré tout décidé de conduire avec toute la discrétion nécessaire une campagne supplémentaire d'expérimentation, mais comme il n'y avait plus de guide et que les phénomènes observés n'étaient maîtrisés par personne, le programme initial fut modifié dans des proportions qui n'avaient pas été envisagées au départ. On décida de construire des murs de protection autour du tore, l'épisode de la chambre à vide étant resté dans les mémoires, et d'installer un système de télécommande, de manière à faire les manipulations de loin et de protéger le personnel d'expérimentation contre, d'une part un dispositif maintenant considéré comme imprévisible, et d'autre part les effets inconnus de ce qui était devenu potentiellement dangereux. La fusion contrôlée ne montrant toujours pas le début de son commencement, et les Tokamak prenant de plus en plus l'apparence de cactus géants, on décida purement et simplement de les supprimer.

Il se doit d'être précisé que Vallée, avant de partir, avait prévenu la municipalité de Fontenay que le CEA expérimentait sur ces appareils sans savoir exactement où il allait, et en prenant des risques qui mettaient en jeu la sécurité des habitants. On imagine aisément la panique qui peut s'emparer d'un maire et de ses conseillers municipaux quand ce genre de révélation arrive à l'improviste. On imagine aussi bien les allers-retours entre la mairie et le CEA, les réunions toutes affaires cessantes et les efforts désespérés de l'organisme d'état qui, maudissant encore plus Vallée, mobilisa tout ce qu'il comptait de relations haut placées et de moyens de persuasion pour calmer le jeu, en s'efforçant de faire en sorte qu'il n'y ait aucune publicité autour d'une affaire aussi embarrassante, et qui finalement fut assez bien maîtrisée.

Pendant que Sauge et Vallée poursuivaient leur campagne d'information, persuadés que leur agitation, dans le bon sens du terme, finirait par attirer l'attention de quelque représentant des pouvoirs publics ou quelque prix Nobel compatissant, sait-on jamais, des groupes d'études se constituaient un peu partout en Île-de-France. Cette diaspora synergétique se réunissait en général le soir, après le travail quotidien, pareille à des groupuscules de conspirateurs, pour analyser le travail de Vallée dans ses moindres détails, avec un but bien précis : refaire tous les calculs de la théorie à la suite de son créateur, afin d'abord de vérifier par soi-même son bien-fondé, et ensuite de pouvoir argumenter avec les opposants ou les débutants, et apporter ainsi sa pierre à la propagation de l'idée nouvelle. On trouvait là des étudiants, des ingénieurs, de simples curieux passionnés de physique et de nouveautés, mais aussi des émissaires discrets de grands organismes concernés par le commerce de l'énergie, comme l'Institut du Pétrole ou EDF, venus là pour évaluer et, on l'imagine, rapporter. Au début, les salles d'étude étaient pleines, puis au fil du temps l'audience diminua pour ne plus constituer qu'un noyau de fidèles, mais ceux-ci restaient suffisamment nombreux pour que l'action continue. C'est un processus qui n'est pas particulier aux cours de synergétique, ceux qui venaient suivre, par exemple, les cycles de conférences de Pierre-Gilles de Gennes au Collège de France ont pu constater le même phénomène : au commencement du cours c'est l'enthousiasme de la découverte, l'Amphithéâtre Marguerite de Navarre, le plus grand du Collège, ne suffit pas à accueillir tout le monde. A la fin il ne reste plus que les fidèles, en gros le quart de l'effectif du début, mais ce qui reste est alors du solide. Quoi qu'il en soit, il y a encore aujourd'hui quelques centaines de personnes, en France et dans le monde, qui, ayant passé entre 100 et 200 heures d'études dans un groupe synergétique ou au contact direct de Vallée, connaissent dans le détail son travail et sont capables de démontrer les principales formules de son livre (à titre de comparaison, un DEA ou un DESS représente environ 500 heures de cours, plus un stage industriel de 4 mois et un mémoire constituant une sorte de mini-thèse).

C'est l'occasion et le moment de donner quelques précisions pratiques sur les moyens nécessaires pour aborder la Théorie Synergétique, par comparaison avec la Relativité. Nous disons « la » Relativité » pour simplifier, sachant bien que la Restreinte et la Générale sont incompatibles, du fait des hypothèses de départ de la première (vitesse de la lumière constante universelle, pas de milieu de propagation), disparues dans la seconde. La Relativité telle qu'elle est présentée aujourd'hui n'est pas accessible au commun des mortels, bien qu'il soit fortement recommandé à tous les scientifiques de s'en réclamer. Il est bon d'au moins faire semblant de la connaître quand on veut faire publier un article de « haut niveau » ayant un rapport avec le cosmos et l'univers. La Synergétique, en revanche, bien qu'elle ne soit pas non plus accessible à tout le monde, il faut être honnête sur ce point, concerne un public quand même beaucoup plus large : on peut fixer approximativement le niveau des outils mathématiques qu'il est nécessaire de posséder, pour se lancer dans son étude précise, à une certaine maîtrise du calcul vectoriel ainsi qu'une bonne connaissance de l'électromagnétisme théorique, ce que possèdent les ingénieurs, les professeurs de physique et de mathématiques, les étudiants du 3ème et même du second cycle en électricité. Cela reste, bien sûr, un sujet d'un niveau relativement sérieux, mais rien à voir avec celui des chercheurs des hautes sphères, qui se promènent dans les espaces multidimensionnels comme tout un chacun au Jardin des Plantes. De plus, une théorie éthériste a toujours l'avantage de conduire à des analogies mécaniques simples, qui facilitent grandement la compréhension et la mémorisation des résultats. Lord Kelvin et toute l'école physicienne de l'Angleterre du 18ème siècle, dont notamment Maxwell, pensaient que toute théorie qui n'avait pas de représentation ou de modèle mécanique était suspecte. Ceci peut être une philosophie à remettre au goût du jour.

Pendant que Sauge et Vallée butinaient la région parisienne en allant de meeting en meeting, les sympathisants faisaient le siège des médias, bien conscients que c'était ces derniers qui détenaient la clé de l'audience publique : une apparition à la télé ou un passage de quelques minutes à une radio nationale font plus que dix réunions à la Mutualité. C'est pourquoi les synergéticiens profitèrent de tous les forums sur la crise de l'énergie pour essayer, par le canal des « questions des auditeurs », de demander quelles étaient les suites données aux expériences conduites sur le Tokamak et à la théorie de Vallée. Mais là aussi, très rapidement, une action coercitive venue du ministère de l'Industrie et de la Recherche établit un barrage filtrant entre les studios et les auditeurs, et une chape de plomb s'abattit de nouveau sur le petit monde actif des supporters de la nouvelle physique. Le combat était inégal, perdu d'avance, mais c'est surtout quand on y a participé qu'on se rend vraiment compte des réalités.

On a peine à croire à toute cette histoire, à une époque où on veut absolument que la transparence, comme on l'entend dire, s'applique partout. Pour ce qui est des synergéticiens, une anecdote vécue, relatée par l'un d'entre eux, Gilles Brunebarbe, dans le bulletin « Synergétique », permet de mieux prendre conscience de ce qui peut se passer quand le pouvoir, sous ses multiples formes, a décidé d'étouffer une affaire. Il y avait en 1979, sur les ondes de France-Inter, une émission quotidienne intitulée « le téléphone sonne », pendant laquelle le public pouvait poser directement des questions à une personnalité influente dans les domaines les plus divers. Le 26 février, la personnalité du jour était André Giraud, ministre de l'Industrie et donc représentant de la plus haute autorité de tutelle en matière d'énergie : c'était l'homme que les fidèles de Vallée essayaient d'atteindre par toutes les voies possibles, pour lui faire part de leur existence, de leur opinion, et pour tenter d'engager avec lui un dialogue public. La règle du jeu mise en place par France-Inter, cependant, visait à éliminer les indésirables ainsi que la possibilité de poser les mauvaises questions, et dans ce but il fallait au préalable, avant le direct, annoncer avec précision le thème choisi, qui était noté et transmis à l'animateur et à l'invité, lesquels pouvaient donc, en cas de danger potentiel, le passer sous silence en utilisant les ruses journalistiques habituelles. Au courant de cet état de fait à la suite de nombreuses tentatives précédentes, Brunebarbe décida carrément de mentir pour passer le barrage et inventa une question bateau, anodine, propre à donner au ministre une occasion de placer son discours passe-partout. Miracle, la question fut tirée au sort, et l'antenne se trouva ouverte au conspirateur qui ne se fit pas prier pour envoyer au visage du ministre toute la série de questions qu'il avait apprise par cœur : « pourquoi oublie-t-on systématiquement la Synergétique quand on parle des énergies nouvelles, pourquoi un certain nombre de physiciens pense-t-il que l'espace est énergétique et que l'on peut capter cette énergie n'importe où, en grande quantité et directement sous forme électrique comme le prouvent les expériences réalisées dans le Tokamak de Fontenay-aux-Roses, pourquoi interdit-on à ces physiciens de s'exprimer dans les média, etc... ». Le ministre, coincé dans le studio et se trouvant dans l'obligation de répondre, dit ceci :

« Je pense que si effectivement l'énergie synergétique fait la démonstration de son existence et de sa captabilité, le ministre de l'Industrie que je suis sera enchanté d'associer ses efforts à la promotion de cette nouvelle énergie. Je ne veux pas m'étendre sur le cas de Mr Vallée, c'est un problème de personne, mais le problème de l'énergie synergétique, c'est que les physiciens sont pour le moins partagés sur son existence. C'est tout

ce que nous pouvons constater et ceux qui sont responsables des expériences de fusion dont vous parlez contestent tout à fait qu'elle ait été mise en évidence ».

Il est donc évident que le ministre était parfaitement au courant de l'affaire, mais en tant que gestionnaire de haut niveau, incapable, étant donnée l'insuffisance de ses connaissances en physique, de se faire un jugement personnel sur l'affaire Vallée, il s'en était remis à celui, pas tout à fait impartial, des cadres supérieurs de Saclay. Après que l'animateur de l'émission, Claude Guillaumin, eut exprimé son indignation à Brunebarbe pour l'avoir roulé de cette manière, le trou dans l'eau se referma et les synergéticiens, dépités de voir leur dernier recours les abandonner, retournèrent à leurs études avec un moral en berne.

Tout ce qui précède est d'autant plus incompréhensible que tous les chefs d'état de la 5ème République, depuis de Gaulle jusqu'à Hollande, ont bâti leurs discours électoraux sur une volonté affirmée de promouvoir par tous les moyens possibles la Recherche et les idées nouvelles. Même Sarkozy l'a fait. Ce qui prouve que la compétence et le volontarisme ne se trouvent pas là où ils devraient être, en particulier dans les ministères de tutelle. On a eu l'espoir, en 1981, après l'élection d'un président de gauche, que les choses allaient enfin changer, tant il est vrai qu'il y a une science de gauche et une science de droite, qui correspondent respectivement aux mentalités de gauche et de droite. Hélas, il ne s'est rien passé de plus, et la deuxième anecdote qui suit est à ce sujet particulièrement édifiante :

En 1983 un ingénieur senior de la division Faisceaux Hertziens de Thomson-CSF, par ailleurs synergéticien, se sentant menacé par l'annonce de prochaines « charrettes » de licenciement, décida de profiter des dispositions de la formation permanente pour passer un DESS de spécialisation en Hyperfréquences, à l'Université Pierre et Marie Curie. Le jeune étudiant de 46 ans suivit donc, comme ses collègues de 25 ans, une formation qui se termine obligatoirement par un stage en entreprise. En l'occurrence, celui-ci se fit à la division « radars » de Bagneux, toujours chez Th-CSF. Il se trouva que l'ingénieur partagea, le temps de son séjour, le bureau de Claude Jeanlin, conseiller général et maire d'Evry, qui occupait là un poste à mi-temps pour préserver ses droits à une retraite complémentaire. Au cours d'une discussion à bâtons rompus, les deux hommes en vinrent à parler de Vallée et de ses déboires, et l'homme politique fut extrêmement intéressé par cette histoire extraordinaire dont il n'avait jamais entendu parler. Il proposa alors à l'ingénieur de le mettre en relation avec le Ministère de l'Industrie, distinct du Ministère de la Recherche et alors géré par Jean-Pierre Chevènement, pour essayer une nouvelle tentative d'informer les hautes sphères, maintenant aux mains de la Gauche et donc, à priori, plus ouverte aux changements et d'une manière générale plus à l'écoute du peuple. Il faut préciser que les deux conseillers « scientifiques » du ministre s'appelaient alors Catoire et Lorino, tous deux maires socialistes de communes de la banlieue parisienne, cette remarque permettant au passage d'évaluer la compétence technique des conseillers scientifiques d'un ministère du même nom. L'ingénieur, agréablement surpris par ce clin d'œil du destin, informa aussitôt Georges Sauge de cette possibilité inattendue, pour le mouvement synergétique, d'accéder à l'oreille d'un ministre, mais à sa grande surprise il ne déclencha aucun enthousiasme. Le vieil homme, usé par toutes ces années de combats stériles aux côtés de Vallée, et de plus anéanti par la mort récente de sa femme, lui souhaita simplement bonne chance après lui avoir prédit l'échec inéluctable de ses possibles et futures démarches, même appuyées par une relation politique, et lui fit même cadeau de plusieurs exemplaires du livre de Vallée réédité par la SEPED, pour les distribuer à qui en voudrait. Un peu secoué par cet accueil imprévu, l'ingénieur persista quand même et envoya à Mr Lorino un courrier accompagné de tous les documents nécessaires pour qu'une personne étrangère aux événements puisse avoir une connaissance suffisante de la théorie de Vallée et des événements de Fontenay-aux-Roses. Il s'ensuivit un échange de correspondances qui dura un an, au bout duquel Fabius remplaça Chevènement, avec les mêmes conseillers, et le dossier passa du Ministère de l'Industrie, qui se déclara incompétent, au Ministère de la Recherche, qui lui l'enterra définitivement. Sauge avait bien vu le coup.

Quelques années auparavant, les amis de Vallée s'étaient déjà épuisés dans ce genre de démarches, visant à briser un mur du silence que personne ne comprenait, en-dehors des initiateurs. Mais alors le gouvernement était de droite, et la rigidité des instances supérieures pouvaient à la rigueur s'expliquer par une attitude que l'on prête habituellement à cette moitié de l'opinion politique française, du moins par l'autre moitié. Mais Georges Sauge avait compris que c'était pire que cela, et que les intérêts supérieurs n'ont pas de camp, à part celui des affaires, d'où la mise en garde qu'il avait adressée au petit ingénieur de banlieue qui voulait hurler avec les loups. Le résultat de cette affaire lamentable est que la France s'est probablement passée d'une découverte déterminante dans l'histoire de la physique, découverte qui resurgira inévitablement un jour prochain mais qui aurait pu donner à notre petit pays un rôle qu'il a déjà joué dans le passé, celui du phare intellectuel et scientifique du monde. Il y a aussi une moralité : aucune découverte ne peut voir le jour sans l'accord du monde financier, que se soit directement ou par le biais des politiques. Il n'est permis à personne ni de mettre en péril l'économie, ni de faire de vagues. Tout le monde doit obéir aux chefs, au doigt et à l'œil. Tout individu qui pense avoir trouvé quelque chose d'intéressant pour la collectivité doit immédiatement en référer à l'autorité et attendre les ordres.

Oui d'accord, mais nous sommes aussi dans le pays de la Révolution, et ceux qui ont façonné cette nation en la marquant de leur empreinte sont tous des contestataires à forte personnalité. Et ces gens-là sont le cauchemar des mandarins. Vallée était de cette race. Son combat n'est pas perdu, simplement lui-même ne verra pas sa victoire, et il est malheureusement fort probable qu'on ne lui rendra même pas l'hommage qu'il mérite. Cependant, on trouve sur Internet un grand nombre de sites qui parlent de lui et qui indiquent que des scientifiques continuent à étudier sa théorie. Certains expérimentent, d'autres calculent, mais le succès ne viendra que lorsqu'un représentant des pouvoirs publics à la fois haut placé et compétent consentira à ressortir le dossier et à proposer de lui consacrer un budget et un programme spécifiques. En cette période de crise énergétique où tous les industriels de la branche essayent de caser leurs produits plus ou moins adaptés, ce serait assurément une bonne chose.

2-5 : La synergétique et les médias.

De nombreux physiciens français sont, à des degrés divers, au courant de la Théorie Synergétique. Être au courant ne veut pas dire la connaître, car il faut pour cela l'étudier, ce qui demande intérêt, bonne volonté et disponibilité, et il n'est pas si courant de réunir toutes ces conditions. Pour ce qui est des médias, seule la revue Science et Vie s'est réellement intéressée à la découverte de Vallée, contrairement à La Recherche qui n'a publié qu'un seul article en 1976, et encore n'était-ce que pour la discréditer. Nous en parlerons plus loin. Chez Science et Vie, c'est le journaliste Renaud de la Taille qui a eu l'initiative, le courage et la constance de soutenir Vallée et de fournir au grand public la seule vulgarisation détaillée de la Théorie Synergétique. La liste de ses articles ayant rapport avec l'affaire est déjà indiquée p104, le premier est illustré dans la figure 2-3 ci-dessous, et seul le dernier n'est pas son fait. Il dut passer au préalable de longues heures avec le physicien pour assimiler les idées maîtresses de la théorie et les traduire en langage compréhensible pour le grand public, le lectorat habituel de la revue depuis 1913. En fin de compte et afin de lui rendre hommage, c'est donc sa version et sa vision des choses qui vont être résumées le mieux possible, en invitant le lecteur à consulter les archives de la revue pour le texte complet.

- Février 1974, premier article.

Il s'agit d'abord, afin de mettre le lecteur ordinaire en condition, d'un rappel très succinct de l'évolution des idées en physique : d'abord la notion d'énergie, son lien au mouvement, puis la découverte de l'identité entre travail et énergie, puis l'établissement de leur équivalence avec une quantité de chaleur. A ce propos il faut noter que celle-ci est considérée comme l'état le plus dégradé de l'énergie, en qui n'importe quelle autre forme peut se transformer spontanément. L'inverse, en revanche, n'est pas possible : pour transformer de la chaleur en énergie, mécanique par exemple, il faut une machine fonctionnant selon les règles énoncées par Carnot, à savoir entre une source chaude et une source froide, et toujours avec un rendement misérable. Tout cela, c'est la physique du $19^{\text{ème}}$ siècle, la mécanique classique. Ensuite vient l'étude des phénomènes invisibles de l'électromagnétisme et de l'atomistique, puis du nucléaire, ainsi que les réflexions déclenchées par les nouveaux acquis de l'astronomie « lointaine », si l'on peut dire, ce qui donna lieu à la création dans une même discipline de nouvelles spécialisations, rendues obligatoires pour des chercheurs qui ne pouvaient plus avoir une vue complète d'une physique devenue trop compliquée, voire entachée de contradictions. Cet éclatement des formations, des cursus universitaires, des branches industrielles, des

figure 2-3   Science et Vie n$_0$ 677

théories, obligea les scientifiques à se répartir dans des domaines de plus en plus étroits, chacun de ces domaines nécessitant des outils adaptés dont l'efficacité ne fut pas toujours démontrée, mais qui en revanche creusèrent un fossé de plus en plus profond entre des branches de connaissance autrefois proches. Aujourd'hui, il est devenu presque impossible d'être généraliste en physique. L'étude des phénomènes nouveaux et la durée de plus en plus longue des formations ayant conduit à distribuer les études dans des cases indépendantes les unes des autres, on se retrouva finalement, et c'est l'état actuel de notre physique, avec un catalogue extraordinaire de forces de natures différentes, de particules tout aussi nombreuses et en quantité sans cesse croissante, de théories concurrentes, d'appareillages de plus en plus impressionnants et coûteux, etc.,etc., tout cela pour en être toujours au même point en ce qui concerne la recherche de l'énergie miracle, celle qui est gratuite, inépuisable, qui existe effectivement et dont seuls Vallée et une poignée de contestataires ont eu l'intuition.

Après ces quelques indispensables remarques, après avoir fustigé la Relativité et la Mécanique Quantique, Renaud de la Taille en arrive au vif du sujet et met son lecteur en état de se représenter le monde vu par Vallée, tout en lui faisant prendre conscience de la fragilité des affirmations des théoriciens. Dans ce but, quelques dessins et quelques remarques simplissimes vont tout de suite rendre évidentes les nombreux défauts de la physique relativiste. En premier lieu, il fait remarquer que l'énergie de masse donnée par la formule d'Einstein, $E = mc^2$, est donnée comme valable telle quelle en tout lieu de l'espace. Or, si on transporte une masse m d'une certaine altitude à une altitude supérieure, ce changement de lieu ne peut se faire qu'en fournissant un certain travail. Par conséquent la masse a acquis dans ce déplacement une énergie potentielle supplémentaire que la formule relativiste ignore superbement. Vallée utilisera donc une autre formule, $S = mc^2$, où S représente la somme de toutes les énergies comptabilisables qui ont concerné la masse m. C'est la Synergie, au lieu de la simple énergie de masse, ce qui a donné à la théorie complète le qualificatif de « synergétique ». Ceci est d'une portée qui va bien au-delà du simple remplacement d'une lettre par une autre. On imagine en effet ce que peut représenter le travail de déplacement évoqué ci-dessus quand il se fait dans un champ de gravitation comme celui du soleil : c'est tout sauf négligeable. D'autre part, si on constate que d'autres forces interviennent dans l'historique énergétique de la masse considérée, des forces de nature différente, elles seront également prises en compte et rentreront dans le « S ». Voici donc un exemple concret, et il y en a mille autres, des absurdités relativistes corrigées par la Synergétique.

Bien que Vallée ait décidé de ne plus employer le mot « éther », devant les réactions de rejet qu'il déclenche chez certains, son « milieu diffus », qui le remplace, est exactement la même chose. Simplement, et c'est peut-être une justification pour changer de vocabulaire, on peut maintenant attribuer à ce milieu-là des propriétés bien précises qui manquaient à son prédécesseur. D'abord il est actif, en ce sens qu'il est en permanence parcouru par une double infinité (en directions et en fréquences) d'ondes électromagnétiques dont l'ensemble, pour Vallée comme pour Tommasina, en constitue même la matière proprement dite. Cette « matière » ne répond donc pas à la notion habituelle attachée aux objets que l'on peut voir et toucher, c'est une substance spéciale qui possède des propriétés bien à elle, dont certaines sont encore mystérieuses, et que plusieurs physiciens comme John Wheeler essaient de décrire avec beaucoup d'embarras comme une sorte de gelée magique, tantôt souple tantôt rigide, prenant selon les circonstances autant de structures qu'il est nécessaire pour justifier son comportement déroutant. Il est bien évident qu'on ne saura jamais la vérité totale, étant donné que cet élément nous sera éternellement invisible et insaisissable, mais nous savons un minimum de choses à son sujet. C'est d'abord un fluide parfait, puisqu'il apparaît qu'il transmet la lumière sans atténuation quelle que soit la distance et, c'est son autre caractéristique principale avec sa nature active, qu'il a une masse volumique très grande, en tous cas largement supérieure à celle des éléments connus les plus lourds, puisqu'il entraîne ceux-ci dans leur chute avec la même accélération que les plus légers. Il n'y a jamais eu en fait qu'une seule alternative : ou bien l'éther est très léger, si dans telle théorie on veut expliquer qu'il n'oppose pas de résistance au mouvement des corps, ou bien il est très lourd si, dans une autre théorie, on veut lui attribuer l'entraînement des planètes et les forces de pesanteur.

La formulation de cette propriété fondamentale d'être le siège d'une propagation incessante d'ondes EM entraîne immédiatement le désir d'en savoir un peu plus sur ces ondes, leur distribution, leur origine, leur intensité, et quelles conséquences pratiques on va pouvoir tirer de cette hypothèse qui, on le verra dans le chapitre suivant, est parfaitement justifiée par une nouvelle interprétation des lois physiques élémentaires, revisitées en fonction de l'existence d'un milieu. La figure 2-4, tirée du livre de Vallée, montre la distribution spectrale telle qu'il l'a imaginée, mais dont les attributions fréquentielles ont été vérifiées. Elle postule qu'il y a dans l'espace un spectre énergétique continu qui présente des maxima, pics qui correspondent aux fréquences dites de Compton. Ce sont les fréquences de vibrations propres des particules élémentaires, dont toutes se déduisent des deux principales, celles du proton et du neutron, par l'opération simple que connaissent par cœur les électroniciens qui sont confrontés aux divers problèmes des intermodulations : si deux fréquences F_1 et F_2 sont mélangées dans un système non-linéaire, elles génèrent des raies secondaires dont les fréquences sont de la forme :

$$F = mF_1 \pm nF_2 \ (m \text{ et } n \text{ entiers positifs})$$

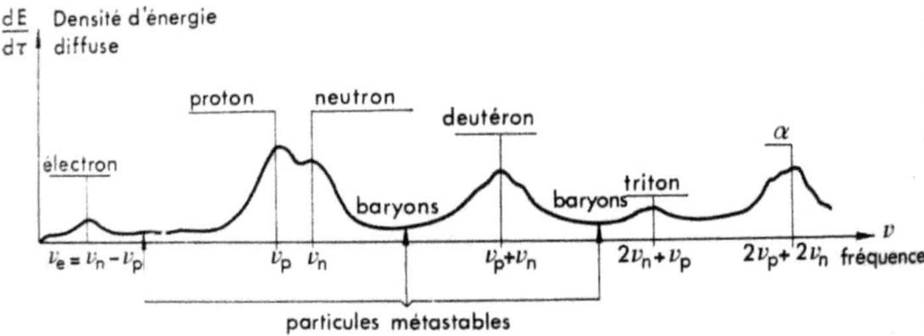

figure 2-4   Distribution spectrale des ondes EM

En donnant diverses valeurs à m et n, on retrouve bien, à partir des fréquences de Compton du proton et du neutron, les fréquences des autres éléments constitutifs de la matière, en premier lieu celle de l'électron (fig 2-4), mais aussi d'autres particules moins stables, prévues par la Synergétique avant d'être découvertes expérimentalement après que Vallée en eut fait mention. Il en est ainsi des particules dites « de charme », prédites en 1970 avant de voir leur existence confirmée expérimentalement. Quant à la non-linéarité du milieu nécessaire à la création des intermodulations, elle n'a lieu que dans des conditions bien particulières où l'éther, ordinairement linéaire quand il se contente de véhiculer les ondes EM, est soumis localement à des champs électriques atteignant une valeur limite, définie par Vallée comme celle qui correspond à la création de matière par la cavitation électromagnétique du milieu diffus, phénomène bien connu en hydrodynamique et sur lequel nous reviendrons plus loin. Nous arrivons là à une imagerie à laquelle seule l'hypothèse d'un éther, quel qu'il soit, permet d'accéder. Mais l'éther de Vallée, mélange de masse et d'énergie, ouvre la voie à une richesse de réflexions, de conséquences et d'analogies mécaniques qui est à l'opposé de la complexité, voire de l'impossibilité de représentation concrète, de la Relativité Générale et de ses fumeux objets théoriques. On se retrouve soudainement dans un univers vivant et familier où, de même que se forment les bulles dans les remous d'une hélice de paquebot, une agitation suffisante du milieu diffus va donner lieu à la naissance de cet autre type de bulles que vont constituer les particules élémentaires, et qui vont nous révéler la vérité inattendue : que le soi-disant vide c'est la masse, et que c'est seulement au cœur de la matière que l'on peut trouver le vide.

Vallée formule ainsi sa « loi de matérialisation » :

« S'il arrive, dans un milieu isotrope à inertie stationnaire, qu'au cours du déroulement d'événements électromagnétiques, l'énergie se trouve concentrée en des zones où le champ électrique puisse atteindre la valeur limite $\varepsilon_{d,}$ les propriétés de l'espace, dans ces zones limitées à des volumes élémentaires, se modifient alors de telle sorte que la divergence du champ électrique y prend une valeur non nulle afin d'interdire tout dépassement de la valeur $\varepsilon_{d'}$. Il existe alors, au moins, deux volumes microscopiques jointifs et finis, constituant la zone dans lesquels l'intégrale bornée de la divergence de l'induction électrique fournit respectivement les valeurs quantifiées +q et −q, avec q = 1,60.10^{-19} coulomb .»

Il faut reconnaître honnêtement que cette forme d'explication n'est pas vraiment évidente à saisir, et qu'il faut avoir appris les définitions de base de la Synergétique pour faire le lien. Vallée pratique la physique théorique comme le faisaient Poincaré, Duhem ou Brillouin, et son langage est essentiellement mathématique, avec tout ce que cela implique. En fait, la traduction en termes imagés est plus simple, elle signifie en langage ordinaire que quand le champ électrique atteint quelque part une certaine valeur prédéterminée, qu'on ne peut dépasser, il y a création d'une paire de particules électrisées, l'une positivement et l'autre négativement, issues de la transformation énergétique et structurelle d'une petite portion de l'éther en matière. Cette matière va donc, comme chez Gustave Le Bon, se présenter sous la forme de gyrostats, à ceci près que Vallée sort des généralités et attribue à ces derniers des paramètres plus précis, quantifiés, de même qu'une structure géométrique qui explique, en particulier, le moment de spin de l'électron. On constate donc, sans vraiment être surpris, que la nouvelle théorie rejoint les anciennes, non seulement celle

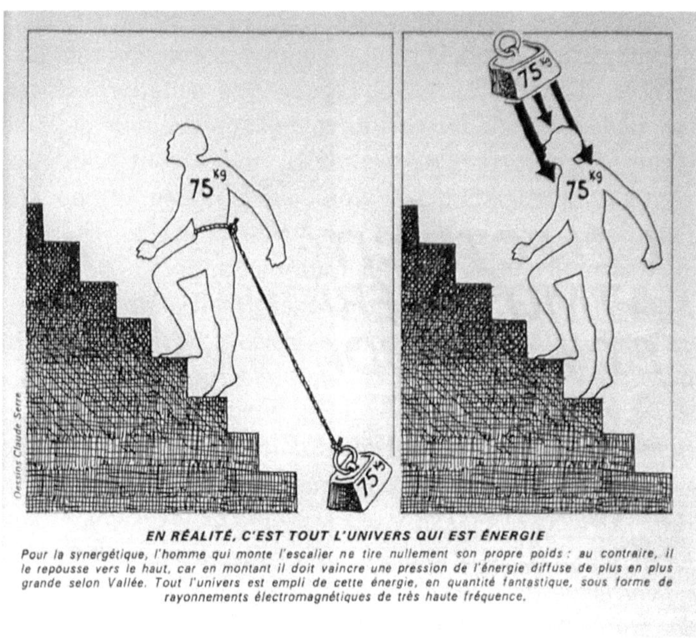

figure 2-5   Science et Vie n$_0$ 677

de Le Bon mais aussi celles de Maxwell et de Tommasina, sur le plan particulier de la représentation que l'on peut se faire des éléments constitutifs de la matière, dès lors que l'on admet l'existence d'un éther.

Avec l'éther de Vallée, la gravitation redevient un phénomène physique clair et compréhensible pour tout le monde, bien loin des nébulosités de la Relativité Générale. On se débarrasse d'abord du concept des forces d'attraction, auxquelles Newton lui-même ne croyait pas, pour le remplacer, l'éther étant parcouru par des ondes, par la pression de radiation qui leur est associée. On retrouve là un phénomène et un principe qui sont bien connus en acoustique, qu'elle soit aérienne ou sous-marine, où l'expérimentation est aisée et permet des mesures relativement faciles. En ce qui concerne les ondes EM, c'est un peu plus compliqué, mais Maxwell, Bartoli et Lebedev ont laissé leur nom dans ce champ d'étude. Par la suite, pour leur rendre un hommage mérité, nous appellerons d'ailleurs « pression MBL », la pression de radiation électromagnétique, qu'elle soit lumineuse ou autre. Cette pression MBL se manifeste chaque fois qu'une onde électromagnétique rencontre un obstacle, et exerce sur cet obstacle une force qui a tendance à le déplacer dans le sens de propagation. Dans le cas d'un corps placé dans l'éther, en supposant ce corps sphérique pour simplifier, la pression s'exerce de manière homogène sur sa surface et n'a pour effet que de le comprimer, et d'assurer ainsi sa cohésion. Il n'y a pas de mouvement. En revanche, si un autre corps se trouve à proximité, ce dernier intercepte partiellement le rayonnement qui vient de la direction où il se trouve, et le premier corps reçoit moins de pression de ce côté-là. Et réciproquement. Il en résulte que les deux corps sont poussés l'un vers l'autre, ce qui donne l'illusion qu'ils s'attirent l'un l'autre. Voilà qui explique l'attraction sans qu'il y ait de force d'attraction! Newton avait parfaitement cerné le phénomène mais, n'ayant pas pu faire les bonnes hypothèses sur l'éther, et fort embarrassé de ce fait, il écrira quand même la grande loi de gravitation que tout le monde connaît, en feignant de croire que les forces d'attraction existent et en gardant en lui-même un immense sentiment d'insatisfaction, parfaitement exprimé dans une lettre au révérend Bentley. Les figures 2-5 et 2-6 illustrent, naïvement mais clairement, l'idée que l'on doit se faire de la gravitation dans l'univers de Vallée et de Tommasina, la première dans le cas terrestre de la pesanteur, la seconde dans l'espace interstellaire. Par la suite nous irons encore plus loin en reniant formellement l'existence des forces d'attraction et en les reléguant au rang des outils mathématiques de la physique théorique, là seulement où elles redeviennent utiles.

- Janvier 1975, deuxième article.

Cette fois le journaliste change de cible. L'article précédent avait pour but d'initier le lecteur de Science et Vie à la Théorie Synergétique, celui qui suit va lui expliquer comment l'argent du contribuable est jeté par la fenêtre et pourquoi la fusion nucléaire ne sera jamais réalisable. Il ne faut pas perdre de vue, en effet, que l'essentiel des efforts de Vallée visait à fournir une formidable alternative à la filière désastreuse des expériences sur les Tokamaks, et de permettre au CEA d'orienter les recherches dans une voie nouvelle, annonciatrice d'un progrès définitif dans la quête de l'énergie propre, mais la guerre ouverte était maintenant déclarée entre la direction du CEA et le trublion, qu'il fut génial ou pas. Cependant, ce dernier gardait toujours l'espoir, à tort malheureusement, que la raison, l'intelligence et la compréhension l'emporteraient finalement. Renaud de la Taille partageait cette opinion, et il relayait sans arrière-pensée les efforts de son mentor en ayant la conviction, par le fait de lui ouvrir les colonnes de la grande revue de vulgarisation, de participer à une aventure pour le moins excitante. C'est donc sans état d'âme qu'il s'associa à la démarche qui consistait à expliquer pourquoi la fusion ne pouvait pas se réaliser dans le Tokamak, ce qui nécessite un petit rappel sur le mode de fonctionnement de l'engin.

L'idée de la fusion nucléaire vient de l'observation du soleil. En fonction de ce que l'on sait maintenant sur lui, on le considère comme une source d'énergie permanente, ou du moins de longue durée, dont le moteur est la fusion des éléments légers (hydrogène, deutérium, etc.), dont l'analyse spectrale nous révèle à la fois la présence et l'abondance. Notre astre de référence est donc vu par les physiciens de l'atome comme une gigantesque chaudière de plasma dont la température dépasse les cent millions de degrés et où, du fait de cette condition extrême, il se passe des réactions énergétiques qui alimentent son rayonnement. Le but des « fusionnistes » est donc d'essayer de reproduire dans une machine les conditions solaires et d'y injecter des éléments légers, dont on sait que la fusion se produit avec disparition d'une partie de la masse totale, qui se retrouve sous forme d'énergie. Cette machine est le Tokamak. Le plasma est créé par une énorme étincelle électrique qui porte la température d'un gaz raréfié à environ vingt millions de degrés. C'est insuffisant pour générer la fusion, mais largement suffisant pour faire fondre l'enveloppe du tore qui constitue l'essentiel du dispositif. Celui-ci est donc équipé, autour de la trajectoire de la décharge, d'enroulements où passe un fort courant qui crée un champ magnétique, lequel va confiner l'énergie et protéger ainsi les parois, en même temps qu'il va concentrer le plasma et augmenter ainsi sa température.

C'est du moins ce que l'on espérait. En réalité, Vallée expliqua que le confinement magnétique n'augmentait pas la section efficace du plasma, mais au contraire la diminuait. La fusion est donc impossible dans ce

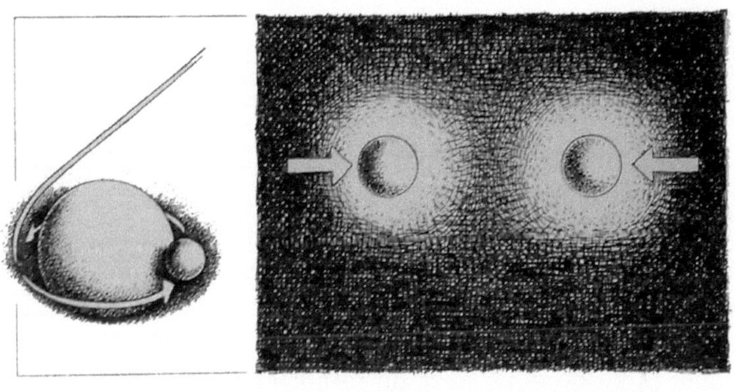

figure 2-6   Science et Vie n_0 677

type de dispositif. Seules les expériences qu'il a proposées permettent de l'exploiter, et on connaît maintenant les suites de l'histoire et avec quel enthousiasme elles ont été accueillies. Force est de constater, plus de 40 années plus tard, puisque le premier article de « La Recherche » sur TFR remonte à 1970, que les faits donnent raison à la Synergétique : à l'instar de l'Arlésienne, on attend toujours la fusion, cette promesse mirifique qui ne fait que s'éloigner, mais on peut constater que le ton des publications sur le sujet a nettement changé. De l'assurance des premiers jours, nourrie par un espoir légitime bien que trop optimiste, on est passé à une modestie tellement excessive qu'elle prend de plus en plus l'allure d'un aveu d'impuissance. Cela n'empêche pas que l'on continue à s'acharner dans cette voie, avec des dispositifs de plus en plus gros et de plus en plus coûteux, mais l'indice de confiance, comme on dit à Météo-France, a fortement diminué, et on commence à se demander si la fusion contrôlée n'est pas un problème du même ordre que celle jamais résolue de l'explosion contrôlée d'un bâton de dynamite ou d'un mélange air-essence, réaction en chaîne que l'on n'a pu domestiquer qu'en fabriquant le moteur à explosions.

- Novembre 75, troisième article.

Cette année-là le combat synergétique flambe de plus belle, d'autant que des émules de Vallée annoncent des expériences qui semblent prouver quelque chose, sinon la théorie elle-même. Un étudiant belge, Eric d'Hoker, prétend avoir réalisé un montage simple où une superposition des champs électrique et magnétique, dans un barreau de graphite récupéré dans une pile ordinaire, aurait permis la transmutation du carbone 12 en bore 12, avec un retour immédiat au carbone 12 accompagné de l'émission d'un électron par atome transmuté, ce qui, comme dans le Tokamak, aurait occasionné la production d'une énergie supplémentaire trois ou quatre fois supérieure à l'alimentation du montage lui-même. Il semblerait que Vallée, ayant toujours professé que cette production d'isobare radioactif à période courte ne pouvait se faire qu'en phase gazeuse, ait été très suspicieux vis-à-vis de cette expérience et de son auteur. Mais cinquante ans plus tard, son élève Jean-Louis Naudin, dont on trouvera sur son site Internet tout ce qu'il faut savoir de lui et de ses manipulations, semble avoir construit un appareillage qui ressemble furieusement à celui de son prédécesseur. Qui croire ? L'affaire du TFR semble quand même beaucoup plus sérieuse.

Cependant, rien ne bouge au CEA. On a peine à croire qu'il n'y ait eu aucune réaction, même négative, à l'intérieur et autour de la grande institution française de l'énergie atomique, mais c'est ainsi : quelles que soient la valeur et la portée d'une invention comme la Synergétique, il semblerait que les problèmes humains les plus terre-à-terre prennent toujours le pas sur l'intérêt général. On préfère ne pas toucher à une organisation et un programme qui ont trop d'implications politiques et financières, plutôt que de se pencher sur une voie nouvelle et prometteuse, mais qui obligerait quelques énarques à reconnaître qu'ils se seraient peut-être trompés. Inconcevable.

Pourtant, il était si simple et si facile, tout en respectant le programme d'étude de la fusion, de laisser travailler Vallée en lui permettant de faire une expérience de temps en temps, éventuellement en lui allouant un peu de personnel, sans grever le budget principal qui de toutes façons est de l'argent jeté par la fenêtre, comme le montrent les résultats des études sur la fusion contrôlée après tant d'années d'efforts infructueux. Cela aurait permis la progression du CEA dans une voie royale où la France aurait eu plusieurs longueurs d'avance, et lui aurait rendu le rôle majeur qu'elle a déjà tenu au cours de son histoire. Surtout, cela signifiait pour tout le monde la fin de la course aux champs de pétrole et aux poches de gaz, ainsi qu'aux mines d'uranium, et pour finir l'avènement du tout-électrique.

Mais cela ne s'est pas fait. Alors doit-on vraiment se faire à l'idée, à contrecœur, qu'il y ait des intérêts supérieurs à l'intérêt général ? Malheureusement il faut bien prendre conscience du fait que, dans toute organisation, plus on monte dans la hiérarchie, plus les responsables consacrent une trop grande partie de leur temps à la gestion, ce qui est leur obligation, mais aussi aux rivalités de personnes, ce qui ne l'est pas. Beaucoup oublient ce pourquoi ils sont là, et finissent par perdre petit à petit leur compétence initiale. Celle-ci reste la propriété des besogneux des laboratoires ainsi que des chefs de service qui font passer leur conscience professionnelle avant les ambitions personnelles, en refusant l'addiction à l'ascension sociale. Si on pousse ce raisonnement jusqu'au bout, il faudrait en conclure que la moindre compétence appartiendrait au plus haut placé d'entre nous, et on pourrait avoir dans ce cas de sérieux doutes sur celles du Ministre de tutelle des Sciences et de ses conseillers. Celui de l'époque dont on parle ici devait d'ailleurs s'illustrer peu après l'affaire Vallée en donnant le feu vert et en ouvrant des crédits pour l'étude des « avions renifleurs », ces engins ultrasophistiqués qui devaient repérer les champs pétrolifères simplement en les survolant, grâce à une électronique embarquée dont l'étude a fait les beaux jours de plusieurs entreprises. Rien que l'argent dépensé pour cette magistrale supercherie, qui avait fait se taper sur les cuisses un certain nombre de vrais scientifiques, aurait peut-être pu faire progresser la Synergétique de manière définitive. Mais non : il y a un fossé énorme entre ce qu'un premier ministre a appelé si adroitement le « monde d'en bas », en raccourci celui qui travaille et qui crée les richesses du pays, et celui de nos dirigeants, qui décide de ce qui lui est le mieux adapté, à court terme de surcroît, entendez par là la durée des mandats.

On s'éloigne peut-être un peu trop du domaine technique en fustigeant ainsi la nomenklatura de nos dirigeants, mais malheureusement ce qui vient d'être dit est une clé majeure pour comprendre pourquoi le progrès ne va pas plus vite : on ne peut s'en persuader qu'après des décennies de pratique de la vie sociale, et en particulier de son aspect industriel, qui n'est pas que technologique. Bref, le cas Vallée illustre parfaitement ce qui arrive quand on essaye de nager à contre-courant. Même si on est persuadé de l'importance de ce qu'on peut apporter à la société, si celle-ci n'en veut pas, il ne faut pas insister et ne pas engager le combat, seul contre tous, sous peine d'être étouffé par l'incoercible pression venue d'en haut. Combien de Vallée ont-ils compris cela à temps, on ne sait pas. Il y en a probablement un nombre insoupçonné, mais la plupart n'a, ni le parcours, ni l'importance des idées, ni l'entêtement, dans le bon sens du terme, qui ont donné lieu à l'aventure synergétique, qui n'est qu'assoupie.

Il est nécessaire d'insister sur un point, qui est sous-entendu dans le titre de l'article : « qui osera réfuter la synergétique ? ». En effet, il s'agit d'une théorie constituée, c'est-à-dire qu'elle a été exposée publiquement, avec tous les arguments mathématiques nécessaires, dans un ouvrage qui, au moment de sa parution, était accessible à tous. Nous sommes aujourd'hui obligés d'admettre le fait que c'est devenu un livre introuvable, pour les raisons qui ont été exposées plus haut, mais il n'en reste pas moins que des centaines d'exemplaires se sont retrouvés à un moment donné dans des mains et sous des yeux compétents, capables d'assimiler ce qui s'y trouvait. D'autre part, il y avait au CEA un nombre assez important d'ingénieurs qui, non seulement s'intéressaient aux thèses de Vallée, mais lui donnaient aussi une certaine caution, un certain prolongement, en trouvant dans leurs expériences et leurs réflexions personnelles des justi-

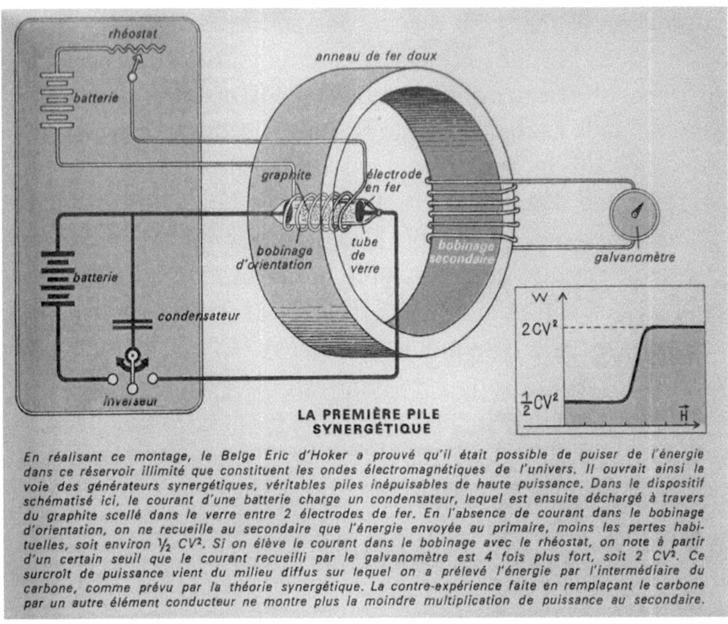

En réalisant ce montage, le Belge Eric d'Hoker a prouvé qu'il était possible de puiser de l'énergie dans ce réservoir illimité que constituent les ondes électromagnétiques de l'univers. Il ouvrait ainsi la voie des générateurs synergétiques, véritables piles inépuisables de haute puissance. Dans le dispositif schématisé ici, le courant d'une batterie charge un condensateur, lequel est ensuite déchargé à travers du graphite scellé dans le verre entre 2 électrodes de fer. En l'absence de courant dans le bobinage d'orientation, on ne recueille au secondaire que l'énergie envoyée au primaire, moins les pertes habituelles, soit environ ½ CV². Si on élève le courant dans le bobinage avec le rhéostat, on note à partir d'un certain seuil que le courant recueilli par le galvanomètre est 4 fois plus fort, soit 2 CV². Ce surcroît de puissance vient du milieu diffus sur lequel on a prélevé l'énergie par l'intermédiaire du carbone, comme prévu par la théorie synergétique. La contre-expérience faite en remplaçant le carbone par un autre élément conducteur ne montre plus la moindre multiplication de puissance au secondaire.

figure 2-7   Science et Vie n$_0$ 698

fications complémentaires. Est-ce que l'on a bien conscience, en fonction de tout cela, de la fantastique inertie de la communauté scientifique devant les idées nouvelles ? Il est presque incroyable que des chercheurs de haut niveau ou même tout simplement compétents, dans le domaine de l'atome, ne se soient pas soudés pour aider l'un des leurs à pouvoir s'exprimer. Et pourtant, nous l'avons vu, c'est bien de cette manière que les choses se sont passées. Toutes les velléités individuelles d'aider le dissident ont été muselées, étouffées dans l'œuf, toutes les associations pro-Vallée ont été combattues et découragées, tous les procédés de bas étage ont été utilisés pour détruire l'homme et passer sous silence l'« affaire » du Tokamak.

Dans ce pays, mais dans beaucoup d'autres également, il semble qu'il existe une barrière à un certain niveau de la hiérarchie sociale. Elle se situe approximativement au niveau des cadres dirigeants, et sépare les individus en deux groupes : ceux qui commandent et ceux qui obéissent ; ceux qui pensent et ceux qui exécutent ; ceux qui veulent monter le plus haut possible dans l'échelle sociale (c'était la profession de foi avouée de la CGPME dans un de leurs tracts, en 1980), et ceux qui veulent simplement se faire une place correcte en exerçant le métier qu'ils ont choisi. Notre grand problème, qui semble insoluble tellement il fonctionne depuis si longtemps, c'est que notre système de promotion sociale envoie automatiquement aux commandes, non pas les plus compétents, mais les plus motivés par la réussite personnelle et souvent les plus démunis de ce sentiment indispensable à l'honnête homme et qui s'appelle l'humanisme.

Nous sommes bien loin de la science et de la technique, semble-t-il? Pas du tout. Ce qui est arrivé à Vallée est la parfaite illustration de ces principes aussi simples qu'écœurants.

- Janvier 1976, quatrième article.

Ce dernier article de Renaud de la Taille ne cite plus nommément René-Louis Vallée, mais se consacre plutôt à ses disciples actifs qui se sont lancés dans l'expérimentation, avec les moyens réduits dont peut disposer un amateur, et s'efforcent de trouver des dispositifs simples qui, fonctionnant selon les principes physiques liés à l'hypothèse de l'énergie diffuse, mettent en évidence une faille apparente dans le principe de conservation de l'énergie en affichant un rendement supérieur à l'unité, ne serait-ce que momentanément. Après les expériences d'Eric d'Hoker, il faut maintenant parler d'un autre synergéticien-bricoleur du nom de Michel Meyer, encore un étudiant, qui par ailleurs ne se réclame pas du mouvement synergétique mais décrit la réalisation de ses montages électroniques comme une démarche personnelle menée dans le champ classique de l'atome de Bohr. Son idée est, à l'aide d'un oscillateur électronique à fréquence variable, d'exciter des atomes de cuivre à une fréquence telle qu'elle fasse résonner leur orbite électronique externe, celle qui est la plus éloignée du noyau. Il utilise un signal carré, par conséquent susceptible de donner des harmoniques de rang suffisamment élevé, parmi lesquels il espère que l'un d'eux va faire entrer un électron périphérique en résonance jusqu'à perturber à un tel point son orbite que celle-ci va s'ouvrir et que l'électron va s'éjecter du système. Il y a alors émission d'électrons libres dans un barreau de cuivre placé dans le champ magnétique d'une bobine, donc apparition d'un courant supplémentaire détectable par un ampèremètre. Meyer prétendait avoir relevé un coefficient multiplicateur de 30 ou 40.

Si on ajoute foi à ses expériences, on se trouve là devant un autre procédé, plus simple, que celui utilisé par Vallée dans le TFR, mais qui met en jeu le même principe : perturber un atome judicieusement choisi de manière à obliger un électron périphérique à quitter son système orbital, et l'orienter avec ses semblables par un champ électrique ou magnétique, ou les deux, selon la méthode ou la variante utilisée. Il semble donc qu'il y ait eu, ici et là, un certain nombre de chercheurs indépendants qui aient obtenus des résultats intéressants, et surtout ne pouvant s'expliquer que par le biais de l'existence du milieu diffus. Même si on sait très bien que l'histoire des sciences et des techniques est jalonnée de tricheries et de falsifications, on ne peut pas sérieusement croire que tous ces expérimentateurs soient des menteurs ou des faussaires. Le dossier de l'énergie de l'espace est donc beaucoup plus épais et solide qu'il ne paraît.

L'autre point très intéressant de cet article est l'encadré qui se trouve juste à côté, à la page 45 de ce numéro 700 de Science et Vie. Il est intitulé « La Synergétique attend toujours des contradicteurs sérieux » et comporte un paragraphe qui en dit long sur la mentalité des détracteurs systématiques de la théorie. Il est tellement significatif et représentatif de l'action menée contre Vallée qu'il mérite d'être cité intégralement :

« Dès maintenant, des expériences semblables à celle faite par E. d'Hoker sont en cours de réalisation dans plusieurs laboratoires. Précisons

qu'elles se font sous l'œil critique de certaines autorités (notamment de la Faculté des Sciences) qui ont déclaré qu'elles ne manqueraient pas de donner toute la publicité nécessaire en cas de résultat négatif ; et dans le cas où l'expérience serait probante, qu'elles trouveraient bien moyen d'en expliquer le résultat dans le cadre de la physique classique. Un très bel exemple d'esprit scientifique et d'honnêteté intellectuelle... ».

La suite donne quelques exemples des arguments consternants de quelques contradicteurs qui, il faut cependant leur rendre justice, ont dû faire l'effort d'un courrier pour fustiger ces pseudo-physiciens et leurs manipulations immanquablement truquées. Et ceci nous amène à un article un peu particulier paru dans le numéro 69 (juillet-août 1976) de la grande revue d'information scientifique « La Recherche », sous le titre « la théorie synergétique de M.Vallée ». Deux personnes ont fait équipe pour démolir, à l'abri de la réputation de ce mensuel de référence en matière de sciences, quelqu'un qui luttait alors pour sa survie au CEA et qui avait un passé scientifique incomparablement plus impressionnant que le leur. L'un des deux, qu'on suppose être un assistant de laboratoire, décrit une expérience qu'il aurait conduite à l'UER de physique de Paris 7, et dont le schéma donne à penser que c'est une reproduction du montage de d'Hoker « empruntée » dans Science et Vie. Les détails opératoires, pour lesquels Vallée n'avait été ni témoin ni consulté, montre que l'opérant n'a aucune connaissance approfondie des principes de base, puisqu'il utilise du graphite en poudre solidifié par de l'araldite, alors que l'émission β ne peut se faire qu'en phase gazeuse. Malgré tout, il semble que cette personne n'ait fait que ce qu'on lui a demandé de faire, c'est-à-dire de bidonner de la manière la plus sérieuse possible une expérience faite pour ne pas réussir et surtout destinée à la publication d'un rapport d'échec. On lui pardonnera à moitié en le considérant seulement comme un exécutant discipliné obéissant aux ordres.

Il en est tout autrement du second, signataire de l'article de fond. Les synergéticiens ne passeront jamais sur les procédés utilisés, indignes de quelqu'un qui se prétend un grand scientifique. Ce qu'il a fait est un coup de poignard dans le dos d'un collègue déjà aux prises avec une meute impitoyable. Qu'on ne soit pas d'accord avec une théorie est une chose tout à fait normale et courante, dont l'histoire des sciences, même la petite, nous a donné des centaines d'exemples. C'est l'occasion de débats parfois passionnés qui peuvent aussi être passionnants. Mais il y a des règles à observer, et certaines sont si générales et évidentes qu'il est presque inutile de les rappeler. La première correction est de s'adresser directement à l'adversaire et de débattre avec lui. La seconde, qui est en réalité la première par ordre d'importance, est de connaître son sujet et d'avoir pris la peine de bien étudier la thèse que l'on veut critiquer. Et c'est là que l'article devient carrément ignoble : l'auteur compare la Théorie Synergétique aux « graphismes de Steinberg », simulacre d'écriture qu'on peut identifier comme telle quand on la voit de loin, mais qui se révèlent des tracés sans signification au fur et à mesure qu'on se rapproche (figure 2-8). Quand on a étudié la Synergétique et qu'on lit cela, on se demande comment une revue d'aussi haut niveau que La Recherche ait pu laisser passer un tel déversement d'inepties et d'expressions méprisantes, dépourvues de la moindre argumentation sérieuse:

« ...Ses propositions n'ont reçu aucun écho dans les laboratoires de physique... »

« ...Critiquer la science officielle au nom de ses propres critères, vouloir, mieux qu'elle, satisfaire à ses normes et donc accepter les uns et les autres, c'est vouloir être plus royaliste que la reine et se condamner au dérisoire... »

« ...Ainsi de M. Vallée, dont les écrits ressemblent à la physique comme à la calligraphie ces graphismes de Steinberg qui, mimant de loin une écriture parfaitement conventionnelle, se révèlent être de près d'insignifiants tracés. Encore faut-il savoir lire pour faire la différence, et devant le même procédé appliqué à l'écriture chinoise, nous resterions cois. C'est ainsi que les énoncés publics de M.Vallée, pris ici comme simple exemple d'une démarche plus générale, ressemblent à s'y méprendre aux articles de vulgarisation habituels. Les idées qu'il utilise sont d'ailleurs toutes empruntées à l'arsenal courant de la physique : champ électrique limite... »

« ...Il n'est pas question pour autant de réfuter point par point les thèses de M. Vallée : dans la mesure où il n'y a là que discours pseudo-théorique et non théorie formalisée et prédictive, une telle entreprise serait vaine... »

Si elle avait ne serait-ce que parcouru l'ouvrage de Vallée, la personne qui a écrit ces lignes aurait déjà dû se rendre compte que l'une des idées neuves maîtresses de la théorie est précisément cette notion de champ limite qu'on ne retrouve nulle part ailleurs, parce qu'elle est typique d'une théorie électromagnétique se déroulant dans un éther, quel qu'il soit.

Il ne s'agit pas là, de toute façon, de réflexions raisonnées et fondées, mais il est inutile de se laisser emporter par la colère, car tout le reste est à l'avenant. C'est tout juste un règlement de comptes, une tentative de plus, du même niveau que les autres, faite pour discréditer Vallée aux yeux du public, pour le réduire au silence quels que soient les moyens

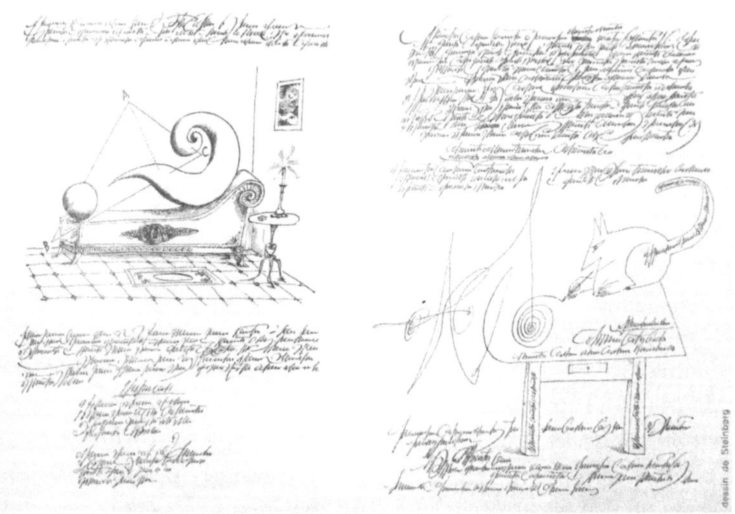

figure 2-8 : à quoi on compare la Synergétique
dans le n$_0$ 69 de La Recherche

à employer, quitte à ne reculer devant rien. L'exécuteur des basses œuvres pourra continuer à gratifier les lecteurs de la revue de ses pompeux billets épistémo-philosophiques que personne ne lit, et à démolir impunément qui il voudra, il est à l'abri, intouchable dans un château-fort éditorial pourtant de grande qualité mais qui, en l'occurrence et exceptionnellement, n'a pas accordé de droit de réponse.

Deux autres articles ont rendu furieux Vallée et ses élèves. Le premier, dans l'ordre chronologique, se trouve dans le numéro 6, vol 241, de la revue « Scientific American » de décembre 1979, sous le titre « The Decay of the Vacuum ». Littéralement, cela signifie « L'effondrement du vide », mais nous lui préférerons plus poétiquement « La métamorphose du vide », petit clin d'œil en direction de l'un des mentors de Descartes. Cet article, signé par trois chercheurs américains, Fulcher, Rafelski et Klein, est un des nombreux exemples de pillage de la Synergétique et d'une tentative d'appropriation des idées de Vallée :

« Le vide est habituellement défini comme un état d'absence : on dit qu'il y a le vide dans une portion d'espace quand il n'y a rien. Dans les théories quantiques, qui décrivent la physique des particules élémentaires, le vide devient quelque chose de plus compliqué. Même dans l'espace sans matière, celle-ci peut apparaître spontanément en fonction de fluctuations du vide. Par exemple, un électron et un positon peuvent être créés à partir du néant... »

Suivent 9 pages qui ne peuvent être résumées ici, mais qui contiennent des notions extraordinaires comme celle de « vide chargé » ou de « particules virtuelles », pour qualifier celles qui ont une vie tellement courte, bien qu'évidemment prévue par les trois compères, qu'on n'a pas le temps de les détecter. Surtout, on y apprend que l'effondrement en question et la création de ces particules fantômes ne peut se faire qu'en présence d'un champ électrique intense ! Les trois associés, il faut les en remercier, n'ont quand même pas osé utiliser le terme de « champ disruptif ».

Le second article visé est paru dans le numéro 130, page 223, de La Recherche (février 1982) sous la plume de Serge Haroche, alors en service à Normale Sup avant d'intégrer plus tard le Collège de France. Nous y lisons ceci :

« L'électrodynamique quantique, théorie qui décrit les phénomènes électromagnétiques à l'échelle particulaire et atomique, montre que, même en absence de tout rayonnement émis par des sources, tout se

passe comme si l'espace était « peuplé » d'ondes électriques aléatoires, ayant un très large spectre de fréquence et se propageant dans toutes les directions. On dit qu'il s'agit des fluctuations électromagnétiques du vide, dont l'existence est intimement liée au concept même du photon.»

On reconnaît là, sans la moindre ambiguïté possible, la définition de l'espace donnée par Vallée dans son ouvrage sur l'énergie gravitationnelle qui, rappelons-le, fut édité en 1971. Serge Haroche, scientifique très cultivé et aujourd'hui prix Nobel, ne pouvait l'ignorer.

Pour en terminer avec les opinions exprimées sans préjugé sur la Synergétique sous forme écrite par les divers intervenants, il reste à mentionner quelques auteurs scientifiques, désireux comme Vallée de s'éloigner des sentiers battus et d'affirmer leur insatisfaction vis-à-vis de la science officielle. Parmi ceux-ci se trouve L.Hugolin, mentionné dans la bibliographie pour sa théorie de l'inertie et de la gravitation, et qui est pratiquement le seul à avoir dressé un bilan comparatif de toutes les tentatives d'explication de ces phénomènes par ses homologues. Et parmi elles figure, en fin de chapitre IV, la Synergétique, peut-être résumée d'une manière un peu trop succincte pour qu'on puisse s'en faire une idée vraiment précise, mais suffisante pour avoir envie d'en savoir plus. En tous cas, Hugolin affiche sa différence d'une manière honnête qui doit être saluée :

« Compte tenu des idées que nous avons sur la nature de l'inertie, de la gravitation et du milieu remplissant l'espace, nous ne sommes pas en accord avec les résultats précédents qui veulent expliquer les phénomènes gravitationnels à partir des phénomènes électromagnétiques. »

Nous reviendrons sur la portée de cette remarque extrêmement importante du point de vue de la logique pure, car les deux hommes pratiquent chacun une déclinaison personnelle d'une physique théorique qui les aveugle un peu quand il s'agit de l'interpréter, mais dont les philosophies profondes sont beaucoup plus proche l'une de l'autre qu'il n'y paraît, ce que les mathématiques seules ne peuvent déceler.

2-6 : La théorie.

Il n'est pas nécessaire de connaître à fond les démonstrations de la Théorie Synergétique pour en saisir la substance, les remarques déjà faites précédemment sont suffisantes pour en dresser les contours. Mais il faut bien répondre aux attaques des sceptiques, qui prétendent que ce n'est pas une théorie constituée et qui ne reconnaissent que la puissance des formules et des équations. Il faut également donner quelques clés indispensables à ceux qui auront le désir de se lancer dans une vérification minutieuse, et sans doute aussi une découverte, du travail de Vallée. Il faut bien avouer, en effet, que son livre est effroyablement condensé pour un étudiant ou un ingénieur moyen, et que 138 pages sur un sujet aussi vaste ne peuvent constituer qu'une sorte d'aide-mémoire pour scientifique averti. Plusieurs centaines de pages auraient été nécessaires pour rendre ce livre vraiment didactique. Ceux pour qui les calculs ne présentent pas d'intérêt pourront passer sans trop d'inconvénients au paragraphe suivant, mais il faut si possible satisfaire tout le monde, et en particulier les rigoristes qui voudront au contraire vérifier les démonstrations ligne par ligne.

Les hypothèses de départ de la théorie sont les suivants :

1- La lumière et les ondes EM se propagent dans un milieu appelé « diffus » qui est constitué, comme pour l'éther de Tommasina, de l'ensemble de ces vibrations. Disons d'ailleurs tout de suite que cette conception de la nature physique du milieu sera combattue au chapitre 3. Mais ce qu'il faut retenir, c'est qu'il y a un milieu de propagation.

2- La vitesse de la lumière n'est pas une constante universelle, ce n'est d'ailleurs pas une constante du tout. Si on accepte les explications généralement données à propos des trous noirs, ces ogres féroces tapis au fond des cieux infinis et qui empêchent la lumière de les quitter, tellement leur masse est énorme, on peut même avancer qu'elle doit varier de zéro à plus de 300 000 km/s. Elle est le reflet exact du champ de gravitation en tout endroit de l'espace et se concrétise par la relation (1) de la page 99. Il n'est pas faux d'appeler cette relation « formule fondamentale de la gravitation », elle est en tous cas très représentative de la Synergétique et donne un exemple remarquable de ce que cette théorie peut apporter comme nouveauté dans cette voie si encombrée de la physique fondamentale. Il en existe quantité d'autres, mais c'est peut-être la plus importante dans la théorie de Vallée, parce que c'est la première qui ait émergé brusquement de ses calculs obstinés, la première qui lui ait indiqué qu'il avait pris la bonne route. Il n'est pas possible de témoigner de la validité de la Synergétique tant que l'on n'a pas essayé de refaire soi-même ce chemin, c'est la raison pour laquelle on trouvera ci-dessous les éléments indispensables pour tenter l'aventure. Il n'y sont pas tous, mais les étapes principales y figurent et doivent permettre à un étudiant du niveau de la maîtrise en hyperfréquences, par exemple, de parvenir au résultat par ses propres moyens.

Il y a une première clé pour aborder ces calculs, c'est l'écriture des équations de Maxwell dans le système symbolique trouvé par Heaviside, et il est indispensable de définir ce formalisme au préalable.

Les équations de Maxwell dans un espace sans charge s'écrivent classiquement de la manière suivante :

$$rotE = -\mu \frac{\partial H}{\partial t} \quad (2) \qquad\qquad divE = 0 \quad (3)$$

$$rotH = \varepsilon \frac{\partial E}{\partial t} \quad (4) \qquad\qquad divH = 0 \quad (5)$$

Sous cette forme statique, les champs électrique et magnétique sont individualisés, alors qu'en propagation libre on a affaire à un champ électromagnétique où les deux vecteurs, orthogonaux entre eux et à la direction de propagation, ont des rôles similaires. Il est donc intéressant de trouver une forme « globale » des équations et de les réduire au minimum sans privilégier un champ par rapport à l'autre. Pour ce faire on commence par multiplier la première ligne par $\sqrt{\varepsilon}$, puis la deuxième par $j\sqrt{\mu}$. En additionnant membre à membre il vient :

$$rot\,(\sqrt{\varepsilon}E + j\sqrt{\mu}H\,) = j\sqrt{\varepsilon\mu}\,(\,\sqrt{\varepsilon}\frac{\partial E}{\partial t} + j\sqrt{\mu}\frac{\partial H}{\partial t}\,)$$

$$et \quad div\,(\sqrt{\varepsilon}E + j\sqrt{\mu}H\,) = 0$$

on pose alors :

$$\sqrt{\varepsilon}E + j\sqrt{\mu}H = Q \quad et \quad j\frac{t}{\sqrt{\varepsilon\mu}} = T$$

d'où les équations de Maxwell-Heaviside :

$$rot\, Q + \partial Q/\partial t \quad (6) \qquad div\, Q = 0 \quad (7)$$

Les équations (6) et (7) sont donc un condensé des équations (2) à (5) où $div\, Q = 0$ (7) on considère un champ électromagnétique global dans lequel ses deux constituants, le champ électrique et le champ magnétique, ne sont plus pris séparément mais forment un tout indivisible, ce qui va permettre des manipulations plus simples.

Il faut ensuite, en fonction des hypothèses de Vallée, caractériser l'espace habité par les ondes EM. Par analogie avec les gaz où on peut définir un milieu à inertie stationnaire, c'est-à-dire un milieu où la quantité de mouvement est nulle dans un volume élémentaire $\overline{\tau_0}$, ce qui s'écrit $\iiint \rho.v.d\tau_0 = 0$, on dira de même que la somme locale des impulsions électromagnétiques $D_0 \wedge B_0$ a une valeur moyenne nulle.

La démonstration ligne par ligne de la simple formule de l'accélération de gravitation en fonction de la vitesse de la lumière nécessite une dizaine de pages de calculs, principalement d'analyse vectorielle, ce qui ne passionne pas tout le monde. On se contentera ici de donner les indications essentielles pour ceux qui ont un gros appétit de mathématiques et veulent se lancer dans cet exercice, au demeurant passionnant. Dans le souci d'alléger l'écriture, les flèches des vecteurs tels que E, H ou Q seront omises. On utilisera d'autre part la définition intrinsèque du gradient, de la divergence et du rotationnel :

$$gradU = \sum_{i=1}^{n} \frac{\partial U}{\partial s_i}.grad\, s_i$$

$$divV = \sum_{i=1}^{n} grad\, s_i . \frac{\partial V}{\partial s_i}$$

$$rotV = \sum_{i=1}^{n} grad\, s_i \wedge \frac{\partial V}{\partial s_i}$$

L'espace étant constitué d'ondes EM, on appellera s_i les surfaces d'ondes correspondantes, qui seront définies par la relation

$s_{i}(x,y,z,T)=Cte)$ et qui vérifient les équations de Maxwell-Heaviside. On pourra donc écrire celles-ci sous la forme :

$$\sum_{i=1}^{n}\left(grad\, s_{i} \wedge \frac{\partial Q}{\partial s_{i}}+\frac{\partial Q}{\partial s_{i}}\frac{\partial s_{i}}{\partial T}\right)=0$$

$$\text{et} \quad \sum_{i=1}^{n} grad\, s_{i} . \frac{\partial Q}{\partial s_{i}}=0$$

En manipulant convenablement les équations de base ci-dessus, on tire les relations suivantes :

$$\left(\frac{\partial Q}{\partial s_{i}}\right)^{2}.\frac{\partial s_{i}}{\partial T}=0 \qquad (8)$$

$$\text{et} \quad \left[(grad\, s_{i})^{2}+\left(\frac{\partial s_{i}}{\partial T}\right)^{2}\right]\frac{\partial Q}{\partial s_{i}}=0 \qquad (9)$$

x,y et z sont relatives à un système de coordonnées pour lequel le milieu de propagation est à inertie stationnaire. Chaque point d'une surface s_{i} se déplace dans ce système d'une distance $d\,OM$ sur la normale définie par $grad\, s_{i}$.

A l'aide du vecteur unité $u_{i}=\dfrac{1}{\sqrt{\varepsilon\mu}}.\dfrac{grad\, s_{i}}{\left(\dfrac{\partial s_{i}}{\partial t}\right)}$, on en tire la relation :

$\left|\dfrac{dOM}{dt}\right|=\dfrac{1}{\sqrt{\varepsilon\mu}}$, qui montre que les surfaces d'ondes se déplacent à la vitesse de la lumière.

Ensuite on utilise le fait qu'une solution des équations de Maxwell-Heaviside soit de la forme $Q=rot\left(rot\, A-\dfrac{\partial A}{\partial t}\right)$, et que le vecteur A est de la forme $A(r,T)=\dfrac{1}{r}[V(r+jT)+V^{\cdot}(r-jT)]+gradU(r)$, pour parvenir finalement aux relations :

$$\gamma + \operatorname{grad} V = 0 \quad \text{avec } V = c^2 \quad \text{et} \quad \operatorname{div} \gamma + \frac{1}{V} \cdot \frac{\partial^2 V}{\partial t^2} = 0$$

Quand le champ est statique, il reste :

$$\gamma = -\operatorname{grad} c^2 \qquad \operatorname{div} \gamma = 0$$

La plupart, sinon la totalité, des détracteurs de la Synergétique n'a jamais entrepris de vérifier ces calculs, dont on ne donne ici que les étapes principales, et les quelques formules repères qui permettent aux courageux de savoir s'ils se sont égarés au cours de leur progression. Quelques centaines de personnes, dans les années 80, s'étaient constitués en groupes d'études et ont refait en totalité les calculs de Vallée. Toutes ont été convaincues, en fin d'analyse, du bien-fondé de la théorie : dès que l'on abandonne l'hypothèse imprudente que la vitesse de la lumière est une constante, les équations de Maxwell, convenablement manipulées, conduisent inexorablement aux résultats ci-dessus. Conscient que le niveau mathématique nécessaire pour parvenir au levé de doute était, malgré tout, un peu trop élevé pour la moyenne de ses partisans, Vallée s'est attaché à trouver d'autres moyens, peut-être moins généraux, moins universels que ceux qu'on utilise dans la démonstration « dynamique » exposée plus haut, mais d'un niveau plus accessible. Il en existe en fait des dizaines, et la démonstration qui suit, qu'on qualifiera de « statique », est un petit bijou d'astuce.

On part toujours du principe, c'est l'hypothèse de la Synergétique, que la vitesse de la lumière n'est pas constante, donc que ε, en particulier, dépend des coordonnées d'espace x, y et z, μ variant peu et étant considéré comme restant égal à μ_0. Autrement dit la vitesse de la lumière à un endroit quelconque s'écrit $c = \dfrac{1}{\sqrt{\varepsilon \mu_0}}$, avec une valeur maximale $c_0 = \dfrac{1}{\sqrt{\varepsilon_0 \mu_0}}$ loin de toute masse. Soit une sphère de capacité $C = 4\pi\varepsilon a$, portant une charge q. L'énergie correspondante est $\dfrac{1}{2}\dfrac{q^2}{C} = \dfrac{q^2}{8\pi\varepsilon a}$. Appliquons le théorème des travaux virtuels :

$$\frac{\partial W}{\partial x}dx+\frac{\partial W}{\partial y}dy+\frac{\partial W}{\partial z}dz+d\mathrm{T}=0$$

qu'on peut écrire $gradW\,.dl+F\,.dl=0$, d'où $F=-gradW$.

W ne dépend de x,y,z que par l'intermédiaire de ε , on peut donc écrire : $F=-\dfrac{q^2}{8\pi a}grad\dfrac{1}{\varepsilon}$. Soit W_0 la valeur de W qui correspond à ε_0 . En multipliant haut et bas par $\varepsilon_0\mu_0$ on a :

$$F=-\frac{q^2\varepsilon_0\mu_0}{8\pi a\varepsilon_0}grad\frac{1}{\varepsilon\mu_0}$$

soit :
$$F=-\varepsilon_0\mu_0W_0\,grad\frac{1}{\varepsilon\mu_0}$$

mais :
$$-\varepsilon_0\mu_0W_0=\frac{W_0}{c_0^2}=m_0$$

donc : $F=-m_0\,grad\,c^2=m_0\gamma$ et finale $\boxed{\gamma=-grad\,c^2}$

Les matheux ayant ainsi eu leur ration d'oxygène, passons à la physique rationnelle et faisons tous ensemble fonctionner notre intuition et notre sens de la logique. Il ne faut plus désormais nier l'évidence : chaque fois que l'on abandonnera l'hypothèse restrictive de la Relativité Restreinte que la vitesse de la lumière est une constante, chaque fois que l'on fera l'effort de revisiter les acquis de l'électromagnétisme en récupérant l'outil mathématique qui manquait de ce fait, cette formule fondamentale de la gravitation reviendra sans cesse, inlassablement, obstinément, par des voies multiples, narguer les sceptiques et chauffer à blanc les neurones des physiciens. Il est incontestable que le fait de se débarrasser des contraintes relativistes ouvre des perspectives extraordinaires, même en ce qui concerne les grandes questions philosophiques sur lesquelles débouchent inévitablement les découvertes de la science, notamment sur la structure de l'univers et les divers « systèmes du monde ». Que signifie en fait la formule dont il a été donné ci-dessus deux méthodes de démonstration ?

D'abord, que la pesanteur et la vitesse de la lumière sont intimement liées, sans que l'on connaisse à priori leur relation de causalité. On ne peut pas affirmer, en effet, que l'une soit la conséquence de l'autre, ou qu'inversement elle en soit la cause. Tout porte à croire que ce sont en fait deux aspects concomitants d'un phénomène plus général qu'on appelle gravitation, sans que ce mot dissipe en quoi que ce soit son mystère et son mécanisme intime. Ensuite, que la vitesse de la lumière dans le milieu intersidéral, loin de toute masse et donc de toute attraction, a une valeur moyenne qui, elle, est une constante et qui ne peut que décroître quand on pénètre dans un champ de gravitation. Elle peut même probablement descendre jusqu'à zéro quand il s'agit d'un trou noir, si l'on en croit la description et l'interprétation que donnent habituellement les astronomes de ces curiosités astronomiques, vilaines bêtes tapies dans les profondeurs insondables des cieux infinis, semblables à de gigantesques fourmilions assoiffés de matière. Entre parenthèses, s'agissant justement des trous noirs et de leur aptitude à arrêter la lumière, classer la gravitation dans la catégorie des interactions faibles, comme le font les physiciens modernes, semble être une idée quelque peu étrange. Mais ceci est une autre histoire.

La première attitude qu'il semble correct d'adopter devant cette nouvelle présentation des faits est de vérifier si elle est en accord avec l'observation, et en premier lieu avec l'expérience de Michelson et Morley, dont le résultat dit « négatif » a conduit Einstein à supposer que la vitesse de la lumière pouvait être considérée comme ne variant jamais. De là son élection rapide, bien que prématurée, au statut de constante universelle. Inutile de revenir sur l'amputation dramatique de l'outil mathématique qu'entraîne cette hypothèse malvenue, qui a pour première conséquence qu'aucun des calculs proposés dans les paragraphes ci-dessus ne peut exister en Relativité. Mais si la vitesse de la lumière varie, pourquoi l'expérience citée un peu plus haut ne l'a-t-elle pas mis en évidence ? Il y a deux explications, non exclusives l'une de l'autre. La première est que si l'éther entraîne les planètes, il n'y a pas de déplacement relatif, et il est donc impossible de le détecter. L'éther se déplaçant avec la Terre, ou plus exactement, faudrait-il dire, déplaçant la Terre, il est normal que la lumière s'y propage avec la même vitesse dans toutes les directions.

Mais on n'est pas obligé d'être d'accord avec cette thèse, qui sera pourtant largement développée dans les chapitres suivants. Il convient alors, en deuxième recours, de fixer les ordres de grandeur afin de déterminer si la variation $\frac{\Delta c}{c}$ est détectable ou pas. Le calcul est simple : soient M la masse de la Terre et m celle d'un corps placé à sa surface, et donc soumis, si on le laisse tomber, à une accélération $\gamma=9,81m/s^2$. Ce corps possède une énergie mc^2 notée W_0 en Relativité et S en Synergétique, avec $S=W_0+\sum W_n$, où $\sum W_n=\Delta W_0$ représente toutes les énergies, autres que l'énergie de masse, acquises par m et que nous supposerons limitées au travail accompli dans un déplacement fictif dans le champ de pesanteur entre un point où la gravité est nulle et là où il se trouve, et qui représente l'acquisition de son énergie potentielle. Il y a deux itinéraires possibles pour cela, le premier allant jusqu'à un point suffisamment éloigné de la Terre pour que la pesanteur terrestre puisse être considérée comme nulle, le deuxième partant du centre de la Terre, où la pesanteur est rigoureusement nulle. Dans le premier chemin, la pesanteur varie exponentiellement, dans le second linéairement. Si on calcule le travail de la force de pesanteur dans le premier cas, on a :

$$\Delta W_0 = \int_R^\infty G\frac{Mm}{R^2}dR = G\frac{Mm}{R} = m\gamma R$$

G est la constante de gravitation : $6,67.10^{-11}$ en MKSA.

D'autre part, si on appelle c_0 la vitesse de la lumière dans l'espace intersidéral et c sa valeur à la surface de la Terre, on aura :

$$\Delta W_0 = mc_0^2 - mc^2 = m(c_0^2 - c^2) \cong 2mc_0\Delta c_0$$

D'où : $\Delta c = \frac{\gamma R}{2c}$. En faisant $\gamma=9,81m/s^2$ et $R=6,335.10^6 m$, on trouve approximativement, pour la Terre $0,1m/s$, et pour le Soleil $300m/s$. Il apparaît donc, à la faveur de l'application numérique, que la variation de c_0 qui rend compte de la pesanteur terrestre est une quantité si faible qu'elle n'est pas mesurable. Il n'y a donc aucun désaccord avec l'expérience, on peut simplement être surpris de la petitesse d'une variation qui signifie autant. Vallée usait d'une boutade pour qualifier cette curiosité : « rien n'est moins constant que ce qui varie peu ». Il voulait dire par là qu'affirmer que quelque chose est constant parce qu'on ne le voit pas varier est toujours imprudent et prématuré, et il pensait évidemment à la Relativité Restreinte et à son hypothèse première. Penser ensuite que les constantes n'existent pas, au sens mathématique du terme, est une démarche qui vient naturellement dans la foulée et qu'un esprit normalement critique peut admettre sans difficulté. A la lumière de ce qui précède, on frémit d'excitation en imaginant à quelles découvertes théoriques pourrait mener l'abandon pur et simple de la notion de constante absolue, tout en conservant l'usage des tables des constantes, qu'il faudrait appeler plus justement, dans ces conditions, les « quasi-constantes ». Il est donc fort probable que ce qu'on appelle « constantes » sont des quantités qui ne méritent ce nom qu'apparemment, mais qui sont en fait éminemment variables et surtout, du point de vue mathématique, accompagnées de leurs dérivées multiples.

Ceci étant, on peut faire deux remarques. D'abord, que la différence de célérité lumineuse entre l'espace libre et la surface de la Terre semble être, d'après les calculs de Römer repris par Delambre, ainsi que ceux de Bradley, bien supérieure à celle à laquelle nous conduisent les calculs de Vallée. Ensuite que cette quantité, selon ces mêmes calculs, ne dépend apparemment que du rayon de l'astre considéré, et pas de sa masse volumique, ce qui est tout de même surprenant : il est difficile de croire, en effet, que deux planètes ou étoiles de même volume mais de densités différentes, donc de pesanteurs différentes, aient la même action sur la vitesse de la lumière. D'ailleurs, ceux qui ont l'habitude de travailler sur la gravitation ont déjà remarqué que, dans un certain nombre de calculs basés sur la loi de Newton, par exemple la force d'attraction à l'intérieur d'une sphère pleine, il y a des simplifications qui apparaissent d'une manière inattendue et qui rendent les phénomènes tellement simples qu'ils en deviennent suspects. Il y a là quelque chose qui ne va pas, on reviendra plus loin sur tout cela.

2-7 : Le photon de Vallée.

On ne peut pas résumer en quelques pages un livre comme L'Energie Electromagnétique…, qui est déjà terriblement condensé, et qu'il faut lire entre les lignes et crayon en main. Vallée s'est efforcé d'y lister tous les aboutissants que sont les soi-disant acquis de la Relativité et de la physique classique, surtout dans le domaine atomique et gravitationnel, en donnant une version synergétique des phénomènes et en montrant au lecteur que sa théorie répond, elle aussi, aux grandes questions que celles qu'Einstein passe pour avoir découvertes ou résolues, ainsi qu'aux autres qui n'ont carrément pas d'explication en Relativité. Parmi ces dernières, le photon.

Depuis que les travaux de Fresnel et de Young ont mis à mal la théorie de l'émission de Newton, qui avait été pourtant considérée comme intouchable pendant plus d'un siècle, l'aspect corpusculaire de la lumière a cependant resurgi, avec la théorie des quanta notamment, mais pas seulement. En effet, bien que les diverses expériences d'interférences ne puisse laisser planer aucun doute sur la nature ondulatoire de la lumière, celle-ci continue à présenter aux physiciens un double visage. En vision liminaire par exemple, c'est-à-dire quand l'éclairement d'une cible est si faible que l'on peut compter les photons, ceux-ci se présentent bien comme des petites boules d'énergie à la trajectoire rectiligne, et ressemblent à des projectiles qui ont une force d'impact. La toute-puissante Relativité n'a jamais résolu le problème et a laissé à la théorie des quanta le soin de le traiter dans son petit jardin, lequel est fabriqué dans ce but. La Synergétique, en revanche, est la seule théorie générale qui explique cette dualité d'aspect d'un même phénomène physique et va même jusqu'à le quantifier. Le modèle de photon de Vallée est, disons-le sans la moindre gêne, d'une élégance et d'une intelligence qui aurait dû faire de lui un prix Nobel. C'est aujourd'hui la seule réussite parmi toutes les tentatives faites dans ce domaine, car c'est la seule présentation de ce phénomène lumineux qui en rende compatibles les deux aspects, qui semblaient jusqu'à présent contradictoires. Et pourtant personne ne veut encore se donner la peine d'étudier ce sublime modèle, clair, limpide, tellement cohérent et beau qu'il ne peut pas être faux.

Quand on chauffe un corps, par exemple une boule de fonte, il commence par émettre des radiations infrarouges, ébranlements périodiques de l'éther qui se propagent dans toutes les directions et qui constituent l'un des aspects de la dissipation de l'énergie thermique dans l'espace non matériel. Si on continue à le chauffer, au bout d'un certain temps sa couleur change, il émet dans le visible, mais toujours d'une manière ondulatoire. Puis, quand la température augmente suffisamment, les photons apparaissent, apportant avec eux ce qui les différencie d'une radiation pure : une trajectoire radiale, rectiligne, et une énergie d'impact différente de la pression de radiation parce que quantifiée. On se souvient

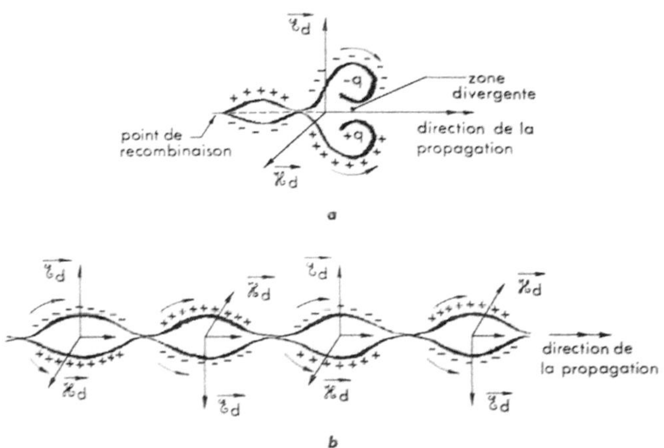

FIG. 4. — *Images de photons*
telles que la loi de matérialisation permet de les imaginer.
a) Aspect probable des zones divergentes d'un photon isolé (photon γ)
b) Aspect probable d'un train de photons (photons de lumière visible).

figure 2-9 : Le photon de Vallée

(voir le début du chapitre) des orientations que Debiesse avait proposées à Vallée pour construire son premier axe de recherche : le photon, dans plusieurs aspects de son comportement, fait penser à un guide d'onde. Encore faut-il qu'on puisse se faire une idée précise de ce que pourrait être ce guide d'onde, selon qu'il n'est qu'un équivalent ou bien une réalité, et dans ce cas quel est le mécanisme de sa formation et sa structure.

L'éther électromagnétique de Vallée, le « milieu diffus », a le même rôle que l'espace virtuel de la Relativité Générale : c'est le milieu de propagation des ondes EM, paramètre obligatoire dont l'existence a finalement été jugée indispensable par Einstein lui-même. Cela étant dit, la comparaison s'arrête là. Le second est un objet mathématique pur, peuplé d'objets mathématiques purs comme les cordes ou toute autre invention qui sera nécessaire à la cohérence de cet ensemble fictif avec le monde réel. Celui de Vallée est défini à partir d'hypothèses physiques inspirées par Tommasina, c'est-à-dire en le considérant comme un milieu de nature électromagnétique, nature identique à celle des ondes qui le parcourent en permanence. Dans ce milieu fluide on considère par hypothèse que le champ électrique ne peut pas dépasser une valeur limite, appelée champ disruptif. La tentative de dépassement, quand la densité d'énergie correspondante est atteinte, se traduit par l'apparition de la matière, sous la forme fugitive d'une paire globalement neutre électron-positon, qui se recombinent instantanément en retournant à l'état vibratoire pur, pour recommencer un peu plus loin, de manière cyclique. Cette apparition des zones divergentes symétriques, illustrée par la figure 2-9, s'apparente à une forme de cavitation du milieu de propagation, et on s'approche là d'une interprétation purement mécanique d'un phénomène électromagnétique, interprétation qui sera reprise et développée dans les chapitres suivants.

Le photon n'est donc pas une particule à proprement parler, c'est un phénomène périodique qui intervient dans la propagation d'une onde électromagnétique lorsque la source de celle-ci atteint un certain niveau de champ électrique, appelé divergent parce que sa divergence, au sens mathématique classique, n'est plus nulle. Ceci implique qu'il y ait création de charges. Dans ces conditions l'énergie, lumineuse ou autre, car ce n'est pas une question de fréquence, se propage en changeant périodiquement de nature au fur et à mesure de sa progression dans l'espace : tantôt onde, tantôt matière, elle se présente comme un phénomène transitoire où il y a alternance entre ses deux aspects possibles.

Une analogie empruntée à un tout autre domaine pourrait peut-être mieux faire comprendre ce caractère de phénomène limite. Le géologue, spéléologue et vulcanologue Haroun Tazieff avait remarqué, lors d'une de ses courses himalayennes, une bizarrerie de la nature : il s'agissait d'un ruisseau d'altitude, une source, dans laquelle cheminait, à la même vitesse et au milieu du cours principal, un cours secondaire fait d'un autre écoulement, avec un autre liquide coloré qui d'habitude se mélangeait à l'eau, mais pas à cet endroit. Il avait ainsi son existence propre, tout en partageant le même cours que la source première. Tazieff n'avait jamais revu une chose identique, par la suite, et supposait qu'à l'endroit où il l'avait observé, et seulement là, se trouvaient réunies toutes les conditions nécessaires. Il s'agissait là aussi d'un de ces phénomènes singuliers, comme le photon, un « fringe phenomenon », où la matière

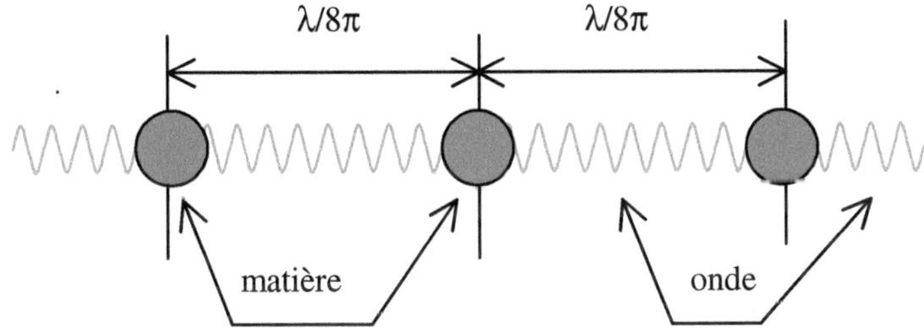

Figure 2-10 Le phénomène « photon »

hésite entre deux états sans pouvoir se décider et a choisi de laisser cohabiter les deux. L'énergie, de la même manière, a deux visages qui s'appellent le mouvement et la matière, lesquels sont en général bien distincts mais qui acceptent que l'on puisse passer de l'un à l'autre moyennant certaines conditions, c'est l'un des sens de la formule. Il y a donc, là aussi, un « fringe phenomenon » qui s'appelle le photon, et où l'énergie « hésite » entre ses deux formes possibles et passe alternativement de l'une à l'autre.

Ainsi se trouve levé tout le mystère des deux écoles qui ont toujours été en guerre l'une contre l'autre au cours des siècles, l'école corpusculaire et l'école ondulatoire, et dont la théorie des quanta a pu endormir le conflit grâce à une nouvelle modélisation, mais sans apporter de solution satisfaisante sur le plan de la compréhension. Le photon de Vallée est la seule théorie qui expose ce phénomène sous une forme qui rend compatibles deux conceptions partielles et jusqu'à présent exclusives l'une de l'autre. C'est un modèle d'une clarté, d'une élégance et d'une esthétique telles que tous les physiciens auraient dû se précipiter dessus pour l'étudier de plus près, mais non. Quelle considération a été donnée à

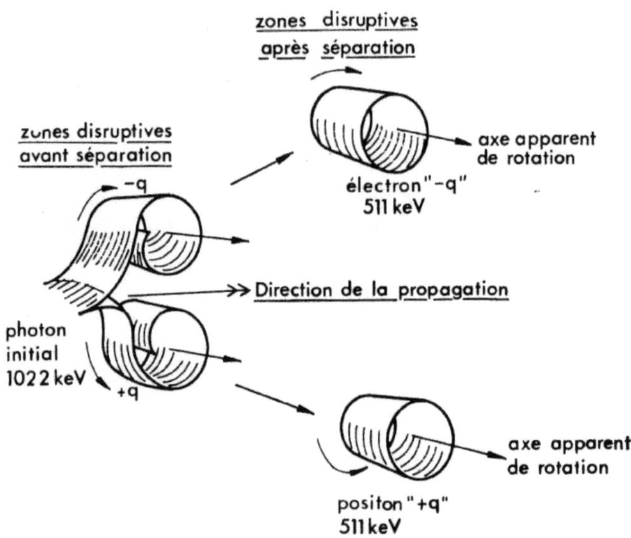

figure 2-11 Formation de paire d'après Vallée

l'auteur et à la thèse ? Aucune. Qui a repris l'idée en essayant d'abord de la comprendre ? Personne. On est vraiment confondu, dans ce pays, devant la passivité, la lenteur, le dogmatisme et la médiocrité des instances scientifiques. Quand on dispose d'une pareille idée, qu'en plus le découvreur ne demande pas d'argent pour en faire profiter la communauté, il semble que la moindre des choses serait de nommer une commission d'étude pour examiner à fond son bien-fondé, quitte dans le cas contraire à la démolir avec les arguments qui conviennent. Mais toujours non, même pas cela. C'est le mépris, l'éteignoir, les oubliettes, à moins que quelque part, c'est l'autre hypothèse, quelques responsables de lobbies énergétiques aient au contraire senti là une sérieuse menace potentielle pour leurs industries lucratives et se soient concertés pour trouver le meilleur moyen de se débarrasser du fauteur de trouble. Comment savoir ?

Le photon vu par Vallée, pour en revenir au fond du problème, n'est donc pas une particule bien identifiée, c'est un phénomène d'ensemble, un mode de propagation particulier, marginal, où l'onde se matérialise à intervalles réguliers que l'on peut déterminer par le calcul.

Quand la densité d'énergie fournie localement devient encore plus forte, il n'y a plus recombinaison des zones matérielles et il se produit alors la création de particules élémentaires stables et pérennes, en premier lieu l'électron et le positon (figure 2-11). Ainsi se dévoile un autre mystère de la mécanique ondulatoire, celui de l'onde d'accompagnement dont Louis de Broglie n'avait fait que supposer l'existence sans imaginer le dualisme du modèle de Vallée, mais qui, néanmoins, lui avait valu le prix Nobel. Cette idée de l'onde d'accompagnement du photon et de l'électron, qui résout un certain nombre de problèmes mais qu'il est difficile de se représenter concrètement, trouve ici une justification relativement simple, par ailleurs complètement inédite, et qui donne un exemple supplémentaire de la cohérence et de la richesse d'idées que peut apporter l'hypothèse de l'existence de l'éther. Le mode de formation de l'électron imaginé par Vallée conduit à lui donner à priori la forme d'un petit cylindre où l'énergie se trouve piégée et tourne à la vitesse de la lumière, et on retrouve là quelque chose de familier qui nous rappelle les gyrostats de Le Bon ou les vortex de Maxwell. Les formes possibles sont d'ailleurs en nombre très limité, ce sont celles que l'on peut ordinairement observer quand il se produit un phénomène de cavitation dans un fluide quelconque, c'est-à-dire quand une énergie suffisante crée en un endroit donné une rupture dans la continuité du fluide en question, quelle que soit la forme que prend cette rupture : bulle, tore, cylindre, ainsi que leurs possibles combinaisons. Vallée, qui ne préjuge pas de ce que peut être la réalité, a choisi parmi ces objets théoriques le cylindre en rotation autour de son axe, modèle qui lui permet des développements mathématiques moins compliqués, lesquels aboutissent à retrouver des valeurs fondamentales connues et maintenant classiques, comme le magnéton de Bohr, et à fixer la valeur du champ limite :

$$\varepsilon_d = 38{,}67.10^{15}\,\text{V/m}$$

2-8 : Critique de la théorie

Après avoir résumé le mieux possible ce qui constitue une théorie aussi imposante que la Relativité (remarquons au passage qu'on dit « la » Relativité, alors qu'il y en a toujours deux, la restreinte et la généralisée, aux hypothèses incompatibles), il convient maintenant de la regarder, non plus avec le cœur et la passion d'un synergéticien, mais avec l'œil aiguisé du critique.

Pour mieux comprendre les méthodes de Vallée et sa manière de raisonner, il n'est pas inutile de repenser à sa formation et particulièrement à son passage par Supélec. Depuis qu'elle est devenue ENSI, en 1958, la plus grande école d'électricité de France puise ses effectifs dans les candidats aux Grandes Écoles, qui ont suivi une formation mathématique indifférenciée conduisant jusqu'à la classe de Mathématiques Spéciales. Avant cette date, on préparait Supélec dans une « math spé » dédiée, c'est-à-dire que les étudiants d'alors avaient choisi leur filière dès la sortie de Math Sup. Autrement dit, et c'est ce à quoi nous voulions en venir, ils avaient la vocation, ce qui n'est plus automatiquement le cas aujourd'hui : on peut entrer à Supélec simplement parce que c'est le seul concours qu'on a réussi. On peut dire qu'en 1958, Supélec a gardé son rang, mais a perdu une partie de son âme, en allant de plus s'installer dans la luzerne à proximité de Polytechnique et en n'étant plus maintenant qu'une division de l'Ecole Centrale. Elle reste bien sûr leader dans sa filière, mais il lui manque désormais quelque chose. La promotion de Vallée, elle, était formée « à l'ancienne », avec un énorme programme d'électricité, tout en conservant une formation mathématique suffisamment puissante pour rivaliser avec les autres écoles d'ingénieurs.

Pour ce qui concerne plus spécialement R-L Vallée, il est certain qu'il avait, comme ses maîtres à penser Poincaré, Duhem, Langevin, Brillouin et les autres représentants de cette école, une confiance absolue dans les mathématiques, mais uniquement en tant qu'outil de travail. Sa grande différence est qu'il faisait passer l'expérience avant les mathématiques, et non pas l'inverse. Cela étant, il faut quand même le ranger sans hésitation parmi les pratiquants de la physique théorique, définie selon les préceptes de Duhem, plutôt que parmi ceux de la physique rationnelle,

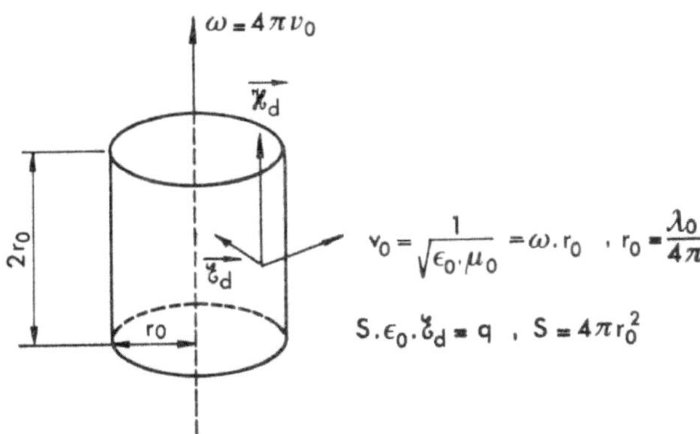

figure 2-12   L'électron en Synergétique

ces deux conceptions fondamentalement différentes de la physique étant explicitées au début du troisième chapitre.

Passons maintenant à la Théorie Synergétique proprement dite. Comme son prédécesseur Tommasina, pour définir en premier lieu l'espace qu'il va étudier, Vallée se représente l'éther comme un entrelacs d'ondes électromagnétiques dont l'ensemble constitue comme une forme de matière, semblable à une gelée bizarre, et qui deviendrait, par une sorte de transformation miraculeuse, le support de propagation de ces mêmes ondes. Cette conception est difficile à admettre, et peut-être Vallée aurait-il mieux fait de ne rien dire du tout plutôt que d'avancer qu'un milieu puisse être constitué par les ondes qui le parcourent. C'est une définition qui ne peut pas être acceptée en physique rationnelle, ni même par quiconque possède quelque peu de logique, laquelle exige qu'on fasse le distinguo : d'un côté on a un milieu de propagation réel, de l'autre des vibrations qui le parcourent, point final. C'est clair et net. Une onde est un phénomène physique immatériel qui ne peut être assimilée à son milieu de propagation, ni confondu avec aucune matière, aussi étrange et magique soit-elle. Sur le plan des calculs, cette ambiguïté n'a curieusement que peu d'incidence sur la validité des résultats trouvés, d'abord parce qu'il ne s'agit que d'une hypothèse accessoire, et ensuite parce que la nature réelle de l'éther y importe peu. En revanche, son statut de milieu à inertie stationnaire, qui ne se définit qu'en interprétant les équations de Maxwell et en faisant du champ électromagnétique le constituant premier du milieu diffus, n'est présenté par l'inventeur qu'en occultant une possible masse volumique dont il ne parle jamais, comme si cela était sans importance, ou plutôt comme s'il voulait éviter le sujet.

Il est fort probable que ce soit au contraire très important, et que l'introduction de ce paramètre manquant ait pu conduire, par exemple, à une valeur de variation de la vitesse de la lumière, en fonction de la pesanteur, bien plus importante que celle trouvée et bien plus en accord avec certains résultats dont on parle peu. Cependant cette remarque, toute légitime qu'elle soit, ne remet pas en cause la plupart des acquis de la théorie. On peut simplement dire que ceux-ci découlent d'une prise en compte exclusive de l'aspect dynamique de l'espace, le seul envisagé par Vallée, sans tenir compte de ce que peut signifier et apporter, d'un autre côté, la présence d'une masse volumique bien intéressante. La question est précisément de savoir quelle peut être l'incidence de cet oubli, délibéré ou pas, sur l'ensemble de l'édifice que constitue la Théorie Synergétique. On verra plus loin qu'une autre définition de l'éther, entièrement mécanique celle-là, peut conduire, en gardant l'acquis global de la Synergétique mais en la soumettant à un tri sélectif, à un système du monde encore plus solide.

Sur le plan plus général de l'argumentation, on peut regretter une certaine profusion de tournures du genre « il semble légitime de... », ou bien « rien n'empêche de... », ou encore « il est fort probable que... », qui peuvent être interprétées comme un manque de rigueur et qui, de ce fait, ne sont pas du goût de quelques puristes. Il ne faut pas perdre de vue qu'il s'agit quand même d'une théorie d'une hardiesse exceptionnelle, et surtout d'une portée tout aussi exceptionnelle, et qu'on ne peut pas exiger que tout soit démontré avec une certitude absolue. Ceux qui font la fine bouche n'ont qu'à relire Einstein, et particulièrement ses premières œuvres : c'est bien pire. Mais il en est du milieu scientifique comme de celui du théâtre : d'un côté il y a les auteurs, ceux qui écrivent et qui créent, de l'autre les critiques, beaucoup plus nombreux et en général incapables de faire ce que font les premiers, mais qui ont une capacité de nuisance et de destruction dont ils savent abuser. Quand on veut vraiment savoir si une théorie comme celle de Vallée est fondée, il n'y a qu'un seul moyen : s'installer dans une pièce tranquille, devant un bureau, ouvrir un cahier neuf, prendre un crayon, commencer à lire, ligne après ligne, l'ouvrage de référence, calmement, patiemment, en le réécrivant éventuellement comme si on en était l'auteur, et laisser les idées nouvelles pénétrer lentement, avec précaution, dans la petite partie du cerveau éventuellement laissée libre malgré l'emprise de la société de consommation. Ceux qui sont capables de faire cela l'ont en général déjà fait pour la Relativité, et sont de ce fait devenus anti-relativistes. Il n'y a qu'un seul gros problème : le livre en question, jeté à l'autodafé, est maintenant introuvable. Que faire pour qu'il soit réédité ?

Il serait maintenant opportun de revenir sur les conséquences qu'entraîne l'hypothèse de Vallée sur la nature électromagnétique de l'éther. Dire que le milieu diffus est « formé » par l'ensemble de ses ondes, c'est d'abord donner à chacune d'elle une existence matérielle, c'est lui conférer le rang d'objet physique, alors que ce n'est qu'un objet mathématique. Mais comme pour l'existence de Dieu, c'est à débattre. Surtout, c'est faire de l'éther une entité exclusivement « dynamique », dont les propriétés établies par la théorie Synergétique n'ont pour origine que le mouvement, sans laisser la moindre place pour un éventuel aspect statique impliquant automatiquement, s'agissant d'un fluide, les paramètres qui doivent le caractériser, et avant tout sa masse volumique et sa compressibilité. Il n'est cependant pas impossible que l'on puisse rejoindre cette notion de masse en se représentant l'éther comme le fait Vallée : cela se fera par le biais de la pression de radiation MBL (Maxwell-Bartoli-Lebedev), qui sera en fait le moteur caché de la théorie. La pression étant une force est, en tant que telle, capable de fournir une accélération à une masse, ce qui permet à l'espace de Vallée d'être cohérent avec la méthode utilisée et les calculs effectués. Mais il faut reconnaître qu'il y a là une certaine gêne, un sentiment d'insatisfaction mêlé à celui d'être passé à côté de développements encore plus importants. Il n'en reste pas moins que le modèle du photon, lui, reste valable, et s'il n'y avait que lui pour représenter l'ensemble de la théorie, ce ne serait déjà pas si mal.

2-9 : Conclusion du 2ème chapitre

L'œuvre de démolition de grande envergure engagée par les autorités contre la Théorie Synergétique et son auteur a partiellement réussi, mais pas suffisamment pour l'anéantir. Vallée étant mort avant d'avoir pu récolter le fruit de ses efforts, le principal animateur de cette folle histoire a disparu, et nul ne pourra le remplacer dans le rôle principal qu'il y jouait, tant sa personnalité était forte. Ce n'est pas une raison pour baisser les bras et laisser l'oubli recouvrir un tel travail. Beaucoup de ses partisans, ceux qui étaient ses étudiants dans les années 80, sont toujours vivants et en pleine forme universitaire, et tous n'ont qu'une idée en tête : trouver l'expérience géniale qui ne pourra s'expliquer que par la Synergétique, l'invention qui apportera, par exemple, la solution définitive, non polluante, gratuite, sans coût primaire, au problème mondial de l'énergie. On trouve aujourd'hui beaucoup de sites sur Internet où des chercheurs indépendants décrivent des dispositifs d'une simplicité extraordinaire, qui donnent des résultats également extraordinaires. Parmi eux se trouve malheureusement un nombre inconnu mais important de charlatans ou de plaisantins qui profitent du mystère qui entoure la Synergétique depuis ses débuts pour semer le trouble, parfois tout simplement par goût du canular, parfois aussi pour des motifs moins avouables.

La Théorie Synergétique est une chose très sérieuse, qu'il faut considérer sérieusement. Elle est née au CEA, et il semblerait juste et logique que ce soit dans ce lieu qu'elle doive renaître. La capture de l'énergie par production d'isobares radioactifs a fait l'objet d'un brevet (procédé CEDIR) dont une copie a été déposée à l'Académie des Sciences, mais qui surtout a été réalisée dans l'un des Tokamak de Fontenay-aux-Roses. A part ces derniers, qui ont été démontés mais qu'il est relativement facile de reconstruire, tout ce qu'il faut pour réinitialiser une étude systématique de la Théorie Synergétique et de son application principale existe. Un bon programme bien ficelé de quelques années seulement pourrait lever le doute sur toute cette affaire rendue artificiellement ténébreuse, et statuer définitivement sur le bien-fondé des travaux de Vallée. Alors, pourquoi cela ne se fait-il pas ? Pourquoi n'y a-t-il dans ce pays aucune volonté d'investigation sérieuse dans les pistes de recherche parallèle, devant la stérilité de la recherche officielle ? A qui profite le crime ?

C'est là toute la question. Il faut bien voir que si on expérimentait sérieusement la production d'isobares producteurs d'électrons en reprenant les expériences là où on les avait arrêtées, et s'il s'avérait que le procédé fonctionne et puisse déboucher rapidement sur l'industrialisation d'une nouvelle source d'énergie non polluante, quasiment gratuite et permanente, il s'en suivrait un tel bouleversement social qu'il y aurait gros à parier que la machine économique se grippe et que toutes les structures industrielles volent en éclat : plus besoin de centrales nucléaires, de pétrole en tant que carburant, de gaz, avènement du tout électrique, et disparition, non seulement des profits, mais de l'activité des lobbies de l'énergie. Ce sont des millions d'emplois supprimés trop rapidement pour qu'aucun système n'ait le temps de faire face et d'organiser la mutation. C'est pourquoi aucun gouvernement, ni aucun groupe industriel qui en dépende, n'est prêt à affronter ce genre de situation et ne souhaite se trouver dans l'obligation de le faire. Il faudrait un cataclysme politique international pour qu'une nécessité nouvelle, engageant la survie de la nation, parvienne à faire se réaliser ce qui se fera inévitablement un jour, lorsque toutes les sources d'énergies fossiles seront au bord du tarissement. En attendant ce moment, les industriels de l'énergie continueront leur activité en veillant à ce qu'aucune perturbation ne soit apportée au calme social. Le général de Gaulle, qui avait un sens du raccourci particulièrement acéré, disait que Paris est un village de quelques milliers d'habitants qui gouvernent la France. C'est là la clé de tous les mystères et une réponse fort plausible aux questions relatives à toutes les affaires « Vallée », celles où on a enterré une découverte ou une invention susceptible de porter atteinte, directement ou indirectement, aux grandes fortunes du pays.

Il semblerait que nous nous soyons égarés bien loin de la science, en évoquant ainsi des actions coercitives, non prouvées, de la part d'instances nébuleuses à l'encontre de pauvres savants incompris et brimés. Ce qui pourrait être une manifestation paranoïaque, une obsession de la théorie du complot, n'est malheureusement pas une fiction. Toute l'histoire des sciences est jalonnée par ce genre d'événements, et ce qui est arrivé à Vallée est arrivé à bien d'autres auparavant. Dans le cas de Galilée, l'oppresseur était l'Église catholique, et la raison d'état était le pouvoir spirituel au lieu de celui de l'argent, mais à part cela les deux situations sont similaires. Le savant le plus connu parmi les astronomes n'avait d'ailleurs pas à se plaindre, son prédécesseur devant le tribunal inquisiteur, Giordano Bruno, avait été condamné au bûcher pour les mêmes raisons. Il a fallu au Vatican trois siècles pour réhabiliter Galilée et reconnaître officiellement la turpitude du jugement d'un collège d'ignorants. Combien faudra-t-il de temps pour que Vallée soit, lui aussi, réhabilité, pour que quelqu'un, quelque part, prenne la peine de revisiter la Théorie Synergétique et se rende compte qu'il y a là une fabuleuse voie d'investigation ? Qu'un président de la République ait enfin la bonne idée de nommer au ministère de la Recherche quelqu'un qui connaisse un tant soit peu la physique ? Que des physiciens compétents (il y en a quand même beaucoup) se groupent pour prendre le pouvoir et définir eux-mêmes leurs programmes de recherche fondamentale ?

La Théorie Synergétique n'est pas plus parfaite que la Relativité à ses débuts et comporte manifestement des erreurs, mais ni plus ni moins. Plutôt moins, en fait. Il n'y a donc aucune raison de l'ignorer, d'autant moins qu'elle a quand même réussi à exciter la curiosité de milliers, voire de dizaines de milliers, de jeunes cerveaux avides de nouveauté. On ne peut pas fixer l'attention d'amateurs de physique plusieurs années de suite et les drainer, à rythme régulier, dans des cours du soir, sans qu'il y ait eu pour eux quelque chose de conséquent à découvrir. Il n'est pas envisageable que ces gens-là, après avoir refait avec l'aide d'un médiateur des dizaines de pages de calculs et n'avoir pas trouvé de faille dans les calculs de Vallée, se soient tous trompés ou soit aveuglés par une sorte de mysticisme ou de snobisme de la nouveauté. Un cours de physique, ce n'est pas comme un sermon à l'église, chacun y a son libre arbitre intellectuel et a la possibilité de tout vérifier par lui-même. La contrefaçon n'est pas possible. Peut-être existe-t-il dans la Synergétique une erreur cruciale qui n'a pas encore été découverte, mais si on continue à ne pas la découvrir il faudra bien convenir qu'il n'y en a peut-être pas, et qu'alors cette théorie peut être le point de départ, déjà fort élaboré, d'une nouvelle physique apte à déciller les endormis et à faire repartir la machine assoupie de la Recherche.

Chapitre 3
l'Éther (2)

3-1 : la Physique Rationnelle.

Il existe deux physiques : la physique théorique et la physique rationnelle. La première nommée, encore appelée physique mathématique, est la physique officielle. C'est celle qui est enseignée dans les salles de cours depuis la sixième jusqu'au 3ème cycle des universités scientifiques et dans les Grandes Écoles et où, au rythme du cursus, on voit progressivement augmenter la dose de mathématiques, jusqu'à ce qu'elle occupe la plus grande partie du texte. Sa meilleure définition a été donnée par Duhem dans « La Théorie Physique » :

« *Une théorie physique n'est pas une explication. C'est un système de propositions mathématiques, déduites d'un petit nombre de principes, qui ont pour but de représenter aussi simplement, aussi complètement et aussi exactement que possible, un ensemble de lois expérimentales* ».

En face d'elle, la physique rationnelle n'a pas d'existence légale. Elle se pratique pourtant un peu partout, dès que les nécessités de la discussion et du désir de comprendre amènent à se débarrasser du carcan des mathématiques. C'est essentiellement la physique des ingénieurs, qui évoluent dans un milieu où on trouve une échelle de connaissances et de langages extrêmement variée, beaucoup plus que dans le milieu universitaire, et dans lequel le langage rigoureux des mathématiques ne peut plus suffire pour faire passer les idées. Par ailleurs l'adjectif « rationnelle » ne signifie pas que cette physique prétende être plus rationnelle que la physique théorique, ce qui serait prétentieux, il veut simplement dire qu'elle se fie avant tout au raisonnement, au sens le plus général de ce terme, et s'efforce d'établir en permanence les relations causales entre les faits, ce qui n'est pas le cas de la physique théorique. Par son désir de voir au-delà des apparences, elle se rapprocherait presque de la Métaphysique, mais elle s'en distingue par son caractère pratique. L'ingénieur est en permanence dans l'obligation de comprendre, autant que ce verbe ait une signification bien définie, tandis que le physicien théoricien se contente de faire jouer les mathématiques pour tirer la quintessence de ses prémisses, et ne vérifie la cohérence des résultats de ses calculs que lorsque ceux-ci sont terminés.

On pourrait se demander pourquoi il faudrait faire une telle distinction entre ce qui pourrait simplement être deux expressions différentes, mais forcément proches, de la physique. En fait les deux conceptions sont totalement dissemblables dans leur approche, et leurs langages très différents. Prenons l'exemple du phénomène physique appelé « onde ». Un physicien théoricien dira par exemple (c'est la définition donnée dans un cours de 2ème année de fac, par ailleurs excellent, de Lumbroso) :

« Une onde est une grandeur physique (scalaire ou vectorielle), qui dépend des coordonnées d'espace et de temps, et qui est solution d'une équation aux dérivées partielles appelée équation d'onde ».

Un physicien rationnel dira plutôt :

« Une onde est une déformation périodique qui se propage dans un milieu ».

Ce premier exemple illustre à la perfection, à la fois la différence de langage, mais aussi et surtout la manière d'appréhender un phénomène quelconque. D'un côté, c'est la modélisation immédiate et le refus, non exprimé mais évident, de s'embarrasser avec des problèmes de causalités jugés superflus ou prématurés. De l'autre, c'est le souci tout aussi immédiat de rester en contact permanent avec la réalité, et d'avancer avec vigilance en retouchant à chaque étape, si cela s'avère nécessaire, la chaîne causale dans laquelle on a situé le phénomène à étudier. On remarquera la richesse des implications que contient la deuxième définition : d'abord, qu'il ne peut y avoir d'onde sans milieu de propagation. Cette évidence, dont Einstein n'avait pas voulu tenir compte en 1905, s'est imposée à lui dix ans plus tard, quand la Relativité Généralisée est venu supplanter la Restreinte. Ensuite qu'une déformation se propage toujours, automatiquement : dès qu'on la provoque, dans la limite des déformations élastiques, dès qu'on la fait subir à un corps matériel, qu'il soit solide, liquide ou gazeux, elle se transmet de proche en proche, avec la même vitesse que le son dans le matériau considéré, et dans un certain nombre de directions. Ce nombre dépend de la géométrie du corps en question ainsi que des paramètres d'application de la déformation (endroit, force, étendue, etc.), et on appelle cela les modes de propagation.

Pour illustrer d'une manière différente ce que sont la physique rationnelle et la physique théorique en se référant à l'histoire des sciences, il est assez naturel de rapprocher la première de la science britannique, et plus spécialement écossaise, du 19ème siècle, et la seconde de la science française à la même époque. William Thomson, Faraday, Maxwell, Tyndall, sont les représentants d'une physique qui éprouve le besoin permanent d'une représentation mécanique des phénomènes invisibles, chaleur, gravité, électromagnétisme, pour les rendre visibles au moins à l'imagination. C'est le premier nommé de la série, plébiscité par les suivants, qui en est resté le chef de file. Des exemples de modèles mécaniques en électricité ont déjà été cités à propos des travaux de Maxwell, c'est en particulier ce genre d'analogie qui est à l'origine de la notion de courant de déplacement, et qui lui a permis de compléter les équations fondamentales de l'électrostatique. Tous ces gens-là pratiquaient déjà la physique rationnelle, on peut même dire qu'ils l'ont en fait inventée sans la nommer, tant elle était pour eux évidente.

Se trouvait en face d'eux l'École française, représentée par Henri Poincaré et Duhem, les plus intransigeants dans leur prise de position. Ces deux-là fustigeaient l'école anglaise dont ils opposaient la souplesse à la rigueur, non seulement des français, mais également des allemands, des suisses et en gros de toute l'Europe du Nord. Duhem utilise la classification de Pascal pour séparer le bon grain de l'ivraie : d'un côté, au Nord de la Manche, les esprits « faibles mais larges », de l'autre, chez nous et les proches voisins continentaux, les cerveaux « forts mais étroits ». Les premiers abusent des comparaisons mécaniques quand il s'agit de proposer une représentation des phénomènes physiques, alors que les seconds sont des besogneux qui utilisent la rigueur des mathématiques pour établir des certitudes, quittes à ne pas comprendre, mais avec l'incomparable satisfaction d'avoir réussi à mettre une loi de la Nature en équation.

Dans un long chapitre de « La Théorie Physique » intitulé « théories abstraites et modèles mécaniques », Duhem détaille le sujet en long et en large, au risque de lasser. Un seul paragraphe aurait probablement suffi à en exprimer le thème principal, peut-être celui-ci :

« Aussi ceux qui, en France ou en Allemagne, ont fondé la physique mathématique, les Laplace, les Fourier, les Cauchy, les Ampère, les Gauss, les Franz Neumann, construisaient-ils avec un soin extrême le pont destiné à relier le point de départ de la théorie, la définition des grandeurs dont elle doit traiter, la justification des hypothèses qui porteront ses déductions, à la voie selon laquelle se déroulera son développement algébrique. De là ces préambules, modèles de clarté et de méthode, par lesquels s'ouvrent la plupart de leurs mémoires. Ces préambules, consacrés à la mise en équations d'une théorie physique, on les chercherait presque toujours en vain dans les écrits des auteurs anglais ».

Et de donner comme exemple Maxwell et sa théorie électromagnétique ! Mais Poincaré n'est pas en reste pour critiquer dans le même sens : quand on lit son Traité d'Électricité et d'Optique, on a l'étrange impression qu'il l'a écrit après avoir posé celui de Maxwell à côté de lui, et que son premier travail a été de relever, ligne par ligne, tout ce qui ne lui paraissait pas conforme à la rigueur française. L'opinion qu'il exprime est d'ailleurs citée en exemple dans le livre de Duhem, tout heureux de voir cautionner sa thèse par le plus grand mathématicien français. Le passage le plus significatif se trouve dans l'introduction :

« La première fois qu'un lecteur français ouvre le livre de Maxwell, un sentiment de malaise, et souvent même de défiance, se mêle d'abord à son admiration. Ce n'est qu'après un commerce prolongé et au prix de beaucoup d'efforts que ce sentiment se dissipe. Quelques esprits éminents le conservent toujours.

Pourquoi les idées du savant anglais ont-elles tant de peine à s'acclimater chez nous ? C'est sans doute que l'éducation reçue par la plupart des Français éclairés les dispose à goûter la précision et la logique avant toute autre qualité ».

On remarque d'abord l'extrême modestie de Poincaré, en premier lieu vis-à-vis de lui-même (on suppose qu'il se compte parmi les esprits éminents), et ensuite des « Français éclairés », les seuls habilités à porter un jugement sur les œuvres de Maxwell et à en déceler les faiblesses. Mais ceci n'est, après tout, qu'une question de forme. Pour ce qui est du fond, ceux qui ont lu la « Théorie des Tourbillons », en espérant y trouver une explication sur leur mécanisme intime, peuvent se faire une idée plus précise de l'intérêt que peut susciter la rigueur française, et probablement, n'en apprécieront-t-ils que mieux le style de Maxwell qui, au contraire, fait toujours preuve d'une saine humilité quand il s'agit de présenter au lecteur ce qu'il pense de tel ou tel phénomène. Mais Poincaré, qui ne peut s'empêcher de laisser s'exprimer sa réprobation, récidive un peu plus loin :

« Ainsi, en ouvrant Maxwell, un Français s'attend à y trouver un ensemble théorique aussi logique et aussi précis que l'Optique physique fondée sur l'hypothèse de l'éther ; il se prépare ainsi une déception que je voudrais éviter au lecteur en l'avertissant tout de suite de ce qu'il doit chercher dans Maxwell et de ce qu'il n'y saurait trouver.

Maxwell ne donne pas une explication mécanique de l'électricité et du magnétisme ; il se borne à démontrer que cette explication est possible ».

En supposant même qu'il ait raison, est-ce pour autant condamnable ? Et d'abord, qu'est-ce donc qui permet à Poincaré de préjuger de ce que pensera un lecteur français en lisant Maxwell ? Dans quelle sphère hermétique vit-il pour se permettre de supposer que tout le monde pense comme lui ? Qu'est-ce aussi que cette prétention à vouloir encadrer la physique, lui qui n'est que mathématicien ? Car une grande partie du problème actuel de la physique est là : depuis que Duhem et Poincaré, puis leurs nombreux successeurs et adeptes, ont décidé de se l'approprier, la physique appartient de fait aux mathématiciens. Leur annexion est présentée par eux comme, enfin, l'heureuse arrivée de gens sérieux dans un domaine pollué par des amateurs, moyennant quoi les livres scolaires de physique sont aujourd'hui des livres de pures mathématiques qui rebutent, souvent définitivement, une grande partie des jeunes qui sentiraient pourtant en eux la présence d'une fibre de la recherche.

Voilà pourquoi une deuxième physique n'est pas superflue, et l'appeler physique rationnelle n'est pas moins fondé qu'appeler physique théorique la physique mathématique. La physique rationnelle se veut une approche équilibrée de l'étude des phénomènes de la Nature, en faisant la distinction entre le processus qui conduit aux lois, exprimées valablement par des formules ou des équations, et l'explication causale de ces lois, qui constitue le vrai but de la physique et dont la connaissance représente le véritable niveau de notre savoir. On voit, d'après ce qui précède, que cette physique-là présente beaucoup de similarités avec cette science anglaise si méprisée par les mathématiciens français, mais elle est plus complète, et surtout elle est susceptible d'être définie avec plus de précision que la précédente, dont l'existence est indéniable mais qui n'a été ni proclamée, ni revendiquée à un moment précis par ses pratiquants. Remarquons aussi, et ce n'est pas un détail superflu, que les savants critiqués par Duhem et Poincaré sont également de très bons mathématiciens, dont les calculs proprement dits n'ont d'ailleurs pas fait l'objet de remarques de la part de leurs censeurs.

La méthodologie qui caractérise la physique rationnelle et qui la distingue de la physique théorique ne peut pas être décrite de manière trop précise, car son aspect est multiple. Surtout, sa souplesse interdit toute définition trop abrupte qui la ferait simplement prendre pour l'opposée systématique de la physique théorique. En particulier, la physique rationnelle ne refuse pas les mathématiques, qui demeurent le vocabulaire privilégié des sciences exactes et son langage d'écriture, mais ne les considère que comme un outil, certes indispensable, mais dépourvu de pouvoir prédictif. Leur véritable utilité est, une fois qu'un modèle est défini, d'en tirer tout ce qu'on peut en tirer, intégralement. Tout le problème du physicien réside alors dans la conception du modèle. Celle-ci n'est en effet jamais acquise définitivement : ce n'est pas parce que le traitement mathématique d'un modèle conduit à des conséquences vérifiées expérimentalement que ce modèle est correct, ou complet. Un modèle faux peut conduire à un résultat juste, la physique théorique en fourmille d'exemples. La physique rationnelle a une philosophie qui, sur ce point particulier de la modélisation, c'est-à-dire de l'élaboration du mécanisme hypothétique qui représente le phénomène à étudier, est diamétralement opposée aux règles édictées par Duhem. Elle considérera toujours le modèle comme provisoire tant que le réseau complet des causalités sur lequel il repose ne sera parfaitement établi, et cela peut prendre un certain temps. Remettre perpétuellement en question un modèle est en physique rationnelle chose normale, habituelle et même de rigueur. C'est une nécessité que ne contestent pas les physiciens honnêtes, et qui ne pourrait s'accommoder des déclarations permanentes d'autosatisfaction des relativistes, qui affichent tous les jours dans les revues scientifiques une confirmation « éclatante » de leur grande théorie.

Autre point très important : le modèle « physique ». Quand on parle de modèle en physique théorique, il est sous-entendu que ce modèle ne puisse être conçu qu'à l'aide d'objets mathématiques, et que son architecture est bâtie à l'aide de ces objets, tous fictifs et presque toujours irréalistes: lignes et plans infiniment minces, masses ponctuelles, donc de densité infinie, travaux virtuels évalués entre un point et l'infini, là où personne n'est jamais allé, forces mystérieuses postulées pour justifier un équilibre que l'on constate mais sans le comprendre, etc...Un tel modèle sera donc appelé modèle « mathématique ». La physique rationnelle va au contraire s'efforcer, autant que faire se peut, de construire des modèles « physiques », où points, lignes et surfaces auront trois dimensions, donc des caractéristiques classiques bien identifiées qui pourront éventuellement être prises en compte : masse volumique, élasticité, compressibilité, etc.

Enfin, selon le processus de la théorie physique décrit par Duhem, il est prescrit que celle-ci abandonne le plus vite possible le modèle, une fois qu'il est paramétré, pour faire jouer les mathématiques jusqu'à la fin des calculs, quand il n'y a plus rien à tirer de ceux-ci. En physique rationnelle, au contraire, on surveille constamment le développement des calculs pour déceler à temps la moindre incompatibilité avec les hypothèses de départ, la moindre anomalie, le moindre résultat bizarre, et on n'hésite pas à revenir en arrière pour éventuellement corriger le modèle original. C'est plus long, mais on se trompe moins.

Il résulte de cette comparaison et de ces remarques que la physique rationnelle ne pourra être qu'éthériste : on ne peut pas en effet imaginer une propagation des ondes EM sans milieu, et on ne peut pas, dans ce cas, faire comme s'il n'existait pas. De plus, son caractère investigateur l'amènera à revisiter les représentations un peu trop simplistes des modèles de la physique théorique, comme celle de la théorie cinétique des gaz, pour tirer d'autres conclusions de l'observation des faits et redresser certaines orientations malvenues qui ont conduit, soit à des erreurs, soit à des oublis. Le choix est donc fait.

D'ailleurs le 17 décembre 1906, Henri Poincaré, qui rendait hommage à Pierre Curie, décédé depuis peu, déclarait ceci à l'ouverture de la séance publique annuelle de l'Académie des Sciences :

« Les vrais physiciens comme Curie ne regardent ni en dedans d'eux-mêmes, ni à la surface des choses, ils savent voir sous les choses.

Les mathématiques sont quelquefois une gêne, ou même un danger quand, par la précision même de leur langage, elles nous amènent à affirmer plus que nous ne savons ».

Quel changement d'attitude, quelques années avant sa mort, par celui qui désapprouvait si ouvertement la méthode dite « anglaise » ! Car s'il était en France quelqu'un qui la pratiquait, c'était bien le couple Curie. Et quel aveu, qu'on devine réellement sincère, sur la toute-puissance des mathématiques, de la part de son représentant emblématique ! Mais aussi quel soulagement de constater qu'un esprit intelligent puisse faire un jour ne serait-ce qu'un début d'autocritique et s'ouvrir à des réflexions, tardives mais honnêtes, sur des prises de position trop tranchées dans le domaine de la Physique.

3-2 : La théorie cinétique des gaz revisitée.

Il existe, dans nos habitudes de langage, des expressions, pour la plupart populaires, qui sont un défi au bon sens. Parmi elles, celle-ci, que pratiquement tout le monde a utilisé un jour ou l'autre : *« C'est l'exception qui confirme la règle »*. Une exception n'a jamais confirmé une règle, elle l'infirme au contraire, et la plupart du temps définitivement. Quand, en physique, on tombe sur une exception, il faut se précipiter dessus, la regarder comme une pierre précieuse, et s'empresser de l'étudier à fond, car il se peut que son apparition soit le signe que l'on se soit fourvoyé là où l'on avait commencé à se forger des certitudes. Mais il arrive aussi que l'on crée cette exception, ou cette lacune, par maladresse, par manque d'attention, ou par suite d'un manque de soin dans l'élaboration d'un modèle. Quand cela se passe en physique, les conséquences peuvent être incalculables. La théorie cinétique des gaz est un exemple frappant d'un concept bâclé, mais tellement ancré dans les habitudes qu'on le considère au contraire comme une modélisation réussie, tout cela parce qu'elle conduit à des prévisions confirmées par l'observation. Or nous avons déjà fait la remarque que ce n'est pas le fait qu'une théorie soit en accord avec les faits qui prouve son bien-fondé, d'où l'allusion, du point de vue de la logique du raisonnement, aux exceptions qui ne confirment jamais les règles.

Le départ de la théorie cinétique des gaz consiste à nous présenter ceux-ci comme, dit-on, des nuages de particules qui s'entrechoquent et rebondissent « comme des balles de ping-pong » sur les parois des récipients qui les contiennent. Combien de fois n'avons-nous pas entendu cette expression dans les cours de physique de seconde ? C'est effectivement une image conventionnelle qui, de prime abord, n'est là que pour brosser un tableau rapide du phénomène que le professeur va traiter, sauf qu'il y a un petit détail à mentionner : cette vision de molécules qui rebondissent sans cesse et que l'on considère comme la cause de la pression qui s'exerce sur les parois, c'est par définition un mouvement perpétuel. Or le mouvement perpétuel, en physique, est quelque chose qui est réputé impossible, et le même professeur l'apprendra aux mêmes élèves, mais un autre jour, en espérant qu'aucun d'eux ne remarquera la contradiction entre deux pages du même cours ni ne posera de question embarrassante. On dira peut-être que c'est vraiment là chercher la petite bête, et faire preuve d'une aussi mauvaise foi que les physiciens théoriciens précédemment montrés du doigt pour leur étroitesse d'esprit. Après tout, n'est-il pas normal de choisir le modèle le plus simple possible ? Allons donc un peu plus avant pour nous dégager de cette critique, et essayons d'analyser le phénomène avec des yeux plus acérés. Pour une minuscule molécule de gaz, à son échelle, la paroi d'un récipient, même parfaitement polie, ressemble certainement beaucoup plus à la côte bretonne qu'à la surface d'un lac gelé vu de loin. Il est donc tout à fait déraisonnable de croire qu'elle puisse rebrousser chemin, après avoir frappé la cloison, comme le ferait une balle de ping-pong, ou encore comme une boule qui ne modifierait pas sa vitesse après le choc sur la bande d'un billard parfait. On imagine plutôt que les molécules périphériques trouveront dans les anfractuosités gigantesques de l'enveloppe du récipient des pièges tortueux d'où bien peu reviendront, et encore avec une énergie cinétique diminuée. Il est donc probable qu'il y a au niveau des parois une déperdition énergétique, une diminution de la force vive, un peu comme les ondes sonores qui sont absorbées par les murs aux reliefs pyramidaux d'une chambre anéchoïque.

Parallèlement à cette autre vision des molécules de gaz frappant une paroi de réservoir, le professeur dont nous avons parlé plus haut dira à ses élèves, encore un autre jour mais dans le même cours, qu'un gaz est un fluide visqueux, que son écoulement dans un tuyau est laminaire, et que les frottements internes entre couches se traduisent par une transformation partielle de l'énergie cinétique en chaleur, ce qui est alors en contradiction totale avec l'hypothèse des chocs parfaitement élastiques. On a donc de la structure d'un gaz deux images incompatibles, selon qu'on en considère l'aspect macroscopique ou l'aspect microscopique.

On voit par conséquent, dans cet exemple précis, que la physique rationnelle n'est pas une école qui coupe les cheveux en quatre, mais qu'elle décortique avec soin et minutie le phénomène qu'elle a décidé d'étudier, de manière à identifier, si possible et dans la limite du raisonnable, tous les paramètres destinés à construire le modèle physique, quand le modèle théorique s'avère trop simple. Dans le cas présent, ce modèle est non seulement trop simple, mais faux : il faut tenir compte des conditions aux limites, c'est-à-dire au contact des parois, et envisager les conséquences qu'elles doivent entraîner. Or, parmi celles-ci, il en est une qui tombe sous le sens : s'il y a, soit absorption de molécules par les parois, soit diminution de l'énergie cinétique, soit encore les deux simultanément, la pression dans le récipient devrait diminuer. Or, elle reste constante. Ce « non-événement », délibérément ignoré dans la théorie classique, est en fait d'une importance déterminante. En effet, si on veut bien analyser un peu plus profondément le comportement d'un gaz en essayant d'aller au-delà des apparences, on se trouve devant une alternative dont chacune des branches conduit à des conséquences de natures con-

tradictoires : d'un côté, on a un schéma simpliste qui conduit à des absurdités, que l'on s'empresse de passer sous silence, de l'autre on se trouve
devant l'obligation de trouver une explication qui justifie un phénomène
dont la prévision semble logique, mais qui refuse de se manifester. Et quiconque se veut physicien n'a pas le droit de laisser une telle question sans
essayer d'y répondre, contrairement à ce qui se fait d'ordinaire.

Comment expliquer qu'un phénomène qui devrait se produire ne
se produise pas ? Il n'y a que deux possibilités : ou bien on a commis une
erreur de raisonnement, et il faut chercher où se trouve la faille, ou bien
on a trouvé le point faible de la théorie, et il faut alors trouver un moyen
de la rectifier. Tout d'abord essayons, à partir des remarques précédentes,
de quantifier cette diminution de pression, qui serait la conséquence

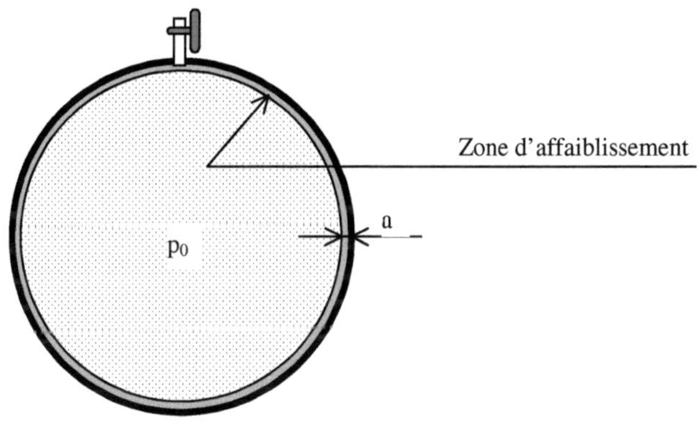

Figure 3-1

d'une diminution d'énergie de la couche périphérique d'un gaz que nous
supposerons contenu dans une enceinte sphérique de rayon R et porté à
une pression p_0. Nous supposerons également, au départ, que la couche
externe, où se produit l'érosion énergétique, a une épaisseur a égale au
libre parcours moyen des molécules (figure 3-1). La déperdition peut théoriquement y varier de 1 à 99% (0% correspond au mouvement perpétuel,
100% est une absorption totale, équivalente à une évaporation). Nous ne

cherchons qu'un ordre de grandeur, pour simplement fixer les idées. Le volume de la couche considérée est $dv = 4\pi R^2 a$, et la surface d'impact des molécules périphériques est $4\pi R^2$. Il s'agit maintenant de déterminer à quelle rythme se produit la baisse de pression, et pour cela une hypothèse doit être faite sur son processus causal. Nous dirons donc que les molécules qui frappent la paroi, soit sont piégées dedans, soit rebondissent avec une vitesse moindre, et que le résultat est une diminution de l'énergie cinétique dans la couche périphérique, dans une proportion que nous fixerons à 50% pour commencer. Il en résulte une diminution instantanée de pression dans cette couche, où tout se passe comme si un certain nombre de molécules disparaissaient, mais en précisant bien qu'elles ne disparaissent pas réellement, du moins pas toutes.

Dans les conditions normales, la pression est proportionnelle au nombre et à l'énergie cinétique des molécules contenues dans le volume du récipient. D'autre part, nous empruntons à Rocard (Thermodynamique, p299), l'expression du nombre de molécules Δn qui viennent frapper l'unité de surface de paroi pendant une seconde : $\dfrac{1}{4}v\overline{c}$ en système CGS, soit $2,5.10^8 v\overline{c}$ en SI (Système International). v est le nombre de molécules par unité de volume.

On peut donc écrire : $dn = 2,5.10^8 v\overline{c}.dt$

D'autre part on a : $\dfrac{dp}{p} = -\dfrac{dn}{2n} = -\dfrac{0,5.4\pi R^2 a}{\dfrac{4}{3}\pi R^3}dt = -1,5\dfrac{a}{R}dt$

On peut alors définir une loi de décroissance de la pression, un décrément tel que :

$$\frac{dp}{p} = -1,5\frac{a}{R}dt$$

ce qui, en intégrant, donne : $Log\, p = -1,5\dfrac{a}{R}t + Cte$, ou encore

$p = e^{-1,5\frac{a}{R}t} + C$.   La constante d'intégration se détermine comme d'habitude à l'aide des conditions initiales : $t=0 \rightarrow p=p_0$, d'où finale-

ment : $\quad p = p_0 e^{-1,5\frac{a}{R}t}$ ou $Log\dfrac{p_0}{p}=1,5\dfrac{a}{R}t$

Application numérique : prenons une sphère caoutchoutée de 25 cm de rayon, soit d'un volume de 33,5l et d'une constitution qui correspondent à peu près à ceux d'un pneu d'une automobile de taille moyenne. Elle est gonflée à l'air, assimilé pour la circonstance à de l'azote pur, à une pression de 4 kg/cm^2. Le libre parcours moyen est $a = 5.10^{-8}m$. Calculons le temps qu'il faudrait, avec les hypothèses faites, pour que la pression passe de 4 à 2kg/cm^2, soit $Log\dfrac{p_0}{p}=Log\,2=0,69$:

$$t = \frac{0,69\times0,25}{1,5\times5.10^{-8}} = 2,3.10^6 s$$, c'est-à-dire environ 27 jours.

Récapitulons et traduisons: en supposant que les molécules d'air contenues dans un pneu de voiture abandonnent 50% de leur énergie lorsqu'elles rebondissent sur son enveloppe, ce pneu gonflé à 4kg/cm^2 devrait se retrouver à 3kg au bout d'environ 11 jours et à 2kg le temps d'une lunaison. Ce qu'évidemment jamais personne n'a constaté, surtout avec un gonflage à l'azote. On peut compléter cet exemple par un autre, pour passer à une vision plus générale du phénomène, en faisant remarquer que, si on prend plusieurs récipients identiques en métal poli mais dont certains ont été intérieurement enduits de substances particulièrement visqueuses, comme de la graisse, du goudron frais ou tout ce que l'on voudra dans ce genre, on ne constatera aucune perte de pression dans aucun d'entre eux. Peut-on sérieusement croire que les molécules gazeuses rebondissent aussi bien sur ces matières que sur de l'acier poli ? On peut donc constater, à la lumière de ces remarques, que les hypothèses de la théorie cinétique des gaz sont irréalistes et ne procèdent que d'une intention systématique de tout simplifier à l'extrême, en comptant sur les mathématiques pour faire ensuite jaillir la vérité. C'est oublier que si ces dernières peuvent effectivement extraire la quintessence d'un modèle, elles ne peuvent être prédictives. Autrement dit, si le modèle est erroné peu ou prou, elles en donneront à un moment ou un autre des

conclusions elles aussi erronées, bien qu'issues de démonstrations irré-
prochables. C'est là une nouvelle occasion, qu'on ne peut laisser échapper,
d'apprécier la différence de raisonnement entre physique théorique et
physique rationnelle et les possibilités que nous offrent l'une et l'autre,
dans l'exemple précis de la théorie cinétique des gaz.

La première va dire : étant donné qu'il ne se passe rien, on supposera que les molécules rebondissent effectivement sans perte d'énergie
sur n'importe quelle paroi. La concordance des conséquences théoriques
avec les faits prouvera le bien-fondé de l'hypothèse. Ceci est une ânerie
couramment professée : la concordance avec les faits ne prouve pas le
bien-fondé d'une théorie, elle indique simplement qu'au stade où elle se
trouve il n'y a pas de contradiction. C'est très différent. Il est un fait que la
théorie cinétique des gaz, telle qu'elle est enseignée depuis presque deux
siècles, a donné suffisamment de résultats pour qu'elle ne soit pas contestée. Elle repose pourtant sur un schéma de base qui défie la logique, mais
dont les théoriciens font semblant de ne pas voir l'énormité des contradictions qu'elle véhicule: des molécules qui se heurtent perpétuellement sans
que leur vitesse ne diminue, donc sans frottement mais qui, vues sous un
autre angle, se mettent à devenir collectivement visqueuses dès qu'elles
se meuvent, donc avec frottement ! Tout cela n'est pas sérieux.

La seconde va se dire ceci : il ne se passe rien, mais il devrait se
passer quelque chose, et ce quelque chose, qui a été quantifié dans
l'exemple du pneu de voiture, n'est pas anodin, c'est un phénomène considérable qui semble théoriquement inéluctable, et dont la non-existence
doit donc être provoquée par un autre phénomène encore caché. Sur le
plan des apparences, il semble incontestable que les molécules gardent
indéfiniment leur énergie cinétique, puisqu'un gaz enfermé dans un récipient bien étanche y garde une pression constante. Cela veut dire qu'il y a
autre chose qui entretient leur mouvement, autrement dit qu'il y a
d'autres forces en jeu. En fonction de l'extrême simplicité du modèle choisi par la théorie cinétique classique, à partir du moment où l'on rejette le
principe de l'auto-entretien du mouvement des molécules dans un mouvement perpétuel, il n'existe plus qu'une seule hypothèse vers laquelle se
tourner : ce sont des forces extérieures qui provoquent ce mouvement et
qui sont les vraies causes de l'agitation moléculaire. Ces forces invisibles

ne sont plus liées à l'enceinte où se trouve le gaz que l'on étudie, mais à l'espace en général, qu'il faut alors supposer parcouru en permanence par des ondes qui frappent les molécules de tous côtés et qui provoquent tout ces mouvements désordonnés que l'on observe habituellement. Or nous connaissons parfaitement cet espace, déjà si bien décrit par Tommasina et Vallée et défini par eux comme l'éther, peuplé de sa double infinité d'ondes électromagnétiques, et qui vient de nouveau apporter son éclairage physique à un phénomène laissé jusqu'alors aux mains des mathématiciens. Nous nous retrouvons donc, avec une joie non dissimulée, en terrain connu, mais ce qui précède a l'énorme avantage de partir d'un chapitre bien classique de la physique ordinaire pour ensuite faire le lien, après une analyse critique de l'exposé conventionnel, avec la physique rationnelle et offrir aux éthéristes une introduction plus déductive et plus crédible au thème de l'éther. Cette introduction justifiée de l'existence d'un milieu de propagation des ondes EM complète celle, plus intuitive, de nos auteurs référents, et permet d'en renforcer son caractère nécessaire. Elle crée une passerelle entre la physique traditionnelle, celle que nous appelons théorique, et la physique éthériste, celle que nous appelons rationnelle. Le fait d'attribuer le premier rôle causal à l'éther, dans le cas de la théorie cinétique des gaz, en lève toutes les contradictions habituellement camouflées et permet une vue beaucoup plus satisfaisante du phénomène. En effet, en dehors des remarques faites plus haut pour en justifier la revisitation, le comportement des gaz a un caractère mystérieux sur lequel on n'insiste pas suffisamment dans l'enseignement de la physique. Par exemple, le fait qu'il y ait toujours le même nombre de molécules dans un volume donné, quel que soit le corps gazeux considéré, est quand même un sujet d'étonnement qui devrait susciter d'énormes questions : qu'il s'agisse d'hydrogène ou de vapeur de mercure, avec des masses volumiques respectives de 0,09 kg/m^3 et 13,6 kg/m^3, soit un rapport de 150, la pression est la même pour un volume donné à température constante. Voilà quand même quelque chose qui devrait amener les physiciens à se poser des questions de fond, au lieu de se précipiter tête baissée dans les calculs statistiques! Cela pourrait vouloir signifier, c'est une idée qui en vaut bien une autre, que les forces accélératrices qui sont à l'origine de l'agitation moléculaire sont tellement énormes que pour elles les différences de masses des molécules ne comptent pas, et que leur inertie propre ne fait que déterminer leur vitesse, ce qui est d'ailleurs convenu dans la théorie classique.

Nous voici donc à la croisée des chemins et placés devant deux interprétations, totalement différentes, d'un phénomène dont la simplicité apparente n'a fait que reporter constamment toute interrogation sur sa véritable nature. L'agitation entretenue des molécules gazeuses ne doit plus maintenant être considérée comme un phénomène en soi, mais comme la conséquence en même temps que la mise en évidence, à condition d'être correctement interprétée, de l'existence d'un substrat aussi actif qu'invisible et impalpable. Ce substrat nommé éther est éternellement parcouru par des ondes mécaniques que l'on a appelées électromagnétiques parce qu'elles échappent à nos sens, qui sont la vraie cause du mouvement moléculaire ainsi que d'un nombre important d'autres phénomènes, qu'on a jusqu'à présent distingués les uns des autres et étudiés séparément, comme le mouvement brownien, la température ou la capillarité, de même que bien d'autres dans le domaine atomique et nucléaire.

3-3 : Le premier moteur.

Les enfants en bas âge ont l'habitude de poser des questions à tiroirs, pour lesquelles chaque réponse d'adulte débouche sur un nouveau « pourquoi ? », jusqu'à ce qu'on rende les armes à travers un « c'est comme ça », ou un « tu sauras quand tu seras grand », ou encore un « c'est trop compliqué à expliquer », qui marque la limite, à la fois de notre savoir et de notre patience. Les physiciens sont un peu comme cela, sauf que leur statut d'adultes responsables les conduit à les formuler en termes plus sophistiqués, pour bien montrer aux petits qu'eux sont sortis de l'enfance et que maintenant ils savent des choses. Cependant, si on creuse un peu, on s'aperçoit assez vite que le fond de leurs connaissances n'a guère évolué depuis leur jeunesse, et que les questions de base restent toujours sans réponse. Mais toutes ces interrogations, formulées ou pas, ont quand même le même but, qui est celui de remonter à la cause première, au phénomène tellement simple, basique et général que tous les autres ne peuvent qu'en découler, avec plus ou moins d'intermédiaires. Tous les philosophes, ainsi que tous les physiciens qui ont philosophé, se sont tôt ou tard livrés à cet exercice inévitable qui consiste à remonter le plus loin possible les chaînes causales pour trouver enfin ce « premier moteur » qui entraîne tous les autres par induction. Et tous se sont retrouvés à sonder l'infiniment petit, que ce soit avec les tourbillons de Descartes ou de Maxwell, les monades de Leibniz, les ponctules de Nodon ou les cirons de Pascal, avec la même infortune, sans qu'aucun n'ait apparemment pensé à un phénomène plutôt qu'à un objet.

Tout ce qui précède, dans cet ouvrage, est destiné à nous préparer, le plus progressivement possible, à admettre finalement une vérité qui va à l'encontre, non seulement de ce qu'on nous a appris, mais aussi des évidences suggérées par nos sens. C'est l'absence de maîtrise de ces derniers et la trop grande confiance qu'on leur accorde qui très souvent sont à la base de nos erreurs de jugement, aggravées par une éducation qui, malheureusement, ne peut que découler de celles de nos prédécesseurs, avec leur acquis mais aussi toutes les erreurs qu'elles ont accumulées. Cet aspect des choses sera développé plus loin, tant il est fondamental dans la compréhension de notre comportement et de notre évolution, si évolution il y a. Car il semble bien, quand on lit par exemple la physique d'Aristote, puis ensuite la théorie de la Relativité Restreinte, que l'intelligence et la faculté d'analyse n'aient pas vraiment évolué depuis plus de deux millénaires : le premier n'avait pas à sa disposition tout ce sur quoi pouvait s'appuyer le second, et ses réflexions sur la structure de l'Univers, dans ce contexte, ne sont pourtant pas d'un niveau inférieur en logique pure. Pour revenir à ce qui nous intéresse plus spécialement, c'est-à-dire exposer la vision de la « physique rationnelle » sur la notion de premier moteur, il faut maintenant, après avoir préparé le terrain, affirmer d'abord quels seront les postulats définitifs à partir desquels les nouvelles thèses seront développées et qui en deviendront les « principes ». Ceux-ci seront sans surprise, si on a bien assimilé les chapitres précédents, mais vont passer de la forme suggestive à un énoncé clair et sans équivoque :

1- L'éther existe. C'est un fluide parfait, qui transmet les ondes EM sans les affaiblir, et qui possède une masse spécifique très grande. La manière de se représenter le mouvement d'un corps matériel dans un tel milieu sera explicitée plus loin.

2- Il est parcouru en permanence par une double infinité (en directions et en fréquences), d'ondes EM qui créent une pression de radiation appelée MBL (Maxwell-Bartoli-Lebedev), laquelle s'exerce en tout point de l'espace et assure, entre autre, la cohésion de la matière.

3- L'éther étant présent partout, y compris à l'intérieur de la matière, qu'elle soit vivante ou inerte, il y a interaction permanente entre les deux : l'éther peut entraîner les corps, les corps peuvent entraîner l'éther.

Voici donc posées, sans qu'il y ait encore besoin de développement détaillé, les prémisses d'une nouvelle physique qui va se développer sur les ruines d'une construction bancale, celle de la physique relativiste, qu'elle va se faire un devoir de détruire dans sa quasi-totalité, tout en conservant et en expliquant d'une autre manière ses indiscutables acquis expérimentaux, ou plus exactement ceux qu'on lui attribue avec générosité et une constante exagération. On reconnaîtra aisément dans les définitions précédentes de l'éther un mélange de celles de Tommmasina et de Vallée, auxquelles on a rajouté l'idée d'une masse spécifique élevée, notion qui n'a été qu'effleurée, voire évitée par ces deux mentors à qui, malgré cela, nous rendons hommage une fois de plus pour leur intuition visionnaire.

Il nous manque encore une chose importante avant de commencer à redéfinir un nouveau système du monde, c'est d'analyser notre préhension ordinaire de la notion de matière, et de dégager de son aspect revu et corrigé ce qui permet de mieux comprendre son interaction avec l'éther. Et avant toute chose, il faut rappeler, et insister sur ce point autant qu'il sera nécessaire, que la matière est avant tout du vide. Cette affirmation pouvant surprendre, il est nécessaire de la justifier.

Supposons qu'un automobiliste se promène sur une route de campagne et qu'il voie, au loin, une colline boisée. Ce bois lui apparaît de là où il est comme une couverture opaque, impénétrable et pleine, sans solution de continuité. Au fur et à mesure qu'il se rapproche, les détails commencent à être visibles et transforment l'aspect massif en ensemble dont on peut maintenant distinguer les éléments qui, à proximité, se révèlent être les troncs des arbres. Si l'homme arrête sa voiture et poursuit à pied son approche de la forêt, celle-ci va finalement se transformer d'un corps infranchissable en espace libre où la marche en ligne droite est maintenant possible, sous réserve, moyennant un léger écart, d'éviter de temps en temps un tronc en le contournant. Ce qui de loin semblait être un espace complètement occupé se transforme, de près, en vide à peu près total où le volume effectivement occupé par les végétaux n'est qu'une toute petite partie de l'espace.

C'est sous cet aspect qu'il faut se représenter la matière, car on ne peut pas, comme dans l'exemple précédent, s'en rapprocher au point de se trouver à une distance de sa surface du même ordre que celle qu'il y a entre ses molécules ou ses atomes, mais on peut toujours le faire en imagination, et dans cet ordre d'idée une publicité télévisée bien connue, réalisée pour le compte d'une compagnie d'assurances vie, montre ce que l'audiovisuel informatique pourrait faire pour l'enseignement. On y voit d'abord, comme la verrait un Superman fonçant dans l'espace vers notre Terre, une planète bleue grossissant dans le champ de vision. On distingue ensuite son atmosphère nuageuse, que l'on traverse à toute vitesse pour se rapprocher de la surface, où l'on voit bientôt apparaître les êtres vivants. On pique alors sur un humain, puis sur son avant-bras, on se rapproche de sa peau où on voit maintenant les poils et les pores comme le verrait un moucheron. Ensuite on s'enfonce dans la chair pour commencer un voyage à l'intérieur de la matière vivante. A chaque plan, qui remplace le précédent à la même vitesse de défilement, on change d'échelle pour se retrouver à celle de ce qui nous entoure. Et nous voici bientôt au milieu des globules, tout comme dans le « Voyage Fantastique » d'Azimov. On passe alors à l'échelle moléculaire, puis atomique, puis subatomique, et on découvre alors les constituants ultimes de la matière, des petites choses qui s'agitent frénétiquement dans...le vide ! On est alors partagé entre deux sentiments : l'admiration pour ce que sont capables de faire les techniciens de l'image qui ont réalisé ce petit chef-d'œuvre, et l'incompréhension de ne pas trouver ce genre d'illustration dans les cours de physique de sixième, au moment où on découvre la physique et où ce genre d'images s'imprime le plus facilement dans les jeunes mémoires.

Toujours est-il que le message à faire passer, si l'on veut bien revenir à la physique, est toujours le même : la matière, du point de vue volumique, est essentiellement du vide spatial, un vide que l'éther a comblé dès le commencement des temps. On peut commencer alors, en s'appuyant sur tous ces exemples et ces comparaisons, à pouvoir admettre qu'il soit possible qu'une matière constituée de cette sorte puisse se déplacer dans un fluide dense, et de surcroît parfait, c'est-à-dire sans frot-

figure 3-2 : la part du vide dans la matière.
Arrangement d'atomes de carbone, réduits à leurs noyaux atomique et fortement grossis pour les rendre visibles.

tement. Essayons néanmoins de préciser quelques ordres de grandeur, ce qui est essentiel en physique.

On trouve dans la « chimie générale » de Gallais et Rumeau des indications précises sur les distances interatomiques de certains corps, notamment des cristaux de structure simple comme le carbone, pour lequel le volume attribué à chaque atome est de 5,7 $Å^3$ (angström cube, 1 angström = 10^{-10} m). Disons que pour les solides, en général, la distance entre atomes ou molécules est de l'ordre de quelques Å. Mais c'est à l'intérieur même de l'atome que réside la plus grande proportion de « vide » (figure 3-2). On attribue à Rutherford le modèle planétaire de l'atome (1909), bien que Jean Perrin l'ait déjà proposé huit années plus tôt, mais peu importe. Dans ce modèle, où la masse est concentrée dans le noyau, celle des électrons étant négligeable à côté, Rutherford s'est attaché à déterminer à quelle distance du noyau il fallait faire passer une particule α pour qu'elle soit déviée. Il a ainsi pu évaluer le diamètre du noyau à une valeur comprise entre 10^{-15} et 10^{-14} m, pour une sphère atomique de quelques 10^{-10} m, ce qui correspond à un rapport volumique de l'ordre de 10^{15} !

On peut donc voir que la matière proprement dite, c'est-à-dire cette chose à laquelle on attribue une masse, occupe une part ridicule par rapport à l'occupation spatiale réelle de n'importe quel corps, considéré dans n'importe quel état, solide, liquide ou gazeux. On peut ainsi comprendre que ce genre de structure puisse se déplacer dans un fluide que les physiciens ont toujours, à tort, supposé sans masse ou presque. La résistance qu'un corps matériel, vu sous cet angle, doit opposer à son propre mouvement dans un fluide dense doit être extrêmement faible, voire nul si ce fluide est parfait, il n'y a donc aucun obstacle véritable, sinon celui des habitudes et celui que nous suggère fortement notre œil, à attribuer à l'éther une masse volumique conséquente, apte entre autre à entraîner les planètes. C'est une réalité à laquelle il faut maintenant s'habituer, et c'est une des bases fondamentales de la physique rationnelle. Mais pour l'instant, c'est le problème du premier moteur qui doit être réglé.

Un corps matériel quelconque, à partir du moment où il existe est soumis à la pression MBL, où qu'il se trouve. Cette pression, causée par les vibrations éthériques mises en évidence par le mouvement brownien et d'autres phénomènes à réinterpréter, doit être considérée comme la seule véritable force de cohésion de la matière, et élimine de ce fait les forces de Van der Waals, forces fictives d'attraction intermoléculaires ou interatomiques, auxquelles on attribuait auparavant ce rôle. On remarque une fois de plus, à cette occasion, la méthode simplissime de la physique théorique : il manque une force pour expliquer la cohésion de la matière ? Aucun problème : on invente de suite une force d'attraction supplémentaire qui va faire le travail et on l'ajoute à la panoplie du matheux. Il faut quand même reconnaître qu'une force exercée par une pression extérieure est une image plus raisonnable et plus crédible, n'est-il pas ? Newton lui-même n'aurait certainement pas été contre. C'est maintenant le moment, peut-être, de glisser dans le texte une nouvelle idée iconoclaste, qui sera reprise en détail plus tard, mais à laquelle il faut se préparer le plus tôt possible, et qui va donner une autre dimension à l'électromagnétisme. A savoir que les ondes électromagnétiques ne sont pas d'une essence particulière, mais sont au contraire des ondes tout simplement mécaniques, et dont en fait la seule originalité est de se propager dans un milieu qui baigne l'espace dans son intégralité mais que l'œil ignore, et où la part de ce que nous appelons matière est réduite à la portion congrue. Il faut bien voir, en effet, que depuis ses origines séparées entre électrostatique et magnétostatique, l'électromagnétisme tel que nous le connaissons aujourd'hui est la continuation d'une science où toutes les causes sont invisibles et non directement perceptibles à nos sens, pourtant si développés. Il a donc bien fallu, dès le départ, pour mettre toutes ces nouveautés en équations, imaginer des représentations nouvelles par rapport à la mécanique classique, et les baptiser. C'est ainsi que sont nés les champs, les charges, les potentiels, les ondes électromagnétiques et tout l'arsenal vectoriel qui les représentent si bien et qui les cimentent dans une présentation irréprochable mais entièrement déconnectée de toute représentation concrète. Il ne faut pas accepter cette apparence de fatalité, qui nous conduit à une physique trop compliquée et finit par nous égarer. Mais pour l'heure, rappelons-nous que c'est le problème du premier moteur qui demande à être réglé.

Le moment est maintenant venu de glisser dans le texte une nouvelle idée iconoclaste, qui sera reprise en détail plus tard, mais à laquelle il est bon de se préparer le plus tôt possible, et qui va révéler l'électromagnétisme en l'éclairant d'une nouvelle lumière, si on veut bien nous pardonner ce petit jeu de mots sans prétention. A savoir que les ondes électromagnétiques ne sont pas d'une essence particulière, mais sont au contraire des ondes totalement mécaniques, comme les ondes sonores, et dont la seule originalité est de se propager dans le milieu qui occupe l'espace dans son intégralité mais que l'œil ne peut voir, et où la part de ce que nous appelons matière est réduite à la portion congrue. Il faut bien réaliser, en effet, que depuis ses origines où il était constitué de deux branches distinctes, l'électrostatique et la magnétostatique, l'électromagnétisme tel que nous le connaissons aujourd'hui est la continuation d'une science où toutes les causes sont, non seulement invisibles, mais également non perceptibles à nos autres sens, que nous croyons pourtant si développés. Il a donc bien fallu, dès le départ, pour pouvoir le mettre en équations, lui imaginer des particularités nouvelles par rapport à la mécanique classique, et baptiser ces nouveaux concepts. C'est ainsi que sont nés les champs, les charges, les potentiels, les ondes électromagnétiques et tout l'arsenal vectoriel qui les représentent si bien et qui les cimentent d'une manière irréprochable, certes, mais entièrement déconnectée de toute représentation concrète. Il ne faut surtout pas accepter cette solution de facilité, qui nous conduit à une physique trop compliquée et finit par nous égarer.

La figure 3-3 montre un corps solide ou liquide sphérique (mais il pourrait être de forme quelconque) isolé dans l'espace, c'est-à-dire loin d'une autre masse, et soumis à la pression MBL, représentée par les flèches disposées tout autour. A droite, on trouve la représentation schématique, que connaissent bien les spécialistes en EM, d'une portion de sa surface et de ce qu'il y a en dessous. Il s'agit de ce que les gens du métier appellent un quadripôle, et qui est censé modéliser n'importe quel circuit électrique, qui en l'occurrence sera un morceau de matière. Le corps sphérique peut représenter n'importe quoi, depuis une balle de tennis jusqu'à un corps astral, il est constitué d'une matière composite ordinaire, c'est-à-dire qui, du point de vue électrique, n'est ni un très bon conducteur ni un très mauvais. Le quadripôle équivalent reçoit une certaine puissance incidente, notée P_i, dont une partie P_r est réfléchie, une autre partie P_a absorbée et transformée en chaleur, et une troisième partie P_t transmise ailleurs dans l'espace. Étant donné le principe de conservation de l'énergie, on a :

$$P_i = P_r + P_a + P_t$$

Cette formule, très générale et très utilisée en électromagnétisme, peut s'interpréter de plusieurs manières. En particulier, elle nous indique qu'une certaine partie de l'énergie portée par les ondes EM qui viennent frapper la surface du corps reste à l'intérieur de ce corps et se transforme en chaleur, par l'intermédiaire d'une agitation des molécules, qui possèdent un certain degré de liberté grâce auquel on justifie également la déformabilité et l'élasticité du corps. Ceci est valable pour tous les corps. C'est donc là un phénomène de base fondamental qui participe à la notion de premier moteur : un corps quelconque, de par son existence même, du fait qu'il se trouve dans un milieu énergétique, acquiert une température, puisque c'est ainsi que l'on interprète et que l'on mesure son agitation interne. On lit souvent dans les ouvrages de phy-

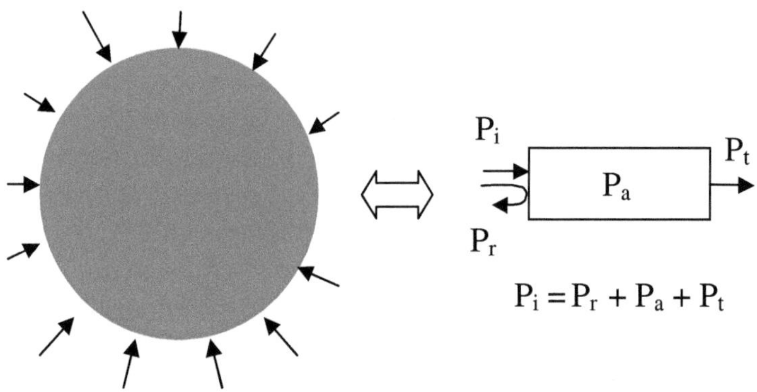

figure 3-3 : Le corps dans l'espace et son équivalent EM

sique que l'agitation moléculaire ou atomique est causée par la chaleur : c'est exactement le contraire qui se passe. La chaleur est le résultat de l'absorption d'une partie des ondes EM de l'éther qui traversent un corps, et ce sont ces ondes qui, rappelons-le, sont des vibrations mécaniques tout à fait analogues aux ondes sonores, qui sont la cause de l'existence d'une température. Cette dernière, que nous évaluons habituellement à l'aide d'un thermomètre, est la traduction ou la transposition d'un phénomène vibratoire invisible en phénomène continu, rendu visible par cet appareil.

Pour le moment, cette nouvelle présentation de la matière ne bouleverse rien, bien qu'elle soit totalement inusitée en fonction de sa dépendance à l'existence de l'éther. Mais il faut être patient et bien assimiler, étape par étape, des idées inhabituelles qui déboucheront ensuite sur un système du monde complètement inédit et qui dissipera tous les mystères de la Relativité. A propos de celle-ci et à partir de maintenant, nous ne lui associerons plus d'adjectif « restreinte » ou « générale », nous la considérerons comme une théorie officielle, à la fois unique et confuse, actualisation d'une longue suite d'avatars à l'issue desquels on ne sait plus très bien quelles sont les hypothèses sur lesquelles elle repose aujourd'hui. On peut cependant déjà entrevoir que la présence du « milieu » universel, par son caractère énergétique, va entraîner des conséquences imprévisibles pour les relativistes. Cette question de température est en effet primordiale, car elle introduit une notion presque vivante dans une matière considérée jusqu'à présent comme inerte. Surtout, ce phénomène de captation automatique d'énergie dans l'espace a des prolongements qu'une brève réflexion va rendre évidents.

D'abord, on peut se demander si le phénomène d'acquisition, par une cause externe, d'une énergie interne et de la température qui lui est associée, a des limites. On imagine mal, en effet, que la température d'un corps puisse croître indéfiniment, bien que la source extérieure soit constante et inépuisable, alors que par ailleurs l'expérience quotidienne s'inscrit en faux contre cette idée. C'est qu'un autre phénomène prend naissance exactement au même moment que le premier, car il est sa conséquence directe : dès qu'un corps acquiert une température, il a tendance à restituer à l'espace ce que celui-ci lui a donné : il rayonne. Les longueurs d'onde des deux types de rayonnement, le rayonnement incident qui provoque la vibration interatomique et le rayonnement de fuite qui évacue la chaleur produite par cette vibration, n'ont rien de commun en ordre de grandeur. Les premières sont extrêmement petites et correspondent aux fréquences de Compton, c'est-à-dire aux fréquences supposées de rotation des électrons autour du noyau, et à des fréquences encore supérieures. Les secondes sont connues depuis l'époque de Maxwell et correspondent aux rayons calorifiques ou infrarouges. On peut alors se demander quelle est l'importance relative de ces deux sortes de rayonnement, toutes deux étant des ondes EM, et s'il peut y avoir compensation et équilibre. Les ingénieurs qui construisent les transformateurs connaissent la réponse. Un transformateur, mise à part sa fonction principale, est un engin qui chauffe à l'intérieur par suite de pertes ohmiques (résistives) dans un matériau ferromagnétique qui n'est pas parfait. Par rapport à notre corps isolé dans l'espace, l'origine de l'échauffement interne n'est pas du tout la même, mais c'est ici sans importance : ce qui compte, c'est que le transformateur voit lui aussi sa température augmenter, et il rayonne des infrarouges. Il a donc tendance à équilibrer son échauffement, mais ce n'est possible que si ses dimensions ne sont pas très importantes. En effet, l'échauffement interne est fonction du volume, alors que le rayonnement est fonction de la surface, les deux pratiquement d'une manière proportionnelle. C'est la raison pour laquelle on est obligé de refroidir les gros transformateurs à l'aide de fluides réfrigérants qui cheminent au cœur de leur circuit magnétique, alors que les petits, ceux qui par exemple se trouvent dans nos équipements électroniques courants, restent tièdes sans le secours d'un appareillage supplémentaire. Dans ce cas il se passe que le rayonnement, la conduction et la convection naturelle compensent exactement l'échauffement interne et conduisent alors à un équilibre à une certaine température. Un transformateur un peu plus gros atteindra lui aussi un équilibre, mais à une température plus élevée. Un trop gros sans système réfrigérant interne fondra ou explosera.

Pour un corps isolé dans l'espace, il n'y a ni conduction ni convection naturelle, c'est le rayonnement seul qui peut compenser l'afflux permanent d'énergie externe. A part cette différence, le cas est très semblable à celui des transformateurs, ce qui amène à énoncer une loi universelle d'une grande simplicité : plus un astre est gros, à densité donnée, plus il est chaud. Et plus il est chaud, plus il rayonne, ce qui n'est pas sans conséquence pour ses voisins immédiats, s'il en a. Il y donc là un phénomène incontournable, incontrôlable et de portée universelle qui constitue « un » premier moteur, c'est-à-dire un processus automatique qui n'existe que parce que l'éther existe, qu'il possède les propriétés qui ont été dévoilées plus haut, et que ceci concerne toute la matière, sans exclusive possible. Si alors on essaie d'appliquer ce principe à un système solaire, il devient évident qu'il y a dans ce qui précède tout ce qu'il faut pour élaborer une théorie cosmologique complètement nouvelle, dont la simplicité et la logique vont réduire à néant tous les fantasmes classiques déjà exprimés sur ce sujet si important.

Voilà donc, en substance, l'expression de ce que la physique rationnelle peut apporter sur cette notion de premier moteur qui a taraudé tant de philosophes et de chercheurs. Les réflexions sur ce sujet n'ont été, globalement, que bavardages, parce qu'elles se sont appuyées sur une mauvaise approche de l'espace, soit en se trompant sur sa nature, soit plus simplement en éludant la question pour se cantonner dans les impasses épistémologiques traditionnelles, où l'influence rémanente de la religion leur a encore davantage compliqué la tâche. Le premier moteur n'est donc plus une chose, un être ou un mécanisme microscopique qu'il faut chercher dans l'infiniment petit, encore qu'il ne soit pas interdit de penser qu'il puisse y avoir plusieurs premiers moteurs, mais il est de plus en plus probable qu'il va falloir chercher au contraire dans l'infiniment grand le mécanisme du renouvellement continuel de l'univers, du mouvement des planètes et de l'éternité.

3-4 : Cosmologie.

Maintenant que le principe essentiel du premier moteur, au sens cosmique, a été mis en évidence, en espérant que les arguments proposés soient suffisamment convaincants pour, au moins, susciter un débat sur la validité du raisonnement, il ne reste plus qu'à en tirer les conséquences logiques.

Si on suppose que le corps, à priori quelconque, de la figure 3-3, soit un corps astral, il est soumis, comme tout autre corps, à un bombardement continuel d'ondes EM (en fait mécaniques) qui lui apportent en permanence un accroissement d'énergie et, par conséquent, de chaleur. Sa température tend sans cesse à augmenter, et cette augmentation n'est freinée que par son rayonnement infrarouge, qui renvoie à l'éther une partie de ce qu'il en reçoit et qui se mélange aux autres radiations. D'après ce qui a été expliqué ou suggéré précédemment, on doit penser que jusqu'à une certaine dimension, disons d'un certain diamètre en considérant que la quasi-totalité des astres cosmiques sont sphériques, il y a nécessairement équilibre, à un moment donné, entre l'énergie qui entre et celle qui sort. Mais si on a affaire à quelque chose de plus gros, que se passe-t-il? D'ailleurs, cette question de taille traduit-elle vraiment le bon paramètre pour différencier les soleils ou les planètes les uns des autres ? On sait que les planètes de notre système solaire n'ont pas toutes la même densité, hormis le groupe des planètes telluriques, bien qu'il n'y ait pas eu jusqu'à présent de possibilité de mesure directe, par pesage d'échantillons par exemple, qui puisse confirmer ce qui nous est donné par les calculs des astronomes. On aurait du mal à croire qu'une planète gazeuse du diamètre de la Terre puisse se comporter comme elle au point de vue de la rétention de la chaleur. Le critère à retenir, pour la question qui nous intéresse en ce moment, est plus probablement la masse, en prenant éventuellement en compte les propriétés de propagation thermique et de chaleur spécifique, mais sachant que l'ensemble des paramètres thermodynamiques ne concerne que les vitesses et les modes de propagation de la chaleur dans les corps. Aussi garderons-nous pour l'instant la notion de masse, pesante ou inerte, pour l'associer, pour la matière en général, à la faculté d'accumuler de l'énergie.

Si on en revient à la question cruciale de l'équilibre thermique, on peut supposer que celui-ci a forcément une limite haute, car il est évident qu'à partir d'une certaine taille, en considérant par exemple un soleil de densité moyenne, celui-ci ne peut plus évacuer autant d'énergie qu'il en reçoit. Que se passe-t-il alors ? Jusqu'où la température peut-elle s'accroître ? Que devient cette énergie prisonnière qui augmente sans cesse, et de plus en plus ? Les chercheurs de la fusion contrôlée utilisent souvent cette image de la fournaise solaire pour évoquer l'appareillage coûteux qui, selon eux, devrait la reproduire en miniature et la domestiquer. Comme mécanisme de base, ils avancent une fusion d'éléments légers, seulement possible dans certaines conditions de température et de pression, lesquelles ne se rencontrent naturellement qu'à l'intérieur de notre astre central et des autres étoiles du cosmos. Cela dit, même en cas fort improbable de réussite, il faut bien voir que cette chaleur produite par la copie d'un phénomène extraordinaire sera utilisée, comme dans les centrales nucléaires, d'une manière ordinaire et quelque peu déconcertante qui consiste à faire bouillir de l'eau et la transformer en vapeur. Cette vapeur, surchauffée et sous pression, va entraîner une turbine, qui à son tour fera tourner un alternateur, qui enfin fournira une puissance électrique utilisable. Toujours est-il que ce serait quand même un beau résultat, qui résoudrait théoriquement tous nos problèmes écologiques de l'époque mais, pour l'instant, l'aventure qui a commencé dans les années 70 n'a toujours pas abouti, malgré les milliards investis.

En attendant l'avènement de cette promesse technologique toujours reportée, notre soleil continue imperturbablement de recevoir sa nourriture énergétique, qui l'a déjà transformé en un fantastique et énorme laboratoire où les conditions de température et de pression sont exactement celles qui conviennent à toutes les réactions atomiques et nucléaires imaginables, y compris celles qui provoquent les transmutations et la création de la matière. On est donc à peu près certain, et on ne voit pas très bien ce qui pourrait se passer d'autre, que le gain énergétique se transforme d'une manière continue en gain de matière, et par conséquent de masse, ce qui va donner encore plus d'appétit à notre astre déjà affamé. Il y a donc là un phénomène qui ne peut que s'amplifier, qui se nourrit en partie de lui-même dès que l'astre dépasse une certaine masse.

Tout corps présent dans l'espace ressemble à une éponge dans l'eau, et cette analogie est tellement puissante qu'elle sera utilisée plusieurs fois et de plusieurs manières, mais seulement pour contribuer à nous faire prendre conscience que nous voyons habituellement les choses de travers, et que la vérité est souvent l'inverse de l'apparence. La masse de l'éponge dans l'eau est essentiellement la masse de l'eau qu'elle contient. De la même manière il va devenir évident, en s'appuyant sur toutes ces remarques et comparaisons, que la masse d'un corps matériel, ou plus exactement celle qu'on lui attribue, est celle de l'éther qu'il contient, et non pas quelque chose qui lui est propre.

Nous disposons donc, maintenant, d'une explication nouvelle et non-conventionnelle de l'origine du feu solaire. Mais dans l'Univers il n'y a pas que les soleils, il y a aussi tout ce qui tourne autour. Quand un astre non lumineux n'atteint pas ce que nous pouvons appeler la « masse critique », expression habituellement utilisée par les spécialistes de l'atome quand ils énumèrent les conditions d'une réaction en chaîne, mais qui sera confisquée sans état d'âme tellement elle s'applique à la perfection aux phénomènes décrits ci-dessus, on conçoit que le fait de reconnaître l'existence de cette énergie EM, sans parler pour l'instant de l'effet d'accumulation, signifie quand même un apport théorique jamais pris en compte dans les autres théories cosmogoniques, et va nécessairement entraîner des conséquences pour le moins inattendues. L'une d'elle concerne directement notre planète, dont on ne sait pas, à priori, si sa masse est inférieure ou supérieure à cette masse critique. Mais même si nous supposons qu'elle est inférieure, toutes les estimations pour quantifier son supposé refroidissement doivent être revues à la baisse : la Terre, du fait de l'énergie EM qu'elle reçoit, se refroidit beaucoup moins vite que ce que les hypothèses convenues jusqu'à présent laissaient prévoir, par des calculs par ailleurs plus ou moins bien justifiés mais que l'on a maintenant le pouvoir de contester. Il est bien certain, si les hypothèses précédentes sont les bonnes, que les astronomes qui nous feront l'honneur de les étudier vont se trouver, d'une part dans l'obligation de revoir leurs copies, mais aussi devant des perspectives nouvelles qui devraient leur ouvrir un champ d'investigation gigantesque, avec des conséquences problématiques sur leur conception du fonctionnement du cosmos.

L'une de ces conséquences porte sur la rotation des astres. Il est un fait que presque tous les astres connus, dans notre système solaire ou ailleurs, sont animés d'un mouvement de rotation sur eux-mêmes. C'est un phénomène qui est devenu tellement évident et naturel que personne ne semble plus vouloir se poser une question qui devrait pourtant être la première à venir à l'esprit : pourquoi tournent-ils ? D'où peuvent bien donc venir les forces invisibles qui entretiennent ce manège universel, partout en état de giration ? Dans notre système de référence local, on ne connaît qu'une exception : la Lune, qui présente toujours la même face à nos regards. D'où une autre question : pourquoi elle ? Qu'a-t-elle de si particulier pour ne pas faire comme les autres astres ? On constate une fois de plus qu'il y a quantité de mystères non résolus, non pas dans les profondeurs infinies qu'essayent de sonder nos chercheurs cosmiques, à la limite des instruments d'observation, mais là, sous notre nez, juste en-dessous de la couverture si mince de nos connaissances. Et là encore, il faut bien se rendre compte que le fait de nier l'existence de l'éther nous a conduit, de génération en génération, à raisonner d'une manière qui a oublié tous les repères de la logique élémentaire, pour se fabriquer un environnement complètement théorique qui défie la simple raison. Autre question basique : pourquoi les soleils et les planètes sont-ils sphériques ? Qu'est-ce qui les empêcherait, dans un univers vide, d'avoir n'importe quelle forme ?

Dans l'éther actif, qui est maintenant devenu notre maison et notre réalité, toutes ces questions ont une réponse quasi-immédiate et nous propulsent dans un monde physique où le tourbillon a un rôle primordial. Il sera en effet démontré plus loin que les lois de Kepler sont des lois tourbillonnaires, et que le fait de les reconnaître comme telles conduit à un modèle physique d'un système solaire quelconque bien plus complet que tout ce qui a été proposé jusqu'à présent. Remarquons d'abord que la pression MBL s'exerce, non seulement sur la surface externe d'un corps, *mais aussi, par continuité, sur l'éther qu'il contient*. Cette simple remarque entraîne plusieurs conséquences capitales, et celles-ci conduisent à un système du monde qui ressemble un peu à celui de Descartes, mais avec des corrections et des justifications qui en fait changent tout.

3-5 : La pesanteur.

Comment peut-on s'imaginer l'éther, une fois que son existence est prise en compte ? Comment se représenter ce fluide que nos sens ignorent, mais qui fait tout, qui est derrière tout, à qui nous devons l'existence, la masse et l'énergie ? Est-il poudre, est-il liquide, change–t-il d'état selon les circonstances, a-t-il lui-même une température ? Il est probable que notre constitution physique et la spécificité de nos sens nous empêcheront à jamais d'être en situation de répondre à ces questions, tellement nous sommes soumis à la condition des habitants de cette Terre qui, par ses exigences matérielles, nous dicte l'essentiel de notre conduite. Mais il faut garder l'espoir qu'un jour, dans une société plus scientifique, plus rationnelle, nos descendants auront, par une éducation mieux ordonnée, les armes intellectuelles pour aller beaucoup plus loin dans la connaissance du fonctionnement de la grande machine que nous appelons cosmos.

Contrairement à ce que pensait Maxwell, il n'est peut-être pas nécessaire de donner au constituant ultime de l'éther un mouvement propre. Le fait qu'il soit parcouru par les ondes mécaniques invisibles, qu'un jour nous avons nommées « électromagnétiques » mais qui pourraient s'appeler aussi bien « électromécaniques », peut en effet suffire à expliquer l'origine de l'« énergie du vide » dont plus personne ne conteste l'existence. Dans ce cas, l'image la plus simple que l'on puisse se faire de l'éther serait de le voir comme une sorte de poudre, formée de billes indéformables et parfaitement sphériques, d'une dimension incroyablement petite devant laquelle un atome ressemblerait à une galaxie géante. Nodon, dans ses « éléments d'astrophysique », a déjà proposé ce concept et nomme « ponctules » ces divisions ultimes du fluide universel :

« Le ponctule de l'éther est une particule extraordinairement petite possédant un quanta d'énergie extraordinairement élevé. »

Nous reprendrons donc ce terme, qui semble assez bien né et qui n'est affublé d'aucune précision quand à sa géométrie, mais en lui enlevant son caractère énergétique intrinsèque pour reporter cette propriété, indéniable, sur la présence permanente des ondes EM dans l'espace. Et quitte à rendre hommage à Albert Nodon, un éthériste avisé de plus, profitons-en pour relayer deux citations qu'il a lui-même puisée dans l'œuvre de Newton, pour appuyer ses thèses personnelles sur la gravitation :

*« J'entends, par le mot **attraction**, l'effet que font les corps pour se rapprocher les uns des autres, soit que cet effet résulte de l'action des corps qui s'agitent l'un l'autre par les émanations, soit qu'il résulte de l'action de l'éther, de l'air ou de tout autre milieu corporel ou incorporel qui pousse l'un vers l'autre, d'une manière quelconque, tous les corps qui y nagent ! J'ai expliqué jusqu'ici les phénomènes célestes et ceux de la mer par la force de la gravitation ; mais je ne consigne nulle part la cause de la gravitation. »*

Ce passage est tiré des « Principes mathématiques de la philosophie naturelle ». Il montre, contrairement à ce que croit aujourd'hui une majorité d'étudiants en sciences, que Newton n'a jamais cru à l'existence des forces d'attraction, et qu'il admettait parfaitement la possibilité de l'existence d'un éther. C'est dans sa lettre au révérend Bentley, dont nous donnons ici une deuxième traduction due à Cochin dans « Le monde extérieur », que le message est le plus clair à ce sujet :

« Soutenir que la gravité est inhérente et essentielle à la matière, de telle sorte qu'un corps puisse agir sur un autre à distance, à travers le vide sans quelque chose d'intermédiaire qui détermine ou qui transporte cette action réciproque, me semble une absurdité telle que pour y tomber il faudrait être absolument incapable de toute discussion philosophique. La gravité doit être causée par un agent agissant sans cesse suivant certaines lois. Mais cet agent est-il matériel ou immatériel ? C'est ce que je laisse le soin au lecteur de décider. »

La pesanteur est la forme la plus connue des forces de gravitation. Elle n'est pas localisée et s'exerce sur nous-mêmes et la totalité de notre environnement. Mais elle a aussi un caractère unique, car la force qui fait se rapprocher deux corps est d'une nature universelle.

Maintenant que tous les rappels nécessaires sont faits, il est enfin temps d'essayer de proposer une description analytique de ce qui se passe quand nous constatons que nous sommes solidement plaqués au sol, quel que soit l'endroit où l'on se trouve, et que celui-ci semble d'autre part attirer irrésistiblement tout objet que la main abandonne. Rappelons les données qui ont été définies précédemment :

1- L'éther est une poudre formée de ponctules sphériques indéformables et de très grande masse volumique. On ne peut aussi nier que ce ne puisse être un gaz, en ôtant à ce nom le sous-entendu habituel de légèreté.

2- Il est sans cesse parcouru par une double infinité, en directions et en fréquences, d'ondes mécaniques que nous avons baptisées ondes électromagnétiques et qui créent une pression MBL à la surface de tout corps.

3- Les forces d'attraction n'existent pas. Elles sont une explication symbolique de phénomènes non élucidés qui ont tendance à faire se rapprocher deux corps matériels et qu'on a groupés sous le vocable de gravitation.

Ces principes étant énoncés, il est clair que l'hypothèse faite sur la structure du fluide « éther » est bien peu différente de celle qu'envisageaient Descartes et Huygens, avec les petites billes et leur agitation. Mais la différence essentielle, et qui change tout, c'est la présence des ondes. Ce sont elles qui créent l' « agitation » des particules élémentaires, qui est bien réelle, qui n'est plus un mouvement désordonné mais la déformation locale due au passage des ondes, ces ondes mises en évidence par le mouvement brownien et celui des molécules gazeuses, et qui créent la pression MBL. On a donc comme outil de base un éther ancien, rajeuni par l'intuition de Tommasina et de Vallée, qui lui apportent ce qui lui manquait au 17ème siècle pour que les physiciens d'alors, qui ne connaissaient ni le mouvement brownien, ni l'électromagnétisme, puissent s'aventurer plus loin : l'existence des vibrations.

Ceci étant admis, que se passe-t-il donc quand un individu qui essaye de sauter constate qu'une force omniprésente le ramène inexorablement à terre ? Dire qu'il se trouve dans un champ de force n'est pas une réponse, parce qu'on ne sait pas au juste se qui se cache derrière cette appellation : un champ de force, c'est une région de l'espace où s'exercent des forces, un point c'est tout. On a beau faire des subdivisions pour essayer de mieux cerner le problème, distinguer le champ magnétique du champ électrique, le champ de pesanteur du champ de gravitation, rien n'y fait, le mystère demeure quant à la vraie nature de tous ces champs. En fin de compte, une seule explication « naturelle » se présente à l'esprit d'un candide qui veut se servir uniquement de sa capacité de raisonnement, et il se trouve que c'est exactement la même que celle qu'avançaient avec prudence et sans assurance des physiciens particulièrement intuitifs comme Huygens ou Roberval, à savoir que si un objet qu'on lâche se met en mouvement, c'est qu'il est entraîné par quelque chose. Si on n'admet pas l'existence d'un éther, on dit qu'il y a un champ et la tentative d'explication s'arrête là. Si on l'admet en en faisant une condition *sine qua non*, les choses deviennent d'une extraordinaire simplicité. Balayés les champs, les potentiels, les vecteurs et tout l'arsenal de la physique théorique, un champ de force devient un endroit de l'espace où il y a un *flux* d'éther, qui a tendance à entraîner avec lui toute matière qu'elle trouve sur son chemin, de même que l'eau d'une rivière entraîne ce que la main lui abandonne.

Cette image simple de la réalité amuse beaucoup, en général, ceux des physiciens qui ne croient qu'au pouvoir des mathématiques et se trouvent à leur aise dans leur monde à la fois rigoureux et virtuel : « c'est trop simple, si c'était vrai ça se saurait depuis longtemps, etc. ». C'est oublier que l'histoire des sciences est jalonnée de thèses abandonnées à une certaine époque comme trop simples, comme par exemple l'héliocentrisme, et qui ont resurgi des siècles après leur mise à l'écart pour permettre un nouveau pas en avant. On peut toujours opposer à la thèse du « c'est trop simple » celle du « c'est trop compliqué », car la Nature nous montre que ses lois fondamentales, que nous découvrons avec tant de lenteur et d'hésitations, sont toujours d'une grande simplicité, ce qui ne les empêche pas de donner lieu chez l'homme à des interprétations et à des conclusions erronées, et souvent beaucoup trop complexes. La loi de Newton en est un excellent exemple. Toujours est-il qu'il n'y a que deux possibilités pour aborder le problème de la pesanteur : ou bien on admet que c'est un flux éthérique, ou bien il faut se référer aux équations de la physique théorique, et dans ce cas il n'est plus nécessaire ni possible de chercher à comprendre.

Il y a donc, nous en faisons une hypothèse définitive, un flux d'éther qui plaque tous les objets au sol, sur notre Terre, et qui fait de même sur toutes les planètes de l'Univers, avec une force qui dépend directement de leurs masses. Il ne peut s'agir de la pression MBL elle-même, puisque celle-ci s'exerce de tous les côtés d'un corps, aussi bien vers le haut que vers le bas, mais de la force pressante qu'elle exerce sur la partie de l'éther qui est contenue dans le corps astral à la surface duquel on se place, et qui entraîne une certaine proportion du fluide extérieur vers le centre. Par continuité, la partie de fluide qui fait mouvement vers l'intérieur de la Terre entraîne à son tour celle qui se trouve à l'extérieur, et qui entraînerait tous les corps s'ils n'étaient pas stoppés par la surface solide (fig 3-4). Le problème paraît se compliquer quand on prend en considération ce qui se passe au point diamétralement opposé (B) à l'endroit où on se trouve (A), et où il faut bien admettre qu'il y a aussi un flux de même nature et de même efficacité, en sens contraire, et qui devrait annuler l'effet du premier. Mais n'oublions pas que la traversée de l'astre se fait avec une absorption d'énergie, ce qui entraîne que les ponctules qui ressortent doivent avoir une vitesse plus faible qu'à l'entrée. Il faut donc voir ce mouvement global de fluide comme la superposition de deux mouvements de particules en sens contraires et dont la résultante a une prédominance « entrante », ce qui fait que nous sommes entraînés vers le centre de la Terre, ce point particulier où l'effet gravitationnel s'annule bizarrement.

L'idée de deux courants contraires peut surprendre les non-physiciens, qui pourraient conclure, à priori, que si la pression MBL est la

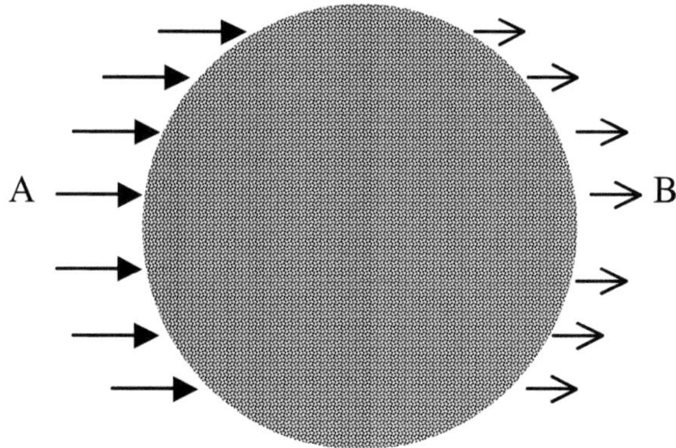

Figure 3-4

même en chaque point de la surface de la sphère, il devrait y avoir équilibre et pas de mouvement du tout. Il suffit pour se convaincre du contraire d'imaginer une bouche de métro, à une heure d'affluence, avec des gens qui sortent et qui croisent ceux qui entrent en les bousculant, pour avoir une bonne image de ce qui peut se passer avec les ponctules d'éther. Ceci ressemble furieusement aux mouvements complexes des molécules de deux gaz différents qu'on introduit dans un même récipient et qu'on retrouve parfaitement mélangées au bout d'un certain temps. On a représenté sur la figure 3-4 le flux entrant et le flux sortant par des flèches de grosseurs différentes, pour bien montrer que le premier est plus important que le second, mais il faut par la pensée superposer à cette image une image symétrique où serait indiqué le flux qui entre en B et qui sort en A.

On retrouve ici une des idées maîtresses de la Théorie Synergétique, mais en y parvenant par un cheminement complètement différent et dont, jusqu'à présent, on est parvenu à exclure toute tentation mathématique. L'image qui est présentée du fonctionnement de la pesanteur a totalement abandonné les bases électromagnétiques des théories précédentes pour se diriger résolument vers la dynamique des fluides. N'oublions pas, cependant, et ceci est très important, que les équations établies par Maxwell ont utilisé, précisément, les bases mathématiques de cette autre branche de la physique, de prime abord indépendante mais en fait extrêmement proche. Il ne faut donc pas s'étonner plus que cela que deux démarches apparemment distinctes se révèlent finalement totalement cohérentes et compatibles. Mais le meilleur est à venir.

La loi de l'attraction universelle, dite loi de Newton, exprime la force qui s'exerce réciproquement entre deux corps par la formule :

$$F = G\frac{m.m'}{d^2}$$, où G est la constante de gravitation.

Dans cette formule, les masses m et m' des deux corps sont supposées ponctuelles et concentrées à leurs centres de gravité, avec pour conséquence une courbe représentative qui est fausse pour les valeurs de la partie interne. Dans la figure 3-5, on a au centre un « gros » corps sphérique et sur l'horizontale médiane un « petit » qui vient de très loin et qui peut aller jusqu'au centre du premier par un petit tunnel qui ne perturbe pas l'expérience fictive. On peut distinguer la courbe réelle, en trait plein, et la courbe théorique, en pointillé, de l'attraction du petit corps par le gros. On constate qu'elles sont confondues jusqu'au contact avec la surface (position 1), mais que dès que le petit corps a commencé à pénétrer dans le gros (position 2), les choses s'inversent par rapport aux prévisions de la théorie. En effet la portion du grand corps qui se trouve à gauche du petit l'attire de son côté et compense partiellement l'effet de se qui se trouve à droite. La force totale n'augmente plus, elle diminue, et de plus linéairement, pour s'annuler au centre où il y a compensation parfaite, par symétrie, de toutes les forces élémentaires. On peut voir sur la figure 3-5 que pour la position 2 il y a cette fois une différence appréciable entre la valeur théorique et la valeur réelle, et plus on se rapproche du centre, plus cette différence augmente. La loi de Newton, telle qu'elle est exprimée dans la formule, n'est donc plus valable pour les phénomènes de proximité, elle est réservée aux problèmes astronomiques où on peut effectivement considérer que les planètes, s'il s'agit des planètes, peuvent être assimilées à des masses ponctuelles séparées par des distances grandes par rapport à leurs dimensions effectives.

Cette remarque étant faite, transportons-nous maintenant dans le

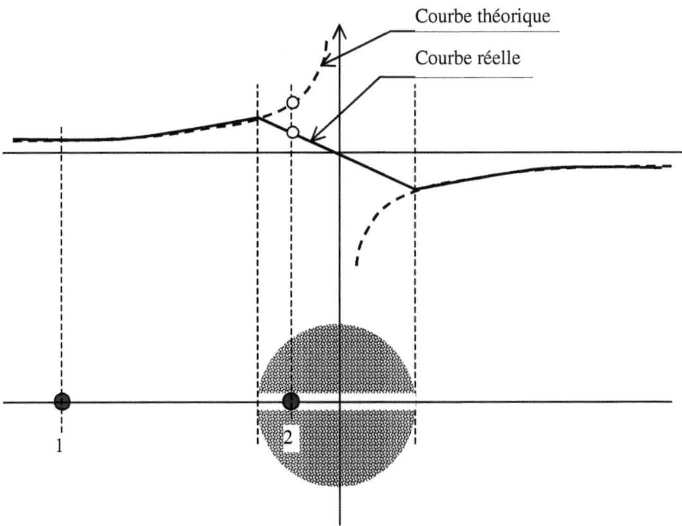

figure 3-5 : la loi de Newton

domaine de l'hydrodynamique. La description précédente du phénomène de pesanteur intervenant dans un fluide, et ce fluide étant en mouvement par rapport à la surface de la sphère que constitue la Terre, il est en effet naturel et évident de se rapprocher d'une discipline où on connaît depuis longtemps les interactions entre ces deux aspects de la matière. En particulier, l'écoulement d'un fluide autour d'une sphère pleine, étudiée par Stokes en 1851, a fait l'objet d'une étude qui a beaucoup de similitudes avec le cas qui nous intéresse. La différence essentielle sera que le fluide en contact avec la Terre est un fluide parfait, alors que la dynamique des fluides dispose d'une classification très complète des fluides réels, en fonction notamment de leur viscosité, de la pression et du rapport viscosité/masse volumique. En fait, cet arsenal trop copieux ne nous intéresse pas dans son ensemble, car il est destiné à couvrir des cas de figure, tels

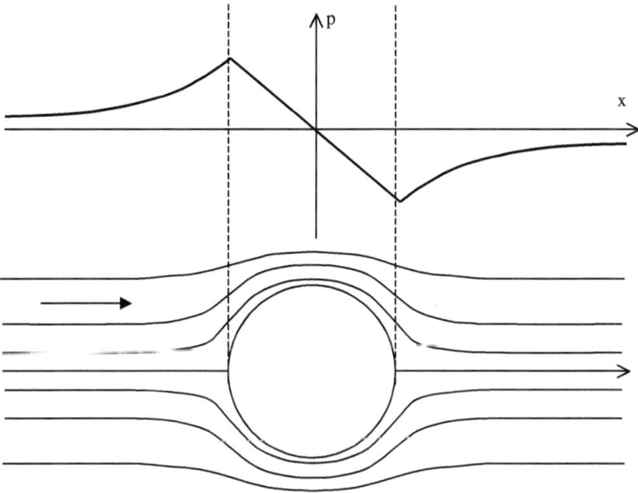

figure 3-6 : écoulement laminaire autour d'une sphère

que les écoulements turbulents, qui sont hors sujet pour ce qui est de la comparaison avec les phénomènes de gravitation, lesquels sont qualifiables de « calmes », si l'on peut dire. Leur échelle y est pour beaucoup. On retiendra donc seulement, en tant qu'objet d'étude, le cas d'un écoulement laminaire large, dans lequel se trouve une sphère fixe et pleine.

En hydrodynamique, pour qu'un écoulement soit qualifié de laminaire, c'est-à-dire sans tourbillonnement, il faut que le nombre de Reynolds qui le caractérise soit inférieur à une certaine valeur, condition que nous supposerons réalisée et qui se traduit en pratique, sans entrer dans les détails, par une certaine viscosité et une vitesse pas trop grande. Malgré ces conditions restrictives, c'est un cas assez général qui se rapproche suffisamment de notre modèle éthérique de la pesanteur pour qu'on puisse les comparer, puisque dans les deux cas, en effet, on se trouve en présence d'une sphère fixe placée dans le flux continu d'un certain fluide à écoulement laminaire. La figure 3-6, reproduction d'une illustration prise dans un livre de mécanique (Mécanique de l'ingénieur de Bamberger, tome 4, p75) est tellement saisissante qu'elle se passerait presque de commentaires. Et pourtant, ces commentaires doivent absolument être faits, car nous sommes là devant un tournant déterminant dans la compréhension des forces de gravitation. La courbe supérieure montre l'intensité, en fonction de la distance au centre de la sphère, de la résultante, dirigée selon l'axe des x, des forces exercées sur cette sphère par le fluide. C'est peu de dire qu'il y a une analogie avec la courbe réelle de la pesanteur de la figure 3-5, et il faudrait vraiment être de mauvaise foi pour ne pas l'admettre.

En tout état de cause, quand un scientifique se trouve confronté à des courbes représentatives à ce point similaires bien que concernant des phénomènes réputés étrangers l'un à l'autre, son devoir, en tant que chercheur, est de s'obliger à une investigation complémentaire sérieuse, pour voir s'il ne s'agit que d'une coïncidence ou si, au contraire, cela cache quelque chose de plus important. Les grincheux vont tout de suite faire remarquer, et on ne peut pas leur donner tort, que dans le cas de la sphère placée dans le fluide en mouvement (figure 3-6), celui-ci contourne la dite sphère considérée comme impénétrable, alors que dans l'interprétation éthérique de la pesanteur (figure 3-5), l'éther traverse la sphère terrestre. Les deux phénomènes ne seraient alors ni comparables, ni assimilables, mais s'ils ne le sont pas malgré les apparences, le degré de similitude des courbes est tel qu'il serait bien difficile d'affirmer qu'il n'y ait là qu'un effet du hasard. D'une part, on ne sait pas si, dans le modèle éthérique de la pesanteur, il n'y a pas un contournement partiel du globe terrestre, ce qui nous comblerait et qui est d'ailleurs parfaitement envisageable. D'autre part, on ne sait pas non plus, étant donné qu'aucune étude théorique n'a été faite, et pour cause, sur ce modèle, si cette étude éventuelle n'aboutirait précisément pas à la même courbe représentative, en la justifiant ainsi d'une manière quasi-définitive. On attend avec impatience qu'un mathématicien en état de manque se fasse les dents sur le problème et chasse les quelques doutes qui pourraient éventuellement nous rester. Chacun peut se faire une opinion, mais il reste que nous sommes maintenant en possession d'un formidable outil pour revisiter toutes les cosmologies qu'on nous a proposées jusqu'à maintenant, et à en ébaucher une autre, à la fois plus simple et plus complète.

3-6 : Le système solaire.

Pourquoi les soleils et les planètes sont-ils sphériques, et pourquoi sont-ils tous en rotation ? Il semblerait que ces questions ne soient jamais posées, et que l'évidence de faits avec lesquels on vit depuis si longtemps se soit imprimée dans nos cerveaux d'une manière à la fois si naturelle et si définitive qu'il n'y ait besoin d'interrogation supplémentaire : pourquoi la Terre tourne-t-elle ? C'est comme cela, elle tourne. Pareil pour le Soleil.

Il y a pourtant là matière à réflexion. Par exemple le Soleil est considéré par les astrophysiciens comme une boule gazeuse, quant à la Terre son activité volcanique nous montre que son intérieur est liquide et en fusion. Comment se fait-il alors que, du fait de leur rotation, la force centrifuge ne transforme pas ces boules liquides en disques de plus en plus plats, en sortes de crêpes magmatiques voyant leurs diamètres sans cesse augmenter, pour aboutir à des anneaux de plus en plus grands et se perdre dans l'infini? N'est-ce pas là une bonne question, que tout scientifique devrait se poser ? Et pourtant elle ne semble pas empêcher grand-monde de dormir. Il faut croire que les astronomes et les astrophysiciens ont peut-être des choses beaucoup plus importantes à faire, comme découvrir de nouvelles galaxies lointaines ou traquer la masse noire cachée, plutôt que de perdre un temps précieux à essayer de résoudre des problèmes pour enfants de dix ans. Ils ont surtout à leur disposition la physique théorique et sa méthode passe-partout pour ce genre de situation : si les boules liquides en rotation restent sphériques, c'est parce qu'il y a des forces de cohésion qui les maintiennent, ce n'est pas plus compliqué que cela.

Soyons sérieux. Cette façon de se débarrasser des vrais problèmes commence à devenir pour le moins irritante, sinon insupportable. Si encore la physique théorique faisait preuve de modestie et de retenue, on pourrait lui pardonner à moitié cette attitude, à moitié seulement car d'un autre côté les explications qu'elle tente de donner des grands mystères du monde sont plus proches du fantasme que de la raison. La science est devenue prétentieuse, pour autant qu'elle ne l'ait toujours été. En fait ce n'est pas elle qu'il faut blâmer, ce sont ses représentants, ce nombre extraordinaire de directeurs de recherche, officiant dans un nombre tout aussi extraordinaire d'organismes scientifiques d'état, et présentant au public, quand ils se produisent dans des fenêtres médiatiques, des images adroitement embellies de leur activité, dans tous les domaines depuis l'infiniment petit jusqu'à l'infiniment grand. Leurs apparitions et leurs messages ne laissent en général aucune trace dans le grand public, car ce qu'ils veulent nous transmettent est soit incompréhensible, soit sans intérêt pour la plupart de ceux qui les écoutent. Qui peut aujourd'hui se passionner pour une astrophysique qui vit à 13 milliards d'années-lumière ? Qui comprend réellement les articles de vulgarisation dans ce domaine devenu presque onirique ? Est-ce que les auteurs des articles comprennent eux-mêmes ? Qu'on nous pardonne ce nouvel accès de colère contre les instances officielles, mais il faut absolument prendre conscience que quand la science perd sa valeur éducative, primordiale dans notre civilisation, par une dérive élitiste qui la coupe du commun des mortels, elle est toujours très rapidement remplacée, dans l'inconscient collectif, par les tentations obscurantistes où le charlatanisme, les religions et toutes les manifestations du mythisme grégaire s'engouffrent avec promptitude et appétit. Autant que l'éducation, la science est l'affaire de tous, et surtout la propriété de tous. Il faut résister et lutter.

Mais revenons à nos astres familiers et à leur entêtement à rester sphériques malgré la force centrifuge. D'après les hypothèses énoncées précédemment sur la constitution du vide, il n'est pas difficile de comprendre pourquoi un corps astral, fluide à l'intérieur, prend naturellement la forme sphérique : la pression MBL s'exerçant d'une manière homogène sur sa surface, l'équilibre final des forces, même en supposant que son historique ait comporté une phase montrant une géométrie différente, ne peut se concevoir que sur une telle forme, qui correspond à la surface minimale pour un volume donné, comme en capillarité. Par ailleurs, il semblerait que dans le cosmos tous les objets tournent sur eux-mêmes, mais rien dans la constitution des étoiles n'explique précisément pourquoi elles sont en rotation. Ce phénomène général est un fait que les astronomes sont bien obligés de constater, mais on a l'impression que pas un seul d'entre eux ne se soit un jour intéressé à en rechercher les causes. En tous cas, c'est un sujet qu'on ne voit jamais abordé, ni dans les revues, ni dans les écoles, ni dans les Universités, ni ailleurs. Il doit pourtant bien y avoir une explication à donner ?

En supposant un corps astral originellement fixe et soumis à la

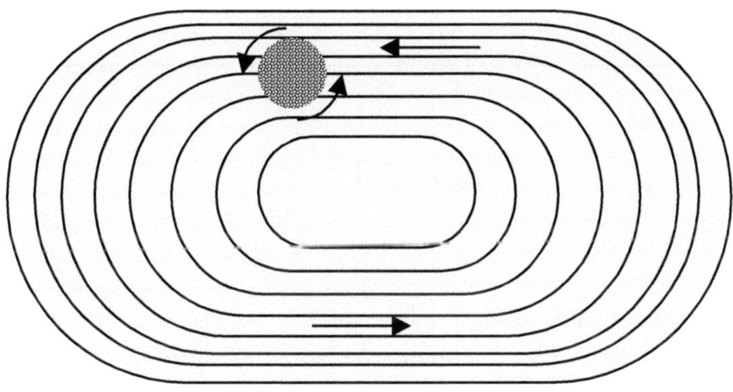

figure 3-7

pression MBL, la moindre dissymétrie massique autour de son centre de gravité ou le moindre défaut d'homogénéité va se traduire par la création d'un couple. Même si on imaginait une sphère parfaite, constituée d'une seule matière bien définie, les remous d'éther aux environs suffiraient, un jour ou l'autre, ou plutôt un millénaire ou l'autre, à initialiser par une petite secousse ou un frôlement, à l'échelle cosmique, un début de rotation. Après quoi, si le corps est en mouvement rotatif par rapport à l'éther, ce mouvement ne peut que se maintenir ou s'amplifier. Pour mieux comprendre, rien de mieux que se référer à la vie courante qui regorge de faits similaires qui, à notre échelle, peuvent donner une image plus familière et plus simple du phénomène : imaginons par exemple une éponge sphérique qui reste en équilibre entre deux eaux, dans une baignoire. Si, à la main, on met l'eau en mouvement le long d'une paroi, les différentes couches vont successivement se transmettre ce mouvement, de l'une à l'autre et de la périphérie vers le centre (figure 3-7). L'éponge va être entraînée par le courant, mais comme la vitesse de l'eau diminue vers le centre, où elle est nulle, son volume va être soumis à des forces

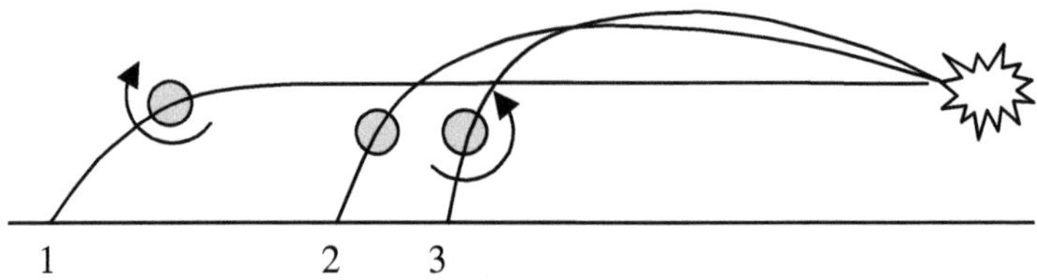

figure 3-8

d'entraînement inégales dont le déséquilibre va créer un couple, et en même temps qu'elle va se déplacer, elle va aussi tourner sur elle-même. C'est l'une des circonstances qui, transposées dans l'espace et dans l'éther, peuvent faire comprendre comment un astre se met en rotation. Mais il y en a d'autres, et ce n'est pas la principale.

Le cas précédent décrit l'une des deux situations particulières de l'interaction entre un fluide et une sphère poreuse, celle où la sphère poreuse est entraînée par le fluide qui lui transmet son mouvement double de translation et de rotation. Si le fluide n'est plus laminaire mais se meut à flux constant, lui et la sphère ayant donc une vitesse commune, le déplacement relatif est nul et il ne se passe rien. L'autre cas est celui où la sphère est en mouvement par rapport au fluide et où il y a deux possibilités : avec ou sans rotation. S'il n'y a pas de rotation, la sphère ne peut se déplacer que selon un mouvement rectiligne, puisqu'il n'existe aucune force pour la dévier, dans la mesure où le fluide peut être considéré localement comme au repos. Si la sphère est en rotation, les choses sont différentes. Le comportement d'une sphère en rotation et en mouvement par rapport à un fluide fixe peut être vu, pour prendre un exemple connu, comme celui d'une balle de tennis, à laquelle un joueur peut donner ou pas de l'effet, selon la manière dont il frappe la balle avec sa raquette. Chacun sait qu'avec la même force de frappe, selon le type d'effet qu'on donne à la balle, la trajectoire sera plus ou moins longue : le joueur sait comment faire, mais s'il n'est pas physicien, et c'est le cas le plus courant, il ne sait pas, en revanche, qu'il maîtrise sans le savoir l'interaction entre un fluide fixe et une sphère en rotation, en l'occurrence l'air et la balle. La figure 3-8 résume et illustre les trois cas possibles :

- 1 : balle coupée (effet vers le bas). La trajectoire est allongée et peut même être presque horizontale sur la première partie. Au rebond la balle aura tendance à revenir en arrière.

- 2 : frappe sans effet : trajectoire parabolique, simplement freinée par le frottement de l'air.

- 3 : balle liftée (effet vers le haut). La trajectoire est raccourcie, au rebond la balle va fuir vers l'avant.

Le comportement de la balle de tennis n'est qu'un exemple parmi d'autres de ce qu'on appelle en physique l'effet Magnus, qui décrit l'apparition d'une force latérale quand un objet à section circulaire, sphère ou cylindre, en rotation autour de son axe, est animé, par rapport au fluide dans lequel il se trouve, d'une vitesse relative perpendiculaire à l'axe (figure 3-9). Il y a cependant une autre approche pour expliquer le comportement de la balle de tennis en fonction du sens de sa rotation par rapport à l'air fixe, très différente, dans le sens où elle ignore l'effet Magnus, mais tout aussi intéressante : quand il n'y a pas de rotation du tout, l'air freine la balle d'une manière égale à sa partie supérieure et à sa partie inférieure. Il n'y a donc qu'un simple ralentissement dû au frottement. S'il y a rotation, l'interaction entre l'air et la balle n'est pas la même en haut et en bas. Contrairement à ce qu'on pourrait croire à première vue, cette interaction est plus faible quand la vitesse de rotation relative est plus grande. C'est un phénomène bien connu en mécanique, où il a été mis expérimentalement en évidence que le coefficient de glissement est en général inférieur au coefficient de frottement. Par exemple, pour qu'une automobile s'arrête le plus vite possible, il faut éviter le glissement, donc freiner juste ce qu'il faut mais pas trop fort. Pour revenir à l'effet Magnus, le Commandant Cousteau avait fait construire dans les années 50 un bâtiment spécial, l'Alcyon, reproduction d'un essai fait quelques décennies plus tôt, et qui en guise de voilure comportait deux cylindres verticaux mis en rotation par un petit moteur auxiliaire. Ce dispositif permettait de faire route par un vent de côté avec la même vitesse qu'aurait permis une voilure de surface dix fois supérieure et par vent arrière.

Les exemples pratiques décrits ci-dessus devraient permettre de rendre plus compréhensible aux non-spécialistes l'interaction entre un fluide et une sphère. Ils ont aussi pour but de faciliter par la suite une généralisation des principes qu'ils mettent en avant et à leur transposition directe du domaine ordinaire et quotidien à celui qui nous intéresse, celui

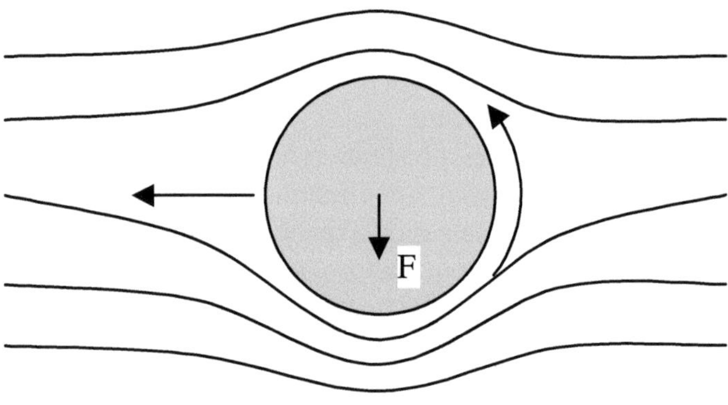

figure 3-9

de l'éther et des astres. Mais pour cela il manque encore quelque chose, et ce quelque chose est le plus important, car il est question d'un phénomène qui, une fois bien compris, bien exposé et bien modélisé, va conduire au mécanisme essentiel qui se cache dans tout système solaire : il s'agit du vortex, auquel nous attacherons l'adjectif « astronomique », pour bien le distinguer des autres types de tourbillons.

Quand on retourne sans précaution particulière une bouteille pleine d'eau pour la vider, l'eau s'écoule en « glouglioutant », gênée qu'elle est par l'air qui fait le chemin inverse et qui se fraie tant bien que mal sa route vers le haut, là où le conduit sa densité plus faible. Si on refait l'opération en imprimant du poignet un mouvement de rotation à la bouteille, l'écoulement se met rapidement en état tourbillonnaire, il se forme un vortex. L'eau s'écoule maintenant en hélice et s'échappe du goulot en restant en contact avec lui et en laissant l'air remonter au centre, par une voie où il ne rencontre plus d'opposition. Si dans le premier cas la bouteille se vide en cinq secondes, elle n'en mettra qu'à peine quatre dans le second. Pour la Nature, qui est une grande paresseuse, il n'y aura jamais d'hésitation : la voie la plus rapide est toujours la meilleure et la plus intelligente. Cette expérience simple révèle une loi générale du comportement des fluides, qui est celle-ci : quand un point d'aspiration est créé à l'intérieur d'un fluide au repos et qu'il y a de ce fait mouvement, ce mouvement se fera automatiquement sous forme tourbillonnaire, sauf s'il en est empêché. Revenons alors à notre sphère du paragraphe précédent, qui sera maintenant particularisée et systématiquement identifiée à un soleil ou à une de ses planètes, et reprenons l'analyse de ce qui se passe quand elle est en rotation sur elle-même dans l'éther. Le fait que ce mouvement existe provoque, par rapport à l'état statique, une modification dans la manière dont l'éther entre et sort de la sphère. Quand celle-ci était immobile (cas rarissime et même presque improbable), il y avait une répartition équilibrée du flux éthérique sur toute la surface. Quand elle tourne sur elle-même, elle offre à ce dernier la possibilité d'une formation stable en vortex qu'il va adopter immédiatement : le flux entrant se concentre dans le plan équatorial, perpendiculaire à l'axe de rotation, et le flux sortant est éjecté selon l'axe lui-même, symétriquement dans les deux sens (figure 3-10). Cette disposition va se réaliser spontanément parce que c'est celle qui permet le transfert le plus rapide de l'éther dans la sphère, du fait qu'il n'y a pas de flux antagoniste en sens contraire, comme dans la bouteille qui glouglioute, mais des flux de ponctules compatibles qui s'interpénètrent . C'est un peu ce qui se passait dans la deuxième bouteille d'eau du paragraphe précédent, sauf que maintenant on se trouve en présence, à la place du vortex simple qui s'y formait, celui de la physique ordinaire, d'un vortex double, parfaitement symétrique, que nous avons appelé « vortex astronomique » pour le distinguer des autres, lesquels sont en fait, si on veut être rigoureux, des « demi-vortex ».

Ce vortex sera caractérisé par sa « nappe », partie quasi-plane où le flux éthérique pénètre dans la sphère par son plan équatorial, et les deux « cheminées » symétriques, perpendiculaires à la nappe, par où il s'en échappe. Il est évident, pour quiconque a une certaine connaissance

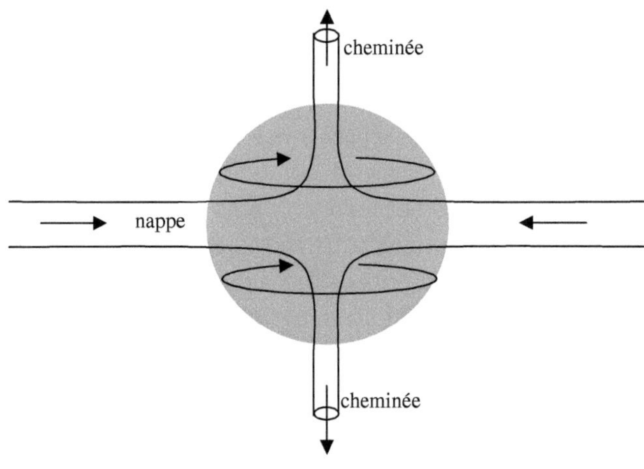

figure 3-10

du comportement des fluides, que ce déplacement particulier de la masse éthérique à l'intérieur de la sphère ne va pas s'opposer à sa rotation, mais au contraire l'entretenir.

On dispose donc maintenant d'un modèle qui permet de relier la simple rotation d'un soleil ou d'une planète à un phénomène beaucoup plus important, à un mécanisme plus complet dont le fonctionnement peut enfin se dévoiler et s'expliquer. Il a suffi pour cela de rendre visible, par le raisonnement et l'abstraction du dessin, ce qui nous est naturellement invisible. Mais que de détours, que de remarques, que de louvoiements pour arriver à une présentation aussi simple de ce qui est, la probabilité en est désormais trop forte, le cœur du premier mécanisme du cosmos, le premier moteur du grand cirque des étoiles !

En résumé, l'éther nourrit le soleil en rotation en lui injectant continuellement de l'énergie vibratoire, qui ne peut plus être évacuée à partir d'un certain rapport masse/diamètre, et en retour le soleil aspire une nappe d'éther par son plan équatorial pour en rejeter le volume par deux cheminées opposées, chacune crachant son flux par un pôle. Pour se faire une idée plus conventionnelle et plus digeste de tout ceci, imaginons le dispositif suivant (figure 3-11) : dans une sorte de grand aquarium cubique (c'est le plus facile à construire) rempli d'eau, une tige métallique placée selon l'axe vertical et munie d'un moteur électrique à son extrémité supérieure, comporte une petite turbine à aubes, fixée à mi-hauteur dans une petite sphère fixe, ajourée au niveau de la turbine et se terminant en haut et en bas par deux ajutages courts. Les aubes sont symétriques et envoient l'eau d'une manière égale vers le haut et vers le bas. Quand le système est mis en rotation, la roue à aubes aspire l'eau à l'extérieur de la sphère, en nappe horizontale, et la rejette vers le haut et vers le bas par les ajutages : c'est la reproduction mécanique, visible et en miniature, d'un soleil en état de marche. Bien sûr, cette petite maquette ne dit pas tout, ce serait trop simple. En particulier, elle occulte complètement le trajet réel et la forme du flux éthérique au voisinage du centre de rotation : dans le modèle mécanique réalisé dans l'aquarium, la totalité de l'eau est guidée par une construction rigide, alors que le soleil est lui semblable à une grosse éponge qui, bien que constituant la turbine cosmique, le moteur si on préfère, ne canalise qu'une fraction de l'éther en mouvement, alors qu'une autre fraction, peut-être la plus importante, le contourne tout en étant entraînée par la partie qui transite réellement par l'intérieur. Tout bien pesé, il est fort probable que le même phénomène puisse se passer dans l'aquarium.

Dans un cas comme dans l'autre, on a affaire à un régime tourbillonnaire, symétrique par rapport au plan central de la nappe. Celle-ci peut être vue comme une bande enroulée sur elle-même, ressemblant un peu au sillon d'un disque en vinyle, et sujette à la même remarque quant au langage et à la vision des choses : sur la face d'un disque, il n'y a qu'un sillon, bien que l'on dise « des sillons », et de même, si on veut représenter un vortex par des couches laminaires, il faut bien voir qu'il ne s'agit

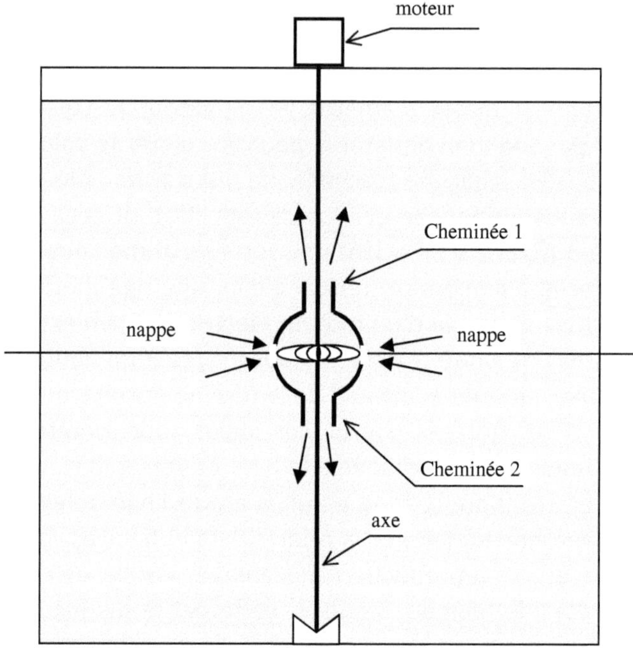

figure 3-11

que d'une seule couche qui s'enroule sur elle-même jusqu'au centre du tourbillon. Ce vortex double, ou « astronomique », ou complet, selon le qualificatif qu'on veut lui donner, peut être vu comme la juxtaposition de deux vortex simples, l'un symétrique de l'autre par rapport au plan médian de la nappe et tous deux semblables, à première vue, à celui que l'on voit se former dans un évier à fond plat et à bonde centrale quand il se vide. Rankine ayant été un des premiers à essayer de le mettre en équations, on l'appelle souvent vortex de Rankine, en hommage au physicien touche-à-tout (comme tous les vrais physiciens). Dans ce type de tourbillon, on considère que la couche qui s'enroule sur elle-même a une section constante, ce qui veut traduire une conservation de la masse déplacée tout au long de ce ruban, et la vitesse angulaire en tout point du tourbillon est inversement proportionnelle à sa distance au centre. La loi de variation de la vitesse angulaire s'écrit sous forme différentielle : $\dfrac{d\alpha}{dt} = \dfrac{-ds}{R.dt} = \dfrac{-v}{R}$

avec $v = \dfrac{T}{2\pi R}$,ce qui conduit à la relation $T = KR$ ou $T^2 = KR^2$, T étant le temps de révolution d'un élément *ds* du ruban sur une spire complète, celle-ci étant considérée comme bouclée sur elle-même en première approximation, de manière à être conforme à la théorie actuelle selon laquelle les planètes décrivent des courbes fermées, ce qui est faux et interdit en outre d'envisager une quelconque possibilité d'évolution du système.

On voit donc qu'un tel modèle de tourbillon, modélisé par un ruban qui s'enroule sur lui-même en constituant une nappe qui vient de l'infini et qui s'évacue par deux cheminées (ou filaments, dans l'appellation traditionnelle des théoriciens) symétriques, normales à la nappe et allant elles aussi à l'infini, conduit à une loi qui n'est pas celle de Kepler ($T^2 = KR^3$). Cela signifie que le modèle physique proposé jusqu'à présent ne représente pas correctement le mouvement d'une planète dans un système solaire, et nous allons voir pourquoi.

Dans un vortex astronomique, le centre moteur fonctionne comme une sorte d'aspirateur vis-à-vis de l'éther : celui-ci fait mouvement vers le soleil central, en étant entraîné comme en une sorte de ruban qui s'enroule en nappe autour de lui-même comme dans le vortex de Rankine, et il est rejeté par les pôles par des voies symétriques que nous avons dénommées cheminées. S'agissant d'un fluide en mouvement, il se passe de ce fait des phénomènes classiques auquel l'éther, malgré son statut de fluide universel, ne peut échapper. En particulier, il y a une dépression dans la zone d'aspiration et une surpression dans la zone de refoulement, et ceci entraîne l'apparition de forces qui vont tendre à ce que le fluide en surpression aille vers le fluide en dépression : c'est un phénomène connu qui est l'une des bases de la météorologie, pour prendre l'exemple le plus familier.

Ce phénomène primaire se rencontre aussi en acoustique, aérienne ou sous-marine : quand la membrane d'un haut-parleur, par exemple, se déplace vers l'avant, l'air qui se comprime devant a tendance

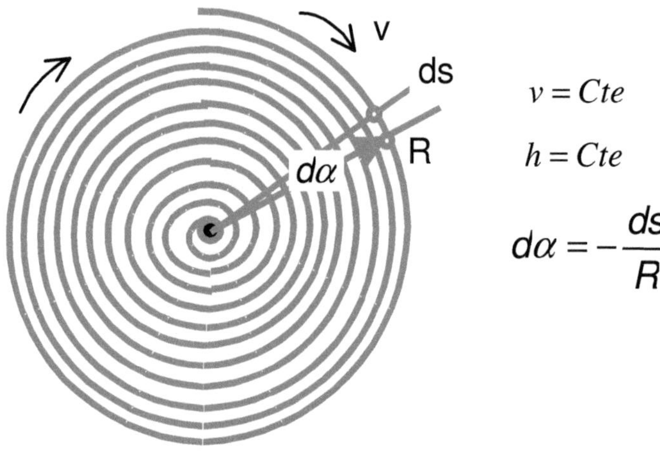

Figure 3.12

a passer vers l'arrière, là où il y a simultanément une dépression causée par le même mouvement, et si le haut-parleur n'a pas de système mécanique qui empêche le phénomène de se produire, en augmentant le trajet direct entre les deux faces, il se produit ce qu'on appelle un court-circuit acoustique, qui diminue le rayonnement et donc le rendement du haut-parleur, lequel peut d'ailleurs en pâtir de manière définitive : à partir d'une certaine puissance, l'amplitude des vibrations devient telle que la membrane se déchire.

En fonction de toutes ces remarques, notre système solaire doit donc être modélisé autrement que par notre galette-ruban précédente, celle de la figure 3-12, qui ne rend pas compte de ce phénomène complémentaire de la communication entrée-sortie et qui donc ne convient plus.

On constate par la même occasion que le vortex astronomique est différent de celui de Rankine, et qu'il va donc falloir le caractériser soigneusement, de manière à mettre en évidence ce qu'il faut changer pour parvenir

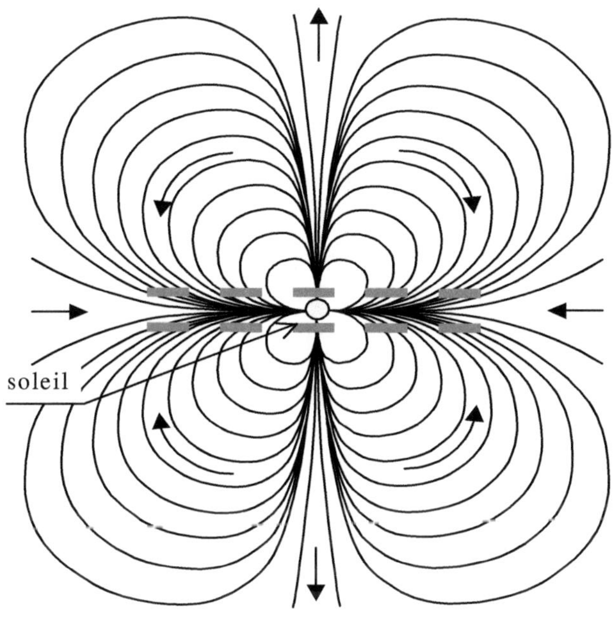

figure 3-13

à la troisième loi de Kepler.

La figure 3-13 montre ce que devient le système solaire dans les
nouvelles hypothèses. D'abord, et c'est un bouleversement des habitudes
de pensée, non seulement il ne se limite pas au disque plan où on voit
évoluer nos planètes familières, mais l'essentiel du volume de révolution
qu'il occupe réellement est ailleurs, invisible et gigantesque. On a figuré
entre les deux lignes pointillées qui entourent le soleil, toujours et plus
que jamais centre du système, la couche plane où les astronomes ont con-
finé jusqu'à présent les planètes, parmi lesquelles nous réintégrerons la

malheureuse Pluton, victime d'une injuste et arbitraire ségrégation. Même si elle est moins grosse que la Lune, elle fait maintenant tellement partie de la famille qu'il serait bien triste de s'en séparer, sans compter le préjudice moral de ceux qui se sont donné la peine d'apprendre par cœur le nom de nos huit voisines de palier. Il faut croire que les astronomes s'ennuient, de nos jours, et cherchent par tous les moyens à fabriquer du nouveau, l'événement que leurs observations fastidieuses ne leur donnent plus. Mais oublions les critiques et revenons à notre système solaire new-look. Dans cette nouvelle version, où on se rend maintenant compte que la zone qui contient les planètes ne constitue plus qu'une faible partie du volume total de la masse en rotation, il s'agit de trouver la loi de variation de la vitesse en fonction de l'éloignement au centre. Pour ce faire, il faut appliquer au modèle physique précédemment utilisé une retouche qui rende compte de la nouvelle disposition, tout en gardant le même principe du ruban qui s'enroule autour de lui-même.

Quelle est la différence essentielle entre un double vortex de Rankine et le vortex astronomique tel qu'il est proposé dans la figure 3-13 ? La réponse est rendue évidente par le dessin de la figure 3-14: dans la zone planétaire, celle qui nous intéresse en premier lieu car c'est là que s'exercent les lois de Kepler, il y a une diminution régulière de l'épaisseur, ou de la hauteur si on préfère, de l'ensemble des lignes de courant au fur et à mesure qu'on s'éloigne du centre, c'est-à-dire du Soleil. En effet, par comparaison avec le dispositif expérimental de la figure 3-12, où le parcours du fluide est guidé au centre par un objet matériel, on se trouve dans le cas du Soleil en espace libre, et il y a nécessairement entraînement par la nappe des couches voisines, qui vont le contourner pour rejoindre le jet polaire un peu plus loin.

Dans l'électromagnétisme de Maxwell ou de Faraday, on dirait pour exprimer cela que la densité de flux augmente avec l'éloignement. On peut le dire également ici, en rappelant une fois de plus à cette occasion que les mathématiques de l'hydrodynamique sont à la base des théories électromagnétiques, et qu'il est donc parfaitement légitime d'en tirer des analogies. Si on garde le modèle des lignes de force de Faraday qui, rappelons-le, constituent sa manière à lui de représenter l'éther, lequel est forcément le même que celui dont nous traitons actuellement et qui entraîne les planètes, il faut supposer que ces lignes sont perpendiculaires au ruban ou aux rubans représentatifs, lesquels décrivent des trajectoires fermées qui se rebouclent sur elles-mêmes après un parcours compliqué dans l'espace. La forme des lignes de force à proximité du soleil va permettre de donner une justification à deux phénomènes dont l'un, il s'agit des lois de Kepler, est archi-connu mais n'a jamais été physiquement ex-

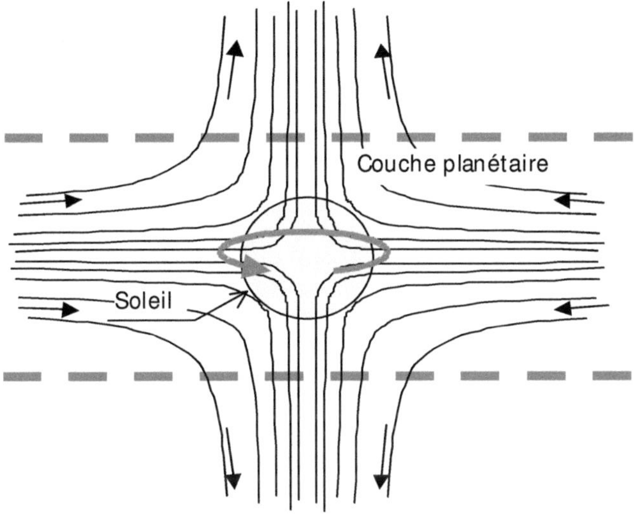

Figure 3-14

pliqué, et l'autre, dont on ne parle jamais, qui est la miraculeuse sphéricité des soleils et autres corps astraux liquides ou gazeux en rotation, qu'une force mystérieuse empêche de se transformer en crêpes.

Nous reprenons donc notre si pratique ruban, nous le laissons s'enrouler sur lui-même comme précédemment, mais nous allons lui donner la forme qui correspond à ce qu'on peut déduire de la figure 3-15, c'est-à-dire qu'il a une hauteur variable, qui augmente quand on se rapproche du Soleil. La figure 3-14, qui est dessinée à une échelle intermédiaire entre celles de la 3-12 et de la 3-13, est mieux adaptée à la définition et à la modélisation de la zone la plus intéressante, celle de notre système solaire « classique ». En partant du Soleil et en s'éloignant vers Pluton, on a d'abord une partie régulièrement décroissante entre A et B, qui va jusqu'à un minimum au point C, pour ensuite se prolonger par une autre partie où, au contraire, la hauteur augmente avec l'éloignement (D). Il faut bien comprendre que la courbe dessinée représente la hauteur h du modèle physique en ruban, dont elle est en fait la coupe radiale, c'est-à-dire la coupe par un plan perpendiculaire passant par le centre du Soleil. Le fait qu'on ait trouvé un minimum d'épaisseur plus éloigné du Soleil que Pluton vient d'un constat évident quand on considère la figure 3-14, dont la figure 3-15 n'est que l'agrandissement du quart supérieur droit dans sa portion la plus proche du Soleil : ce minimum doit obligatoirement exister

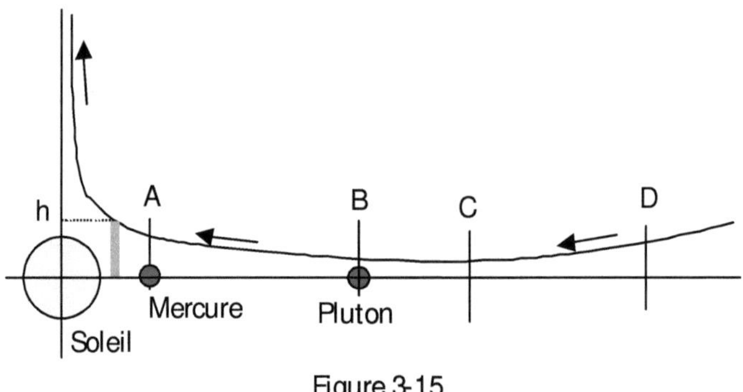

Figure 3-15

étant donnée la forme globale du système, qui est rebouclé sur lui-même. On voit donc que si on accepte cette modélisation, basée sur la simple logique, ce qu'on appelle ordinairement le système solaire n'est qu'une infime partie d'un phénomène incomparablement plus impressionnant, en trois dimensions au lieu de deux et que, de ce fait, les lois de Kepler ne sont probablement pas valables partout.

Nous avons maintenant tout ce qu'il faut pour quantifier, et voir où nous emmène ce schéma, sachant que le but est de retrouver l'ensemble des lois de Kepler par des voies déductives. Le fait de garder le modèle physique en ruban, cette fois doté d'une hauteur variable qui croit régulièrement quand on se rapproche du Soleil, va permettre de garder un parallèle avec le vortex classique du type « Rankine » et d'en dégager à la fois les similitudes et les différences. La figure 3-16 représente, dans les

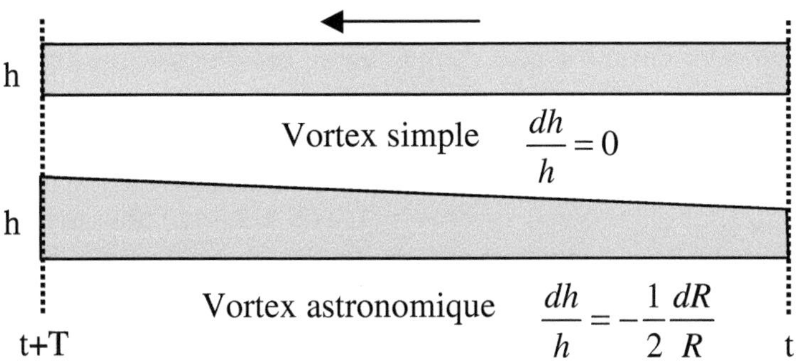

Figure 3-16   Orbe déployée

deux cas, la portion de ruban qui correspond à une révolution complète, c'est-à-dire quand l'angle α de la figure 3-12 a varié de 2π. La flèche indique le sens d'enroulement quand on se rapproche du Soleil. D'autre part, étant donné qu'il n'y a pas de déperdition de masse dans le mouvement tourbillonnaire, il faut tenir compte de ce fait en disant que le débit reste constant tout le long du ruban. Comme la hauteur de celui-ci augmente en allant vers le centre du vortex, cela implique que la vitesse diminue. Reste à savoir suivant quelle loi.

h est une fonction inverse et continue de R : quand R diminue, h augmente, et on peut écrire, en supposant que la loi de variation soit simple : $\dfrac{dh}{h} = -k\dfrac{dR}{R}$

Pour exprimer que le débit reste constant, il faut que la vitesse v varie en raison inverse de la hauteur. On écrira donc: $\dfrac{dv}{v} = -\dfrac{dh}{h} = k\dfrac{dR}{R}$, ainsi que : $vh = Cte$

A priori, on ne connaît pas la valeur de k. Ce pourrait donc être, en toute rigueur, une fonction quelconque de R. Mais pour partir du plus simple, pour aller ensuite à plus compliqué en cas d'échec, on supposera non seulement que c'est une constante, mais de plus que cette constante, inférieure ou égale à l'unité, a une valeur simple, comme la Nature a l'habitude de nous en proposer dans ses lois les plus générales. Il ne reste plus alors qu'à faire des essais successifs (1, 1/2, 1/3, etc.) pour voir si une de ces valeurs ne nous conduirait pas, par le plus bienveillant des hasards, à ce que nous cherchons. La valeur 1 correspondant au vortex de Rankine et à la loi $T^2 = KR^2$, on essaiera par exemple $k = \dfrac{1}{2}$. Il vient alors :

$\dfrac{dv}{v} = \dfrac{1}{2}\dfrac{dR}{R}$, soit après intégration : $v = k'\sqrt{R}$

Vortex de Rankine	Vortex astronomique
$h = Cte \qquad dh = 0$	$\dfrac{dh}{h} = -\dfrac{dR}{R}$
$v = \dfrac{ds}{dt} = Cte$	$vh = Cte$
$T = kR$	$T = kR\sqrt{R}$

Tableau 3-17

Faisons une petite parenthèse sur la modélisation des vortex par un ruban : quand il s'agit d'un vortex permanent, ce ruban est toujours rebouclé sur lui-même, d'une manière ou d'une autre. Prenons par exemple un seau percé au milieu du fond et dans lequel la vidange se fait par un tourbillon sans cesse alimenté à sa partie supérieure. La masse de liquide qui sort est égale à chaque instant à celle qui entre, et la masse totale en mouvement est constante. Quel que soit le chemin parcouru pour y parvenir, l'eau qui sort rejoindra celle qui entre : au plus court, il y a par exemple un système de récupération avec une pompe qui fait la réinjection directement et de manière visible. Au plus long, l'eau qui tombe à terre se mêle aux eaux de pluie et de ruissellement pour participer au cycle naturel : évaporation, pluie, captage dans le réservoir dans lequel on puise l'eau qui alimente finalement le seau, et le système est rebouclé, certes par une voie détournée mais de manière tout aussi continue, sans rajout ni perte. Cette remarque justifie la conservation de la masse en mouvement, autrement dit la constance du débit. Cela dit, comparons les relations qui définissent les deux types de vortex (tableau 3-17) : la relation $vh = Cte$ signifie, h augmentant quand on se rapproche du centre, que v diminue dans la même proportion. Or on connaît cette proportion, c'est $\sqrt{R}$. Si la vitesse de rotation, à une distance donnée du centre, diminue de par rapport au vortex à hauteur constante, cela veut dire que le temps de révolution sera augmenté dans le même rapport. On peut donc écrire, T étant ce temps de révolution : $T = kR\sqrt{R}$ ou encore, en utilisant la forme habituelle : $T^2 = kR^3$

Ceci est la troisième loi de Kepler, cqfd.

3-7 : Les lois de Kepler revisitées.

Les atrabilaires de la mathématique universelle et toute-puissante diront probablement que ce qui précède n'est pas une démonstration. En physique rationnelle, c'en est une, et c'est même un exemple-type de sa manière de procéder. N'oublions jamais que les mathématiques ne sont qu'une expression particulière de la logique, discipline générale en laquelle il serait profitable d'avoir un peu plus confiance, sous la condition qu'elle soit pratiquée correctement. Rappelons brièvement quelles étapes ont été successivement franchies pour aboutir au résultat du paragraphe précédent :

- D'abord, réfuter les hypothèses de la théorie cinétique des gaz, en refusant un modèle qui implique un mouvement perpétuel des molécules, sans amortissement, même sur les parois.

- Déduire alors de cette rectification l'existence de l'éther et simultanément de sa nature énergétique, seule hypothèse raisonnable pour expliquer le mouvement sans fin des molécules, qui ne peut se justifier que par une action extérieure.

- Essayer ensuite d'expliquer, dans ce nouveau contexte dont il est inutile de chercher l'équivalent dans la physique officielle, le fonctionnement d'un système solaire par l'analyse du mouvement tourbillonnaire créé par son soleil.

- Enfin, proposer un modèle physique du vortex astronomique et en établir les lois mathématiques, afin de vérifier qu'il conduit à des résultats en accord avec l'observation et qu'il n'y a pas de contradiction avec les faits.

Maintenant que tout ceci est fait, le moment est venu de faire le bilan de l'opération. Le nouveau modèle cosmogonique apporte incontestablement quelque chose de neuf par rapport à tous ceux qui l'ont précédé, mais surtout il n'est pas tombé du ciel. Ce n'est pas le fruit d'une hypothèse avancée au hasard, comme les théories du Monde en ont été nourries jusqu'à présent, car toutes les précédentes, à part celle trop compliquée de Descartes, se sont vues développées par leurs auteurs dans un espace vide qui leur offrait bien peu de possibilités. Cela n'a d'ailleurs pas empêché certaines d'être officialisées, faute de concurrence et parce qu'il fallait bien qu'il y en ait une. C'est ainsi qu'en 1810 Hassenfratz, « instituteur de physique », comme on disait à l'époque, professait à Polytechnique un cours de « physique céleste » qui n'était ni plus ni moins que la copie conforme des théories du « système du monde » de Laplace.

La théorie cosmogonique qui est exposée ici, et qui a une partie de ses racines dans la Théorie Synergétique de Vallée, a pour elle de se dérouler dans un milieu qui, bien que nié obstinément par la science officielle, permet de fournir, par le fait même de l'hypothèse de son existence, des justifications d'une logique tellement évidente et directe qu'elle devrait normalement être assimilable par tout un chacun. Quand on la prend ainsi par le bon bout, la physique est d'une incroyable simplicité en ce qui concerne l'explication des phénomènes, et il est évident, au moins pour les physiciens qui se posent des questions existentielles, que la libératrice existence de l'éther ne pourra plus longtemps être contestée. Pour ce qui est de la modélisation mathématique, les choses seront probablement beaucoup plus compliquées, mais les acquis mathématiques de l'hydrodynamique ne demandent qu'à progresser et à s'adapter à ce problème.

La grande, l'énorme, la définitive différence entre cette théorie et les précédentes, est qu'elle établit d'une manière incontestable que la troisième loi de Kepler est une loi tourbillonnaire, mise en évidence par un modèle physique simple. Il est donc prévisible que la vision du système solaire va s'en trouver bouleversée, puisqu'il sera maintenant considéré comme un système vivant, évolutif, et non plus comme un manège figé pour l'éternité. En fonction du procédé analytique qui a été précédemment utilisé pour parvenir à cette conclusion, et qui a fait état de deux types de vortex, le vortex de Rankine et le vortex astronomique, on voit d'ailleurs que le modèle en ruban peut donner lieu à d'autres types de tourbillons, toujours d'expression simple, en modifiant la loi de variation de la hauteur en fonction de l'éloignement au centre. Mais un seul de ces modèles conduit à la loi de Kepler telle qu'on nous l'enseigne. Il s'agit maintenant de voir quelles conséquences cela entraîne sur la validité des lois de Kepler autres que la troisième, et si la nouvelle théorie est compatible avec l'observation. Rappelons donc quelles sont ces lois, au nombre de trois, dont nous choisirons la définition, pour sa concision, dans le volume de l'encyclopédie Bordas consacré à l'astronomie :

1ère loi : Les planètes décrivent autour du Soleil des orbites elliptiques dont le Soleil occupe un des foyers.

2ème loi : Les aires balayées par les rayons vecteurs en des temps égaux sont égales.

3ème loi : Les carrés des temps de révolution sont proportionnels aux cubes des demi-grands axes des orbites.

On sent très bien, dans ces expressions, qu'elles sont le produit de l'école de la physique mathématique, qui décrit à sa manière un phénomène sans vouloir l'expliquer, c'est-à-dire sans en exposer d'abord le mécanisme. En face, la physique rationnelle propose toute autre chose, et peut-être bien que Kepler lui-même, qui en fait a déduit les lois qui portent son nom des relevés de Thyco-Brahé, n'aurait pas été contre. Voici comment elle exprime ces lois :

1ère loi : Les planètes sont entraînées dans un système tourbillonnaire dont le Soleil est le centre moteur, suivant des orbites non fermées qu'on peut considérer en première approximation comme des cercles imparfaits.

Commentaire : le système solaire, dans cette théorie, cesse d'être un phénomène invariable pour reprendre un caractère évolutif, en accord avec la vision plus générale d'un univers en perpétuelle transformation, tel que les astrophysiciens nous le présentent habituellement, avec ses étoiles qui tournent, qui meurent et qui naissent. L'orbite d'une planète quelconque est une spirale d'Archimède (c'est-à-dire à pas constant) plus ou moins déformée.

2ème loi : Au cours d'une variation angulaire de 2π du rayon vecteur, la vitesse tangentielle est constante en première approximation.

Commentaire : en toute rigueur, si on se rappelle la modélisation du vortex solaire par un ruban enroulé dont la hauteur varie avec le rayon, la vitesse diminue quand on se rapproche du centre, mais sur une seule révolution cette variation est du deuxième ordre et on peut la négliger.

3ème loi : Les carrés des temps de révolution sont proportionnels aux cubes des rayons des cercles équivalents aux orbites réelles.

Commentaire : il n'y a pas de changement par rapport à l'expression classique de la troisième loi, sauf qu'elle s'applique maintenant à une courbe non fermée qu'on peut considérer momentanément comme un cercle approximatif, et qu'elle est démontrée d'une manière qui ne fait pas appel aux lois classiques de l'attraction universelle.

Avec suffisamment de mauvaise foi, on pourra toujours dire qu'il y a vraiment peu de différences entre cette nouvelle expression des lois de Kepler et la classique. Ce n'est pas surprenant puisqu'il est apparemment impossible de mettre en évidence le simple fait qu'une orbite ne soit pas fermée. Les astronomes ne semblent pas avoir observé ce phénomène depuis qu'ils scrutent les cieux, mais font-ils des mesures dans ce sens ? Ont-ils déjà eu cette idée ? Aucun moyen de le savoir. Cette constatation que la distance moyenne de la Terre au Soleil ne semble pas varier, alors qu'elle varie, laisse présager pour l'éther une densité stupéfiante. Quant au système solaire complet, vu maintenant en trois dimensions, sa masse est tellement énorme que le vortex solaire proprement dit, d'un volume minuscule par rapport à celui de l'ensemble, aurait bien du mérite à faire tourner ce manège gigantesque. Cela dit, malgré la similarité apparente de lois exprimées dans deux conceptions du cosmos pourtant totalement divergentes, les différences qui les séparent sont énormes.

L'ancienne théorie constate et calcule. La nouvelle explique et dévoile. Il est peut-être un peu prétentieux, de prime abord, de penser être capable de bouleverser des idées enracinées depuis des siècles, surtout si on prend en compte la fantastique inertie des dogmes et des certitudes de la physique. Il suffit de se rappeler, si besoin est, l'histoire de Galilée et du blocus intellectuel de l'église catholique d'alors pour en prendre conscience, mais il y a bien d'autres exemples, dont certains ont été relatés avec plus ou moins de détails dans les deux premiers chapitres de ce livre. Inutile de revenir une fois de plus sur ce sujet, simplement il est bon d'en être conscient et de garder à l'esprit que la science proprement dite, à ne pas confondre avec la technologie, ne progresse qu'à tout petits pas.

Revenons aux systèmes solaires relookés et essayons maintenant de faire un bilan de ce qu'apporte la présentation en physique rationnelle des phénomènes cosmiques, où l'éther joue un rôle tellement fondamental. Il y a cinq points à visiter, cinq points qui ne sont jamais abordés dans les ouvrages d'astronomie parce qu'ils correspondent à des questions sans réponse, et que par conséquent ces questions ne sont jamais posées. Elles sont pourtant capitales et au nombre de cinq, au moins :

- 1ère question : pourquoi les planètes tournent-elles autour du Soleil ?

- 2ème question : pourquoi sont-elles dans un même plan ?

- 3ème question : pourquoi les astres en rotation sont-ils sphériques ?

- 4ème question : pourquoi les orbites des planètes sont-elles stables, alors qu'un système planétaire tel qu'on nous le présente actuellement est éminemment instable ?

- 5ème question : pourquoi les planètes sont-elles si différentes les unes des autres ?

La première de ces questions est tellement enfantine que personne ne se la pose, à part justement les enfants. Mais nous sommes tellement endormis par la physique théorique qu'il semblerait, certains jours, que nous ayons perdu tout sens critique et toute curiosité, et que la simple logique nous abandonne. Posons donc cette première question, puisque personne ne veut le faire : pourquoi les planètes tournent-elles autour du Soleil ? Est-ce qu'il existe une seule théorie qui y réponde ? Y-a-t-il déjà une seule théorie qui se la pose ? Ceux qui ont assimilé le modèle proposé dans ce chapitre conviendront qu'ils ont maintenant la réponse. Seule l'acceptation du fait qu'il y ait un éther, et que celui-ci soit énergétique, peut amener à élaborer un système tourbillonnaire du monde qui explique correctement les phénomènes basiques, comme l'est celui-là. Nous renvoyons aux paragraphes précédents pour la justification de cette affirmation.

Seconde question : pourquoi les planètes sont-elles (approximativement) dans un même plan, qui est aussi le plan équatorial du Soleil ? Rien, dans la théorie newtonienne de la gravitation, n'appelle cette configuration quand même bien particulière, et rien n'y conduit obligatoirement. Quand Rutherford proposa son modèle planétaire de l'atome, il n'y avait d'ailleurs pas cette condition : l'atome était considéré par le créateur du modèle comme un système solaire en miniature, calqué sur le vrai, mais avec des orbites dessinées sur des plans quelconques, comme l'illustrait l'ancien sigle de l'ORTF des premières années qui avait repris à son compte cette image symbolique. Tous les calculs faits à partir de la loi de l'attraction universelle relativement au système planétaire, mis à part les calculs des perturbations, pourraient aussi bien être faits avec des orbites inscrites dans des plans quelconques, à la seule condition de contenir également le Soleil. Avec le modèle tourbillonnaire, cette disposition géométrique devient claire, évidente et obligatoire. On peut même ajouter que c'est la seule explication possible.

Troisième question : pourquoi les astres sont-ils sphériques, qu'ils soient ou pas en rotation ? Et quand ils tournent sur eux-mêmes, quelle singularité peut-elle empêcher que la force centrifuge n'aplatisse progressivement la sphère liquide pour la faire évoluer progressivement vers un anneau qui se perd finalement dans l'infini ? En physique théorique, on ne se pose pas ce genre de question : si la structure liquide résiste à la force centrifuge, c'est qu'il y a une force centripète égale et opposée qui la compense exactement. Il suffit ensuite de donner un nom à cette force, par exemple force de cohésion, peu importe, et on a ajouté un exemplaire à la panoplie déjà fournie des forces imaginaires, sans chercher vraiment à la définir physiquement. On dit par exemple que ce sera éventuellement pour plus tard, si on a le temps. Mais la nouvelle force va permettre aux mathématiciens de la physique de s'adonner à leur plaisir solitaire et de voir fleurir de nouvelles équations, sans que la compréhension directe du phénomène n'ait avancé d'un millimètre. La figure 3-14 montre qu'il ne s'agit pas d'une force mystérieuse, mais que c'est le flux éthérique incident de la nappe équatoriale qui agit sur la masse fluide du soleil en la repoussant vers l'intérieur et les pôles, comme un souffle d'air soulevant un voile, contrebalançant ainsi l'effet centrifuge. Pourquoi la compensation est-elle quasi-parfaite, pourquoi faut-il vraiment faire des mesures précises pour se rendre compte que le Soleil ou la Terre ne sont pas tout à fait des sphères idéales, c'est là matière à investigation et à une nouvelle voie d'études pleine de promesses. L'étude théorique des tourbillons n'en est qu'à ses balbutiements, et la prise en main du modèle tourbillonnaire des systèmes solaires par les mathématiciens leur promet à coup sûr de futurs grands moments de bonheur.

Quatrième question, la stabilité des orbites. Cette question émerge dès que l'on se penche sur le phénomène des perturbations. Quand on parle de perturbations, en astronomie, il s'agit de celles que provoque la proximité d'une planète sur l'orbite d'une autre. C'est en étudiant ces perturbations que Le Verrier et Adams auraient déduit la présence d'une huitième planète (Neptune), et qu'on aurait d'une manière similaire découvert Pluton. En fait les premiers calculs de Le Verrier et d'Adams se sont révélés faux après vérification, quant à Tombaugh, le découvreur de Pluton, il doit cette trouvaille à un étudiant qui avait été chargé pendant ses congés de vérifier les plaques photographiques de l'observatoire Lowell, en Arizona, et qui après un gros et fastidieux travail de comparaison des clichés avait remarqué le changement de position de l'astre par rapport aux éléments fixes. Il ne s'agit donc pas, et ceci dans les deux cas, de découvertes complètement fortuites, mais pas non plus d'une quelconque preuve de l'infaillibilité des calculs théoriques. Avec un minimum de réflexion, on peut même se douter que c'est au moment précis du maximum d'une perturbation d'une planète qu'il suffit de regarder dans sa direction pour découvrir sa perturbatrice éventuelle. Il n'y a donc dans ces découvertes que patience et observation, les deux mamelles de l'astronomie, et ce n'est déjà pas si mal.

Mais essayons de creuser un tant soit peu ce problème des perturbations. Quand deux planètes situées sur des orbites voisines se trouvent en conjonction, c'est-à-dire quand la ligne qui les joint passe également par le Soleil, elles semblent exercer l'une sur l'autre une force qui a tendance à les rapprocher et qui donc modifie légèrement leurs orbites : la plus éloignée se rapproche un peu du Soleil, la plus proche s'en éloigne momentanément (figure 3-18). Ensuite, et c'est là que le miracle a lieu, les deux planètes rejoignent bien sagement leurs trajectoires habituelles et reprennent chacune leur cours, imperturbablement. Or, il est un principe de mécanique qui veut que, pour annuler l'action d'une force, il faut créer une force de même intensité, de signe contraire, et qui agisse pendant le même temps. Dans le cas de nos deux planètes, leur attraction mutuelle augmente quand elles se rapprochent, passe par un maximum quand elles sont au plus près, puis décroît progressivement, mais ne s'inverse jamais et ne devient jamais une répulsion. Il n'y a donc rien, quand on situe l'événement dans le vide absolu, qui justifie le retour tranquille et programmé à une orbite immuable, comme cela se produit pourtant. Au contraire, cette orbite devrait se modifier de plus en plus chaque fois que les planètes se retrouvent à proximité, et ce jusqu'à la collision. Un système solaire évoluant dans le vide devrait être pour cette raison éminemment instable, sauf si on fait intervenir des forces d'attraction fictives, et la même constatation s'applique d'ailleurs au modèle planétaire de l'atome, inspiré par le précédent. Si on replace maintenant le phénomène dans un contexte éthérique, tout s'éclaire et redevient logique : l'éther, qui possède une certaine élasticité, se trouve comprimé par le rapprochement des deux planètes au moment de leur conjonction, et c'est lui qui reprend son volume normal après l'événement, quand la contrainte diminue. Les planètes en question, quant à elles, n'ont pas changé de position relative par rapport à la portion d'éther qui les entraîne. Ce n'est pas, à proprement parler, l'orbite de chaque planète qui a été modifiée, c'est la structure locale du fluide tourbillonnaire qui a subi une compression entre les deux masses mobiles.

Cinquième question : pourquoi les planètes de notre système sont-elles si différentes ? Voilà encore une question qu'on ne se pose jamais, alors qu'abondent les théories de formation qui en font une communauté unie ayant un destin commun. Pourquoi, dans ce cas, ne se ressemblent-elles pas comme les membres de toute famille normalement constituée ? Peut-on sérieusement croire que Venus et Jupiter aient la même origine ? Qu'y-a-t-il de commun entre Mercure et Saturne ? La diversité des masses, des compositions, des densités, des aspects des différentes planètes en font un véritable musée en rotation, et il n'est même pas possible de voir dans cette diversité les étapes d'une évolution commune qui correspondrait à leur position par rapport au Soleil. Alors, d'où viennent-elles ? Un nouveau coup d'œil à la figure 3-14 fournit la réponse, ou du moins une réponse possible, mais tellement plausible et belle qu'il serait bien dommage de ne pas la prendre en considération. La nappe équatoriale du tourbillon solaire est une sorte d'aspirateur, puisqu'elle constitue le courant entrant du système. De même qu'un corps flottant au voisinage d'un tourbillon d'eau finira tôt ou tard par y être entraîné, une planète errante située non loin du système solaire, si elle n'a pas une vitesse relative trop importante, sera captée tel un insecte tombant dans l'entonnoir d'un fourmilion. Si cette hypothèse est la bonne, on comprend tout de suite de quelle manière le système solaire, tel que nous l'observons aujourd'hui, s'est formé et continue de se former, mais avec une échelle des temps si grande par rapport à notre misérable existence qu'il nous paraît être un phénomène stable et permanent, et qu'ainsi son caractère évolutif nous échappe. La disparité de nos planètes devient alors quelque chose d'évident et de naturel, et donne au système solaire un nouvel aspect, celui d'une machine en perpétuelle évolution, mue par son moteur central, qui utilise lui-même, à son profit, l'énergie vibratoire qui l'entoure et qui lui donne sa puissance à la fois créatrice et destructrice. Quand la planète qui précédait Mercure a-t-elle été engloutie ? Que se passera-t-il sur la Terre quand Mercure disparaîtra? Quand une nouvelle planète se présentera-t-elle aux astronomes ? Toutes ces questions n'auront probablement pour nous jamais de réponse, tellement notre étalon de temps est différent de celui du cosmos, et tellement est court celui qui est à notre disposition pour résoudre le grand problème de la continuation de la vie, en particulier de la nôtre, quand les conditions sur Terre ne l'y permettront plus. Voilà pourtant ce à quoi il faut déjà réfléchir dès maintenant, car telle est notre condition, nous les nomades qui croyons à la pérennité des choses, alors que tout change continuellement dans l'Univers.

3-8 : La masse.

On remarquera que dans la théorie tourbillonnaire qui a été exposée précédemment, il n'a pas été une seule fois question de masse. Les partisans de la théorie newtonienne établissent pourtant la troisième loi de Kepler à partir de la loi de la gravitation universelle. Or, par extraordinaire, celle-ci n'a pas été utilisée. Comment a-t-on pu parvenir à retrouver les lois de Kepler en se passant complètement d'un principe réputé fondamental et incontournable ? Que faut-il en conclure ? Et d'abord y-a-t-il une conclusion à tirer ? On est en droit de se poser toutes sortes de questions à propos d'une notion qui a toujours été l'un des grands problèmes philosophiques de la physique : qu'est-ce donc qu'une masse, qu'est-ce donc que « la » masse ?

La seule approche physique directe, statique et quantitative que nous ayons pour mesurer une masse, c'est son poids. Le poids d'un objet, c'est la force qui s'exerce sur lui dans le champ de gravitation terrestre, autrement appelé pesanteur. Le même objet imaginé quelque part dans l'espace, loin de tout autre corps, n'a plus de poids. Cependant on s'accorde à dire et à penser qu'il a gardé sa masse, ce qui sous-entend deux choses : d'abord que cette masse lui est personnelle, attachée, que c'est une de ses caractéristiques, et ensuite que c'est un attribut qui lui est définitivement acquis, aussi longtemps qu'on ne lui enlève pas une partie de son volume. Pour distinguer ce qui est mesurable de ce qui est hypothétique, les physiciens ont imaginé deux termes : masse pesante et masse inerte. Et cependant, en physique classique, l'une et l'autre sont pourvues d'un égal mystère, que seule la physique rationnelle pourra éclaircir.

On parle de masse pesante en statique : dans un laboratoire, on pèse un objet, on lui trouve un certain poids qui est la force correspondant à l'attraction terrestre sur sa masse. On appellera celle-ci masse pesante. On parle de masse inerte en dynamique, quand il s'agit de communiquer une accélération à un objet au moyen d'une force, et que l'on constate un certain nombre de phénomènes, dont l'ensemble est globalement appelé inertie, et qui se manifestent diversement. C'est en particulier la force d'opposition qui prend naissance dès que l'on veut mettre en mouvement un objet immobile, ou que l'on veut changer la vitesse d'un objet déjà en mouvement. On voit donc qu'il y a, dès qu'on aborde cette question de masse, une équivoque fondamentale sur sa définition, dont le flou montre bien l'embarras des physiciens qui se sont risqués à tenter d'en donner une qui soit nette et précise. Certains, comme Henri Poincaré ou Jean Perrin, ont même pensé à la possibilité de n'en faire simplement, faute de mieux, que le coefficient théorique qui lie la force à l'accélération, celle-ci étant en revanche directement mesurable et par conséquent sans mystère. La négation obstinée de l'existence de l'éther fait que l'on n'est pas plus avancé aujourd'hui qu'il y a quatre siècles sur la vraie nature de la masse, alors que les choses deviennent d'une simplicité totale quand on veut bien faire l'effort, ne serait-ce qu'un court instant, d'en admettre momentanément l'hypothèse.

Considérons une sphère métallique posée sur un plan horizontal, et donc immobile. Elle a un poids, sur lequel une balance peut nous renseigner immédiatement. Maintenant, poussons-la vigoureusement : elle acquiert du fait de cette poussée un mouvement et une énergie cinétique qui sont fonctions de la force avec laquelle on l'a propulsée. Qu'en est-il de son poids, pendant qu'elle roule ? La question peut paraître à priori étrange, mais il n'en est rien : pour peser la boule, il faut en effet que celle-ci soit immobile, et si quelqu'un pense le contraire, il lui suffit pour dissiper le doute essayer d'imaginer un dispositif qui permette, entendons-nous bien, une mesure directe du poids d'un objet en mouvement. On peut donc, au moins dans un premier temps, se demander ce qu'il en est alors de la masse inerte et de la masse pesante : est-ce que la première prend la place de la seconde ? Est-ce qu'elle s'y ajoute ? Est-ce qu'elle s'en retranche ? Y-a-t-il un processus plus compliqué dépendant de la vitesse ? Ou bien tout ceci n'est-il qu'un faux problème parce que la masse pesante et la masse inerte n'en font qu'une ? Tout ce questionnement n'est pas futile, loin de là, il aide à faire prendre conscience que la masse est une notion théorique, qui ne se mesure pas mais qui se déduit. D'où la prudence apparemment exagérée, mais en fait parfaitement fondée, de Poincaré, Perrin et beaucoup d'autres, qui se replient sur une définition ma-

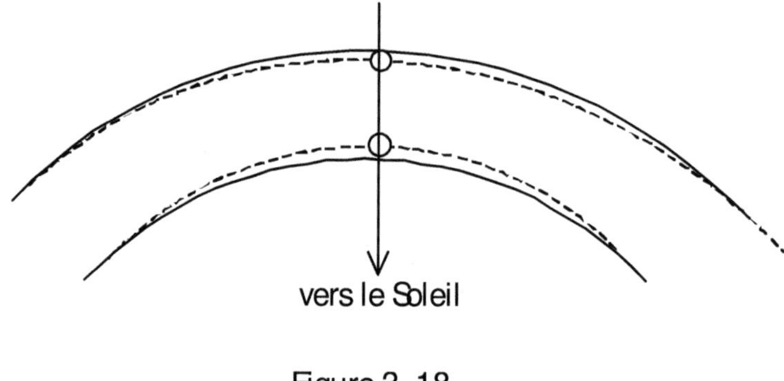

Figure 3-18

thématique pour ne pas avoir à s'embarquer dans des discussions sans fin.

Dans notre monde éthérique, toutes ces questions deviennent sans objet, car les réponses arrivent d'elles-mêmes dès que l'on prend la peine de dessiner, soit réellement, soit par la pensée, ce sur quoi on réfléchit. En effet, quand on a présent à l'esprit que la matière est composée de petits domaines impondérables pressés les uns sur les autres et séparés par des distances considérables par rapport aux dimensions individuelles qu'on leur attribue, et que cette matière poreuse baigne dans un fluide dense qui, lui, possède une masse spécifique, énorme qui plus est, on peut très facilement se faire une représentation visuelle des phénomènes d'interaction matière/éther, par analogie avec ce que l'observation des faits quotidiens, dans le domaine des fluides, nous a inculqué sans que nous nous en soyons forcément rendu compte. L'analogie hydraulique est l'une des plus puissantes et des plus démonstratives qui soit en physique, malheureusement elle n'est pas exploitée comme elle devrait l'être, c'est-à-dire non pas comme un simple exercice de style mais comme un véritable outil.

Dans cette optique, la figure 3-19 illustre les deux visions que l'on peut avoir d'une masse pesante selon le type de physique que l'on pratique: à gauche (a), la représentation traditionnelle, celle d'un corps possédant une masse propre qui est attirée par la Terre. Quand il s'agit de faire des calculs, on considère que cette masse est concentrée au centre de gravité, auquel on applique la force de pesanteur représentée par un vecteur vertical dirigé vers le bas et dont la longueur est proportionnelle à la force. A droite (b), le même corps vu en physique rationnelle pour ce qu'il est réellement, c'est-à-dire un agglomérat de corpuscules sans masse maintenus groupés par la fantastique pression MBL. Le flux d'éther qui provoque la pesanteur le traverse comme une chute d'eau traverserait un filet tendu sur sa trajectoire et tenterait de l'entraîner avec lui. Le poids du corps est par conséquent la force qu'exerce ce flux en traversant ce corps, qui peut être n'importe quel objet, inerte ou vivant. On retrouve donc ici la matérialisation, en plus détaillé, de l'idée exprimée par plusieurs savants tels que Huygens ou d'autres, qui veut que si un objet prend spontanément une accélération quand on l'abandonne à un endroit donné, c'est qu'à cet endroit préexiste une sorte de courant permanent, qu'on hésite à appeler par son vrai nom, ce nom qui n'a rapporté que des ennuis à ceux qui osent le prononcer ou l'écrire. Mais la réalité est pourtant celle-là, bien que camouflée depuis le début de l'électromagnétisme par tout l'appareil théorique bâti autour des notions abstraites des champs, des potentiels ou des autres concepts de la même famille. Tout champ de force est un lieu où se manifeste d'une manière permanente un courant de fluide éthérique dont l'interaction avec la matière est à la fois l'origine et la cause de tout mouvement d'entraînement. Quand on lâche un objet au-dessus du sol, tout se passe comme lorsqu'un enfant laisse partir au gré des flots le bateau de papier qu'il vient d'y poser, à ceci près que les choses se passent verticalement au lieu d'horizontalement. En dehors de cette différence, c'est le même phénomène physique, celui de l'entraînement d'un objet léger et poreux par un fluide dense.

Si on y réfléchit quelque peu, le spectacle proposé par la Seine à quelqu'un qui se trouve sur la berge est en de nombreux points similaire, à la direction près, à celui de Galilée lâchant des objets de poids très diffé-

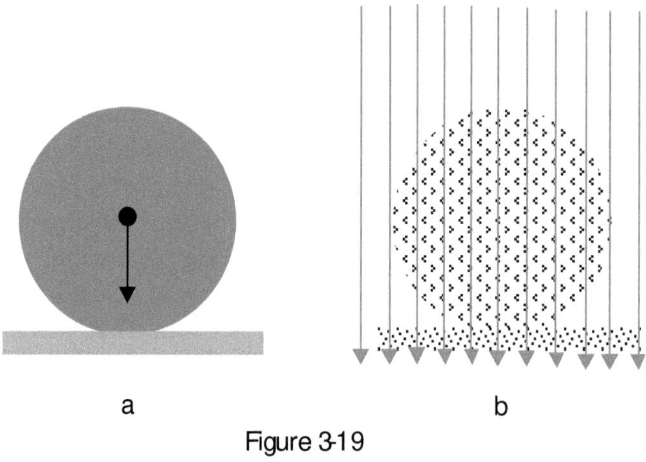

Figure 3-19

rents du haut de la Tour de Pise, ou plus probablement sur un plan incliné de sa fabrication, et montrant qu'ils arrivaient tous en même temps au sol (à peu près, en fait). La Seine charrie également des choses extrêmement variées, de densités très différentes, du rat crevé à l'éponge en passant par tout ce que notre belle Capitale confie à son fleuve préféré pour l'emporter vers la haute mer, là où le voisinage avec ce qui vient d'ailleurs rendra les cadeaux anonymes. Mais ce qui est important de constater, c'est que tout ce catalogue flottant aussi varié que pittoresque navigue de conserve, comme disent les marins quand des navires font route ensemble en gardant le même écart, donc la même vitesse. Quiconque, physicien amateur ou professionnel, se surprend à s'interroger devant ces observations simples, naturelles, instinctives et élémentaires, ne peut faire autrement que de se laisser orienter, par des analogies puissantes, vers la conclusion que la pesanteur et l'attraction universelle sont, contrairement à ce qu'on veut nous faire croire, des phénomènes d'une limpidité surprenante, à partir du moment où on les considère comme des faits hydrodynamiques.

Ceci étant, de la même manière qu'a été introduite la notion de masse pesante vue comme l'action d'un certain débit de fluide traversant une structure maillée maintenue fixe, il faut maintenant essayer de faire quelque chose d'équivalent avec ce que les anciens appelaient la masse inerte, celle qui est responsable des phénomènes classés sous le nom global d'inertie. Une expérience courante qui servira d'introduction à cette nouvelle version de l'interaction matière/éther est celle du pêcheur de crevettes. Celui-ci a pour outil un filet fixé sur un bâti dont la partie inférieure racle le sable et qui est muni d'un manche suffisamment grand pour que le manipulateur puisse éviter de se baisser et ne se fatigue pas trop. Dès que le haveneau commence à avancer, son filet se gonfle et se tend pour prendre la forme arrondie que tout le monde connaît. A faible vitesse, la résistance de l'eau, qui passe surtout entre les mailles, se fait à peine sentir, mais elle augmente très vite avec la poussée, pour atteindre une valeur telle que personne ne pourrait le faire avancer plus vite. On peut alors supposer que l'eau qui pénètre dans le filet ne peut plus s'évacuer totalement et que ce dernier fait route en écartant les flots autant qu'en les laissant passer à travers lui. Il faut voir le problème de la masse inerte exactement du même point de vue, ainsi que le représente la figure 3-20 : le corps sphérique, qui n'a pas de masse propre mais une structure à peu près rigide, progresse dans l'éther comme un filet dans l'eau, en voyant une partie du fluide le traverser et l'autre partie le contourner. Le rapport quantitatif entre les deux dépend de la vitesse, et on découvre là, heureuse surprise, une explication physique de la formule mathématique relativiste, sortie avec peine d'une manipulation des équations de Lorenz, qui donne la variation de la masse en fonction de la vitesse : $\dfrac{m}{m_0} = \dfrac{1}{\sqrt{1 - \dfrac{v^2}{c^2}}}$. Plus le corps se déplace vite, plus l'interaction

avec l'éther est forte, plus ce dernier a de mal à traverser la texture du corps, et plus la masse éthérique emmagasinée est importante. Quand la vitesse est faible, il n'y a pratiquement pas de contournement du mobile par le fluide, celui-ci traverse presque totalement le corps. Au fur et à mesure que la vitesse augmente et se rapproche de plus en plus de celle de la lumière, le contournement devient de plus en plus important et le corps en mouvement se comporte finalement, à l'approche de c_0, comme un boulet de canon, en écartant le fluide à son passage et en gardant à l'intérieur la partie d'éther qui correspond à son volume. Or la densité de l'éther est énorme, et on peut comprendre l'idée que suggère la Relativité quand elle dit que la masse tend vers l'infini quand la vitesse tend vers celle de la lumière. En réalité, la masse apparente du corps tend vers une valeur qui correspond exactement à celle de l'éther occupant complètement son volume, et cette masse ne peut donc être infinie puisque la densité de l'éther ne l'est pas.

Les relativistes et tous les théoriciens en général diront probablement que tout ceci est trop simple, voire simpliste, car ils détestent la simplicité, qu'ils jugent souvent suspecte. Et puis il faut bien justifier les études, et tous ces efforts surhumains pour acquérir le niveau mathématique qui va les démarquer des autres et leur conférer le statut d'élite intellectuelle. Avoir fait tout cela pour rien est tout simplement impensable. Et pourtant, de fil en aiguille et en se remettant en question un tant soit peu, ils pourraient constater qu'admettre l'hypothèse de l'existence de l'éther conduit à un schéma de l'Univers tellement solide et tellement simple que la facilité de compréhension des phénomènes physiques qu'il induit ne pourra plus être ignorée éternellement. Disons plus calmement qu'il leur serait peut-être profitable de le prendre en considération, ne serait-ce même que pour le critiquer, ce qui pour ses supporters serait déjà une grande satisfaction.

3-9 : conclusion du 3ème chapitre.

On ne peut pas progresser, dans quelque domaine que ce soit, sans casser quelque chose, sans remplacer, un jour ou l'autre, une idée par une autre idée, une loi par une autre loi, une théorie par une autre théorie, un principe par un autre principe. Le grand défaut de la physique théorique est de considérer qu'elle ne peut pas se tromper, que chaque année qui passe cimente encore un peu mieux ce qui est considéré comme acquis, que les connaissances s'accumulent en se confortant l'une l'autre pour former un édifice de plus en plus solide. Tout cela n'est que du rêve. La science, comme l'histoire, n'arrête pas de bégayer, de se fourvoyer, d'être polluée par les erreurs et les falsifications. C'est une activité humaine, et l'homme n'est pas Dieu, ce dieu qu'il s'est créé pour se fixer un idéal et qui est soi-disant exempt de tous ses propres défauts. L'homme n'arrête pas de se tromper, d'hésiter, de s'aventurer dans des culs-de-sac qu'il fabrique lui-même, mais sa grandeur, s'il en a une, est de ne pas se décourager, de vingt fois sur le métier remettre son ouvrage, d'entreprendre même sans espérer, et Marie Curie, l'obstinée pragmatique, incarne beaucoup mieux la physique qu'Henri Poincaré le théoricien.

On ne peut valablement porter un jugement sur la cosmologie nouvelle exposée dans ce chapitre qu'en la comparant aux autres, et en faisant le bilan de ce qu'elle apporte de nouveau. C'est la seule théorie tourbillonnaire digne de ce nom, c'est-à-dire faisant appel à des propriétés des vortex admises par les hydrodynamiciens, et non pas aux images visionnaires mais confuses du Ciel de Descartes, où les tourbillons ne sont que des mouvances imprécises dont les seules qualités, mais c'était déjà énorme pour l'époque, étaient de remplir l'espace et de lui donner une vie. On voudra bien se rappeler qu'à l'origine de la démarche présentée ici, se trouve une critique de la théorie cinétique des gaz, dans une partie de la physique où rien n'aurait pu faire pressentir qu'elle puisse mener à la cosmologie. Or ceci est à la fois très encourageant et très révélateur, car l'enchaînement des raisonnements qui ont été proposés montre qu'il y a, qu'il doit y avoir absolument, une totale cohérence dans toutes les parties de la physique : partir de l'analyse microscopique du comportement des gaz et parvenir au système solaire, il y a là, assurément, une encourageante matière à réflexion.

La principale révélation, dans tout ce qui précède, est que la troisième loi de Kepler est une loi tourbillonnaire, et par suite que les deux autres le sont obligatoirement aussi. A partir de cette constatation, le cosmos prend un tout autre visage que celui qu'on a voulu nous imposer jusqu'à présent et conduira sur sa lancée, on le verra plus loin, à condamner irrémédiablement la théorie du Big Bang au profit d'un Univers globalement stable, bien que nulle part immobile. La première conséquence de la théorie tourbillonnaire est de prédire un terme à l'existence des planètes de tout système solaire, ce dernier ayant été considéré jusqu'à présent comme un système immuable. Le fonctionnement de l'ensemble, analysé précédemment dans ce chapitre, est tel que toutes, une par une, seront tôt ou tard précipitées dans la fournaise centrale, et participeront ainsi à sa future prospérité en devenant sa nourriture. Il est impossible de savoir combien d'autres planètes ont connu ce sort avant Mercure, qui sera inévitablement la prochaine, mais il est certain qu'il y en a eu, et peut-être bien, pourquoi pas, que le dernier engloutissement pourrait être une autre explication, par le cataclysme qu'il a provoqué sur Terre, de la fin des dinosaures, sait-on jamais ?

Cette nouvelle hypothèse ne paraît pas à première vue, plus stupide que celles qui ont cours actuellement, et de toutes manières ce ne sera jamais qu'une de plus. Mais fini le carrousel bêtement suspendu dans le vide pour l'éternité, dont la naissance ou l'existence seraient liées à celle du Soleil, la mort programmée de celui-ci devant entraîner celle de toutes les planètes. Finies les trajectoires bouclées, déterminées pour toujours par des lois de Kepler mal fondées qui ne sont que des approximations instantanées de la loi tourbillonnaire. Finies les certitudes sur l'attraction universelle et la sanctification de la loi de Newton : les planètes ne sont plus que des jalons, des repères mobiles qui ne sont, là où elles se trouvent, telles des copeaux de liège sur de l'eau tournante, que les révélateurs de la forme du tourbillon qui les emporte. Car il faut bien voir que dans cette nouvelle approche de la cosmogonie, la masse réside uniquement dans le fluide moteur, et que celle que l'on attribue à chaque planète n'est qu'un paramètre mathématique dont la seule vertu est de se trouver en conformité, à travers le principe newtonien de l'attraction universelle, avec les lois de Kepler dans leur formulation classique.

Si, par un simple coup de baguette magique, on pouvait permuter instantanément Venus et Jupiter, il n'y aurait d'autre changement dans le système solaire que celui des perturbations, éphémères, que ces deux planètes exercent sur leurs voisines. Chacune d'entre elles bouclerait son tour de piste conformément à ce qu'impose le vortex, régi par la troisième loi tourbillonnaire de Kepler, c'est-à-dire que Jupiter mis à la place de Venus aurait la période de révolution actuelle de Venus, et que Venus mise à la place de Jupiter aurait la période de révolution actuelle de Jupiter.

Cette épineuse et philosophique question de la masse et de sa nature trouve donc ici une réponse d'une étonnante simplicité. Bien que subodorée par un certain nombre de physiciens, pris en tenaille entre leurs propres doutes et les certitudes de l'Establishment, cette conception de la masse est, avouons-le, difficile à assimiler dans la mesure où elle est en totale contradiction avec ce que nous suggèrent nos cinq sens sur la perception du monde extérieur. En réalité, il y a là seulement une question d'éducation. Si ces notions nous étaient inculquées dès le départ, dès les premiers cours de physique, chacun de nous aurait largement le temps de les assimiler le temps de parvenir à l'âge adulte. Mais il faudrait d'abord, pour que cela arrive, trouver l'accord des instances dirigeantes, et compte tenu de ce que nous en savons, ce n'est sûrement pas pour demain. Ce n'est pas une raison pour baisser les bras : l'histoire des sciences montre que, malgré la fantastique inertie des institutions responsables, malgré le blocage hiérarchique qui sévit dans toutes les branches sociales, scientifiques ou non, une théorie qui présente plus d'avantages que celle qui a cours finira toujours par s'imposer. Mais il y a pour cela une condition sine qua non, qui est la règle du jeu en physique : il faut que la nouvelle théorie soit meilleure que la précédente, qu'elle apporte quelque chose de nouveau, ou amène à quelque chose de nouveau, de manière telle que son rôle exclusif dans la découverte qu'elle annonce soit établi sans contestation possible. Il pourra s'agir, soit d'une invention concrétisée par un objet matériel, une machine, un outil, qui apporte un progrès significatif, soit d'une réponse simple à une question embarrassante, comme celles que se posent les chercheurs de l'infiniment grand et de l'infiniment petit. Est-ce que la théorie exposée ci-dessus remplira au moins une des conditions ? Nous verrons bien.

En attendant, il faut maintenant accomplir une autre partie du travail, celle qui, après avoir avancé une idée nouvelle, consiste à détruire celles contre lesquelles elle se trouve en conflit. Ce n'est pas le moins intéressant, et il faut avouer que c'est particulièrement plaisant : cela vaut bien un quatrième chapitre.

Chapitre 4
Les mythes de la science moderne

4-1 : Les génies.

Ah, les génies ! Que serions-nous et que ferions-nous, vain peuple, sans nos génies ? Derrière ce mot galvaudé, utilisé n'importe comment et à propos de n'importe qui, se cache une nécessité humaine aussi vieille que l'espèce elle-même, celle de croire en l'existence de quelque chose qui nous dépasse, être ou entité, conscients que nous sommes, dans le plus profond de nous-mêmes, que notre esprit est susceptible d'évoluer vers un état supérieur, état que nous ne sommes pas en mesure d'atteindre au moment présent, mais que nous devinons, que nous pressentons, à travers la découverte et la prise de conscience de nos défauts et de nos imperfections. Se rendre compte de ses limites est assurément un gage de progrès à venir, d'accession possible à un état intellectuel que nous ne pouvons imaginer que vaguement, faute de ressources, et dont nous faisons un idéal, ou du moins une étape d'évolution. Reste à savoir si l'espèce humaine, telle que nous la connaissons, a la possibilité réelle d'y parvenir, ou s'il faut qu'elle soit pour cela remplacée par une autre, et qu' « homo sapiens » cède la place à « homo rationnalis » de la même manière que l'homme de Cro-Magnon a succédé à celui de Neandertal. Évoluer ou mourir, telle est la loi de la Nature.

Le génie d'antan était, pour faire court, un être doué de pouvoirs surhumains mais qui, curieusement, pouvait aussi être asservi à l'homme, à condition de savoir comment s'y prendre. C'était peut-être, dans cette optique, l'ancêtre du robot, c'est-à-dire un être insensible à la fatigue, doté d'une force supérieure à la nôtre, mais programmé pour nous obéir à condition de connaître la manière de le commander. Aujourd'hui, dans le langage courant, c'est plus simplement un homme surdoué, du moins considéré comme tel, auquel la rumeur publique, les média, une réussite particulière, ont attribué des capacités supérieures à la normale dans un domaine particulier, ce qui le range dans une catégorie située encore au-dessus de l'élite, celle-ci n'étant finalement constituée que de bons élèves qui ont appris tous leurs cours par cœur au prix d'une éducation féroce et qui, pourvus d'une mémoire sans faille, sont capables de les réciter à tout instant.

N'oublions jamais que l'homme est un animal grégaire qui, ceci est une loi commune à toutes les espèces de ce type, a besoin d'un leader par groupe, ou par spécialité, en fait par n'importe quelle association d'individus, volontaire ou pas, permanente ou éphémère. Nous nous trouvons déjà là devant l'une des équations humaines les plus récurrentes, celle de la hiérarchie, basée sur une échelle des valeurs qui varie selon l'avancement intellectuel de la société : au début des temps, c'est la force physique, comme dans toutes les autres espèces animales, puis on évolue au cours du temps vers des critères plus théoriques, plus sophistiqués, moins évidents également, au fur et à mesure que progressent la logique et la morale. Certains d'entre nous comprennent ce principe très tôt, surtout s'ils se trouvent dans un milieu familial et social favorable et concerné, et leur existence consistera à gravir les échelons hiérarchiques le plus vite possible, en allant le plus haut possible. Ce sont les dominants, les chefs, les leaders, les « winners », comme ils s'appellent entre eux. Et puis il y a les autres, les normaux, les modestes, les simples participants, qui se rendront compte beaucoup trop tard de cette loi naturelle et passeront leur vie à faire partie du troupeau, sans pouvoir ni même vouloir s'en extraire.

Mais les génies, ceux qu'on nomme ainsi aujourd'hui, c'est encore autre chose. Ce sont certes, physiologiquement parlant, de simples hommes et femmes, mais qui possèdent des caractéristiques que les autres, qu'ils fassent partie des winners ou des losers, considèrent comme exceptionnelles et surtout incontestables. Car c'est bien là, dans l'esprit des autres, dans leur imagination, dans leurs fantasmes, et probablement aussi dans leur intérêt, que naissent et vivent les génies. Tout comme Dieu, qui représente le summum de tous les pouvoirs, le génie est donc une invention humaine qui répond à une demande précise de la société du même nom: avoir à sa disposition un repère, un modèle, quelqu'un d'exceptionnel que l'on cherchera à imiter, avec en tête l'espoir de parvenir à un état de connaissances et de capacités qu'on lui attribue et que l'on n'a pas soi-même, en espérant y accéder un jour et acquérir ainsi pouvoir et considération, l'un n'allant évidemment pas sans l'autre.

Si on demande à un passant de citer le nom d'un génie, on peut parier sans grand risque que le premier qui lui viendra aux lèvres sera celui d'Einstein. Il ne connaît pas Einstein, il ne sait pas ce qu'il a fait, il ne comprendrait rien en lisant son œuvre, mais il fait confiance à ce qu'il a lu ou entendu sur lui, au respect que lui témoigne, non seulement le monde scientifique, mais la communauté entière, et il n'est pas question de mettre en doute l'opinion, nécessairement fondée, d'un aussi grand nombre d'individus. Ce n'est là que l'un des aspects de ce que Marcel Boll appelait le « mythisme grégaire » dans l'« Education du Jugement », ouvrage-clé en matière de logique et dont la lecture devrait être rendue obligatoire en terminale.

Dans un test proposé sur Internet pour évaluer nos capacités intellectuelles, il était écrit ceci : « Einstein avait un QI de 160. Quel est le vôtre ? ». Voilà le genre de bêtise qu'on peut trouver parfois sur Internet, dont le principe d'être ouvert à tous n'a pas que des avantages, mais qui cependant présente un certain intérêt si on la soumet à une rapide analyse critique. D'abord Einstein, qui parlait à peine à l'âge de 5 ans, n'a jamais passé de test de QI, qui n'existait à son époque que sous forme expérimentale. Quand en 1905 le test Binet-Simon fut lancé à la demande du gouvernement français pour tenter d'évaluer l'intelligence des écoliers, Einstein avait déjà 26 ans et d'autres chats à fouetter que de se soumettre à ce genre de test, surtout qu'il n'était pas en France et qu'il publiait à ce moment-là son premier ouvrage sur la Relativité Restreinte. Ensuite, s'il en avait passé un, il aurait sans doute obtenu tout juste la moyenne, tant il fut médiocre et anonyme pendant ses études, mais sûrement pas 160, même après avoir reçu son prix Nobel, longtemps après. Malgré cela, Einstein est maintenant entouré d'une telle légende que plus personne ne se pose de question sur ce qu'il a vraiment apporté à l'humanité et en quoi consistait son génie.

Le libellé de son prix, qui lui fut attribué en 1921, est en gros le suivant : «... pour la découverte de l'effet photoélectrique (en fait il s'agit seulement de son « explication ») et l'ensemble de son œuvre ». Le jury Nobel est un collège extrêmement pragmatique, d'une prudence et d'une rigueur totales quand il s'agit des sciences exactes, et on appréciera l'adresse et la subtilité avec laquelle il a su, sans engager sa réputation, honorer le grand savant. Car il ne faut pas lui retirer que ce fut un grand savant, dont la vie fut toute entière consacrée à sa passion : la physique. En le récompensant d'abord pour une découverte précise, dont on peut d'ailleurs lui contester la paternité puisqu'on attribue également à Hertz la découverte de l'effet photo-électrique en 1886, tout en lui rendant un hommage flou pour toute une vie consacrée à la physique, les juges du plus prestigieux des prix internationaux ont évité de se compromettre en se gardant bien de cautionner la théorie de la Relativité, seule réalisation dont personne ou presque ne lui dispute la paternité, mais qu'il était probablement le seul à comprendre, et encore peut-on se le demander. Mais il leur aurait été bien difficile d'ignorer un savant plébiscité par sa communauté, d'où ce libellé inhabituel d'une grande diplomatie. Quoi qu'il en soit, pour tout le monde, Einstein est un génie.

Quelles sont donc les caractéristiques du génie ? Qu'est-ce qui le différencie des autres ? A-t-il vraiment une intelligence supérieure, est-il construit autrement, a-t-il quelque chose en plus, ou en moins ? Il y a probablement des gens qui le pensent, car certains ont émis l'idée que, après exhumation et reconditionnement grâce à des techniques encore inconnues, on puisse dans quelque temps disséquer le cerveau de certaines personnalités marquantes, dont bien sûr Einstein, persuadés qu'il y aurait quelque chose de visible à y trouver, circonvolution supplémentaire ou zone dédiée d'une grosseur anormale, qui expliquerait anatomiquement et physiologiquement une injuste supériorité et ouvrirait la voie à quelque manipulation génétique de bon aloi. On frémit à la pensée qu'un politique illuminé puisse avoir le désir de promouvoir une pareille idée, rémanence d'un temps que nous essayons d'oublier, où des médecins égarés se livraient à des expériences coupables pour essayer d'améliorer la race humaine. Quant au cerveau d'Einstein, il a effectivement échappé à l'incinération pour être conservé aux fins d'analyses, dans un temps futur où de nouveaux procédés permettraient éventuellement de trouver le détail révélateur qui manque actuellement aux théoriciens. On n'a trouvé pour l'instant qu'un développement un peu plus prononcé de l'un des hémisphères par rapport à l'autre, ce qui n'est pas si rare que l'on croit mais qui a quand même suscité d'incroyables supputations.

Soyons sérieux. Tous les hommes ont le même cerveau, avec les mêmes possibilités, les mêmes capacités, et les mêmes limites. « *Donnez-moi un SDF et quinze années*, disait ce professeur de faculté, *et je fais de lui un docteur ès sciences* ». Les cerveaux humains sont comme fabriqués à la chaîne, à partir d'un nombre de chromosomes immuable, sauf malformation grave. Et comme tous les objets réalisés en série, on peut dire qu'ils sont à la fois tous pareils et tous différents, comme nos amis les chats. C'est cela, une espèce. Pour parler comme dans l'industrie, on dirait que c'est une série réalisée selon le même dossier de fabrication. Tous pareils, parce que tous conçus à partir d'une même morphologie pour avoir un même comportement global. Tous différents, parce qu'il est impossible, même avec le clonage, qu'il y ait deux individus ou deux objets parfaitement identiques. Mais ce qu'il faut absolument préciser, quand on parle des différences, c'est que celles-ci ne concernent que des caractéristiques mineures, dont un élément déterminant doit être, pour ce qui concerne ce qui se trouve à l'intérieur du crâne, ce que les spécialistes de l'électronique appellent le « temps de réponse ». Autrement dit, les cerveaux humains sont plus ou moins rapides, d'un individu à l'autre, leurs mémoires fonctionnent plus ou moins vite, mais ils ont tous le même potentiel et probablement la même capacité mémorielle, qui semble pourtant être éminemment variable. L'intelligence, c'est-à-dire la faculté de comprendre, est la même pour tous, c'est une question de conformation générale du cerveau, c'est une caractéristique d'espèce. Douter de cette affirmation est, d'un point de vue social, une explication de la plupart de nos maux, mais c'est cependant un état de fait dont on ne parvient pas à se défaire, car un certain nombre de personnes y trouvent leur intérêt. Il faut malheureusement reconnaître que nos sociétés, bien qu'injustes, ont trouvé depuis longtemps dans cette inégalité biologiquement indéfendable un équilibre qui est ce qu'il est, mais qui, du point de vue de l'ordre social, vaut mieux que rien du tout : la hiérarchie est le fondement de l'ordre, quels que soient les critères sur lesquels elle repose.

Revenons aux génies : il n'y en a pas, ils n'existent pas, mais nous n'arrêtons pourtant pas d'en fabriquer, et beaucoup non seulement y croient mais souhaitent qu'ils existent. Il y a là toute la contradiction d'une espèce qui se prétend rationnelle, et qui se construit un théâtre sans lequel, apparemment, elle ne sait pas vivre. Einstein était un homme normal, avec un cerveau ordinaire, mais en bon état. Ce qui a fait sa différence avec les autres, c'est son amour de la physique, cette vocation qui se glisse sans prévenir dans certains d'entre nous et fait qu'ils ne regardent pas les choses sans essayer de les comprendre. Ils ne sont pas si rares qu'on pourrait le supposer, mais peu d'entre eux se trouveront dans les conditions propices à la réalisation de leur don : la naissance, le milieu familial, la chance, les rencontres, tous les paramètres de la vie feront qu'il y aura finalement peu d'élus. En ce qui concerne Einstein, les rencontres, surtout celles qu'il fit à l'École Polytechnique de Zurich, furent extrêmement importantes, car ce sont elles qui lui permirent de forger sa théorie au contact de son professeur et mentor Minkowski, père de l'espace-temps, et de plusieurs amis étudiants. Pendant ce temps, en France, Henri Poincaré élaborait lui aussi une nouvelle mécanique dont certains experts de l'histoire des sciences pensent qu'elle était prête avant la publication d'Einstein tout en traitant du même sujet.

La renommée aurait pu choisir le français, le plus rigoureux des deux et excellent mathématicien, elle désigna l'autre, le moins clair mais le plus adroit, et surtout soutenu par un club pangermaniste qui avait décidé de barrer la route à Poincaré par tous les moyens possibles. Le premier est presque oublié du grand public, le second reste perché sur un piédestal pourtant instable, mais que personne n'ose secouer. Tout cela parce que, à un moment donné, ce qu'il avait écrit sur une nouvelle interprétation des équations de Lorenz avait enthousiasmé Max Born, dont l'influence dans le milieu scientifique international était déjà bien établie, ainsi que Ernst Mach, et que ces deux-là possédaient l'audience qu'il fallait pour établir ou détruire la réputation de quelqu'un. En revanche, revendiquer la paternité d'une idée neuve est toujours risqué pour des savants ayant une renommée bien assise, et il est fort probable qu'Einstein se soit trouvé là au bon moment, et ceci pour tout le monde : d'une part pour lui-même, avec un soutien qui allait en faire un chef de file de la nouvelle physique, et d'autre part pour ses mentors, assurés d'envoyer devant eux un missile parfaitement téléguidé.

L'Allemagne et les pays nordiques étaient alors au centre de la pensée révolutionnaire, en physique aussi bien qu'en philosophie et en sociologie, et les sentiments anti-français autant que le fait que Poincaré, seul théoricien relativiste de pointe en France, fut mathématicien, donc quelque peu tenu à l'écart de leur famille par des physiciens autoritaires, firent que la nouvelle physique prit forme outre-Rhin et qu'Einstein, porté par l'opinion de ses pairs, se retrouva miraculeusement seul à la tête d'un mouvement que bientôt tous les physiciens de renom s'empressèrent de rejoindre, sous peine de rester à quai. On voit donc, en analysant sans complaisance et sans apriori le cas du « génie » le plus incontesté du 20ème siècle, qu'il n'y a dans son histoire ni de quoi s'extasier, ni quelque fait marquant exceptionnel relaté par les média de l'époque. Les témoignages d'étonnement, puis d'admiration, vinrent très progressivement, telle une rumeur qui, partie de rien, s'étendit de manière irrationnelle et ne prit d'importance que par ce que lui apportèrent les fantasmes des crédules. Il nc reste plus alors que sa trouvaille, qui n'est pas une découverte, mais une théorie, et que nous disséquerons plus loin.

Nous sommes jusqu'à présent restés focalisés, en ce qui concerne les génies, sur celui qui porte le mieux ce nom dans l'imaginaire populaire. Dans le domaine scientifique, il y en a pourtant beaucoup d'autres dont l'intelligence présumée était comparable à celle d'Einstein, comme par exemple tous ceux qui ont été cités dans le premier chapitre, et bien d'autres encore. Certains passages de Malebranche sont des trésors de logique, et on a l'impression, en lisant la Physique d'Aristote, que le cerveau de ce dernier n'avait pas moins de possibilités que celui de notre référence actuelle. Mais la science n'est pas la seule à posséder ses génies : les Arts et les Lettres ne sont pas en reste pour glorifier soudainement tel ou telle qui, un beau matin, offre au public médusé un tableau, une pièce de théâtre, une sculpture, un roman, une quelconque futilité qui va soulever l'enthousiasme des foules et élever soudainement son auteur au rang de génie. En conséquence de quoi la réalisation qui a motivé cette brusque vénération et qui va flatter l'œil, l'oreille ou l'esprit du quidam au point de l'émerveiller au-delà de toute mesure sera bien sûr qualifiée de « géniale », cela va de soi.

En fait, chaque spécialité de l'activité humaine a son ou ses génies : génie de la finance, génie du crime, génie de l'informatique, etc. Mais le domaine scientifique a, de ce point de vue, un caractère particulier qui le distingue formellement des autres : il s'agit de l'opacité totale, non seulement de la raison pour laquelle on appelle un savant un génie, sinon que ce qui l'a fait tel est tellement hors de portée de la culture moyenne que personne n'y comprend quoi que ce soit, mais aussi des circonstances précises qui l'ont porté à cette distinction recherchée. Quand il s'agit d'un artiste, un peintre par exemple, son œuvre est accessible au jugement de tout un chacun, qu'il soit compétent ou pas. Il suffit de regarder, et on peut immédiatement décider si c'est beau ou pas, si c'est incroyable ou nul. On peut trouver géniale ou horrible une toile de Picasso, selon les goûts et la culture des uns et des autres, mais mis à part le snobisme des admirateurs inconditionnels, n'importe qui, jeune, vieux, paysan, intellectuel, est capable d'émettre une opinion selon ce que son regard lui révèle.

En physique ou en mathématiques, c'est différent : quand un savant est soupçonné de génie, ceux qui s'intéressent aux sciences en tant qu'amateurs et qui éprouvent le désir d'en savoir plus sur le bien-fondé de son œuvre, se trouvent souvent bloqués, d'une manière générale, devant la barrière infranchissable des connaissances mathématiques et théoriques nécessaires à la compréhension du sujet. Dans le cas d'Einstein et de la Relativité, il est probable qu'une personne sur dix mille seulement possède ce niveau, dans un pays occidental comme le nôtre. Et il ne faut pas oublier qu'Einstein lui-même, un moment perdu et bloqué dans ses recherches théoriques, n'a pu continuer qu'avec l'apport de nouveaux outils mathématiques fournis par ses amis.

Quand un physicien se sent obligé de recourir aux mathématiques pour progresser, c'est en général le signe qu'il n'a plus d'idée directrice, et qu'il compte sur la rigueur absolue de cette partie de la logique pour qu'émerge des équations le résultat providentiel qui va lui permettre de repartir. Quand il est contraint, en pleine panne sèche, de demander à un mathématicien de lui fabriquer un outil totalement nouveau pour essayer de se sortir du bourbier dans lequel il s'est fourvoyé, alors c'est encore plus grave, cela signifie que l'idée originale lui a échappé et l'a conduit dans un mur. C'est peut-être ce dernier point qui nous autorise le plus à refuser définitivement, non seulement à Einstein, mais à quiconque, prix Nobel ou pas, un statut de « génie » qu'il ne faut jamais prendre qu'au second degré, c'est-à-dire comme une métaphore traduisant une marque de reconnaissance et d'estime de la part du public à quelqu'un qu'il respecte et à qui on reconnaît une certaine compétence dans son domaine, ce qui n'est déjà pas si mal et a le mérite de rester humain. Nous dirons donc que l'adjectif « génial », qu'il est aisé de prononcer, ne s'applique éventuellement qu'à une idée ou à une réalisation bien particulière, et qu'il signifie simplement « exceptionnellement intelligent », expression trop longue à dire.

Quand un physicien de renom a consacré cinquante ans de sa vie à la recherche théorique, il est parfaitement normal que son travail, probablement en grande partie personnel et même solitaire au bout d'un certain temps, le conduise à s'isoler définitivement des autres, non pas volontairement, mais surtout par le fait qu'il a pris une telle avance dans la spécialité qu'il s'est construite qu'il est impossible aux autres, à un moment donné, de le suivre et encore moins de le rattraper. Juger ce qu'il fait à sa réelle valeur devient alors impossible si ce travail ne débouche pas sur une application pratique qu'on puisse relier à lui d'une manière irréfutable. Faute de quoi, même s'il s'agit d'un « génie », la prudence et la raison conduisent à regarder sa ou ses théories avec une saine méfiance, ce qui n'est jamais que le signe d'une bonne santé mentale. Il faut en toutes circonstances rester les pieds sur terre. Ceux qui ont suivi au Collège de France les conférences de savants comme Pierre-Gilles de Gennes ou Alain Connes, le premier prix Nobel et le second médaille Fields, ont eu l'impression de se trouver en présence de personnes extrêmement proches d'eux, simples, sympathiques, disponibles, répondant avec une infinie patience à toutes les questions, même stupides, et tout à fait à l'opposé de ce qu'on pourrait imaginer à priori à propos de gens aussi cultivés et autant honorés. Eux-mêmes ne se considèrent pas comme des génies, et pourtant peu de personnes peuvent suivre leurs exposés, même s'ils consentent un important effort de vulgarisation, comme c'est la règle au Collège, qui a été créé à l'origine pour que le grand public puisse gratuitement se tenir au courant des dernières avancées de la science. En fait, leur auditoire se compose habituellement de deux parties bien distinctes : d'une part le grand public, plus ou moins averti et venant là en curieux, et d'autre part des collaborateurs directs ou des étudiants qui viennent là assister à une sorte de séance de révision ou poser les questions qu'ils ont du garder en attente pendant les cours professés ailleurs qu'au Collège. La première partie abandonne rapidement, faute d'entraînement, mais reste jusqu'au bout pour applaudir. La seconde entoure les conférenciers pendant la pause, comme des fourmis-soldats qui montent la garde autour de leur reine et la protège des agressions extérieures. Mais combien, parmi ces auditeurs variés, ont-ils réellement compris ce qu'on essaye de leur faire passer ? Mystère. Les deux savants exemplaires qui viennent d'être cités ont probablement des possibilités intellectuelles du même ordre que celles d'Einstein, voire supérieures, mais tous deux auraient catégoriquement refusé d'être appelés des génies, déjà comblés qu'ils sont par la satisfaction du travail bien fait et d'une saine renommée, faite avant tout de considération.

En conclusion de tout ceci, il serait souhaitable de rayer de notre vocabulaire le mot « génie », quand il est utilisé comme témoignage de vénération aveugle envers un être humain qu'on pare de qualités qu'il n'a peut-être jamais eues. Il n'y a pas de génies, il n'y a que des idées géniales, de temps en temps, venant de gens ordinaires, et ce n'est déjà pas si mal. Mais il faut surtout ne pas se laisser influencer, surtout dans le domaine scientifique et plus particulièrement celui de la recherche de pointe, par des légendes fabriquées en partie par les média spécialisés, toujours en quête de sensationnel mais qui constituent cependant notre principale source d'information. S'intéresser à la physique ne veut pas dire avaler n'importe quoi, faute de quoi elle devient une source supplémentaire de trouble et d'interrogations sans réponses, et il y en existe déjà suffisamment sans qu'il soit besoin d'en rajouter. La physique est l'âme, le cœur, le pilier principal de notre civilisation. Elle doit être partagée par tous, chacun doit y avoir accès quel que soit son niveau, et chacun devrait aussi pouvoir émettre une opinion, avoir un avis solidement fondé, pouvoir débattre sur des sujets qui sont bien plus passionnants que tous les couleuvres que veulent nous faire ingurgiter quotidiennement les journaux de vingt heures. La route sera longue.

4-2 : La théorie de la Relativité.

« ...le principe même de la Relativité, quand on l'amalgame avec une loi physique, abusivement généralisée d'ailleurs, la loi de constance absolue de la vitesse de la lumière, donne naissance à des conséquences que notre raison ne peut admettre. Il soumet, en effet, les phénomènes à une réciprocité qui conduit à l'énonciation de propositions contradictoires, c'est-à-dire à des impossibilités logiques. Une théorie qui a de telles conséquences est nécessairement fausse. »

Cette citation de Raymond Leredu, ingénieur Centralien auteur de « la piperie relativiste », résume assez bien ce que tous ceux qui ont essayé de comprendre la Relativité, en laissant de côté tout apriori sur de la renommée de son promoteur, ont conclu après sa lecture. Leredu était, avec Bouasse et Gandillot, l'un des plus virulents opposants d'Einstein entre 1920 et 1930, mais tous, de même que les nombreux autres qui ne sont pas cités ici, ont fait l'effort de conduire une analyse critique dont la méthode même, scrupuleuse et impartiale comme il convient à toute critique constructive, mérite attention et considération. Le moutonisme des scientifiques, toujours prêts à naviguer dans le sens du vent, a fait qu'aujourd'hui les noms de la quasi-totalité de ces détracteurs spontanés sont ignorés, et que plus personne ne cherche à contester une théorie dont on impose l'existence comme un dogme religieux, et qu'il est de bon ton de citer dans tout ouvrage concernant la physique. Il est en effet fortement recommandé d'ajouter, dans toute publication sérieuse, que la découverte qu'on relate et dont on informe la population confirme une fois de plus, s'il était besoin, cette merveilleuse théorie dont la solidité se renforce à mesure que le temps passe.

Restons calmes et sereins, comme disent les politiques contrariés, mais on se demande bien ce qu'il faudra comme événement pour que la communauté scientifique se réveille et se décide enfin à se débarrasser d'une théorie qui ne lui apporte rien de consistant. Comme le disait Leredu, *« Parmi toutes les équations qui créent un lien apparent entre sa ciné-*

matique et sa dynamique, seules les équations (...) permettent à Einstein d'incorporer dans sa théorie certaines concordances avec les faits astronomiques et expérimentaux.. Il subit, à son insu, l'attraction de ses accords qui viennent, lui semble-t-il, corroborer ses idées et il accepte comme démonstrative une proposition qui est, en réalité, vide de tout sens mathématique. Et c'est ainsi que la Relativité, qui n'était rien, va se trouver revêtue de ce lustre trompeur qui, pendant trop longtemps, assurera son existence. ».

Aucun ingénieur n'osera jamais affirmer que la Relativité lui a servi à quoi que ce soit dans l'exercice de son métier. Aucun particulier ne peut désigner du doigt, chez lui ou dans son environnement immédiat, un quelconque objet, appareil ou outil, dont il pense devoir l'existence ou la conception à la Relativité. Aucun professeur ne sait répondre d'une manière simple et compréhensible à la question : « *Qu'est-ce au juste que la Relativité ?* ». Alors, pourquoi une majorité de scientifiques continue-t-elle à se prosterner devant ce nom magique qui pourtant ne représente rien de concret pour personne? Peut-être qu'une partie de la réponse est justement là : la Relativité, ce n'est pas concret. Malgré tous les efforts qui sont faits pour nous la présenter comme l'une des fondations indispensables de la science moderne, ce n'est qu'une vue de l'esprit, un exercice de style, un édifice baroque et mal équilibré, né de la cogitation commune d'un groupe révolutionnaire de Zurich dont la physique n'était pas au départ la première préoccupation. Certes ils étaient physiciens, les Einstein, les Adler, les Minkowski, les Solovine, mais tous théoriciens, pas des physiciens de laboratoire, pas des praticiens qui, comme les Curie, ont sans cesse expérimenté. De purs esprits, capables de discuter de n'importe quoi, de grande culture, mais à qui il manquait quelque chose de très important, ce qui fait l'expérience des ingénieurs d'application et des chercheurs de laboratoire: le contact permanent avec la matière. Ce contact est fondamental dans la formation des physiciens, il leur permet de toujours garder les pieds sur terre et sert aussi de garde-fou à une trop grande imagination. Celle-ci est certes indispensable dans tout métier où l'adresse manuelle n'est pas exclusive, où il faut mener de front une pratique rigoureuse et une réflexion permanente, mais il faut tenir celle-ci en laisse et ne jamais s'égarer dans des élucubrations gratuites. Et, en fonction de ce qui a été dit précédemment, il est très tentant de considérer la Théorie de la Relativité comme l'exemple type de ce qu'il ne faut pas faire.

La critique est facile, dit-on couramment. C'est vrai si elle n'est qu'opposition systématique, que contradiction formelle, mais ce peut être un travail conséquent et utile à partir du moment où elle se fait dans les strictes règles de l'analyse. Pour cela, il faut procéder méthodiquement, ne pas se disperser, et attaquer son objet d'abord par un seul flanc, bien choisi et bien identifié, pour ensuite progresser de manière logique. C'est le prix de l'efficacité et de la crédibilité. En ce qui concerne Einstein et la Relativité, il semble que sa propre présentation de sa théorie soit une excellente cible, ce qui conduit à tenter de démonter soigneusement l'ouvrage où il expose lui-même les nouveaux principes de la physique selon lui, à savoir « *La Théorie de la Relativité Restreinte et Générale, Gauthier-Villars/Bordas, 1976* ». Cet ouvrage réédité de multiples fois, mais qui date en réalité de 1916, s'adresse d'abord, selon la préface de l'auteur, au lecteur moyen ne possédant qu'un minimum de connaissances mathématiques, celles d'un bachelier. C'est parfait, car dans ces conditions préalables, il s'oblige à des efforts de vulgarisation qui sont absents des ouvrages de plus haut niveau, où les mathématiques prennent l'ascendant sur les explications et ont très vite pour conséquence une sélection drastique du lectorat. Celui-ci peut donc espérer au départ, quand il a choisi ce livre-là parmi d'autres, avoir l'occasion unique de saisir la quintessence des idées maîtresses nées dans le cerveau tourmenté du physicien-génie.

Commençons donc par cette préface, où on découvre immédiatement un ton légèrement mielleux et paternaliste qui va imprégner par la suite la totalité du livre, et où Einstein commence à s'adresser au lecteur moyen comme un professeur de collège le ferait à des élèves de primaire. Les dernières lignes sont particulièrement caractéristiques : » *Puisse ce petit livre être un stimulant pour beaucoup de lecteurs et leur faire passer quelques heures agréables* » ! En fait d'heures agréables, ce sera pour beaucoup d'entre eux une expérience décourageante qui se terminera par une mise au cagibi. Mais passons et entamons le premier chapitre. Celui-ci est destiné à introduire le doute dans les certitudes supposées du lecteur à propos de ce qu'on lui a appris sur la géométrie, et des notions de base qu'il considère comme indiscutables. Einstein se propose précisément de les discuter, ce qui est un bon départ quand on veut introduire de nouveaux concepts, il n'y a rien à dire sur le principe même. Ce qui est gênant, c'est le fait de remplacer des certitudes bien nettes par des idées bien floues, de détruire un univers de connaissances, il est vrai peut-être pas si solide que ça, mais pour le remplacer par une somme sans cesse croissante, au fur et à mesure qu'on avance dans le livre, de questions sans réponse (« *Qu'entendez-vous par l'affirmation que ces propositions sont vraies ? »,* écrit-il*)* uniquement destinées à ébranler la fragile assurance qui est la récompense des leçons bien apprises. Il prépare le terrain, comme un jardinier qui commence par retourner sa parcelle avant de semer. Son but est simple, une fois que l'on a compris sa tactique : apporter le doute, amener le lecteur à se demander si, effectivement, il n'y aurait pas lieu de reconsidérer les axiomes indémontrables de la géométrie, et de se demander si notre intuition à leur égard, qui nous les suggère de manière si puissante, est si bien fondée que cela. Il ne faut jamais oublier, quand il s'agit d'Einstein, que lui et ses amis de l'Académie Olympia, qu'ils avaient fondée à Berne, étaient des révolutionnaires qui voulaient changer le monde, comme tous les révolutionnaires, mais en incluant la physique dans leurs vastes projets d'amélioration de la société. C'est dire quelle place tient la dialectique dans sa démarche générale, qui est de ce point de vue assez souvent proche de celle d'un politique qui essaie de faire passer son message de manière digeste.

C'est ainsi qu'il nous invite à réfléchir sur la signification profonde du mot « vrai », qui est pourtant un adjectif que même les enfants comprennent sans la moindre équivoque. Il est bien évident que s'attaquer à une notion aussi simple et universelle ouvre la voie, ensuite, à toutes les possibilités, et c'est en toute connaissance de cause qu'Einstein entreprend cette analyse sémantique avec un niveau assez rare dans un livre de physique. Mais elle répond à un but précis, qui est de balayer toutes les convictions, toutes les conventions usuelles et de faire table rase, en les groupant sous l'étiquette de Géométrie euclidienne, des notions classiques incompatibles avec sa propre théorie de l'espace et du temps, qui va être le fondement de la Relativité :

« La géométrie part de certaines notions fondamentales telles que le point, la droite, le plan, auxquelles nous sommes capables d'associer des

notions plus ou moins claires, et de certaines propositions simples (axiomes), que nous sommes disposés à regarder, en vertu de ces représentations, comme « vraies »....Mais on sait depuis longtemps que non seulement on ne peut répondre à cette question (est-ce que les axiomes sont « vrais ») au moyen des méthodes de la géométrie, mais qu'elle n'a en elle-même aucun sens ».

On n'est déjà plus là dans la physique, mais dans un laïus philosophico-métaphysique qui donne le ton du reste de l'ouvrage, et qui va obliger le lecteur à se poser des questions du même ordre, questions qui ne lui viendraient probablement jamais à l'esprit en d'autres circonstances, mais qui vont lui faire perdre toute l'assurance que ses professeurs s'étaient efforcés de lui communiquer pendant le déroulement de son cursus scientifique scolaire. Au surplus, il n'est pas interdit de faire ce genre de digressions spéculatives dans la pratique de la physique, mais à condition que cela reste une brève introduction suivie d'une étude méthodique d'un phénomène. Ici, cela dure.

Bien qu'il faille tout lire, afin de pouvoir répondre sans mentir par oui à la question « mais avez-vous lu Einstein ? », on peut ne pas s'attarder sur les chapitres 2, 3 et 4, où il enfonce des portes ouvertes en nous décrivant avec une méticulosité proustienne les différentes manières de mesurer et de situer les choses. Tout cela pour nous faire toucher du doigt que toute localisation se ramène à une comparaison géométrique avec un objet fixe et rigide, et qu'un objet fixe et rigide n'est jamais tout à fait ni fixe ni rigide. Certes l'idée est intéressante, mais elle nous oriente plus vers le thème de la connaissance sans certitude de Popper que vers une avancée inattendue de la physique. Cependant, pour Einstein, ce travail préparatoire est indispensable. Effectivement, cela lui permet de nous montrer ensuite l'absolue nécessité, qu'on connaissait avant lui, de préciser le système de coordonnées lorsque l'on veut étudier le mouvement d'un corps : un objet qui tombe dans un mobile se déplaçant à vitesse constante aura une trajectoire linéaire pour un observateur lié au mobile, mais une trajectoire parabolique pour un second observateur lié au sol. C'est on ne peut plus exact, mais c'était déjà connu au 17ème siècle. On ne sait toujours pas, à la page 13, où Einstein veut nous emmener, mais il commence à sortir de sa poche l'objet qui va prendre par la suite la plus grande importance : l'horloge.

En effet, si les deux observateurs dont nous venons de parler savent définir chacun une trajectoire apparente, c'est qu'ils ont chacun une horloge, cela coule de source. Mais le système de coordonnées est tout aussi important, aussi se voit-il dans l'obligation de définir à sa manière le système qui faisait foi jusqu'à ce que lui, Einstein, intervienne, à savoir le système « galiléen » : « *Un système de coordonnées dont le mouvement est tel que relativement à lui la loi de l'inertie reste valable est appelé « système de coordonnées galiléen ». Ce n'est que pour les systèmes de coordonnées galiléens que les lois de Galilée-Newton sont valables* ». C'est donc l'association de la mesure d'un temps et d'une localisation qui est au départ de toute mesure physique. Cela aussi, on le savait déjà, mais en particularisant le système classique de coordonnées, et en le distinguant ainsi d'un autre éventuel, rien qu'en lui donnant le qualificatif de galiléen, Einstein ouvre la porte à la possibilité d'autres systèmes, en nombre illimité, dont le système galiléen ne serait qu'un exemple. C'est une ruse dialectique destinée à détruire l'universalité du système de coordonnées employé jusqu'à présent, celui où on se repérait par rapport à un trièdre trirectangle attaché à un lieu arbitraire.

On arrive maintenant à l'énoncé du principe de relativité : « *Si K' est relativement à K un système de coordonnées qui effectue un mouvement uniforme sans rotation, les phénomènes de la nature se déroulent, relativement à K', conformément aux mêmes lois générales que relativement à K. Nous appelons cet énoncé « principe de relativité » (dans le sens restreint)* ». On reste bouche bée et les bras ballants : qu'est-ce que ça veut dire ? Qu'est-ce qu'il y a de nouveau ? Que signifie « dans le sens restreint » ? Qu'est-ce qu'il devient dans un sens non restreint ? Les lignes suivantes ne nous apportent guère d'éclaircissements, on conclut simplement que le principe de relativité est l'expression d'une évidence de la mécanique classique, que connaissaient déjà Descartes, Newton ou Huygens. Il faut bien voir que nous en sommes déjà à la page 17, et que nous n'avons jusqu'à présent rencontré ni révélation, ni introduction claire où un objectif précis soit dessiné, ni substance : que du vide et du verbiage. Mais poursuivons quand même. On a la surprise de voir soudain arriver page 23, après une somme de remarques sur l'addition des vitesses, sur la notion de simultanéité et sur celle du temps, la promesse que va venir l'exposé d'une « Théorie de la relativité restreinte », qui n'est donc pas la même chose que le « principe » du même nom. Les arguments préparatoires, remplis de lieux communs et de raisonnements étranges, sont d'une confusion telle que l'on se pose des questions à chaque ligne, en se demandant où l'auteur veut en venir, et en sentant le trouble nous envahir peu à peu. C'est alors que l'on tombe, page 25, sur cet avertissement extraordinaire concernant la perception de la simultanéité : *« si vous ne m'accordez pas cela, cher lecteur, avec conviction, il est inutile de continuer »* ! On croît rêver ! Imagine-t-on un professeur dire à ses élèves : *« Si vous ne me faites pas confiance, mieux vaut rentrer chez vous ! »* ? Mais il ne s'agit pas de n'importe quel professeur, celui-ci a tous les droits, y compris celui de nous prendre pour des benêts.

A partir de cet endroit, si on accepte effectivement de signer un chèque en blanc et si on n'est pas découragé par le décryptage difficile des pensées du maître, on peut néanmoins continuer la lecture sans chercher à assimiler chaque proposition, mais simplement pour connaître la destination finale et surtout pour essayer de comprendre pourquoi et comment ce fatras métaphysique a pu devenir une théorie respectée. On aborde ainsi la question fondamentale du temps et de son évaluation, mais en fait Einstein a décidé de nous mettre en face du problème qu'il s'est posé de manière arbitraire et que l'on peut résumer ainsi : comment faire une mesure de temps ou de longueur dans un mobile à partir d'une position fixe. Quel challenge!

Pour donner corps à ce problème et lui conférer un aspect moins théorique, il s'est construit une petite panoplie qu'il va utiliser de manière systématique et qui comprend un talus bien rectiligne, avec sur ce talus un observateur immobile, un train qui longe le talus à une certaine vitesse constante, avec à bord un autre observateur, et deux ou plusieurs horloges aux mains des deux observateurs. Les horloges sont censées être synchronisées et surtout le rester, ce qu'avec un minimum de réflexion on a le droit de considérer comme impossible, et le train est très long, voire de longueur infinie, ce qui lui enlève un début et une fin et évite à la fois au lecteur et au rédacteur de se demander par la suite ce que devient sa dimension quand le dernier nommé va nous parler de contraction des longueurs à son bord. On voit donc toute la simplicité du problème posé par Einstein: l'observateur fixe doit mesurer la longueur, disons d'un mètre étalon, embarqué à bord d'un train, sachant que c'est l'observateur qui est à bord du train qui fait la mesure. Ce dernier doit donc transmettre au premier un certain résultat au moyen d'un signal, qu'Einstein suppose lumineux, et simultanément, à l'aide de ce même signal lumineux, les éléments lui permettant de vérifier ce résultat à partir du talus où il se trouve.

Si Einstein n'avait pas existé et que, sachant ce que nous savons aujourd'hui, un physicien du vingt-et-unième siècle avançait de telles idées, présentées sous cette forme synthétique, on aurait tendance à douter de sa santé mentale. Mais, au début du $XX^{\text{ème}}$ siècle, présentée à la manière d'Einstein, la Relativité a quand même trouvé dans le milieu des penseurs de la physique suffisamment d'attraits, ne serait-ce que par le mystère de son exposé, pour déclencher une vague de curiosité qui a finalement donné ce que l'on sait, une religion aboutie dont nous aurons beaucoup de mal à nous débarrasser. Mais il en est ainsi de tous les combats idéologiques de la science, rappelons-nous Newton et la théorie corpusculaire de la lumière.

Arrivés à ce point de l'analyse de la Relativité, exposée dans le livre « grand public » d'Einstein, rappelons qu'il ne s'agit pas de démontrer qu'il a tort, bien que nous ne manquerons pas de le faire si nous en voyons la possibilité, mais d'essayer d'abord de le comprendre, en utilisant ce qui est présumé être la chose du monde la mieux partagée et qui est notre seule arme de jugement, à savoir le bon sens. Ce faisant, nous ne faisons jamais que répondre à son invitation de nous faire passer, comme il dit, un moment agréable. Pour l'instant, ce n'est pas tout à fait le cas, et à la page 33, quand on aborde la transformation de Lorenz, nous savons après sondage qu'il y a déjà eu beaucoup d'abandons. Poursuivons néanmoins.

Einstein nous présente deux systèmes de coordonnées K et K', représentés chacun par un trièdre trirectangle, les deux trièdres ayant les axes des y et des z parallèles et des axes des x qui glissent l'un sur l'autre. Le problème est toujours le même : effectuer une mesure de longueur dans K' en se trouvant dans K. Pour y parvenir, il va utiliser deux artifices sans lesquels il ne pourrait développer sa thèse. Le premier consiste à utiliser comme signal de communication entre les deux systèmes de coordonnées une onde électromagnétique, avec comme propriété indispensable que sa vitesse de propagation est une constante universelle. Nous reviendrons sur la justification qu'il en donne, mais il est bien évident, compte tenu des chapitres précédents, qu'il y a tout lieu de contester cette affirmation à partir du moment où l'existence de l'éther et le caractère éminemment variable de c_0 ont été établis. Le second, qui n'est pas à proprement parler un artifice mais qui revient au même, est constitué par les équations de Lorenz, que nous reproduisons ci-dessous :

$$x' = x$$
$$y' = y$$
$$z' = z$$
$$t' = \frac{t - \dfrac{v}{c^2}\, x}{\sqrt{1 - \dfrac{v^2}{c^2}}}$$

On remarque particulièrement la quatrième équation, où on constate la présence d'un temps t' différent de t et qui constitue la grande nouveauté par rapport aux habitudes précédentes, quand on considérait t comme « la » variable de temps unique des mathématiciens, celle qui traduisait dans leur langage la variabilité d'une quantité. On remarque aussi, non sans une certaine gêne, que t' dépend de x, mais fort heureusement avec un coefficient tellement faible qu'on va s'empresser de le négliger. Dans le texte, ce temps t' apparaît soudain, sans explication, comme s'il était parfaitement naturel que dans le système K' il suffisait de mettre des « prime » à chaque variable pour pouvoir le faire dialoguer avec K. Cette apparition d'une autre échelle des temps, car on ne peut faire autrement que de la définir ainsi, et donc d'une infinité d'autres puisque nous comprenons que chaque système de coordonnées possède la sienne, ouvre la porte à toutes les fantaisies de calcul que l'on voudra. En effet, on se dote ainsi d'un degré de liberté supplémentaire, qui permet d'occulter complètement la définition du temps en le réduisant à un simple paramètre local.

Ceci est typique de la méthode einsteinienne : dès que quelque chose l'embarrasse au point de constituer un obstacle majeur dans la progression de son exposé, il passe au-dessus avec une vitesse fulgurante, en sous-entendant que c'est tellement naturel qu'il n'y a pas besoin de justification. Au surplus, et c'est encore plus adroit, il ne fait que se servir d'un système d'équations déjà établi par quelqu'un d'autre, et dont par conséquent il ne porte pas la responsabilité. Il s'agit en l'occurrence du travail de Lorenz, corrigé de ses imperfections par Henri Poincaré, qui eut la grandeur d'âme de lui en laisser malgré tout la paternité. Il n'en reste pas moins qu'on ne peut pas, comme cela, d'un revers de main, envoyer au diable ce qui constitue encore un des problèmes philosophiques majeur des penseurs épistémologiques. Nous ne savons pas ce qu'est la vraie nature du temps, bien que nous en ayons une conscience très forte. Nous ne savons définir et mesurer que ce que nous appelons des intervalles de temps, en laissant de côté la définition du mot lui-même. Et la mesure d'un intervalle de temps, c'est-à-dire la durée qui sépare deux dates, se fait toujours de la même manière : on compte à l'aide d'horloges un certain nombre de périodes d'un phénomène cyclique régulier, tel que la révolution d'une planète autour du soleil ou la vibration d'un atome.

Par conséquent les horloges dont nous parle Einstein, et qui ont un rôle absolument fondamental dans son raisonnement, ne sont ni plus ni moins, quels que soient les procédés de construction, que des dispositifs de comptage, qui indiquent pour la durée d'un événement donné un certain nombre de répétitions d'un phénomène cyclique. Or on sait très bien que la seconde, unité de temps dans le système SI, indiqué par une horloge fonctionnant selon un principe quelconque, dépend d'une certaine quantité de paramètres locaux, dont par exemple la pesanteur, qui varie selon le lieu. C'est évident pour un pendule simple, mais c'est vrai aussi, bien que moins évident, pour une horloge électronique. On voit donc, après un minimum de réflexion, que la synchronisation des horloges, qui est une condition *sine qua non* dans la théorie relativiste, est, au sens théorique, quelque chose d'impossible à réaliser puisque deux horloges placées dans deux endroits différents ne peuvent déjà pas, pour des raisons tout à fait terre-à-terre, indiquer la même heure.

Autre remarque, qu'on ne fait jamais car elle conduit à une impasse : pour traiter de la simultanéité des événements dans deux systèmes de coordonnées en mouvement l'un par rapport à l'autre, Einstein utilise la lumière, en tant que phénomène de propagation d'une onde, pour transmettre les informations de lieu et de temps d'un système à l'autre. Mais il n'y a pas que la lumière pour servir de support à cette nécessaire communication : on peut faire le même raisonnement global avec des signaux sonores, en supposant qu'on travaille dans un air à température et pression constantes, et donc avec une vitesse de propagation parfaitement définie, en tous cas aussi bien que celle de la lumière. L'avantage avec les ondes sonores, c'est que le rapport, que l'on trouve dans la transformation de Lorenz sous la forme du terme $\beta = \dfrac{v}{c}$, peut prendre des valeurs beaucoup plus importantes, directement mesurables contrairement au cas des ondes lumineuses, et que ces valeurs sont expérimentalement vérifiables. On peut ainsi facilement donner au train d'Einstein une vitesse de 33 m/s, c'est-à-dire le dixième de la vitesse du son dans l'air, ce qui entraîne un β de 10^{-1}, au lieu de 10^{-7} avec la lumière, et évaluer d'éventuels effets relativistes qui deviendraient par conséquent accessibles à la mesure. Mais on sait aussi que la vitesse du son mesurée dans le train sera la même que celle mesurée sur le talus, puisque l'air à l'intérieur du train est immobile par rapport au train lui-même, et les considérations géométriques faites par Einstein en se servant d'une vitesse de la lumière, supposée constante universelle, ne peuvent plus se justifier.

C'est précisément la raison pour laquelle il a choisi la méthode qui utilise une onde EM, ce qui la rend suffisamment floue pour garantir l'impossibilité de dire oui ou non à ses propositions, en évitant soigneusement de parler de l'autre, qu'il a très probablement envisagée et dont il a tout de suite vu qu'il était dangereux de l'utiliser. Quoi qu'il en soit, il n'y a plus aucun moyen de faire apparaître la notion de contraction des longueurs si on utilise comme signal de communication une transmission sonore entre deux systèmes de coordonnées en mouvement relatif. Le but d'Einstein n'était donc pas seulement de détruire des notions de logique ordinaire, que les instituteurs se tuent à faire entrer dans la tête de leurs élèves, mais surtout d'introduire cette fausse idée que la célérité de la lumière est une constante, et par là même de se débarrasser de l'obstacle constitué par l'éther, dont les multiples tentatives de description faites par ses prédécesseurs, avec autant de propriétés successivement contradictoires, empêchait une expression claire de l'hypothèse majeure d'une lumière se déplaçant toujours avec la même vitesse dans toutes les directions.

Le scandale prend forme à la page 84, où on lit soudain avec stupeur, à propos de la déviation des rayons lumineux par les masses, que la vitesse de la lumière devient variable ! Mais la manière de présenter ce demi-tour complet est absolument savoureuse, car elle montre la rouerie d'Einstein et son extraordinaire aplomb pour nous faire avaler des couleuvres :

« ...conformément à la Théorie de la relativité générale, la loi déjà souvent mentionnée de la constance de la vitesse de la lumière dans le vide, qui est une des deux suppositions fondamentales de la Théorie de la relativité restreinte, ne peut pas prétendre à une validité illimitée. En effet, une courbure des rayons lumineux ne peut se produire que si la vitesse de propagation de la lumière varie avec le lieu » !!

Imaginerait-on un doctorant du 3ème cycle, en train de soutenir sa thèse au dernier étage de la tour centrale de Jussieu, répondre au jury qui lui fait remarquer une contradiction flagrante dans son exposé : « *Messieurs, excusez-moi, mais ce que je viens de vous dire ne peut pas prétendre à une validité illimitée. L'erreur que vous me reprochez n'est qu'un détail qui ne remet pas du tout en cause trois ans de travail !* ». Nul ne doute que l'impétrant se ferait botter le derrière, moralement parlant bien sûr car il y a des choses qui ne se font pas à ParisVI, mais quand on s'appelle Einstein les lois ordinaires ne s'appliquent plus. On ne touche pas aux génies. Ce qui est incohérence pour le peuple de la rue devient chez eux révélation divine.

On pourrait continuer ainsi jusqu'au bout du livre, chaque page donnant une occasion de débattre, soit qu'on trouve un sophisme, soit une absurdité, soit un langage indéchiffrable, soit tout à la fois. Il est sans grand intérêt de poursuivre une analyse qui, dès le début, disons dès les quarante premières pages, démontre une formidable arnaque intellectuelle. Un exemple typique de ce maniement machiavélique de l'embrouillamini se trouve page 32, quand il parle de la mesure, effectuée sur un talus, d'une longueur située sur le plancher d'un train qui roule :

« *...il n'est pas du tout prouvé* a priori *que cette dernière mesure donnera le même résultat que la première. La longueur du train, mesurée*

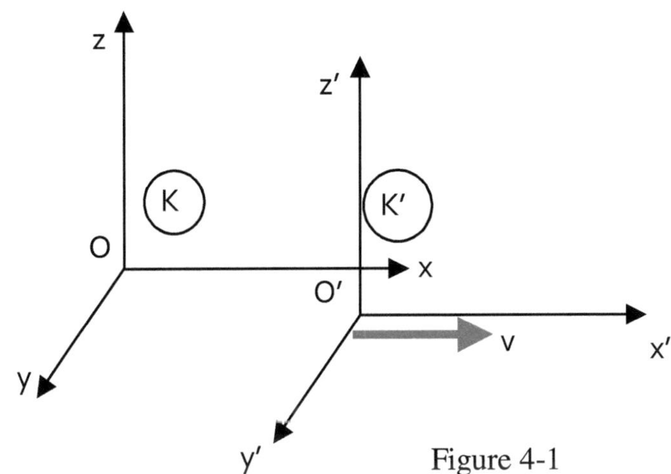

Figure 4-1

*sur le talus, peut être différente de celle mesurée dans le train même... Si le voyageur parcourt dans le wagon la distance w dans l'unité de temps, **mesurée dans le train**, cette distance n'est pas nécessairement égale à w **quand elle est mesurée sur le talus**.* ».

Imaginons un instant, c'est un exercice infaillible pour juger de la qualité d'un raisonnement, qu'il faille trouver les mots pour expliquer tout cela à un enfant de dix ans, qui n'a pour lui que sa logique primaire qu'il a du découvrir seul. Si cet enfant existe réellement et manifeste le souhait de se voir expliquer la Relativité, et si en vous écoutant il vous regarde d'un œil torve en ayant l'air de se demander où vous voulez en venir, c'est qu'il n'est pas stupide et qu'alors tous les espoirs lui sont permis. Si jamais il vous dit au contraire qu'il comprend, ou qu'il croit comprendre, alors méfiance : surveillez-le bien, il risque gros. Et dans le pire des cas, finir relativiste serait pour lui et ses proches une grande catastrophe, de celles dont on ne se remet jamais.

Pour revenir au livre, on peut aisément arrêter l'exploration après une cinquantaine de pages, mais pour ceux qui veulent continuer, qui n'ont pas encore lu Einstein ou qui l'ont lu avec les yeux de Chimène, la règle du jeu est maintenant claire, c'est en fait celle du jeu des 7 erreurs : il s'agit de choisir une page au hasard, ou bien toutes successivement si on en a le courage, et de cocher tout ce qui interpelle. Ensuite, on cherche les contradictions entre pages différentes, par exemple entre la page 22, où on nous dit que la vitesse de la lumière doit être constante, et la page 84, où on nous dit qu'elle ne peut pas l'être. Si, au prix d'un effort méritoire, on parvient au terme du livre, on se demandera vraiment pourquoi il y a eu une telle mansuétude, de la part des scientifiques de tous niveaux, pour cet empilage de contradictions, pourquoi un si grand nombre de physiciens l'ont plébiscité avec autant de conviction, et pourquoi on en parle encore, bien que cette théorie ne conduise à rien.

Il y a encore plus grave. Dans l'esprit du grand public, celui-là même qu'Einstein a désigné comme le lecteur-type capable d'apprécier son essai relativiste, on mélange tout avec la complicité des médias scientifiques: la Relativité, le Big Bang, la bombe atomique, la théorie des quanta, la matière noire, le voyage dans le temps, le chat de Schrödinger, tous ces titres d'articles des revues spécialisées se fondent dans un magma d'idées confuses que l'on considère globalement comme les enfants de la Relativité, comme si Einstein était responsable de tout, comme s'il avait changé la physique, tout cela parce que les rédacteurs des articles concernant ces sujets ne manquent jamais de sacrifier à ce qui est devenu un rite : ajouter en fin de texte que ce dont ils parlent est une confirmation de plus de la Théorie de la Relativité. On notera d'ailleurs qu'on parle maintenant de « la » Relativité, sans préciser laquelle des deux, restreinte ou générale, et en oubliant qu'elles sont incompatibles entre elles, notamment en ce qui concerne les hypothèses faites sur la vitesse de la lumière. D'autre part, ils oublient également de dire que lorsqu'un phénomène quelconque « confirme » la Théorie de la Relativité, il confirme également la Théorie Synergétique de Vallée, ainsi que d'autres théories plus ou moins abouties mais peut-être pas moins valables. Il est donc parfaitement incorrect, dans ces circonstances, d'employer le verbe « confirmer » alors qu'il ne s'agit que d'une **compatibilité** avec les faits avérés, ce qui est une condition obligatoire pour toute théorie.

C'est pour cette raison, entre autres, qu'une théorie ne peut être « vraie ». Elle peut être fondée, cohérente, pratique, élégante, compliquée, adaptée, tout ce que l'on veut, mais pas « vraie ». Elle peut en revanche être fausse, si elle se trouve en contradiction avec les faits. Le juge suprême est donc, en l'occurrence, l'expérimentation, et ceci est l'occasion de rappeler que la physique est avant tout une science expérimentale, dont les acquis ont tous obéi à la notion de preuve : ce qui est vrai, c'est ce qui est apporté par l'expérience et l'observation. Ceci étant dit, qu'est-ce que la Relativité a apporté de nouveau dans la physique du $20^{\text{ème}}$ siècle ? De quelle révélation vérifiable nous a-t-elle fait profiter pour notre bonheur ? Est-ce que l'invention diabolique de l'espace à quatre dimensions de Minkowski n'aurait pas été le début et le déclencheur d'une folie furieuse collective due à l'accaparement de la physique par les théoriciens ?

Si on regarde d'un peu près ce qui s'est passé le siècle dernier, il n'y a en physique qu'une seule révélation qui mérite vraiment considération et qui a changé notre manière de voir, c'est que la masse varie en fonction de la vitesse. Que la Théorie de la Relativité soit en accord avec elle n'est pas contestable, mais il ne s'agit que d'un accord formel : elle n'explique rien, contrairement à la Théorie Synergétique et surtout à ce qui a été exposé dans le chapitre précédent, où le point de vue éthériste de la masse rend le phénomène d'une simplicité et d'une évidence confondantes. Cette propriété de la masse n'a pu être mise en évidence que grâce aux progrès technologiques de la physique atomique, et en particulier au traçage et au comptage des particules. On s'est aperçu qu'un électron se déplaçant à une vitesse non négligeable par rapport à celle de la lumière avait une trajectoire différente, quand il était dévié par un champ électrique ou magnétique, de celle que l'on pouvait calculer en partant de sa masse statique. C'est le seul fait concret qui conduise, en physique, à la conclusion que seule une variation de la masse inerte peut expliquer ce comportement. Pas besoin de Relativité pour cela, mais les relativistes se sont emparés de la chose pour en faire, une fois de plus comme c'est leur habitude, la confirmation exclusive de leur maudite théorie. Il faut en même temps apprécier à sa juste valeur cette découverte faite par les physiciens atomistes, tout en affirmant qu'ils n'ont jamais eu besoin de la Relativité pour la faire : c'est uniquement le fruit, comme pour Marie Curie quand elle a découvert le radium, d'une saine curiosité conjuguée à une expérimentation forcenée.

Mais dira-t-on, pourquoi tant de haine anti relativiste ? Pourquoi vouloir absolument se dresser contre un mouvement de pensée qui semble remporter l'adhésion générale depuis si longtemps ? Pourquoi même le suspecter, puisqu'on l'enseigne partout ? La raison principale est la colère. Colère de voir une majorité de scientifiques béats encenser une théorie absconse uniquement par dogmatisme. Colère de constater un refus systématique de se remettre en question, de la part d'individus qui sont chargés de promouvoir la connaissance et de l'enseigner aux jeunes. Colère de voir les membres de la catégorie sociale qui a la plus grande responsabilité dans l'évolution des idées, celles des cadres supérieurs de l'enseignement et de l'industrie, se conduire comme des bureaucrates sans imagination. Colère de voir le bannissement systématique des contestataires de la part d'un Establishment autoritaire, et de la passivité intellectuelle des professeurs et des ingénieurs, qui devraient de temps en temps se rebeller au lieu de ressembler à des moutons et de propager d'incroyables fables sur l'Univers et sa formation. Voilà pourquoi.

Mais il semblerait, aux dernières nouvelles, que les choses bougent un peu. Les frémissements annonciateurs d'un mai 68 de la physique sont peut-être en train de se produire. Quelques professeurs de Facultés mal à l'aise commencent à parler entre eux, quatre siècles après Descartes, d'un éther qui ne serait pas aussi inconsistant qu'on le dit, et dont l'absence ou le manque de définition commencerait à devenir préjudiciable. Car l'éther se révèle tellement indispensable qu'Einstein l'a réintégré dans la Relativité Générale, dix ans après l'avoir fait disparaître dans la Relativité Restreinte. Est-ce que tout ceci est bien sérieux ? Le carcan de la Relativité, qui s'alourdit jour après jour des élucubrations des cosmologistes et des chercheurs de particules, aux deux bouts de l'échelle, n'est pas pour rien dans le marasme de la physique. Pourquoi continuer à croire à une théorie qui ne débouche que sur des spéculations cosmologiques qu'on ne peut pas vérifier ? Pourquoi continuer à s'embarrasser avec un outil dont personne, en fait, ne se sert ? Car la vérité est là : tout le monde parle de la Relativité, même en dehors du milieu scientifique, mais personne ne l'utilise, pour une raison très simple : elle ne sert strictement à rien ! C'est un texte sacré qui, comme dans toute religion, s'est enrichi au fil du temps des centaines de modifications que, d'une part ceux qui ne le comprenaient pas, et d'autre part ceux qui n'étaient pas d'accord, se sont vus obligés d'y apporter, de sorte qu'il ne ressemble plus, même de près, à ce qu'il était au départ. Il existe une expression courante qui décrit parfaitement ce phénomène d'altération d'un courant de pensée : chacun apporte sa pierre à l'édifice. Mais d'édifice il n'y a point, personne n'en a construit, il n'y a qu'un tas de pierres. Nous laisserons à Paul Colliard (« les deux éthers », Chiron, 1925) le soin de prononcer l'éloge funèbre :

« Einstein n'a pas osé remonter aux causes profondes des phénomènes. Il s'est borné à donner de ceux-ci une représentation mathématique sans chercher à en déterminer la véritable nature. S'il a failli concrétiser l'espace, puisqu'il lui reconnaît des propriétés lumineuses et gravitationnelles, il ne l'a fait qu'à demi. Son espace sans mouvement n'est ni abstrait ni concret. Il n'est qu'un mot. ».

4-3 : Le Big Bang.

Le Big Bang est l'invention la plus démente de l'astronomie. Elle est liée historiquement à l'astrophysique, et plus particulièrement à la spectrographie, qui permet d'analyser la lumière provenant d'une étoile et d'en dresser une sorte de carte d'identité, sous forme d'un cliché où on retrouve régulièrement les raies caractéristiques des éléments constitutifs de la matière, et qui donne donc la possibilité d'en déduire la composition du corps astral d'où proviennent ces raies. Or on a remarqué au début du 20ème siècle (Slipher, Friedmann) que les spectres des étoiles lointaines, très semblables entre eux, se trouvaient décalés vers les longueurs d'onde plus grandes, c'est-à-dire vers le rouge, en comparaison de raies identifiées comme venant de ces mêmes éléments mais mesurées soit en laboratoire, soit à partir d'une étoile proche. On s'accorde souvent à reconnaître la paternité de la découverte et de sa prévision au chanoine Georges Lemaître, de l'Université catholique de Louvain. Le Big bang est donc, dès l'origine, une histoire belge.

Le déplacement des raies vers le rouge est un des faits incontestables que la spectroscopie astronomique a offert aux observateurs, et qui a deux explications possibles : la force gravitationnelle et l'effet Doppler, la première selon le principe du ralentissement de la lumière par les masses, le second par une vitesse de déplacement. La question est alors de savoir quelle part attribuer à l'une et à l'autre. Et ce choix est d'une importance considérable, car il oriente ensuite, définitivement, vers une représentation de l'Univers qui se situe entre deux cas-limite : d'un côté un Univers en expansion, si on choisit le seul effet Doppler en négligeant l'effet gravitationnel, de l'autre un Univers globalement stable et immuable, bien que nulle part au repos, avec le choix inverse. Bizarrement, tout le monde a choisi le premier scénario, qui représentait un bouleversement des habitudes de pensée, et ce choix réflexe a probablement comme raison principale, les raisons réellement scientifiques s'équilibrant entre les deux thèses, le désir forcené de trouver à tout prix quelque chose de nouveau. Ceci est une caractéristique constante de l'espèce humaine, qui ne supporte pas longtemps l'immobilité : il faut que ça bouge, car dans le milieu scientifique comme dans les autres le mouvement c'est la vie, et de ce point de vue un Univers en expansion offrait des perspectives beaucoup plus prometteuses et alléchantes que notre bon vieux ciel d'antan, fidèle mais ennuyeux à force.

Einstein et ses fidèles (surtout eux d'ailleurs, lui pas tellement) saisirent immédiatement l'occasion pour affirmer que le phénomène était prévu par la Relativité, dont c'était évidemment une formidable justification supplémentaire, nous connaissons maintenant le refrain. L'astronome Edwin Hubble s'empressa de rejoindre les expansionnistes et calcula la vitesse de fuite des galaxies lointaines au moyen d'une constante qu'il détermina en 1929, avant qu'elle ne soit réajustée plus tard de multiples fois, et qui porte néanmoins toujours son nom. La physique venait de s 'enrichir d'une constante de plus, elle qui en avait tant besoin. Mais ne nous moquons pas, l'affaire est dramatique. En effet, une fois que l'on a donné la préférence à l'hypothèse de l'expansion, on ne peut échapper à toute une série de déductions qui se présentent d'une manière tellement naturelle qu'il n'y a aucune raison de les ignorer, et surtout aucune chance de passer à côté : si l'Univers est en expansion, on a une furieuse envie de remonter le temps, opération devenue banale grâce à Einstein, pour savoir ce qui se passait avant, et surtout au début s'il y en a un. Et là, l'esprit humain tel que nous le connaissons si bien, taraudé par son atavisme guerrier et les films de George Lucas, ne pouvait imaginer à l'origine du phénomène autre chose qu'une formidable explosion dont la fuite des galaxies ne serait que le souffle rémanent : le Big Bang était né ! Alléluia !

L'histoire ne s'arrête pas là, elle ne fait en réalité que commencer. Le Big Bang est donc une fable philosophico-scientifique qui prétend qu'à un moment donné, qui ne peut être, par ailleurs, que le commencement des temps, un point minuscule situé nulle part dans l'infini s'est soudainement transformé en Matière dans une explosion inimaginable. Inimaginable n'est d'ailleurs pas le bon terme à utiliser, car les physiciens-astronomes-spécialistes l'imaginent précisément sans le moindre problème et nous abreuvent même de détails tellement pointus sur ce qui s'est passé pendant l'événement, milliseconde par milliseconde, qu'on a l'impression que tous y ont assisté. Le mot matière a été mis sciemment avec une majuscule parce qu'il s'agit de « la » matière totale de l'Univers, étant donné qu'avant il n'y avait rien. On a oublié en chemin le principe de conservation de la masse et de l'énergie, mais ce n'est pas grave, en phase de délire tout est excusable, aucun malade ne peut être considéré comme responsable.

Mais faisons un effort et essayons de rester sérieux. Le phénomène de glissement du spectre étant le même dans toutes les directions, cette constatation faisait de nous le centre de l'explosion, puisque les galaxies nous fuyaient de la même manière vers le Nord, le Sud, en haut ou en bas, comme le dirait n'importe quel Shadock. Et donc nous étions le centre du Monde. Si cela ne choquait pas les créationnistes, qui y voyaient une preuve supplémentaire d'une présence et d'une volonté divine, cette conséquence première du Big Bang gênait quand même les astronomes, car le fait de découvrir que l'on se trouve à l'endroit même où se serait produite la création de **tout** allait à l'encontre d'une intuition commune et consensuelle en faveur d'un Univers stable, non tributaire d'un événement particulier qui impliquerait en outre l'hypothèse d'une origine des temps. Car définir une origine des temps appelle toujours et de suite une question bloquante, que posera automatiquement l'enfant de dix ans qui nous sert de référence logique: mais avant ? Qu'y avait-il avant ?

L'infinité du temps est peut-être la notion la plus solidement enracinée dans les profondeurs de notre inné, et la mettre en doute ne peut être qu'un signe pathologique. En dehors de cette considération instinctive et épidermique, la création subite de la totalité de la matière à partir de rien va à l'encontre, à la fois des lois fondamentales de la physique et du simple bon sens, dont on commence à se demander, quand on lit les articles récents traitant de cosmogonie, s'il s'agit réellement de la chose du monde la mieux partagée. Rien que les arguments, primaires mais de poids, exprimés plus haut, auraient dû condamner le concept même du Big Bang, mais les cerveaux supérieurs de la recherche du même nom n'ont que faire de ce que peuvent penser les gens ordinaires, dotés de moyens intellectuels insuffisants et coupables d'inaptitude à l'abstraction. Malgré tout, cet anthropocentrisme avait quand même du mal à être assumé, et il fallait absolument s'affranchir d'affirmations qui prêtaient trop le flanc à la critique. On commença donc, en évoquant des nouveaux calculs plus pointus sur l'environnement cosmique proche, par éloigner de la Terre le centre présumé de l'explosion, en le déportant de quelques dizaines de milliers d'années-lumière, mais sans pouvoir empêcher qu'il se situe toujours dans notre galaxie. Il faut bien voir qu'à l'échelle cosmique, cette correction est minime et parfaitement négligeable. Pour en estimer l'importance dans le contexte astronomique, il suffit d'imaginer ce que donne, vu de la Terre, cette correction appliquée à une galaxie lointaine, selon que l'on considère le bord de cette galaxie ou son centre : aucune différence essentielle. Ce n'était donc pas là une bonne solution pour effacer l'impression embarrassante d'être au centre du Monde. Pendant des années, voir des dizaines d'années, les cosmologistes du Big Bang se sont creusé la cervelle pour se défaire d'une évidence qui jouait contre eux. D'autant que les invraisemblances s'ajoutaient aux invraisemblances.

La plus énorme d'entre elles provient de la constante de Hubble. Cette constante, annoncée par l'astronome en 1929, est égale au rapport entre la vitesse d'éloignement de tout corps astral et sa distance au centre supposé de l'explosion initiale. Au risque de se répéter, on notera au passage que, étant donné que la mesure du décalage du spectre vers le rouge se fait à partir d'un observatoire, lequel enregistre des mesures équivalentes quelle que soit la direction de visée, ce laboratoire est forcément placé à ce centre, par raison de symétrie, les mesures étant indépendantes de la direction choisie. Les partisans du Big Bang ne pourront jamais échapper à cette évidence. Si son origine était ailleurs, il serait aisé d'en déterminer au moins la direction. Mais ce n'est pas l'essentiel. Hubble avait donné à sa constante une première valeur de 500 km/s par Mégaparsec. Le parsec (parallaxe-seconde) vaut environ 3,26 années-lumière. De rectification en rectification, on l'a diminuée jusqu'au dixième de sa valeur initiale, pour revenir aujourd'hui à environ 75 km/s par Mégaparsec, mais entre temps le progrès des instruments d'observation, et notamment la mise en service du télescope spatial, fait que l'on devrait maintenant situer les galaxies les plus lointaines à des distances telles que leur vitesse de fuite calculée à l'aide de la constante, même révisée, atteigne celle de la lumière ! Cette dernière mésaventure aurait dû sonner le glas du Big Bang. Ses créateurs et ses partisans, tous relativistes, il faut le rappeler, auraient du reconnaître que trop, c'est trop, et qu'il y a des limites aux invraisemblances, mais non : en science comme en politique, quand on défend une idée, on le fait jusqu'au bout, jusqu'à la mort s'il le faut, même si le reste de l'humanité essaie de vous faire comprendre que vous êtes dans l'erreur jusqu'au cou. Il fallait absolument réagir.

Les « expansionnistes » ont donc trouvé autre chose, leurs dernières cartouches en quelque sorte : ce ne sont pas les galaxies qui s'éloignent, c'est l'espace lui-même qui se dilate, et cette dilatation est la cause de l'augmentation apparente des distances intergalactiques. Autrement dit, pour essayer de comprendre ce dernier avatar de l'expansion de l'Univers, si à un instant t on se situe dans un volume v, à l'instant $t+dt$ le volume précédent est devenu $v+dv$, de sorte que deux objets auparavant séparés par une distance e le sont ensuite par une distance $e+de$, mais comme entre temps nous nous sommes tous dilatés dans la même proportion, rien ne change dans le proche environnement : ce qui mesurait 10 cm mesure toujours 10 cm, puisque le cm a grandi sans qu'on s'en aperçoive. On sent là, de nouveau, un parfum de Relativité Générale et la présence des adeptes de l'espace-temps de Minkowski qui reviennent sur les lieux de leur crime. Le plus curieux, dans cette nouvelle mouture, c'est que si on va au bout de cette nouvelle idée et qu'on remonte le temps avec elle, on a beau aller aussi loin qu'on puisse l'imaginer dans le passé, on se retrouve toujours dans les mêmes conditions environnementales, qui ne changent jamais puisque nous participons nous-mêmes à l'expansion, et que par conséquent nous ne sommes plus capables, dans ces conditions, de retrouver une origine des temps : on a beau chercher, il n'y a plus de Big Bang ! On retrouve de nouveau, avec un certain soulagement, cette infinité du temps, dans le passé comme dans le futur, synonyme d'un Univers familier, sans limites ni temporelle ni d'espace, qui réconforte notre logique primaire et reprend sa légitimité, nonobstant la folie des théoriciens. Mais alors, que devient l'effet Doppler ?

Ceci étant réglé, il faut revenir au problème posé par le glissement vers le rouge des spectres des galaxies lointaines dont, si l'on se fie aux calculs basés sur la constante de Hubble, les plus lointaines s'éloignent de nous à la vitesse de la lumière, et donc possèdent une masse infinie si on se fie à l'acquis des relativistes. Car le problème existe bel et bien. Mais il a été rappelé au début de ce paragraphe que la théorie du Big Bang et de l'expansion de l'Univers est née d'un choix qui a privilégié l'action de l'effet Doppler sur celle du ralentissement des rayons lumineux au voisinage des masses. Or cette dernière est effective et n'est contestée ni par la Relativité, ni par la Théorie Synergétique, ni par la physique rationnelle. Toutes les théories dites « du champ » l'admettent comme une conséquence théorique vérifiée par l'observation.

L'autre branche de l'alternative consiste donc, cette fois, à attribuer à l'effet gravitationnel une action prépondérante, ce qui tombe sous le sens quand on se rend compte des incohérences de la théorie expansionniste, laquelle devrait normalement conduire, au prix d'un minimum d'esprit critique, à la condamnation sans appel de la filière « Doppler ». Mais il est probablement plus efficace de l'expliquer à l'aide d'un principe très simple illustré par la figure 4-2. Tous les instruments d'observation astronomique comportent en tête une partie optique, qui détermine leur précision. Celle-ci se définit par l'angle solide minimal sous lequel on peut distinguer un objet d'un autre, et qu'on appelle aussi « pouvoir de résolution ». Un spectrographe, par exemple, qui sera placé à l'oculaire d'un télescope ou d'une lunette astronomique, dessinera le spectre d'émission de ce qui se trouve exactement dans le champ de la partie purement optique. On comprend bien alors que la distance à laquelle on va estimer se trouver le soleil visé, dans la condition d'angle limite, va être proportionnelle à son diamètre réel. Autrement dit, comme le montre la figure 4-2, si un corps sphérique de diamètre D se trouve dans cet angle limite à la distance d, un corps sphérique vu dans les mêmes conditions sous le même diamètre apparent et se trouvant à la distance $2d$ devra avoir un diamètre $2D$. La masse étant proportionnelle au cube du diamètre, en supposant que le soleil le plus éloigné des deux ait la même composition que le plus petit, et par suite la même densité, cela voudra dire que sa masse est 8 fois plus grande. Il va donc ralentir davantage la lumière que le petit, ce qui se traduira par un glissement plus important vers le rouge. On a là une

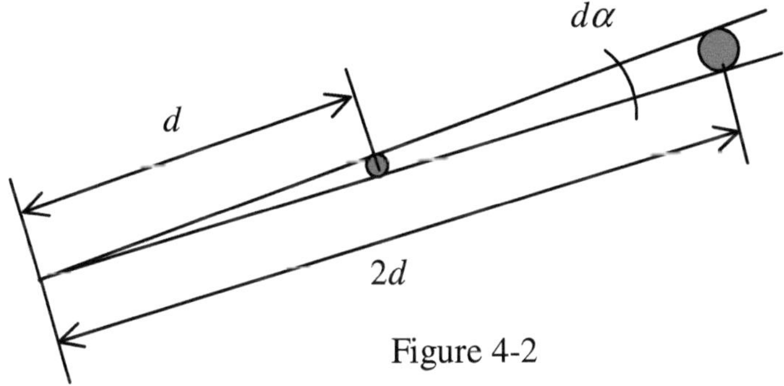

Figure 4-2

autre explication, beaucoup plus simple, du glissement spectral en fonction de la distance. On ne sait pas encore le calculer, parce qu'on n'a pas cherché à le faire, mais on peut le mesurer.

Quand les astronomes auront fait l'effort de porter leur attention sur cette autre causalité, quand ils auront bien voulu l'étudier sérieusement, ils trouveront les relations qui manquent aujourd'hui entre masse, distance et glissement spectral. On terminera ce paragraphe en faisant remarquer que toutes les galaxies ne s'éloignent pas, et que la loi de

Hubble ne s'applique qu'à celles qui sont aux limites de l'observable. Andromède, que Belot estimait à environ 600 000 années-lumière en 1924 et qu'on situe plutôt à 2 ou 3 millions aujourd'hui, se rapproche de nous avec une vitesse de 300 km/s au lieu, conformément à la loi de Hubble, de s'éloigner à 60 km/s, et d'autres galaxies proches ont des spectres qui glissent non pas vers le rouge, mais au contraire vers le bleu. Même si elle était fondée, la théorie de l'expansion ne serait donc pas de portée générale, et contrairement à ce qui se dit, une exception ne confirme jamais une règle, elle l'infirme toujours et parfois définitivement.

4-4 : Les forces d'attraction.

On arrive là à un des mythes de la physique les plus profondément enracinés, non seulement parce qu'on y croît encore aujourd'hui, même dans le milieu scientifique, mais parce que le langage courant le transporte et le conforte dans toutes les couches de la population, de par le monde. On ne réfléchit plus, l'a-t-on déjà fait d'ailleurs, quand on dit qu'un aimant « attire » un morceau de fer, ou que la Lune « attire » l'eau des océans pour provoquer les marées. De fait, quand on manipule un aimant, la première sensation que l'on éprouve laisse penser qu'il possède en lui-même, au cœur de sa matière, un pouvoir particulier que n'ont pas la plupart des autres objets, faits d'une matière différente, et qui génère une force qui oblige un morceau de fer à se rapprocher. L'aimant agit alors comme un prolongement invisible de la main, mais pas seulement. La main sent une force inconnue dirigée vers l'objet, dont elle ne connaissait auparavant que le poids. Une différence essentielle est que la main peut prendre n'importe quelle matière, sous réserve évidemment qu'elle ne soit ni trop chaude, ni trop froide, ni chimiquement agressive, ni d'autres restrictions qui en revanche n'affectent pas l'aimant, alors que celui-ci n'agit que sur des éléments bien particuliers appelés ferromagnétiques mais sans autre condition. La main saisit le fer, l'aimant l'attire, c'est tout ce que le langage courant retient d'une première description des phénomènes. C'est l'apparence, pour l'enfant, que l'aimant est magique et qu'il possède une force mystérieuse cachée dans son intérieur, ce que Newton lui-même refusait de croire.

La physique théorique, quant à elle, a renoncé depuis longtemps à connaître l'origine exacte de cette force, mais a réussi à créer les modèles abstraits nécessaires à son étude quantitative. C'est là son credo, sa philosophie, sa cohérence, sa méthode. Il n'empêche qu'on reste toujours sur sa faim quand, même après de magnifiques calculs, on dispose d'une formule qui vous amène à un résultat certes d'une incontestable utilité, mais dépourvu de la vraie explication du phénomène, celle que vous attendez, celle qui vous donnerait ne serait-ce que l'impression de comprendre quelque chose. On en revient encore et toujours à cette opposition fratricide entre les deux conceptions de la physique, théorique ou rationnelle, et comme d'habitude c'est la physique rationnelle qui va nous conduire à l'explication que nous recherchons : elle est conçue pour cela. Ces choses-là ont déjà été dites dans les chapitres précédents, mais il n'est pas inutile d'insister. Nous sommes ici dans un domaine où on se rend compte, peut-être plus que dans d'autres, de l'importance du rôle du langage dans la transmission des bases de la physique dans ce qu'on appelle souvent et un peu bêtement « l'inconscient collectif », qui dans ce cas particulier s'identifie avec l'inné. D'Aristote à De Gennes, nombreux furent les savants humanistes à dénoncer les ravages des abus de langage, mais peut-être est-ce Clémence Royer qui l'a le mieux exprimé, à la page 41 de sa « Constitution du Monde » :

« La science est faite par les savants, elle ne doit pas être faite pour eux ; elle doit être accessible à tous les esprits moyens. Les mathématiques surtout sont un puissant moyen d'investigation. Elles seules peuvent permettre de formuler les lois des phénomènes. Mais ces lois doivent éclairer les phénomènes et non les obscurcir et les compliquer. Les mathématiques sont, avant tout, choses de bon sens et de logique ; et les plus grands savants ne peuvent prétendre qu'à chercher des chemins plus courts et des procédés simplifiés pour la solution des problèmes ou des façons plus claires de les poser. Il arrive que, lorsqu'il s'agit des faits les plus élémentaires, les plus simples et les plus généraux, les savantes formules des algébristes sont souvent des grimoires de magiciens pour exprimer des vérités de la Palisse.

Habitués à tout réduire à des points, des lignes et des lettres, dont la valeur arbitraire est convenue entre eux, ils ne savent pas traduire ce volapük à leur usage dans la langue commune, sans modifier arbitrairement le sens de ses mots. Égarés dans les abstractions de l'arithmétique, de la géométrie, de l'algèbre, ils perdent, avec la notion claire des choses concrètes, seules réelles, la faculté de les décrire de façon intelligible pour tous les esprits.»

Et encore ne connaissait-elle pas la Relativité au moment où elle écrivait ces lignes, en 1900 ! En ce qui concerne tout ce qui touche au phénomène de l'attraction des corps, qu'il s'agisse de l'action générale des forces de pesanteur ou de celle, sélective, des champs électrique et magnétique, le langage commun véhicule des manières de penser, de voir les choses, qui s'impriment en nous dès la prime enfance et qui sont ensuite, de ce fait, extrêmement difficiles à modifier. Toutes les confusions viennent de l'usage que l'on fait des verbes « tirer », « attirer », et des substantifs correspondants. Quand on tire un chariot, cela signifie que l'on est devant lui dans la direction du déplacement. Quand on le pousse, on est derrière. En fait, le physicien vous dira que, dans tous les cas, vous le poussez. Quand le pousseur est derrière la chose poussée, il y a une évidence indémontrable qui fait que tout le monde est d'accord. Quand le pousseur est devant, on ne dit plus qu'il pousse, mais qu'il tire. En fait, si on analyse l'action avec l'œil de l'homme de science, on remarque que la partie de soi avec laquelle on « tire » se trouve obligatoirement, le sens du mouvement faisant référence, derrière une partie déterminée, reliée rigidement au reste, de l'objet « tiré-poussé ». Si on se focalise sur le point d'application exact de la force déployée pour faire avancer le mobile, on voit très bien que dans toutes les configurations possibles, cette force appuie sur l'arrière d'une partie du mobile pour le faire avancer. Après mûre réflexion, on est donc obligé de convenir que même quand on tire, on pousse. Dans ce cas précis, la description raisonnée de la réalité se révèle relativement aisée parce qu'on peut la confronter immédiatement à la perception de nos sens, essentiellement ici la vue et le toucher, mais sans jamais oublier que c'est le cerveau qui fait la synthèse.

Passons maintenant à l'aimant et au morceau de ferraille. Là, les sens sont complètement pris en défaut, car la vue et le toucher n'arrivent plus à s'accorder : on ne sait plus définir un point d'application de cette force qui ne prend appui sur rien, mais qui pèse sur le poignet et dont l'existence se manifeste pourtant avec une totale évidence, bien que la continuité matérielle entre la cause et l'effet apparaisse comme interrompue, voire inexistante. Il est donc compréhensible que le cerveau moyen, le nôtre, incomplètement formé aux notions d'espace et privé de connaissances suffisantes sur l'éther puisque ce dernier n'a pas d'existence légale, ait comme premier réflexe de voir là une action propre à l'aimant. Mêmes sensations quand on tient un gyroscope en mouvement dans la main et qu'on essaie de changer son orientation : sur quoi prend-il appui pour résister ainsi à la sollicitation du poignet ? Quelle est cette « solidité » apparente du vide, aussi étonnante, aussi forte et aussi incontestable que son invisibilité ? C'est ici que se trouve la croisée des chemins, et que le

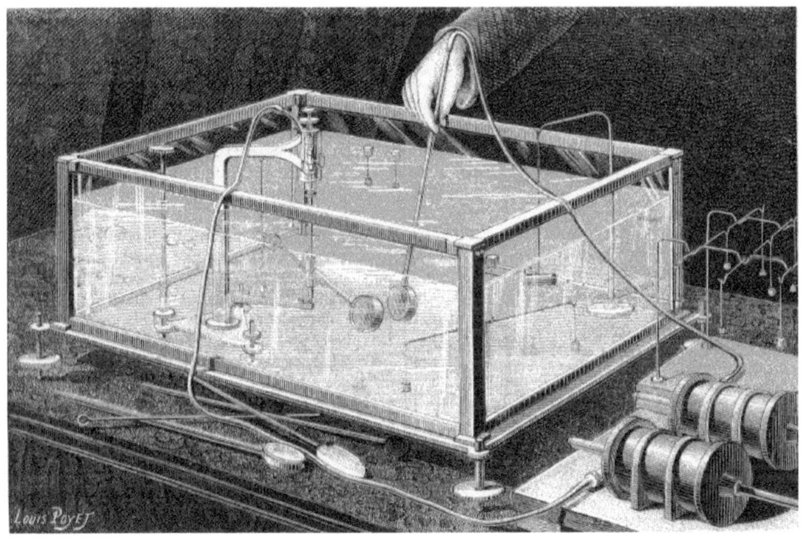

figure 4-3 : La Nature, 12 nov 1881

choix entre la physique théorique et la physique rationnelle va de nouveau être déterminant. La première, comme elle le fait systématiquement, va éditer la quantité nécessaire de forces hypothétiques et de leurs potentiels pour pouvoir mettre le phénomène en équations, la deuxième va essayer de trouver quel peut être le mouvement d'éther responsable de la force réelle.

Maxwell avait pris position entre les deux méthodes, en utilisant comme outil la dynamique des fluides ainsi que son appareil mathématique, mais sans essayer au préalable de spéculer sur le comportement macroscopique de l'éther. Ses hypothèses sur la nature fine de ce dernier l'avait en effet conduit à une complication telle qu'il dut finalement se rabattre, à l'aide d'une hypothèse pourtant directement dépendante de son existence, sur une solution classique qui fut néanmoins saluée unani-

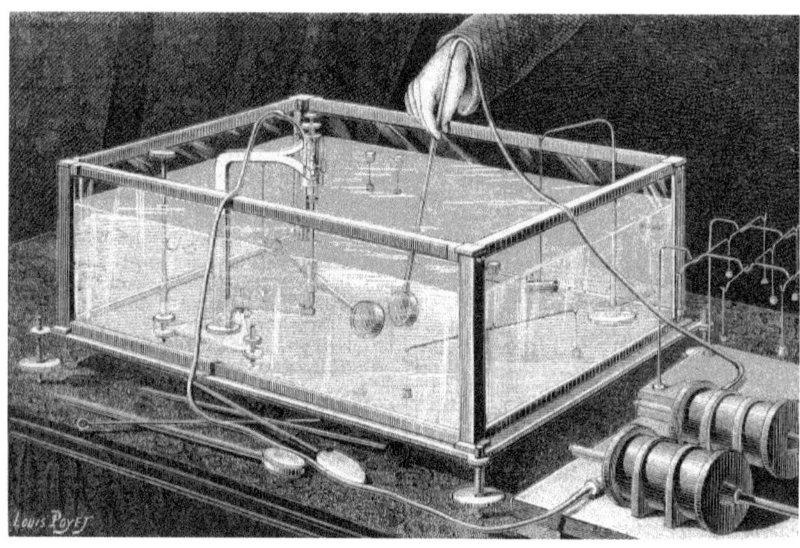

figure 4-3 : La Nature, 12 nov 1881

mement comme une intuition géniale. L'exploitation et les conséquences des équations qui ont fait sa gloire ont amené l'électromagnétisme là où il est aujourd'hui, au summum de son développement, mais dans une effi-cacité malheureusement aveugle, bien qu'indéniable. Il faut dire que voir dans tous les phénomènes invisibles des manifestations de l'éther, même si cela s'appuie sur une quantité surabondante d'analogies avec ce que nous savons par expérience personnelle du seul comportement de l'eau ou de l'atmosphère, ne conduit pas immédiatement à un schéma exploitable : les solutions sont trop nombreuses à se présenter, on découvre brusquement un monde caché dont la force et les ramifications innombrables sont telles qu'on est d'abord un peu étourdi. C'est un nouvel univers qui se dévoile soudain à des cerveaux endormis par des mythes séculaires, confortés de génération en génération par un enseignement trop sûr de lui. C'est pourtant dans cette direction qu'il faut maintenant se tourner, et rebâtir une physique qui ne reniera pas pour autant ses acquis mathématiques, mais qui redeviendra présentable et attractive, ce qu'elle n'est pas mais qu'il est absolument indispensable qu'elle soit si l'on veut qu'elle reste la base de notre culture.

Expliquer tous les phénomènes de la nature par l'interaction éther-matière, l'éther étant proclamé fluide universel, nécessite à priori le postulat de quatre formes d'actions mécaniques :
- Les tourbillons
- Les flux continus
- Les vibrations
- La cavitation

Cette brève classification des phénomènes de base sous-entend bien entendu, dès le départ, que l'Univers est mécanique, totalement, et que l'électromagnétisme, pour ne prendre que cet exemple, n'est qu'une présentation théorique de phénomènes qui, bien que non détectables par nos sens, sont à ranger dans les manifestations classiques de l'action des forces d'entraînement et de répulsion, étant bien entendu que les forces d'attraction n'existent pas en tant que telles. Quelques scientifiques contemporains de Maxwell se sont attachés, à la fin du 19ème siècle, à établir des liens étroits entre les phénomènes électromagnétiques observés et la mécanique classique, au moyen d'analogies mises en évidence par des expériences particulièrement astucieuses, dont on ne parle jamais dans les cours de physique, mais que grâce au CNAM on peut maintenant retrouver facilement sur Internet, dans les archives de La Nature (cnum.cnam.fr). Les premières expériences, chronologiquement parlant, remontent à 1881 et sont l'œuvre du docteur Carl Anton Bjerknes, professeur à l'Université norvégienne de Kristiana et spécialiste de la mécanique des fluides. L'une de ces expériences est illustrée par la figure 4-3. On peut voir sur cette figure un dispositif dont le cœur est constitué par deux disques immergés dans une sorte d'aquarium. Ces disques, qui sont en réalité des capsules acoustiques, sont mis face à face par l'expérimentateur et reliés chacun à un générateur pneumatique de vibrations (les deux cylindres en bas à droite).

Nous sommes là devant une expérience dont le but est de montrer comment une énergie vibratoire présente dans un milieu peut donner lieu

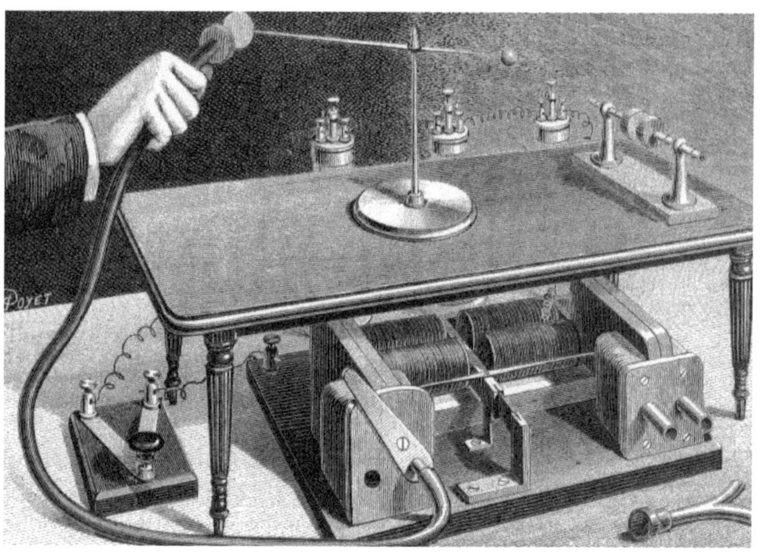

figure 4-4 : La Nature, 8 juillet 1882

à des forces qui, selon les phases relatives de ces vibrations, seront identifiées soit comme attractives, soit comme répulsives. Car effectivement, lorsqu'il y a concordance de phases, les disques s'attirent, et quand il y a opposition ils se repoussent. Le but initial et final de l'expérience était de fournir une explication mécanique d'une provenance possible de la force des aimants. On peut la considérer comme faisant partie, ainsi que les suivantes, d'un matériel pédagogique destiné à procurer à des élèves ou à d'autres spectateurs une explication analogique, parmi plusieurs autres, de l'origine des forces magnétostatiques puis, en généralisant, des autres forces électromagnétiques. Le message était le suivant : quand deux objets proches et seuls dans leur environnement ont tendance à se rappro-

figure 4-5 : La Nature, 27 mai 1899

cher ou à s'éloigner l'un de l'autre sans cause visible, il faut en chercher l'explication dans une énergie qui se manifeste dans le milieu qui les sépare. On remarquera à cette occasion qu'aucun savant de renom, y compris Newton, n'a jamais proclamé faux le principe de continuité, qui consiste à considérer qu'une action à distance ne peut se faire que de proche en proche le long d'une chaîne matérielle ininterrompue.

Presque simultanément un autre physicien, Stroh, inspiré par les travaux de Bjerknes, réalisait peu après le même genre d'expériences, mais cette fois dans l'air (figure 4-4), pour obtenir des résultats concordants. Stroh était probablement d'un esprit plus pratique que Bjerknes, car le fait de travailler dans l'air apportait un confort d'expérimentation et des possibilités dont ne pouvait bénéficier l'expérience faite en milieu liquide. Ceci s'est donc traduit par un dispositif à la fois plus riche et plus commode, lequel a conduit à une découverte fondamentale sur certaines lois d'interactions causées par le mouvement des fluides. Les deux montages mirent séparément en évidence que, selon la phase relative des deux disques en vibration, ceux-ci « s'attiraient » quand il y avait concordance de phase et se repoussaient quand il y avait opposition. Il n'y avait pas d'autre mouvement que celui apporté par les vibrations, il était donc clair que celles-ci étaient responsables de la force présente entre les deux disques. La démonstration était ainsi faite que, dans un fluide, un mouvement vibratoire pouvait donner lieu à une force statique. Les auteurs des deux séries d'expériences pensaient ainsi orienter les recherches des physiciens spécialistes des champs électriques et magnétiques vers une propriété de l'éther non encore formulée, celle d'être le siège de vibrations.

A peu près à la même époque, seulement quelques années plus tard, l'industriel C. L. Weyher proposait une autre manière d'expliquer le processus d'action des forces magnétiques, à l'aide d'appareils construits par lui et faisant appel à des courants aériens, produits et contrôlés en direction par des structures à la fois compliquées et astucieuses, dont on peut apprécier l'ingéniosité en regardant la figure 4-5. Il s'agit là, mais ce n'est pas le seul dispositif imaginé par Weyher, d'un cylindre tronçonné en deux, dont l'ensemble est censé figurer un aimant, à l'intérieur duquel se trouve une double série de roues à aubes très légères qui aspirent l'air extérieur des deux côtés du montage et le chassent par le milieu, le mouvement pouvant s'inverser complètement au gré du manipulateur. En effectuant toutes les combinaisons possibles de sens de rotation, on arrive à faire en sorte que, en présentant deux cylindres l'un à l'autre avec leurs axes confondus, on crée l'analogue de pôles Nord et Sud magnétiques et, selon la disposition relative des éléments, une attraction ou une répulsion. On a donc là une autre analogie où les lignes de forces correspondent, non plus à des vibrations, mais à des courants de fluide bouclés sur eux-mêmes.

Mais Weyher est allé un peu plus loin et a essayé de quantifier l'action mécanique des courants de fluides sur des objets. La figure 4-6 montre cette fois le dispositif d'une expérience de détail, complémentaire des précédentes et incluant l'affichage de son résultat. Comme on le voit, l'expérience est très simple : une hélice à pales multiples aspire l'air devant elle et crée un tourbillon qui agit sur un disque rigide fixé au bout de la tige C, dont la position peut varier dans des limites assez larges. A

figure 4-6 : La Nature, 26 février 1887

l'autre bout de la tige est fixée une cordelette qui passe sur une poulie et qui est maintenue tendue par un poids. Quand le disque est loin de l'hélice, ce poids l'entraîne en butée vers la gauche de la photographie. Quand il est trop près, il se colle carrément à l'hélice, dont la force d'aspiration prédomine. Entre les deux, il y a une position particulière, par ailleurs instable, qu'on peut trouver en faisant glisser la tige à la main, et où les deux forces exercées sur le disque s'équilibrent. On a à ce moment-là une mesure directe de la force d'attraction du disque par la turbine, c'est la valeur du poids. En faisant varier ce poids et en repérant à chaque fois la position d'équilibre, on peut donc tracer, ce qui est fait automatiquement sur le montage, une courbe de variation de la force d'attraction en fonction de la distance. Et on constate que cette force varie en fonction inverse du carré de la distance, ce qui était auparavant une propriété qu'on considérait comme spécifique de l'attraction universelle et de la loi de Coulomb.

Tout cela commence à faire beaucoup, beaucoup d'efforts jusqu'à présent méprisés pour essayer de trouver des explications simples aux phénomènes invisibles, beaucoup d'indices concordants pour voir dans les lois tourbillonnaires le sens caché des forces magnétiques et de gravitation, beaucoup de tentatives infructueuses, de la part de savants de profession ou de simples amateurs passionnés de physique, pour essayer d'attirer l'attention de l'élite sur les possibilités de la physique rationnelle, l'autre physique, l'autre vision du monde. Comment se fait-il que personne, parmi les instances dirigeantes de la Science, ne soit parvenu à déclencher un mouvement quelconque qui ait pour mission d'explorer toutes les pistes possibles en matière de recherche ? Et surtout de remettre systématiquement en question les connaissances acquises, de temps à autre, en fonction des dernières découvertes ? On devrait en tous cas, en ce qui concerne les forces d'attraction, trouver dans ce paragraphe tout ce qu'il faut pour éradiquer des esprits sains le poison que les mathématiciens, au cours du temps, ont réussi à y instiller. La simplification apportée dans la mise en équation des phénomènes par la création de ces forces, à la fois dans le très grand et dans le très petit, ne peut effacer l'effet nocif et pernicieux qu'elles ont provoqué dans l'exposé et la compréhension de la physique, par le fait que petit à petit, au cours du temps, les abstractions mathématiques sont devenues des réalités que l'on enseigne comme telles au lycée et en Faculté.

Les vecteurs, les potentiels, les champs, sont devenus les concepts de base d'une physique qui a oublié, à partir de la classe de seconde, que c'est avant tout une science expérimentale, bien que qualifiée d'exacte. Mais si la plupart des concepts théoriques de la physique se justifient par leur indéniable efficacité, il en est certains qui entraînent le raisonnement dans des voies dangereuses. Les forces d'attraction en font partie, et il faudrait absolument, comme pour certains médicaments sur lesquels on colle une étiquette bien visible et entourée en rouge, les classer dans les produits dangereux. Quand deux corps ont tendance à faire mouvement pour se rencontrer, il faut sans plus tarder prendre l'habitude, acquérir le réflexe et le transmettre aux écoliers et aux étudiants, de se demander d'abord quelle est l'origine de la force qui les **pousse** l'un vers l'autre, ce qui ne peut se concevoir, d'une manière générale, qu'en faisant intervenir le milieu qui les contient et qui ne peut être qu'un fluide doté de propriétés particulières. L'attitude du physicien en herbe, mais aussi celle du physicien confirmé, sera alors de bien prendre conscience de l'existence de ce fluide, de l'insérer dans les données et d'essayer de le paramétrer dans la mesure du possible. Ensuite, et ensuite seulement, il pourra en toute connaissance de cause, éventuellement et s'il ne peut faire autrement, utiliser le subterfuge de la force d'attraction, considérée comme un équivalent fictif, pour rendre possible la modélisation et la mise en équation du phénomène étudié. Mais il est impératif de mettre au rancart l'idée pernicieuse que les forces d'attraction existent réellement. Y croire, c'est comme croire au Père Noël : on le voit partout à la fin de l'année, et pourtant il n'existe pas.

4-5 : La vitesse de la lumière.

Pour Descartes, la lumière était une pression qui se transmettait instantanément, de proche en proche, par l'intermédiaire des petites billes solides dont il avait fait la constitution intime de l'éther. C'est du moins ce que certains prétendent, mais il ne faut pas oublier que les écrits de Descartes ont été traduits du latin par l'abbé Picot, à qui l'auteur avait octroyé le droit d'interpréter le texte original avec l'assurance d'une approbation finale. Il n'est donc pas certain du tout qu'il ait réellement pensé que la lumière se propage d'une manière instantanée, mais plutôt, à l'instar de Galilée, qu'elle était tellement véloce qu'on pouvait la considérer comme instantanée. Ce n'est pas du tout la même chose, et si à l'époque ce n'était pas important, ça l'est maintenant en fonction de nos connaissances actuelles sur le sujet. Disons pour résumer qu'au milieu du 17ème siècle le mot « infini », utilisé pour qualifier la vitesse de la lumière, était plutôt synonyme d'« incroyable » que porteur d'une signification sémantiquement rigoureuse.

C'est à Römer et à Cassini que l'on doit les premières estimations fiables d'une vitesse finie de propagation de la lumière. En 1676 Römer, qui étudiait la période et la durée d'occultation du premier satellite de Jupiter, Io, par la planète mère, fit une remarque qui déclencha tout. Les astronomes, pour affiner la précision de leurs mesures, ont l'habitude d'extraire celles-ci d'une moyenne faite sur le plus grand nombre possible, couramment sur plusieurs centaines au minimum. En fonction de ces valeurs moyennes ils élaborent des tables prévisionnelles qui permettent de savoir quand l'événement, en l'occurrence l'immersion ou l'émersion de Io par rapport à Jupiter, se produira. Et c'est là que Römer intervient. En effet, les prévisions à partir des tables étaient plus ou moins bonnes au cours de l'année, mais si globalement elles se vérifiaient, parfois même exactement, la plupart du temps elles étaient soit en avance, soit en retard, cette avance et ce retard ayant été mesurés par Römer lui-même à 11 puis à 7 minutes, à l'issue de deux campagnes successives. En étudiant le phénomène plus attentivement, Römer remarqua qu'il n'était pas le fruit du hasard mais suivait au contraire une loi précise. Le retard maximal correspondait au plus grand éloignement entre la Terre et Jupiter, et corrélativement l'avance maximale correspondait au plus grand rapprochement, la période totale du phénomène étant exactement d'une année. Et l'évidence prit naissance, dans l'esprit de Römer d'abord puis dans celui de Cassini, puis des autres astronomes, qu'on ne pouvait raisonnablement attribuer cet écart qu'à une propagation de la lumière à une vitesse finie, bien que très grande et incommensurable avec tout ce qui était connu et imaginable à l'époque. Le principe étant acquis, il ne restait plus qu'à le quantifier.

En prenant une valeur moyenne de 18 minutes pour que la lumière parcoure le diamètre de l'orbite terrestre, de l'ordre de 300 millions de km, on arriva à 278 000 km/s. En fait, à cette époque, l'estimation du diamètre des orbites était différente de ce qu'elle est aujourd'hui, et comparer cette valeur à la valeur officielle n'a pas beaucoup de sens. Beaucoup plus sérieux sont les calculs de Delambre, directeur de l'Observatoire de Paris un siècle après Cassini, dont les calculs de la vitesse de la lumière sont rapportés dans le volume 4bis des œuvres de Verdet (p 654). Delambre reprit toutes les mesures concernant les occultations du premier satellite de Jupiter pendant 140 années, à savoir un bon millier, dont le plus grand nombre effectuées par Bradley, et refit les calculs en fonction des nouvelles données astronomiques. Il put ainsi, non seulement établir plus précisément à 8 minutes et 13 secondes le temps mis par la lumière pour parcourir le diamètre de l'orbite terrestre, mais également donner une nouvelle valeur de sa vitesse de propagation, qu'il estima à 71 000 lieues par seconde, en l'assortissant d'un calcul d'erreurs qui se traduisait par une précision de 2000 lieues, en plus ou en moins. Reste maintenant, pour comparer ses résultats aux données actuelles, à convertir ces valeurs en unités SI, ce qui nous oblige à rechercher ce que valait une lieue de l'époque. Or il y en avait deux : la lieue 20 au degré et la lieue 25 au degré. Derrière cette appellation désuète se cache deux des unités de distance qui avaient cours aux $17^{\text{ème}}$ et $18^{\text{ème}}$ siècles pour la mesure des grandes distances, donc en particulier celles du domaine astronomique. La lieue 25 au degré est en fait la longueur d'un arc de circonférence équatoriale déterminée par un angle au centre de $1/25^{\text{ème}}$ de degré. L'équateur mesurant par définition 40 000km, on en déduit :

$$1 \text{ lieue } 25 \text{ au degré} = \frac{40000}{25 \times 360} = 4,44... \text{km}$$

$$\text{de même : } 1 \text{ lieue } 20 \text{ au degré} = \frac{40000}{20 \times 360} = 5,55... \text{km}$$

La célérité de la lumière calculée par Delambre est donc, la conversion étant faite, de 315 556 km/s, à 8889 km/s près. Si on écrit ce résultat sous forme de fourchette, cela veut dire que la vitesse de la lumière dans le vide intersidéral serait comprise entre 306 667km/s et 3240445 km/s. Ce résultat est tellement dérangeant que, d'une part il est aujourd'hui passé sous silence, et d'autre part on le considère comme faux avec comme argument principal qu'à l'époque on faisait une erreur sur l'estimation de la distance Terre-Jupiter, ainsi que sur le diamètre de l'orbite terrestre. C'est facile à dire, personne dans le grand public ne possède les données pour affirmer soit la chose elle-même soit son contraire, et personne dans les observatoires dont les archives contiendraient les renseignements nécessaires ne lèvera le petit doigt pour déterrer un dossier, pourtant passionnant, qui ne ferait qu'apporter le doute et le vent de la contestation dans un milieu aussi paisible. Impensable. Rappelons que la valeur officielle actuelle est de 299 792 458 m/s (AFNOR 1988), et on est prié de ne pas sourire ni de faire des remarques déplacées sur la précision de la mesure : celle-ci est donnée avec 9 chiffres significatifs, cela veut dire que la vitesse de la lumière serait connue à un m/s près! Répétons-le encore une fois : une bonne mesure, une mesure précise en physique, c'est une mesure au millième. Une excellente mesure, c'est une mesure au dix millième. Une mesure à 10^{-9}, c'est de la supercherie, sauf si on a décrété que la quantité mesurée était une constante universelle, ce qui permet ensuite toutes les fantaisies. Et il en sera ainsi tant que le résultat publié ne sera pas systématiquement accompagné des conditions de mesure (endroit, altitude, etc.). Le comble de l'imprudence, de la part des instances scientifiques, c'est d'avoir maintenant défini le mètre, l'unité de longueur, auparavant unité fondamentale, à partir de la vitesse de la lumière : le mètre est aujourd'hui la distance parcourue par la lumière en un temps de $1/c_0$, c_0 étant exprimé en m/s. La folie des relativistes nous a donc imposé cette incongruité que la longueur dépend du temps. Le mètre est donc une unité de longueur variable car, ne l'oublions jamais, la vitesse de la lumière est elle-même éminemment variable.

Ce n'est pas tout. Il y a eu une autre méthode « astronomique » de la mesure de la vitesse de la lumière, faite par les anglais Molyneux et Bradley, et utilisant la méthode de l'aberration. Cette dernière consiste à mesurer l'écart angulaire de la position apparente d'une étoile dite fixe par rapport à sa direction réelle, et provient du fait que l'observateur, lié à la Terre, se déplace avec elle à la vitesse de 30km/s environ dans le référentiel solaire. Pour utiliser les comparaisons pédagogiques d'Einstein, avec son train et son talus, supposons qu'il y ait deux observateurs, l'un dans le train et l'autre sur le talus, et qu'il pleuve. Celui qui est sur le talus verra la pluie tomber verticalement, tandis que celui du train verra, par rapport à un référentiel lié au train, une goutte d'eau décrire aussi une droite, mais qui celle-là ne sera pas verticale. L'angle que fait cette droite avec la verticale est l'angle d'aberration, qui sera d'autant plus grand que la vitesse du train sera grande. En astronomie, sa mesure et ses calculs font intervenir le rapport des deux vitesses, celle de la Terre et celle de la lumière, on peut donc calculer cette dernière si on connaît la valeur de l'aberration. C'est une méthode encore moins précise que celle de Römer, mais elle a en commun avec cette dernière le fait de se dérouler dans l'espace interplanétaire. Ce sont jusqu'à présent les deux seules qui présentent cette particularité. Or la méthode qui utilise l'aberration conduit, elle aussi, à une valeur supérieure à la valeur légale : 306 408 km/s (Verdet, 4bs, p 684), avec il est vrai une précision de l'ordre de 1,5% qui remet la valeur officielle dans la fourchette. Mais quand on sait, depuis les travaux de Vallée, que la vitesse de la lumière est le reflet du champ de gravitation, et que dans un tel champ, celui de la pesanteur terrestre par exemple, elle doit être inférieure à ce qu'elle est dans l'espace libre, loin de toute masse, on ne peut qu'être attentif à cette confirmation. Les rabat-joie relativistes diront certainement que les mesures de Römer et de Bradley sont erronées à cause d'une réévaluation des distances qui servent de bases aux calculs, mais on peut dire de la même manière et avec la même bonne foi que cette réévaluation a été faite en fonction de l'hypothèse einsteinienne que la vitesse de la lumière est constante, et que tout a été fait pour rendre les résultats cohérents avec cette hypothèse.

Ce point de vue mérite d'être approfondi et rend nécessaire un petit retour sur les événements qui ont jalonné les étapes de la détermination de la vitesse de la lumière. Après la publication des résultats de Römer, les scientifiques ont très vite cherché un moyen de s'affranchir des mesures astronomiques, qui avaient pour inconvénient l'obligation désagréable, pour certains, de devoir passer par les observatoires, leur équipement lourd et surtout leurs astronomes, et dans ce but ils se sont efforcés de concevoir des appareils de laboratoire plus maniables et si possible plus précis, en fait d'une précision sans commune mesure avec celle de Delambre. Il a cependant fallu attendre 1849 et Fizeau pour voir la première tentative, qui ne fut d'ailleurs qu'un demi-succès puisqu'elle aboutit à un résultat de 71 000 lieues de 25 au degré, soit environ 315 000 km/s, ce qui était curieusement exactement le même résultat que celui trouvé par Delambre. La méthode consistait à envoyer un rayon lumineux sur un miroir placé très loin, à travers les échancrures d'une roue dentée tournant avec une vitesse contrôlable qu'on augmentait progressivement. Quand il y avait extinction du rayon retour, la connaissance de la distance au miroir et de la vitesse de rotation permettait de calculer c_0. Comme le souligne Verdet, ni les détails de l'expérience ni le calcul d'erreur n'ont été publiés, de sorte que l'on considère aujourd'hui que, en dehors de l'intérêt historique, la mesure en elle-même, trop proche de celle de Delambre pour ne pas être suspecte et trop éloignée de la valeur actuellement admise, n'est pas valable. Pour aller dans ce sens, le montage provisoire sur table qu'il avait imaginé, trop disparate pour être suffisamment fiable, avec une roue dentée et un miroir situé à plus de 8 km, souffrait

Auteurs	Date	Résultat (km/s)
Fizeau	1849	315 000
Foucault	1862	298 000
Cornu	1874-76	298 500 300 400
Michelson	1879	299 910
Young et Forbes	1882	301 400
Michelson	1885	299 853
Perrotin	1902	299 880
Michelson	1902 1926	299 910 299 796
Michelson, Pearce, Pearson	1933	299 774

Tableau 4-7

mécaniquement d'un manque de cohésion. D'autre part, la précision de mesure de la distance entre la roue et le miroir ne le mettait guère, de ce point de vue, dans des conditions meilleures que derrière une lunette dans un observatoire. Cependant, le même principe de mesure fut réutilisé par la suite par des expérimentateurs peut-être plus doués ou plus soigneux, on ne sait pas trop, notamment par Cornu en 1874, pour aboutir à des résultats très proches de 300 000km/s. Mais c'est quand même Foucault qui, améliorant le principe du miroir tournant de Wheatstone en

1682, fut le premier à trouver une vitesse de la lumière inférieure à cette valeur symbolique, soit 280 000 km/s.

Toutes ces expériences et ces mesures ont pour point commun une complexité et une exigence de soin exceptionnelles, car il ne s'agit pas là de trouver ou de vérifier une loi physique, mais de faire une mesure fondamentale, d'une précision jamais envisagée précédemment et dont vont dépendre des interprétations tout aussi fondamentales sur la constitution de l'Univers. Leurs péripéties sont très bien résumées dans l'ouvrage patronné par le CNRS et publié chez Vrin sur Römer et la vitesse de la lumière, auquel nous renvoyons ceux qui souhaiteraient plus de détails (voir biblio). Le tableau 4-7 se borne à donner une vue partielle mais suffisamment significative de la diversité des tentatives et des résultats les plus marquants. On constate, au vu de cette présentation chronologique, qu'à partir de 1885 les résultats se resserrent et convergent vers la valeur actuellement admise. On peut donc interpréter cette apparence de cohérence comme une progression normale de la précision de mesure, liée à une technicité de plus en plus élaborée et de mieux en mieux adaptée au but à atteindre. Il serait en fait plus judicieux d'être un peu plus prudent et de ne surtout pas s'emballer. D'abord, on doit bien se pénétrer de l'idée que, la vitesse de la lumière étant considérée par tous les physiciens, avant la naissance de la Théorie Synergétique, comme une constante universelle, aucun physicien ne doutait du principe que sa détermination précise ne soit qu'une question de technologie et que, plus le temps passerait, plus l'écart à la valeur précise que l'on cherchait diminuerait. L'idée que ce soit une quantité variable, dépendant d'autres paramètres, n'effleurait l'esprit d'aucun. Quand un physicien confirme un résultat trouvé par un collègue, il n'est pas interdit d'être méfiant car l'histoire des sciences est pleine d'exemples où un savant, de bonne foi ou au contraire influencé par la réputation d'un autre, corrige une mesure qu'il trouve trop différente de ce qu'on a trouvé jusqu'à présent, simplement par la crainte du ridicule, par manque de confiance, par manque de personnalité ou d'autres choses de ce genre, toutes liées à la nature humaine plus qu'à la physique proprement dite. On peut se demander, par exemple, pourquoi Fizeau, responsable et initiateur de la première mesure « terrestre » de la vitesse de la lumière, se soit cru obligé d'annoncer un résultat identique à celui de Römer, alors que tous ceux qui après lui ont utilisé la méthode de la roue dentée ont trouvé une vitesse complètement différente. Mais il y a plus grave.

Si on revient sur la méthodologie de la mesure de la vitesse de la lumière, on peut voir d'après ce qui précède qu'il y a deux groupes de manipulations totalement différentes : les mesures en observatoire, qui évaluent des temps de propagation et des distances interstellaires, et les mesures terrestres, qu'il faut considérer comme ce qu'elles sont, c'est-à-dire comme des mesures locales faites en laboratoire. Les progrès accomplis dans la précision des dernières ont peu à peu amené les scientifiques à ranger les premières dans les archives, puis à ne leur reconnaître qu'un intérêt historique tout en les dépouillant de toute valeur expérimentale, en invoquant une méconnaissance des dimensions réelles du système solaire à l'époque des mesures. C'est peut-être vrai, mais on aimerait bien savoir si quelqu'un s'est donné la peine de réactualiser les calculs de Delambre, par exemple, sachant que personne jusqu'à présent n'a pu nous faire profiter du résultat de ce genre d'investigation. Or il est un passage, dans le livre sur Römer cité plus haut (page 287), qui suscite au contraire, au lieu de clarifier la situation, des interrogations supplémentaires :

« C'est donc une utilisation perspicace des deux résultats les plus spectaculaires de la physique de son époque qui permit l'exploitation fructueuse pour la mesure de c_0, de la découverte de Römer selon laquelle la variation de période des éclipses de Io, au cours d'une demi-année, pouvait s'interpréter par le jeu des retards successifs apportés par le temps de propagation de la lumière.

Cette méthode a été utilisée avec des moyens de plus en plus raffinés et des théories de plus en plus minutieuses jusqu'en 1909. A cette date, R.A. Sampson met au point, à Harvard, un procédé photométrique pour déterminer l'époque des éclipses de Io et en exploitant aujourd'hui à posteriori, ses résultats avec une valeur améliorée de a (demi grand axe de l'ellipse terrestre), l'erreur sur c_0 était devenue inférieure à ± 60 km.s^{-1}. »

Cette dernière phrase est d'une importance considérable, car elle aurait du ouvrir la porte à un nouvel examen des résultats obtenus par Römer, Cassini et Bradley, et à la possibilité de confirmer ou d'infirmer que la vitesse de la lumière n'est pas la même au niveau de la croûte terrestre qu'entre Jupiter et la Terre. Mais hélas, il n'y a dans l'article aucune suite, aucun développement attendu, aucune précision supplémentaire, aucune révélation sur ce qui pourrait être une nouvelle approche d'une question-clé de la physique. On reste sur sa faim, et on n'ose se demander pourquoi l'auteur de l'article s'arrête subitement au moment le plus passionnant, celui où le doute se trouverait soudain balayé et où la vérité nous inonderait d'une soudaine clarté. Mais non, rien de cela, une fois de plus la science nous refuse son concours au moment précis où elle a toutes les cartes en main pour statuer, mais peut-être est-ce bien là le problème : toutes les vérités ne sont pas bonnes à dire, et la formule « malheur à celui par qui le scandale arrive » n'a de meilleure écoute que dans le milieu scientifique. Toujours est-il que le mystère reste entier, et on peut mesurer à cette occasion la formidable inertie de la société savante, incapable de secouer sa torpeur et de regarder les choses en face, même et surtout quand il s'agit de faire un point objectif, un état des lieux, qui permettrait une salutaire remise en question des connaissances pour, au final, faire vraiment bouger la physique.

Quoi que les instances supérieures en pensent, la vitesse de la lumière n'est pas une constante, elle varie selon le champ de gravitation, et peut-être pas seulement. Cependant, il faut bien voir qu'aujourd'hui tous les appareils de mesure de distances qui utilisent les ondes électromagnétiques, depuis le simple laser du maçon ou du métreur jusqu'au radar astronomique, sont pourvus d'un microprocesseur dans la mémoire duquel est enregistrée la valeur légale de la vitesse de la lumière. Tout appareil de mesure de distance mis sur le marché ne peut être homologué s'il déroge à cette règle : le système est donc parfaitement bouclé, la loi du Code du Commerce s'est introduite parmi celles de la physique, et il est bien évident, dans ces conditions, qu'on ne découvrira jamais la loi de variation de c_0 si les choses restent en l'état. Mais comment pourraient-elles changer, puisqu'il a été **décidé** que c_0 était une constante ? Pourtant, cela n'empêche pas les relativistes d'expliquer aux ignorants que nous sommes que les trous noirs sont des astres tellement denses, qu'ils ont une pesanteur tellement énorme, qu'elle empêche la lumière d'en sortir. Autrement dit, les mêmes qui nous serinent que la vitesse de la lumière est une constante fondamentale avouent simultanément, quand ça les arrange ou quand ils sont à court d'argument, que non seulement elle varie, mais qu'elle peut même s'annuler ! De qui se moque-t-on ? On se sent vraiment désarmé en face de ces gens qui manient la contradiction avec tant de talent, de naturel et d'élégance, à moins tout simplement qu'ils ne nous prennent pour des béotiens. Mais restons zen, rejetons bien vite cette idée discourtoise et improbable et revenons aux choses sérieuses.

Toutes les mesures astronomiques, pour des distances moyennes, se font à partir de la parallaxe. Il s'agit de la différence angulaire qui apparaît quand on vise la même étoile fixe depuis les deux positions diamétralement opposées du grand axe de l'orbite terrestre (figure 4-8). La trigonométrie permet alors de calculer la distance de l'étoile à la Terre, connaissant la longueur de ce grand axe. Les deux mesures sont donc décalées d'une demi-année. Du seul point de vue du principe, ceci paraît relativement simple, et la méthode a d'ailleurs été utilisée très tôt à la surface même du Globe, pour mesurer l'éloignement d'un point inaccessible : de l'autre côté d'un fleuve, au milieu d'un marécage, sur une île, etc. On construit pour cela un triangle, si possible isocèle, dont la base est constituée par le segment compris entre les deux points de mesure qu'on a choisis, on mesure les deux angles entre la direction de l'objet et celle de la base du triangle puis, connaissant la longueur de celle-ci, on en déduit celle de la hauteur ou de la médiane, et le tour est joué : la connaissance de la géométrie a permis à l'homme de déterminer à quelle distance se trouve un objet qu'il ne peut physiquement atteindre.

Le problème de base, quand on applique ce principe en astronomie, est de savoir comment déterminer la longueur du demi grand axe de l'orbite terrestre. Les astronomes n'ont pas une infinité de moyens pour connaître la distance des astres lointains : ils mesurent des temps et des angles et, quand ils mesurent un angle, encore doivent-ils calculer la correction à apporter du fait de la rotation de la Terre, qui bouge et sur laquelle ils sont rivés. Autrement dit, ils mesurent l'Univers à partir d'un manège tournant, et c'est pourquoi la mesure et la définition d'étalons de temps et de distance ont une importance aussi considérable. L'appréciation des durées est pour eux le fondement de la profession, comme la pesée l'est pour les chimistes, et la définition d'une unité de temps leur est d'une nécessité encore plus incontournable que pour le commun des mortels.

La première unité de temps de l'espèce humaine, à l'aube de sa présence sur Terre, a été le jour, complété rapidement par le mois lunaire puis l'année solaire. Quand la nécessité d'être plus précis s'est manifestée, on a d'abord subdivisé la journée en phases : le matin, le soir, la nuit. Il semblerait ensuite que ce soit la science et en premier lieu l'astronomie qui ait, pour ses besoins propres, introduit la mesure des intervalles de temps par le comptage de phénomènes périodiques. L'inventivité humaine a ensuite tiré parti tout ce que la nature mettait à sa disposition, en l'adaptant au niveau et aux possibilités technologiques du moment : ce fut le cadran solaire, l'horloge à eau, puis celle à pendule, jusqu'à ce qu'on arrive à définir correctement la seconde de temps, de manière reproduc-

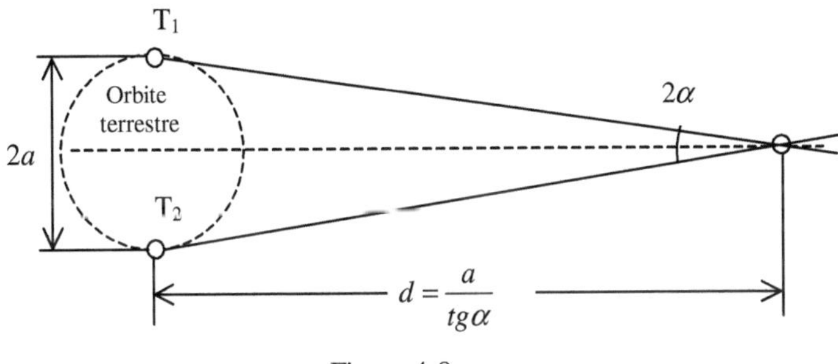

Figure 4-8

tible et transportable grâce à la trouvaille de la montre, ce bijou technologique gardien de bien des secrets de la mécanique. Jusque vers 1950, c'est-à-dire hier, la seconde était définie par les astronomes comme la 86 400ème partie du jour solaire moyen. C'est à cette époque que l'on abandonna cette conception du temps pour se tourner vers des phénomènes totalement terrestres et liés à l'intimité de la matière, l'atome étant considéré comme une structure de référence indestructible et d'une parfaite stabilité. Ce fut d'abord un multiple de la période de la raie rouge du cadmium, de longueur d'onde 0,64384696 micron, avant d'être celui de la radiation qui accompagne un certain changement de niveau d'énergie dans un atome de césium 133, dont il faut compter de l'ordre de dix milliards de périodes pour fabriquer une seconde légale. On imagine sans peine la complexité de l'appareillage qui permet ce genre de chose, mais cette fantastique technologie, qui fait appel à l'arsenal le plus complet et le plus moderne des hautes fréquences, donne-t-elle plus de garanties sur l'étalon de temps ?

L'ambition de ceux qui ont conçu l'horloge atomique est démentielle dans sa prétention : ne pas dériver de plus d'une fraction de microseconde par siècle ! La précision relative de l'horloge, celle qui est annoncée, est aujourd'hui de 10^{-14}, en attendant mieux, car les concepteurs ne sont pas encore satisfaits. On a là une illustration supplémentaire, s'il en était besoin, de la folie humaine qui a élu domicile dans le cercle bétonné de la recherche fondamentale. En effet, pour s'affranchir de la précision limitée des méthodes astronomiques traditionnelles, il a été décidé que seule l'intimité de la matière, considérée comme le siège des phénomènes de base de la physique, était susceptible de fournir à l'homme les références absolues qu'il recherche désespérément. On lui prête alors, à cette matière, des qualités d'inviolabilité et de stabilité totales qu'elle n'a jamais eues, mais en lesquelles on croit comme on croit à un dieu, avec le même parti-pris. On la considère comme un mécanisme tellement parfait qu'il serait inconcevable qu'elle ne possède pas en son sein l'une des clés du mystère du Monde. On a donc décidé que les phénomènes atomiques et nucléaires étaient tous quantifiés de manière absolue, et que c'était là, dans les sauts de puce calibrés des électrons et non pas dans l'espace interplanétaire, qu'il fallait chercher l'étalon du temps.

Aucun ingénieur qui a passé au moins une dizaine d'années dans un laboratoire où l'on fait quotidiennement des mesures pointues en électronique ne peut croire qu'on puisse déterminer une quantité quelconque à 10^{-14} près. On peut faire une mesure différentielle avec cette précision-là, mais dans ce cas le mot « précision » doit être remplacé par « sensibilité », c'est-à-dire qu'on ne peut évaluer avec cette finesse que la différence entre ce que l'on mesure et un objet de même nature que l'on a choisi comme référence, et dont par conséquent on décide arbitrairement et provisoirement qu'il est exactement déterminé. C'est une décision, un postulat, un choix, tout ce que l'on voudra, à l'exception de la vérité et de l'approche de la perfection. Cette surenchère continuelle dans la quête de l'erreur zéro a quelque chose de pathétique. Elle ne peut être le fait que d'individus qui ont complètement perdu le sens des réalités et du raisonnable. L'atome est soumis comme le reste de la matière à un environnement dont on ne sait pas quelle est son influence exacte sur lui, mais il n'y a aucune raison valable pour affirmer que cette influence soit nulle : le champ de gravitation, le champ magnétique terrestre, la température, l'humidité, les rayons cosmiques, tous les facteurs environnementaux possibles et imaginables sont susceptibles d'agir, directement ou indirectement, sur les niveaux énergétiques de l'atome. Que cette action soit indétectable avec les moyens habituels, on peut facilement se mettre d'accord sur le principe. Mais qu'elle n'intervienne pas à 10^{-14} est réellement ment trop difficile à admettre, d'autant qu'il est impossible, de toute évidence, d'en annuler totalement et rigoureusement toutes les causes. Par exemple, quand on travaille en enceinte régulée afin d'éliminer l'influence de la température, il faut savoir qu'une régulation de ce type consiste seulement à la faire osciller entre deux valeurs de consigne, certes très proches mais différentes, si peu soit-il, de sorte que la température ne cesse en fait de varier en dents de scie entre deux valeurs proches, bien qu'elle soit annoncée comme stabilisée, adjectif qui n'est pas du tout synonyme de constante. Ce n'est là qu'un exemple, pris parmi les plus simples. En ce qui concerne la précision réelle d'une mesure, l'erreur que l'on fait peut être masquée par le choix même du processus, ainsi que par celui de l'étalon. Ce dernier est obligatoirement, par définition, considéré comme une référence parfaite, même si on sait pertinemment que ce n'est pas vrai. Mais que l'on s'interroge ou pas sur sa légitimité, un étalon reste un étalon, et qu'on le veuille ou non il est obligatoire, à un moment ou à un autre, de se référer à quelque chose, c'est la condition humaine transposée dans le laboratoire.

Pour bien montrer à quel point les questions de métrologie, qui semblent souvent évidentes, sont en fait compliquées et imbriquées les unes dans les autres, prenons l'exemple suivant : supposons que l'on désire connaître, au moyen d'une pesée, la loi quantitative de l'évaporation de l'eau dans les conditions normales. Pour ce faire, on dispose sur le plateau d'un trébuchet un récipient rempli d'eau à ras bord, qu'on équilibre avec une tare en sable fin sur le second plateau (figure 4-9) au temps t_0. L'eau s'évapore, et au fur et à mesure qu'elle s'évapore le plateau de gauche perd de sa masse et s'élève. A un instant donné t qu'on a choisi pour faire un mesurage, on rétablit l'équilibre initial en ajoutant à côté du récipient un poids correspondant Δp, qui est donc celui de la masse d'eau évaporée. On peut ensuite recommencer plusieurs fois la manipulation pour obtenir une courbe en fonction du temps. Quelle va être la précision des points de mesure ? Est-il concevable que l'on puisse envisager 10^{-14} ? Bien sûr que non, et dans cet exemple suffisamment proche de la vie courante et des connaissances moyennes de tout un chacun, personne n'en discutera l'évidence. Essayons quand même d'analyser l'opération plus en détail.

Il faut bien distinguer, dans cet exemple significatif, que le montage permet d'accéder à deux mesures fondamentalement différentes :

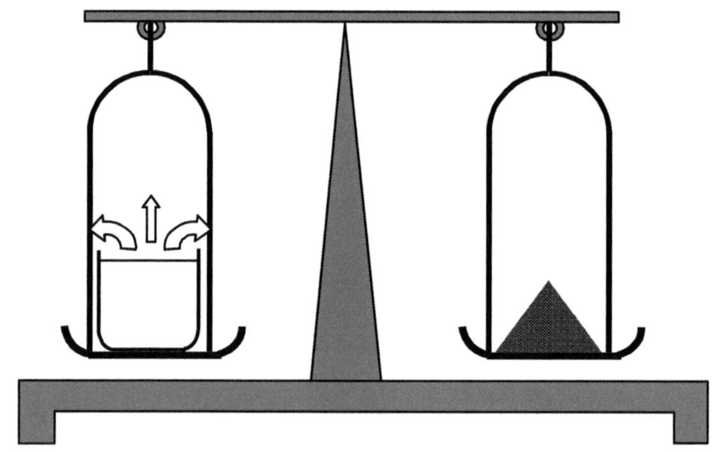

Figure 4-9

l'une est une mesure directe, celle du poids de la masse d'eau qui se trouve à l'origine dans le récipient, l'autre est une mesure relative ou différentielle, et détermine la proportion d'eau évaporée par rapport à la masse initiale. Mais on peut immédiatement rétorquer que la masse d'eau évaporée a été compensée sur la balance par une addition de poids connus et homologués, et qu'elle-même est donc bien déterminée intrinsèquement. Quant à la masse d'eau initiale, elle est connue également par la pesée de la tare de sable, à ceci près qu'il s'agit là d'une double pesée par la méthode de Borda, qui élimine les dissymétries de fabrication de la balance, de sorte qu'elle est plus précise que la pesée directe de l'eau évaporée. Mais comme elle porte sur une quantité incomparablement plus grande, l'erreur absolue est finalement elle aussi plus importante. Mais...etc.,etc. On peut discuter et épiloguer sans fin sur ces remarques à tiroirs, on est obligé de constater qu'en définitive, la précision avec laquelle on aura déterminé la loi de la vitesse d'évaporation dépend d'un chronomètre et d'un étalon de poids, ou de masse, qui est déposé quelque part du côté de Sèvres ou ailleurs, et que cet étalon, qui comme toute matière s'évapore lui aussi, bien que beaucoup plus lentement, ne sera jamais déterminé à 10^{-14}. Finalement, on aura beau retourner le problème dans tous les sens et se creuser la tête pour essayer de trouver un cheminement vers la certitude, la vocation de celle-ci semble être de toujours se refuser à l'homme, ainsi que l'a si bien écrit Karl Popper. Très imparfait dans sa démonstration, l'exemple ci dessus n'a pour ambition que de montrer que l'expérience la plus simple peut devenir très compliquée, voire inextricable, si on lui en demande trop. Répétons qu'une mesure précise au dix millième, soit 10^{-4}, est une excellente mesure, et que les ingénieurs se contentent en général de beaucoup moins, ce qui ne nuit pas à leur efficacité.

Revenons maintenant à la vitesse de la lumière. Toutes les méthodes astronomiques de mesurage ont été abandonnées au profit de méthodes terrestres, dont la sensibilité n'a cessé de progresser. Parallèlement le radar, les radiotélescopes, permettent de connaître la distance d'un élément du système solaire avec une résolution inférieure au mètre, mais en fonction d'une vitesse de la lumière considérée comme constante et fixée arbitrairement à 299 792 458 m/s, d'après des mesures terrestres. Il est donc maintenant impossible de trouver un autre résultat, sauf à augmenter encore la sensibilité de la méthode utilisée et par voie de conséquence le nombre de chiffres significatifs, et ceci en pure perte puisque le procédé est au départ mal fondé.

Le système est donc verrouillé, comme un ordinateur qui se bloque et dont on ne peut plus se servir qu'en le faisant redémarrer et en l'obligeant ainsi à faire une remise à zéro. Qui fera redémarrer une nouvelle campagne de mesures de c_0, maintenant que l'on sait qu'elle varie en fonction du champ de gravitation ? Qui fera cette fameuse remise à zéro, quel héros inconscient osera braver la Nomenklatura scientifique et, se plantant devant un notable chargé de gérer un établissement public de recherche, lui dira en substance : « Nous sommes tous dans l'erreur et il faut vite faire demi-tour ! » ? Le monde de la Recherche Fondamentale regorge actuellement de niches confortables, où des diplômés excédentaires des promotions des Grandes Écoles et des Universités s'occupent comme ils peuvent en attendant une retraite à taux plein et à 55 ans, et il y a peu de chances que l'on voie apparaître ce genre de Don Quichotte avant longtemps. Et quand bien même il existerait, quel mandarin lui prêterait attention ? Quel haut responsable est-il capable de risquer sa carrière pour se rappeler soudain que la partie la plus essentielle de sa tâche est de promouvoir la physique, de ne jamais se satisfaire de l'ordinaire, de chaque jour essayer d'en apprendre un peu plus que la veille, d'entraîner son troupeau dans la voie hasardeuse mais si gratifiante de l'inconnu ? Il n'y a pourtant pas de grand risque, mais au contraire l'espoir et la perspective de satisfactions exceptionnelles, à ménager dans son budget, dans l'organisation de ses équipes, dans son planning, une petite place pour un groupe d'étude qui tienne le rôle de l'avocat du diable, qui remette systématiquement en question les connaissances considérées comme acquises, qui explore avidement les voies laissées pour compte, et surtout qui ne fasse aucune hypothèse qui ne s'appuie avant tout sur l'existence de l'éther. Mais en dehors de ces considérations d'ordre général et éthique, il y a plus grave : si la vitesse de la lumière n'est pas constante, il faut se jeter à corps perdu sur ce problème de première importance et l'analyser avec toute la rigueur nécessaire, au lieu de l'ignorer avec superbe et mépris. A partir du moment où une théorie, ne serait-ce qu'une seule, expose avec clarté la relation qui existe entre c_0 et la pesanteur, tout physicien digne de ce nom a l'obligation morale et professionnelle de se mettre au courant, de l'étudier à fond et de statuer sur son bien-fondé. Et si celui-ci est avéré, il faudra alors le dire et en tirer toutes les conclusions qui vont avec. Alors, qui va oser ?

4-6 : L'atome et la physique quantique.

L'atome, qui signifie en grec « insécable », était considéré dans l'Antiquité comme le constituant ultime de la matière. Sa conception actuelle, avec un noyau entouré d'un nuage d'électrons, date seulement d'à peine plus d'un siècle. C'est probablement la découverte de la radioactivité qui a permis la naissance de l'idée que l'atome pouvait avoir plusieurs constituants, dont certains, les électrons, s'échappaient spontanément de l'édifice considéré jadis comme inviolable et chimiquement caractéristique d'un corps donné. Il a d'abord fallu identifier ces électrons, bien prendre conscience, à travers des expériences de plus en plus précises, que la matière émettait dans certaines circonstances de bizarres particules électrisées, toujours les mêmes, avec une certaine énergie et une certaine masse qu'on ne pouvait pas mesurer directement, mais que l'on pouvait déduire de considérations dynamiques, en étudiant par exemple leur déviation par les champs électriques ou magnétiques. Nous avons d'ailleurs là le principal problème et la spécificité de la physique des particules, qui n'est faite que d'un assemblage de modèles d'une réalité définitivement hors d'atteinte de l'observation directe. On pourrait bien sûr rétorquer immédiatement que c'est le problème général de la physique, ce qui n'est pas totalement faux mais pas dans ces proportions : quand on se pose des questions sur la masse d'un objet, par exemple, on a la possibilité d'avoir cet objet en main ou devant soi, bien visible et bien présent, on peut le palper, le peser, le diviser, l'échantillonner, en prenant tout le temps qu'il faut. En physique atomique, au contraire, il faut d'abord se faire une représentation, forcément fausse, de particules déjà difficiles à identifier entre elles, toujours en mouvement, et ensuite provoquer une altération de ce mouvement à l'aide d'une force extérieure pour en déduire par le calcul ses caractéristiques statiques. C'est dire quelle incertitude il peut y avoir sur la validité d'une représentation quelconque de l'atome, système dynamique mais d'apparence statique, que le temps qui passe rend de plus en plus compliqué, au fur et à mesure qu'on lui découvre ou qu'on lui invente de nouveaux composants. Par comparaison avec l'unité insécable de Démocrite, l'atome du 21ème siècle dévoile une complexité croissante où le noyau, qui pour Rutherford, au siècle précédent, constituait la nouvelle unité ultime et indivisible, se présente aujourd'hui comme un monde à lui tout seul, un monde où tout reste à découvrir mais dont les constituants sont de plus en plus chargés d'hypothèses. Ce qui fait douter de la physique nucléaire telle qu'on nous la présente actuellement, c'est précisément cette complexité qui enfle au fil des années et qui va à l'encontre de l'idée, peut-être trop simpliste mais qui était l'espoir des premiers atomistes modernes, que les choses seraient devenues de plus en plus claires au fur et à mesure des progrès techniques des moyens d'investigation.

Comme il vient d'être dit, il faut remonter à la fin du 19ème siècle et à la découverte de la radioactivité par Henri Becquerel pour situer à peu près le début des conceptions actuelles de l'atome. Le fait de constater que des électrons ou d'autres particules puissent s'en échapper rendit incontestable l'idée qu'il devait y avoir à l'intérieur un dispositif bien plus compliqué que ce qu'on pouvait imaginer auparavant, et se faire une idée précise de la manière dont se trouvaient stockées les particules, avant qu'elles ne soient éjectées, n'était pas chose simple. Il fallait, d'une part rendre compte d'une stabilité apparente de la matière en général, et d'autre part produire un modèle où les électrons seraient déjà présents tout en se trouvant prisonniers à l'intérieur d'un édifice relativement solide, mais aussi suffisamment près de la surface pour qu'un événement énergétique extérieur puisse les éjecter en priorité, eux et eux seuls. C'est à Ernest Rutherford que l'on attribue l'invention du modèle planétaire, qui consiste à voir l'atome comme un système solaire miniature, le noyau tenant le rôle du soleil et les électrons étant les planètes. Dans son premier modèle les électrons gravitent, comme les planètes, dans un même plan, mais de la rencontre de Niels Bohr avec Rutherford va éclore un second modèle un peu plus sophistiqué, qui rend compte des dernières découvertes et introduit l'idée fondamentale de quantification : les électrons périphériques ne sont plus dans un même plan, mais évoluent dans des couches concentriques distinctes, dans lesquelles ils occupent à chaque instant des positions aléatoires, mais correspondant à un niveau d'énergie bien défini. C'est-à-dire qu'ils ne peuvent migrer d'un niveau à un autre, disons d'une couche à une autre, qu'en recevant ou en fournissant une certaine quantité d'énergie, toujours la même. Bien que Rutherford ait fabriqué une image de l'atome calquée sur celle, bien visible, du système solaire, on voit qu'il y a une différence énorme entre le vrai système planétaire et sa copie réduite: dans le système solaire réel, les planètes peuvent occuper n'importe quelle position, du simple point de vue de leurs distances au Soleil. On a l'habitude de les voir à tel endroit, mais elles pourraient aussi bien obéir aux lois de Kepler sur une orbite différente, actuellement inoccupée. Dans l'atome, c'est différent. Selon la mécanique quantique, il y a des zones de mouvement autorisées et d'autres qui ne le sont pas. L'électron ne peut pas faire tout ce qu'il veut, il a certes la permission de tourner, mais pas n'importe où. C'est pour justifier mathématiquement cette particularité qu'une quantité impressionnante de savants de grand renom, parmi lesquels les plus connus s'appelaient Einstein, de Broglie, Schrödinger, Heisenberg, Dirac et d'autres, se précipitèrent sur le modèle de Bohr pour lui appliquer chacun sa manière de voir et sa technique personnelle en interprétant, à l'aide d'équations d'ondes, ce refus de la continuité que la matière semblait avoir pris pour règle à l'échelle sub-microscopique.

Cette « école de Copenhague », représentée sur une photo de groupe du 5ème congrès Solvay de 1927 reproduite au chapitre 5, réunissait tous les savants de renom de l'époque, dont ceux qui sont cités plus haut, et affichait comme profession de foi le renoncement à comprendre réellement ce qui se passait à l'intérieur de l'atome au profit de l'utilisation d'un nombre important de concepts nouveaux destinés à en créer un modèle exploitable, pas spécialement prédictif mais tout simplement cohérent vis-à-vis de la réalité. Rien de nouveau sous le soleil, ce modèle qui ne pouvait évidemment être que purement mathématique n'était que le point d'orgue de ce que pouvait proposer la physique théorique, face à cet atome qui dévoilait soudain son aspect composite et sa complexité, mais sans offrir de clé évidente pour y pénétrer. Paradoxalement, l'impossibilité de s'affranchir de cette énorme différence d'échelle entre l'observateur et l'objet observé, un peu semblable à la condition des astronomes, mais dans l'infiniment petit, permettait aussi toutes les interprétations. L'imagination prit nécessairement le pas sur l'observation, et les physiciens s'en donnèrent à cœur joie, d'autant que le contexte relativiste avait largement ouvert la voie à toutes les élucubrations : on pouvait pratiquement tout dire, avancer les thèses les plus farfelues, sans craindre le ridicule, et les savants penchés sur l'univers atomique ne se le firent pas dire deux fois. Toutes les barrières patiemment érigées par le déterminisme se virent soudain atteintes d'une brusque fragilité, et on abandonna bientôt la conception classique des trajectoires où la position d'un mobile était parfaitement définie en fonction du temps pour introduire des notions de statistique et de probabilités, dans lesquelles les électrons perdaient leurs individualités, un peu comme les molécules d'un gaz que seul le démon de Maxwell est capable de distinguer individuellement. Einstein profita de l'aubaine pour faire remarquer à tous que la Relativité avait tout prévu de ce que démontrait la mécanique quantique, et ses milliers d'épigones fidèles et disciplinés continuent à le faire un siècle plus tard.

Les théories de Bohr, d'Heisenberg, de Schrödinger et des dizaines d'autres impliqués dans l'affaire atteignirent un tel niveau d'abstraction que ce petit monde d'extra-terrestres, afin de ne pas commettre le péché d'orgueil et de se couper du reste du monde, se vit obligé d'inventer des histoires simples, voire même simplistes, pour atteindre et essayer d'intéresser le grand public. Parmi celles-ci, l'une des plus connues, de nom seulement car en réalité elle est diablement compliquée, est celle du chat de Schrödinger, dont on raconte qu'elle aurait été imaginée par ce dernier pour montrer les dangers d'appliquer aux phénomènes macroscopiques les principes de la physique quantique, et à quelles absurdités on s'exposait en y contrevenant. Dans cette physique-là, l'électron prisonnier de son atome n'est plus une particule mais devient une fonction d'onde probabiliste, appelée « orbitale », dont l'existence instantanée n'est plus définie que statistiquement. D'autre part, la question se pose à certains de savoir si l'observateur, par le simple fait qu'il observe, ne perturbe pas le phénomène observé. On voit très bien, à travers ces points de vue ô combien pertinents, le côté tordu et élitiste de la physique quantique. Mais revenons au chat. La pauvre bête est enfermée dans une cage spéciale en compagnie d'un mécanisme mortel qui la tuera si, dans l'espace d'une minute, un échantillon de matière radioactive aura émis un électron, lequel, une fois détecté, actionnera le système tueur (figure 4-10). Le problème est, pour l'observateur et sans regarder à l'intérieur de la cage, de deviner si le chat est mort ou vivant. Or l'existence du chat est liée à celle de l'atome qui peut se désintégrer dans la minute que dure l'expérience, et en particulier à l'électron qui peut le quitter. Or celui-ci, avant l'observation, peut être ou ne pas être, comme le dilemme d'Hamlet mais

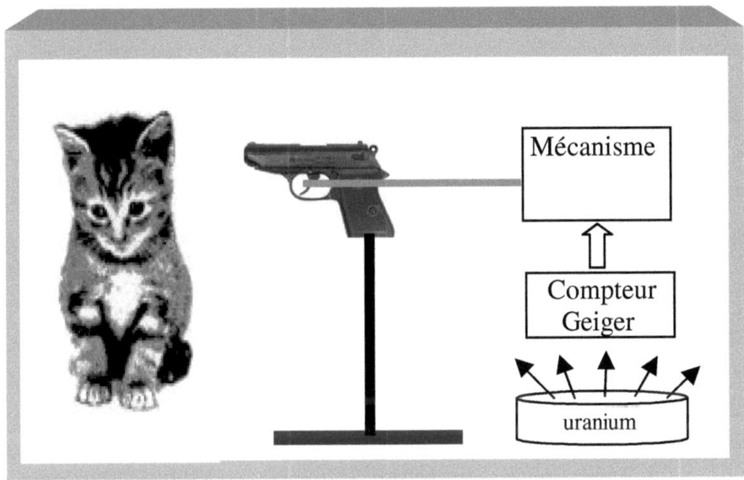

figure 4-10 : le chat-martyr de Schrödinger

sans possibilité de réponse, et donc le chat peut être à la fois mort et vivant. Quelqu'un a-t-il compris ? Ce qui est certain, c'est que le matou, lui, sait parfaitement s'il est vivant, et dans ce cas on peut supposer que l'unique préoccupation de la pauvre bête est de sauver sa peau et que sa pensée immédiate doit être seulement d'essayer de sortir de la boîte infernale.

Que Schrödinger nous pardonne cette présentation tendancieuse de sa démonstration fumeuse, mais il est nécessaire et salutaire de réagir et de faire confiance à son bon sens quand la physique se présente sous cette forme. Cette pseudo-démonstration est du même acabit que celle de Langevin et de ses jumeaux, dont l'un voyage à la vitesse de la lumière (quel réalisme !) et l'autre (le veinard) reste avec nous sur notre bonne vieille Terre. Le premier voit son horloge relativiste ralentir, donc il vieillit moins vite que son frère, seulement celui-ci voit l'autre s'éloigner avec la même vitesse relative, mais dans l'autre sens, et lui aussi vieillit moins vite, ce qui est contradictoire, mais celui qui voyage doit faire demi-tour pour venir constater la différence d'âge, donc il se trouve deux fois au lieu d'une dans un repère galiléen, donc c'est finalement lui qui gagne et vieillit moins que l'autre... Au fait, où a-t-il fait demi-tour, et comment l'a-t-il fait à cette vitesse ? Soyons sérieux, ou du moins essayons: toutes ces fables ésotériques de savants fous ont en commun d'avoir des points de départs irréalistes et parfaitement invérifiables, car ils se trouvent dans l'infiniment grand et l'infiniment petit, là où on n'ira jamais que par la pensée, et encore pas toujours.

En guise de commentaire, on a le droit de prétendre sans exagération qu'il y a d'une part une physique déterministe et pragmatique, qui décrit très bien les phénomènes du monde à notre échelle, et d'autre part une physique aventureuse, irréaliste et farfelue qui a pour théâtre des mondes factices que des savants fous ne pourront jamais qu'imaginer. Dans ces mondes-là tout est permis, les hypothèses les plus démentes peuvent être émises tant qu'elles ne heurtent pas la logique ordinaire d'une manière trop visible, et il faut reconnaître que l'espèce humaine est extraordinairement douée pour ce genre d'exercice.

La physique quantique tire son nom de l'hypothèse, par ailleurs vérifiée, que l'énergie attribuée aux différentes orbitales électroniques varie de l'une à l'autre par sauts, et qu'il y a des valeurs interdites à l'intérieur de l'atome. Pour éviter que les électrons n'entrent en collision et donc supposer que leurs déplacements aient lieu en couches distinctes, il semble assez logique d'admettre cette condition. Mais cette notion de quantification des niveaux énergétiques s'est rapidement étendue à l'énergie elle-même, et de l'ensemble maintenant indissociable formé par l'interprétation de Copenhague et la Relativité est née peu à peu l'hypothèse, exprimée explicitement ou implicitement, que cette énergie pouvait se présenter sous la forme d'un « paquet » ou d'un « quantum », et donc varier de manière discontinue. L'énergie est équivalente à un travail, au sens que donne la physique à ce mot, et un travail se ramène toujours au produit d'une force par un déplacement. Son équation aux dimensions s'exprime donc par la formule :

$$W = M.L^2.T^{-2}$$

où il apparaît qu'elle est le produit de trois quantités continues, et que par conséquent elle ne peut en aucun cas être elle-même discontinue. Elle se lit comme ceci : l'énergie est proportionnelle à la masse, au carré d'une longueur et à l'inverse carré d'un temps. Colliard, dans « les deux éthers », donne une image très pédagogique pour illustrer ce salutaire et nécessaire rappel aux sources :

« Quant à la notion quantique de Planck, elle se révèle inutile et fausse. Il n'y a pas, il ne peut y avoir discontinuité de l'énergie, parce que la vitesse quadratique, qui est un des éléments de cette énergie, peut varier de façon continue. Ceci n'implique pas forcément que tout phénomène varie par l'accroissement continu de son énergie. Sur un moteur en marche uniforme, on peut mettre une boîte d'engrenages dont l'embrayage donnera au volant des vitesses discontinues. On ne peut pas conclure de là qu'il y a des quanta de vitesse. ».

Le négationnisme des relativistes vis-à-vis de l'éther les a fait passer à côté d'explications mécaniques d'une si grande simplicité qu'elle leur semble incroyable, au sens propre du terme. En ce qui concerne plus spécialement la physique des quanta et la mécanique ondulatoire de De Broglie, il faut rappeler qu'il existe en physique, un phénomène, et un seul, connu dans toutes ses branches sauf précisément dans celles-là, où se produit la vraie quantification : c'est la résonance.

La résonance est un phénomène d'amplification qui se produit chaque fois que, dans un volume déterminé, une onde incidente trouve un parcours tel que, après une réflexion sur un obstacle, en général une paroi ou une extrémité, elle se retrouve en phase avec elle-même au point d'excitation. Il se produit alors une accumulation rapide d'énergie dans le volume où la résonance se produit, jusqu'à un maximum qui ne dépend que des pertes, caloriques s'il s'agit d'une résonance mécanique, ou ohmiques s'il s'agit d'une résonance électromagnétique. Quand un volume résonne, tout se passe comme si l'énergie vibratoire venant de l'extérieur s'accumulait à l'intérieur, sans possibilité de ressortir, et ceci jusqu'à ce qu'un maximum soit atteint, comme si le volume possédait une « contenance » énergétique. Par exemple les cavités résonnantes sont, en électromagnétisme des hautes fréquences, d'un usage courant dans le domaine technologique du filtrage à haute sélectivité. Une cavité de ce type présente à sa fréquence de résonance des propriétés particulières qui constituent un « mode » de vibration. C'est ce mode qui est quantifié, par essence, car il dépend de la *géométrie* du volume où il s'exerce et d'une condition de phase. Il y aura autant de modes, c'est-à-dire de fréquences de résonance, qu'il y a de parcours correspondant à un certain multiple du quart de la longueur d'onde associée, auxquels il faut ajouter les harmoniques, paires ou impaires selon le type d'excitation. Ce phénomène bien connu est le seul, aussi bien en physique rationnelle qu'en physique classique, celle qu'on enseigne d'abord dans les classes élémentaires et le secondaire, où apparaisse cette discontinuité entre des quantités d'énergie stockées dans un certain volume. Les physiciens du début du $20^{\text{ème}}$ siècle l'ont oublié et c'est pour cette raison qu'ils se sont vus obligés d'inventer les quanta d'énergie et toute une nouvelle physique qui en permettait la manipulation, en négligeant la possibilité d'un autre modèle de l'atome que celui de Bohr-Rutherford.

Que l'atome soit le siège de mouvements périodiques stables, responsables des ondes de fréquences extrêmement élevées découvertes par Compton, tout le monde semble d'accord là-dessus. Que ces mouvements soient orbitaux, c'est en revanche une convention que, bien qu'elle dure depuis plus d'un siècle, on est en droit de contester, à condition bien évidemment de proposer un autre modèle qui présente par rapport au précédent des avantages incontestables : c'est la loi chez les physiciens. Or s'il est un modèle à essayer, c'est bien celui de l'atome résonant, qui n'a pas besoin de physique quantique pour exister, mais qui conduit par contre à des interprétations beaucoup plus séduisantes des phénomènes atomiques. En revanche, il ne peut pas se concevoir sans l'éther, et c'est probablement là la principale raison de sa non-existence, étant donné le refus systématique que les instances scientifiques opposent à cette éventualité.

La Théorie Synergétique fait entrevoir la possibilité de création de particules élémentaires par un phénomène de cavitation, qualifié d'électromagnétique par Vallée mais qu'on peut aussi bien appeler « éthérique », parce qu'il ne peut se produire que dans un fluide et que la première appellation n'est pas suffisamment explicite. L'exemple le plus connu des effets de la cavitation est, en hydromécanique, la formation de bulles quand une hélice brasse l'eau pour faire avancer un navire, à partir d'une certaine vitesse de rotation. L'attaque de l'eau par les pales, si elle est suffisamment vigoureuse, peut être plus forte que l'inertie du liquide, c'est-à-dire que celui-ci n'arrive plus à suivre un mouvement trop rapide et qu'il y a création d'un vide momentané à un endroit donné. Ce vide, dans l'eau, se traduit immédiatement par la formation de bulles. On peut voir la création de matière dans l'éther exactement de la même manière : quand à un certain endroit d'un espace jamais vide se manifeste une énergie instantanée suffisante, l'éther cavite et il se produit localement l'équivalent de la bulle dans l'eau, ou d'une autre forme comme celle de l'anneau de fumée, dont les plongeurs sous-marins maîtrisent parfaitement la formation, ou encore une autre géométrie (figure 4-11), et à chaque fois il y a naissance d'une particule autonome gyrostatique, stable et qui garde définitivement une certaine partie, voire la totalité quand elle est élémentaire, de l'énergie qui a été nécessaire à son apparition. Quand l'éther cavite, cela signifie qu'à l'endroit où cela se passe le fluide s'écarte, se sépare de lui-même à l'intérieur d'une minuscule portion de l'espace où se manifeste une densité d'énergie suffisante, autant dire énorme, et que là où l'éther était continu apparaît enfin...le vide !

On verra plus loin que nos sens et nos habitudes de pensée nous conduisent à voir les choses comme à travers des lunettes qui inverseraient la réalité : le vide est le plein, la matière est le vide, le noir n'est pas rien mais le tout, la masse est partout mais la matière n'en possède pas, etc, etc. Dans cette optique la physique rationnelle, qui nous recommande d'utiliser largement l'analogie comme outil de raisonnement, nous conduit à voir la création de particules dans le fluide éther comme étant la reproduction presque identique de celle des bulles dans l'eau, quand on brise brusquement sa continuité. L'image qu'elle nous propose de la réalité, que nous voyons donc en inversant pratiquement tout, est tout aussi solide que l'apparence trompeuse sur laquelle travaillent les physiciens depuis que la physique existe, mais qui pourtant constitue notre monde, celui que nous ressentons comme étant la réalité.

Il est bien évident que cette manière de voir, qui conduit à une remise en cause totale de la conception de l'atome, n'est pas compatible avec les modèles trop simples qui ont servi de point de départ à la mécanique ondulatoire, puis à la physique quantique. Considérer le noyau atomique comme un soleil et les électrons périphériques comme des petites planètes gravitant autour de lui, comme des papillons autour d'un buddleia, est certes bucolique mais en même temps complètement irréaliste. Cela prouve simplement que les mathématiques et la physique théorique n'ont pas besoin de se représenter la réalité au plus près de ce qu'elle est, mais qu'il leur suffit que leur modèle, qui est de toutes manières une étape indispensable, ne comporte pas d'incohérence visible. Il faut reconnaître que le fait de redessiner la représentation de l'atome plus près

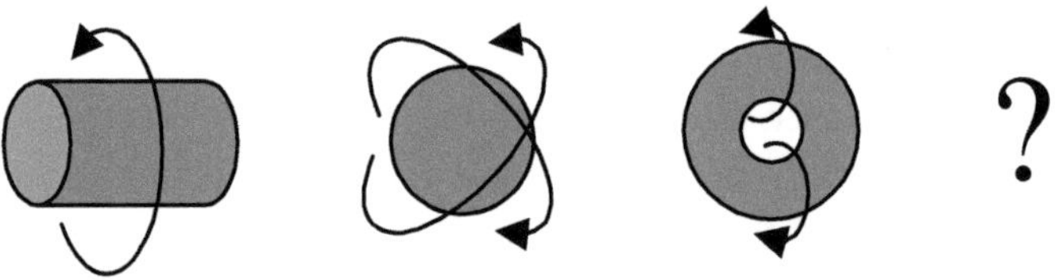

figure 4-11
Que sont en réalité les particules élémentaires ?

d'une nouvelle vérité qu'on ne peut que deviner ne simplifie pas automatiquement sa manipulation. Nous sommes maintenant prisonniers d'images qu'on insère trop tôt dans nos cerveaux dociles, et il n'est possible de s'en affranchir qu'au prix d'une contestation de longue durée qui ne peut s'appuyer que sur l'autre option de la métaphysique de l'espace, à savoir l'existence reconnue de l'éther.

La figure 4-12 propose un petit présentoir, forcément limité et hasardeux, d'images de « bulles » d'éther que notre cerveau devra construire pour illustrer cette nouvelle physique novatrice, mais il est bien certain que l'on arrive là en terre inconnue, et que tout modèle proposé devra se plier au verdict des faits de laboratoire, autrement dit il devra selon la règle être compatible avec les acquis. Mais on demandera un peu plus à ces modèles : ils devront offrir une explication mécanique, au sens de William Thomson et de l'école anglaise du 19ème siècle, des théories quantiques. Le petit cylindre de gauche de l'illustration précédente (4-11), en rotation rapide sur lui-même et représentant assez bien le « gyrostat » de Le Bon, ressemble aussi au modèle en forme de petit tonneau de l'électron de Vallée. On ne trouve pas cette forme dans les bulles de cavitation aqueuse qui nous ont servi d'exemple et de modèle analogique, mais l'éther n'est pas l'eau, et le fait qu'il soit un fluide parfait, sans frottement interne, lui confère très probablement des propriétés supplémentaires. Son avantage est de permettre assez facilement de donner une explication, développée dans la Théorie Synergétique, du spin de l'électron et de son moment, mais il n'est pas la seule vision de la particule élémentaire : la sphère dynamique et le « rond de fumée » sont également des formes envisageables, et le point d'interrogation à droite des trois dessins regroupe toutes les autres hypothèses à venir sur la géométrie à leur prêter. Est-ce que les roues dentées de l'éther de Maxwell peuvent prendre place dans cette famille ? La décision appartiendra aux physiciens qui voudront bien se lancer dans cette voie, mais il est fort possible qu'elles deviennent inutiles et désuètes, et personne ne peut le deviner dans l'état actuel des connaissances.

Une autre tâche des futurs explorateurs sera de construire un modèle résonnant de l'atome, édifice quantifié lui aussi mais d'une manière classique, assemblé à partir de particules new-look constituées par autant de domaines résonants. C'est celui qu'attend un nombre croissant de spécialistes qui, sans oser l'avouer publiquement par peur d'éventuelles réactions, veulent se débarrasser d'un modèle dont on a épuisé les ressources, qui ne donne plus rien et qui de toutes façons n'a pas donné grand-chose. Se représenter visuellement ce nouveau concept est assurément, pour le moment du moins, un exercice difficile, mais la figure 4-12, où l'on voit comme un assemblage statique de bulles de savon, pourrait peut-être ouvrir la voie à quelque chose d'approchant : un édifice complexe, résultant de l'agrégation de gyrostats de formes de base sphériques ou annulaires, chacun d'eux étant formé par une circulation d'ondes piégées par elles-mêmes et résonnant dans un volume parfaitement défini, immuable tant qu'un choc avec une autre particule ou un apport soudain d'énergie vibratoire n'ait fait varier ses dimensions et sa fréquence de résonance.

Dans ce nouveau schéma, un électron venu de l'extérieur ne vient pas compléter une orbitale sous-peuplée, il s'insère dans un système complexe dont il modifie la forme localement et en devient un composant supplémentaire. Quand un électron est éjecté, pour une raison quel-

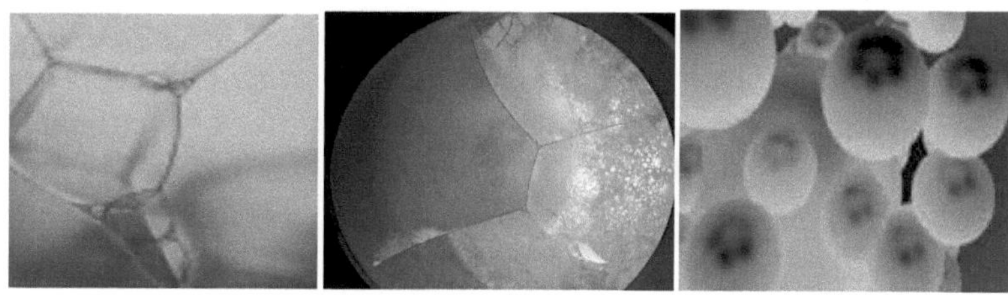

images libres Internet
figure 4-12

A quoi ressemble l'atome résonnant ? A des bulles de savon agglomérées et remplissant complètement l'espace? Simplement agglutinées ? Tout est à imaginer et à découvrir.

conque, ce n'est pas une particule qui quitte son orbite, mais une particule toute neuve, anonyme, qui vient de se créer, et dont le type, la fréquence de résonance et les dimensions sont liés à la quantité d'énergie qui a été la cause de son éjection. Il n'est pas du tout certain que ce modèle soit plus simple à manipuler que celui de la physique quantique, pour le moment, mais il s'agit de savoir ce que l'on veut : ou bien faire de la mathématique, ou bien connaître la vérité. Les électrons qui tournent autour d'un noyau, c'est une fable impossible, ce n'est pas ce qui se passe en réalité.

4-7 : Conclusion du 4ème chapitre.

La science, portée par l'intelligence humaine et le génie des physiciens et des philosophes, avance patiemment, inexorablement, infatigablement, construisant pierre après pierre un édifice unique et merveilleux qui voit ses dimensions et sa solidité s'accroître chaque année, chaque jour, presque chaque minute, et nous mène par une voie limpide à la connaissance du monde, récompense suprême de nos efforts méthodiques et organisés. C'est du moins ce que certains voudraient nous faire croire. C'est de cette manière qu'elle nous est souvent décrite, mais malheureusement ce n'est pas comme cela que les choses se passent : la science hésite, balbutie, se trompe, recule, se fourvoie, et les moments où elle progresse réellement sont rares. La plupart du temps, sous des apparences trompeuses de fourmillement d'idées qui ne sont en fait que des tentatives, des efforts désordonnés et pathétiques, elle stagne, cachée derrière sa vitrine technologique que l'on habille trompeusement du nom de progrès. Et chaque fois qu'elle s'engage dans une impasse, il lui faut plus d'un siècle pour décider de faire marche arrière et de reprendre la bonne direction. Mais surtout, elle ne fait pas ce qu'on est censé attendre d'elle : permettre à l'homme de s'émanciper, de s'améliorer, d'acquérir petit à petit les qualités morales, intellectuelles et sociales dont nos grand-pères et nos grand-mères avaient fait un idéal à atteindre. La société de consommation les a balayées au profit du plaisir, du pouvoir, de la jouissance immédiate et de l'avidité, dont Marcel Boll disait avec juste raison que c'est elle, et non pas le bon sens, qui est la chose du monde la mieux partagée. Bien sûr, on ne peut pas affirmer qu'il n'y ait eu aucun progrès, notamment en ce qui concerne la justice sociale, la protection de l'individu, la reconnaissance de ses droits élémentaires, la paix en Europe, mais on ne peut pas dire non plus que le niveau intellectuel moyen se soit amélioré. Or, il devrait, il aurait dû s'améliorer. La découverte progressive de la structure de l'Univers, des lois physiques et de leur formidable et impressionnante logique, la domestication timide mais de mieux en mieux assurée de la Nature, le progrès technologique, tout cela devrait avoir un effet positif sur l'évolution humaine. Et cependant, la lecture d'Aristote ou de son maître Platon ne donne pas l'impression qu'il y a 2500 ans, les hommes étaient moins intelligents, moins capables de réflexion, que de nos jours. Que se passe-t-il donc ?

Beaucoup d'entre nous ont pris l'habitude, depuis longtemps, de considérer que la science est une entité à part, quelque chose qui existe implicitement et que l'homme manipule ou explore comme il peut, avec ses moyens, quelque chose dont il sent confusément qu'il faut absolument la connaître, comme une terre lointaine que l'on ne fait que deviner, mais que des croyances ataviques empêchent de considérer comme une amie. Il faut dire que les grands manipulateurs traditionnels des masses grégaires font tout pour cela et le font bien. Coincé entre le commerce, la finance, la politique et la religion, l'esprit humain n'a pas encore réussi à s'émanciper et à porter délibérément et prioritairement ses efforts intellectuels vers la connaissance de son environnement cosmique. La science n'est pas qu'une simple activité, un brouillon de la technologie, c'est aussi une quête intellectuelle de ce que Malebranche appelait la Vérité tout en pensant à Dieu, et qui est en fait, pour les agnostiques du moins, celle de la connaissance sans préjugé de la structure du Monde.

Aucun être intelligent n'a échappé un jour ou l'autre, en tant qu'individu, aux interrogations fondamentales sur l'Univers et le sens de notre vie, et seule la science est susceptible de nous faire avancer de manière sérieuse et réfléchie dans cette quête à la fois commune et personnelle, en nous guidant par sa méthode et sa rigueur. Il est donc à la fois naturel et logique de faire en sorte qu'elle garde ce caractère, et quand elle se trompe, quand elle ne voit plus clairement se dessiner devant elle de signes prometteurs d'avancée, quand il apparaît qu'elle se fourvoie et que se fait de plus en plus pressant le besoin d'un bilan salutaire et d'une remise en questions des acquis, il ne faut pas qu'elle hésite à prendre son courage à deux mains, à faire preuve d'humilité et à reconnaître ses erreurs. Le but de ce chapitre était donc clair : porter un regard critique sur l'ensemble de nos connaissances, essayer d'y déceler les erreurs ou les incohérences, appuyer là où ça fait mal, secouer le cocotier et dénoncer la passivité de l'ensemble de la Recherche devant la stagnation de ses découvertes. Il n'est pas normal que les échecs répétés de la course à la fusion contrôlée, pour ne prendre que cet exemple, n'aient pas conduit les scientifiques responsables du secteur à changer leur fusil d'épaule après cinquante années de vaines tentatives. D'autre part, quand on a la chance unique de posséder un Vallée dans son pays, on est impardonnable de ne pas l'écouter, et encore plus de l'empêcher de parler.

Mais il n'y a pas que cela : toute la physique est malade. Elle est malade de ses mythes, de ses méthodes, de l'emprise socio-économique, de sa structure, et d'une manière plus générale de l'isolement où elle s'est elle-même conduite au fil des années. Le langage qu'elle utilise, tellement éloigné de celui qu'on pratique partout ailleurs, l'a depuis longtemps coupée du reste du monde. Son inféodation au monde industriel et à la classe politique, la seconde aux ordres du premier, lui a enlevé sa créativité, condition indispensable de son efficacité, ainsi que la sérénité nécessaire à un travail de longue haleine. Au lieu de cela, c'est le stress permanent, au niveau des directions qui luttent en permanence pour acquérir le budget de l'année qui va venir, et au niveau des chercheurs qui se sentent surveillés et dont l'initiative est réduite au minimum, faute de crédits suffisants et de liberté d'action. Les doctorants ne soutiennent plus de thèses libres, mais des thèses qui sont proposées, soit sur fonds propres par l'Université où ils étudient, soit par une société industrielle qui les embauchera ensuite pour réaliser le produit qui aura fait l'objet de la thèse, car il s'agira alors d'un produit à breveter, à développer et à vendre. Mais il y a aussi l'enfermement, pas forcément volontaire, dans un cadre rigide d'idées reçues et de théories absconses, qui paralysent les cerveaux en les maintenant de force dans un carcan dogmatique dont les paragraphes précédents ont dessiné quelques grandes lignes. Ajoutons à cela la pléthore additionnelle et paralysante de chercheurs travaillant dans des disciplines variées mais n'ayant aucune relation avec les sciences exactes, qu'un organisme comme le CNRS, qui ne s'occupait à ses débuts que de celles-ci, comme la physique et la chimie, accueille aujourd'hui pour offrir un refuge et un salaire à des diplômés surnuméraires qui essayent de se rendre utiles comme ils peuvent. Mais ceci est un autre aspect des choses, qu'il vaut mieux pour l'instant laisser de côté, sous peine de provoquer d'inutiles polémiques. Pour en revenir bien vite à notre chère physique, le jour où ses pratiquants feront bloc dans une révolte salutaire qui rejettera enfin la Relativité et ses insoutenables incohérences, pour surtout admettre l'existence de l'éther, en lui rendant l'importance qu'on lui a confisquée jusqu'à présent, gageons que l'époque des grandes découvertes reviendra bien vite. Ce ne sera pas une simple révolte, mais une révolution. D'ici là, on peut toujours rêver, ça ne coûte rien.

Chapitre 5
L'éther (3)

5-1 : Impressions et réalité.

En physique, il n'est jamais bon de laisser de côté une idée qui dérange, car son abandon peut entraîner la complication de toutes les autres. Descartes, Maxwell, le Bon, Tommasina et Vallée ont ouvert la voie vers la description d'un système du Monde liée à l'existence de l'éther, mais sans parvenir à définir ce dernier avec un minimum de précision. Il n'y avait donc pas les conditions requises pour que leurs collègues soient incités à abandonner leur méfiance à l'égard d'un fluide hypothétique, et à leur emboîter le pas vers une étude plus systématique. Au lieu de cela, ne sachant comment se sortir d'un concept handicapé par le manque d'indices clairs et voulant en quelque sorte trancher le nœud gordien, Einstein et sa maudite théorie entraînèrent la quasi-totalité de la corporation dans la fantasmagorie relativiste, plus clinquante et ésotérique : le mystère et le flou, cela plaît toujours, même en physique. Les réfractaires furent réduits au silence, et les hésitants entraînés par la force d'un incoercible courant qui dure encore, bien que perdant peu à peu de sa force au regard de sa fougue initiale. Mais quelle inertie que celle de la société savante ! Que faut-il donc faire pour les forcer à se bouger, à changer de route ? Quoi qu'il en soit, nous avons perdu plus d'un siècle à chercher la vérité là où elle n'était pas. Cet entêtement forcené à se cramponner à un ensemble d'idées qui a fait faillite car, pure invention, il n'a donné lieu à aucune découverte majeure, est dramatique. Il y a effectivement des raisons pour que, par découragement surtout, on ne s'intéresse plus à l'éther, mais presque toutes se résument en une seule : personne ne peut se rendre compte directement qu'il existe. Il échappe à tous nos sens, donc notre corps nous dit qu'il n'existe pas, que le vide est partout hors de la matière, et dans ces conditions le cerveau ne peut qu'enregistrer et il classe l'affaire. Seul le sixième sens, celui de la réflexion et de la logique, celui qui a su s'inventer les mathématiques quand il n'arrivait plus à se débrouiller autrement, seul celui-là peut découvrir l'Univers caché, le vrai, le monde réel que notre constitution animale nous fait voir à l'envers.

S'il fallait qualifier en bloc nos cinq sens, en ne considérant leurs fonctions que globalement, on pourrait dire, pour faire court, que ce sont les « sens du chasseur », ceux qui étaient indispensables à l'homme préhistorique pour exercer son activité de survie dans l'environnement où il se trouvait. On pourrait dire également qu'ils sont, d'un point de vue atavique, exactement adaptés à la vie terrestre et à rien d'autre. Si par accident, par suite d'une catastrophe provoquée par lui ou pas, l'homme se retrouvait soudainement dans les mêmes conditions que celles de l'époque de son apparition sur Terre, et qu'il lui faudrait survivre et uniquement survivre, il saurait le faire parce que, exactement comme des centaines de milliers d'années plus tôt, sa vue, son odorat et son ouïe lui permettraient de chasser et de pêcher, parce que sa main lui donnerait les sensations nécessaires pour fabriquer des armes et savoir ce qui est froid et ce qui brûle, parce que son goût lui indiquerait ce qu'il faut manger et ne pas manger. Seul le sixième sens, qu'on peut appeler soit logique soit intelligence, permet d'aller au-delà du nécessaire et de découvrir la réflexion, spécificité humaine dit-on avec beaucoup d'assurance.

La complémentarité des cinq sens est absolument remarquable, surtout quand on les classe selon leur portée :

- Le goût, d'abord, dont l'action s'exerce à l'intérieur de l'enveloppe corporelle. Il sert à apprécier et à reconnaître, d'une manière qui lui est propre, ce qu'on porte à la bouche, et qui n'est pas forcément comestible. Il apporte à la fois plaisir et sécurité.

- Le toucher, ensuite, qui trouve sa sensibilité à la surface du corps mais y reste attaché. Il réside à la limite entre l'intérieur et l'extérieur, c'est l'agent permanent qui nous renseigne sur la température et sur la présence des objets dans l'obscurité.

- L'odorat vient ensuite, moins développé chez l'homme que chez la plupart des autres animaux, mais qui est le premier des sens pour lequel on peut parler de portée : on a par son action un renseignement sur quelque chose qui se trouve éloigné, on sent à distance. Cette dernière n'est pas bien grande, elle se compte généralement en mètres dans l'usage normal qu'on fait de son nez, mais peut se compter en kilomètres si la source odorante est suffisamment puissante, un volcan par exemple, ou un incendie.

- En terme de portée, après l'odorat vient l'ouïe, qui détecte un bruit faible tout près de nous mais aussi un autre plus puissant à des dizaines de kilomètres, et qui ajuste sa sensibilité en fonction du bruit de fond ambiant, de manière à se trouver en permanence juste un peu au-dessus (3dB) de ce dernier. En électronique, on appellerait cela un seuil variable.

- Enfin vient la vue, qui n'a théoriquement pas de limite puisque, à l'aide d'un instrument d'optique, on est capable de voir à des milliards d'années-lumière. Mais déjà, à l'œil nu et sans assistance, elle nous fait toucher des étoiles qu'on n'atteindra jamais autrement que par elle.

On comprend mieux ainsi l'expression « les sens du chasseur », qui définit les nôtres dans leur ensemble, car ils offrent à l'homme la totalité de ce qui lui est nécessaire pour son existence à la surface de la Terre, pour s'y déplacer, pour s'y nourrir et d'une manière générale pour survivre. Mais aussi, ce qui est remarquable, c'est leur complémentarité, leur étagement régulier et harmonieux en fonction de leur rayon d'action, depuis l'intérieur de nous jusqu'à l'infini. Parmi les cinq sens, celui qui domine est de toute évidence la vue, celui dont la portée de perception n'a pas de limite. Pourtant, si on le compare à l'oreille, merveille physico-chimique, l'œil est un capteur qui n'est pas le plus compliqué de tous puisque, aujourd'hui, le plus modeste appareil photo numérique fait au moins aussi bien que la rétine, mais c'est pourtant celui dont personne ne voudrait se priver, s'il fallait choisir d'en supprimer un, tant il est primordial pour nous. D'un autre point de vue, la finesse des détails qu'il fournit et la profusion de données qu'il communique au cerveau font également la faiblesse de celui qui ne se fie qu'à lui : il y a tellement d'informations dans une image qu'on ne peut pas toutes les mémoriser. Le tri mental associé, qu'il soit volontaire ou automatique, est obligatoire, et malheureusement ce qui est rejeté est parfois le plus important. Un grand nombre de professions parasites l'ont compris depuis longtemps, qui savent que la main est plus rapide que l'œil : les truqueurs, les prestidigita-

figure 5-1 : le congrès Solvay 1911
positif et négatif

teurs, les arnaqueurs en tous genres, mais aussi la machine à rêves hollywoodienne et tout ce qu'on regroupe aujourd'hui sous le vocable un peu trouble d'audiovisuel, activité qui se sert abondamment de l'incapacité qu'a notre cortex de traiter suffisamment vite autant de données, celles qui se bousculent dans le nerf optique et qui peuvent faire de nous des alouettes trompées par ce qui brille. Pour rester dans le domaine de la physique, attachons-nous à un aspect particulier qui va apporter une clé supplémentaire dans la prise de conscience de l'existence de l'éther.

La figure 5-1 montre deux aspects d'un même sujet, en l'occurrence la photo de groupe du congrès Solvay de 1911, en positif et en négatif. Qui serait capable de distinguer Marie Curie des autres sur le négatif? Sans tricher, évidemment, par exemple en n'utilisant pas le fait qu'elle est la seule à ne pas être barbue. Pourtant, du seul point de vue technique, la transformation qui permet de passer de l'une à l'autre des deux images est telle qu'il est difficile d'imaginer plus simple, puisqu'il suffit pour cela d'inverser de l'une à l'autre le niveau de gris entre les deux mêmes pixels, c'est-à-dire les deux points qui ont les mêmes coordonnées sur chacune des deux épreuves.

Au temps encore récent de la photo argentique, le négatif était la première étape de la fabrication de l'image, une fois que la prise de vue était faite. L'image dite négative contient donc, ni plus ni moins, les mêmes informations que l'image dite positive, à ceci près que l'inversion des niveaux de gris rend les sujets quasiment indiscernables sur l'une et totalement identifiables sur l'autre. Ceci prouve bien, et les physiologistes le savent depuis longtemps, que c'est le cerveau qui voit, et non pas l'œil, et la prise en compte de cette vérité est fondamentale pour ce qui va suivre. Ce processus de la vision, qui induit notre perception du monde extérieur et celle aussi du bien-fondé de la réalité apparente, a été démontré par des expériences connues seulement des spécialistes, et dont l'une des plus étonnantes consistait à équiper un cobaye humain de lunettes spéciales qui inversaient le haut et le bas. Complètement perdu au début de l'expérience et incapable de se diriger autrement qu'avec l'aide des mains, comme un aveugle, le patient retrouvait au bout de trois jours une vision normale, son cerveau s'étant reprogrammé pour mettre en conformité son acquis avec la nouvelle optique à travers laquelle il percevait le monde extérieur. Une fois les lunettes inverseuses retirées, il fallait au volontaire, ou plus exactement à son cerveau, le même temps pour revenir aux conditions initiales, mais il y parvenait sans plus d'effort qu'au voyage aller. Cette expérience, et d'autres du même genre, font poser la question du fondement de ce que nous appelons le « vrai ». Il serait probablement très intéressant de recommencer aujourd'hui cette expérience avec des lunettes qui, au lieu d'inverser le haut et le bas, transformeraient la vue positive en négative, la technique le permet.

Cette approche du vrai ou de ce qui peut se cacher derrière cette appellation trop simple est un problème philosophique que de nombreux penseurs ont déjà abordé, mais en général sans s'appuyer sur des données scientifiques complémentaires pourtant indispensables. Or le problème de l'éther et de sa nature conduit le physicien convaincu de son existence à modifier totalement la manière d'appréhender cette question, et à bousculer ses habitudes de pensée. La physique rationnelle, puisque c'est d'elle qu'il s'agit, a besoin de préciser le plus et le mieux possible ce qu'entraîne, dans la particularité de sa méthode, la différence entre ce que nos sens nous indiquent ou nous suggèrent et ce qui se passe effectivement. On ne peut pas impunément déclarer que nous nous trouvons dans un éther massique omniprésent, et continuer à faire comme s'il n'existait pas, ou à dire comme un grand nombre de sceptiques que le fait qu'il existe ou pas n'a pas d'importance. La question de savoir si ce que nous voyons est la réalité est donc de première importance, elle est même, paradoxalement, d'autant plus importante qu'elle n'est jamais posée. Personne, en effet, scientifique ou pas, ne met ordinairement en doute que nos yeux ne peuvent percevoir que le réel, que quand ils ne voient rien entre nous et un objet quelconque, c'est qu'il n'y a effectivement rien, que le transparent signifie le vide, et que ce dernier est partout là où il n'y a pas de matière. Cette certitude de tous les jours et de la physique théorique s'appuie sur un mot qui, pour la plupart d'entre nous, sinon la totalité, résume tout, dispense de toute réflexion et crée le consensus: l'évidence.

L'évidence, c'est pour tout le monde le constat tellement clair d'un fait quelconque qu'il n'y a pas lieu de se poser de question sur sa validité ou sa réalité. On dit : c'est évident, un point c'est tout. Elle est assortie et accompagnée, cette évidence, de formules toutes faites qui résistent au temps et consolident le mythisme grégaire dénoncé par Marcel Boll, comme par exemple: « si c'était vrai, ça se saurait », monument de trivialité, ou encore, comme on l'a fait dire à Saint-Thomas, « je ne crois que ce que je vois », formule pas forcément stupide mais terriblement imprudente. C'est oublier que l'évidence, comme nous l'avons déjà souligné, est un sentiment personnel et volatile dont tout scientifique doit absolument se méfier, voire ne plus lui accorder la moindre confiance.

Il faut donc se défier comme de la peste, ou si on préfère comme de l'eau qui dort, de ce sentiment incoercible et fort, ciment de la certitude et source d'un nombre incalculable de conflits et d'erreurs. Le physicien rationnel, en particulier et plus que tout autre, doit rayer ce mot de son vocabulaire et acquérir le réflexe, quand il est tenté de l'utiliser, de rechercher « l'autre explication » de ce qui peut paraître évident « à première vue ». L'exposé du chapitre 3 a posé les bases d'un nouveau regard sur la position et la structure relatives de l'homme et de l'espace, et surtout sur la localisation de la masse, qui est toute entière contenue dans l'éther. Et l'on voit à cette occasion, pour confirmation, que l'ensemble de nos perceptions nous présente une image inversée de la réalité, d'une réalité que seule la physique rationnelle peut nous faire découvrir grâce à notre sixième sens : le raisonnement.

La matière est impondérale, autrement dit elle n'a pas de masse propre. Sa masse apparente, qu'elle soit inerte ou pesante, est celle de l'éther qui occupe son volume, de même que le poids d'une éponge mouillée est celui de l'eau qui s'y trouve. A ce propos, un petit problème tout simple en apparence va illustrer la fragilité des certitudes. Il s'énonce ainsi: quelle est la meilleure méthode à utiliser pour connaître le poids d'une éponge sèche ? La plupart des personnes interrogées répondra probablement qu'il suffit de la peser telle quelle, après s'être assuré qu'elle est bien sèche. C'est précisément là qu'est le problème : qu'est-ce au juste qu'une éponge sèche ? Une atmosphère dite sèche, mettons à 40° hygrométriques, ce qui doit être proche de l'air saharien, contient quand même de l'eau. En conséquence une éponge dite sèche, et qui donc ne l'est jamais complètement, a un poids qui pour une certaine partie est dû à une présence d'eau, si minime soit-elle. D'où cette conclusion qui peut paraître paradoxale à première vue, mais qui répond en fait à une analyse rationnelle : pour avoir le poids exact d'une éponge sèche, il faut la peser dans l'eau ! Il ne faut pas s'arrêter à l'aspect provocateur de la formule, son message est beaucoup plus important que cela et ouvre la voie à une représentation analogique de l'éther qui devrait convaincre chacun. Techniquement, d'abord, il est évident que pour une pesée dans l'eau avec des poids utilisés habituellement dans l'air, il faudra faire sur ces derniers une correction de poussée d'Archimède qui se traduira, soit par une rectification de la pesée brute par une formule mathématique, soit par l'emploi de poids spéciaux, de volumes différents des poids « normaux » et étalonnés pour un usage sous-marin. On redécouvre par la même occasion qu'une pesée dans l'air qui se veut d'une grande précision devra, elle aussi, faire l'objet d'une correction analogue, car l'air est lui aussi un fluide pesant qui exerce une poussée d'Archimède proportionnelle au volume occupé, laquelle poussée se retranche du poids brut. On se rend également compte, et ce n'est pas le moins important, que dans le cas de la pesée aquatique la masse volumique de l'eau n'intervient pas en première approximation.

Ceci étant, le parallèle entre l'éponge pleine d'eau et notre corps plein d'éther est suffisamment direct et évident pour qu'il ne soit nécessaire d'insister davantage. C'est selon ce concept qu'il faut maintenant envisager l'approche de la réalité, telle qu'elle est et non pas telle qu'elle nous apparaît. Ce paragraphe, de même que ceux du chapitre 3 qui traitent de la masse, n'a pour but que de détruire l'idée pernicieuse, qui prévaut depuis Descartes et qui vient toute entière de nos habitudes sensorielles, que l'éther est quelque chose d'infiniment léger et d'infiniment rigide, le mot « infiniment » étant à prendre dans un sens tout relatif. Quand on y réfléchit bien, il devient naturel qu'on ne puisse pas voir l'éther, puisqu'il est partout : si on le voyait, on ne verrait que lui, donc le noir absolu. Il constitue en revanche le milieu de propagation indispensable aux ondes lumineuses, qui n'en sont que les vibrations. En masquant totalement son existence propre, à la fois nécessaire mais absolument indétectable pour la vue, il permet à ces ondes de transmettre à notre cerveau les informations à partir desquelles celui-ci va fabriquer les images familières de notre réalité quotidienne. Mais surtout, au lieu d'être le fluide impalpable dont la subtilité apparente a conduit à lui donner le nom qu'il porte, synonyme de légèreté, l'éther possède une masse volumique dont on sait seulement qu'elle doit être énorme puisqu'elle le rend capable d'entraîner les planètes, sans pour autant que l'on puisse l'évaluer exactement, pour l'instant du moins.

La figure 5-2, qui ne se veut pas exacte puisqu'on ne peut qu'imaginer la « vraie » réalité, est simplement là pour aider à se faire une idée des choses telles qu'elles sont, dans un monde physique où tout est inversé par rapport à ce que l'on perçoit. Face à une structure de l'espace qui leur échappe, l'œil et le cerveau font ensemble ce qu'ils peuvent, avec les éléments et les capacités dont ils disposent, pour nous fournir les indications essentielles à notre existence. Avec le concours des autres sens, ils autorisent l'utilisation rationnelle de l'espace tout en ignorant sa nature, et nous permettent de vivre sur Terre sans nous donner les clés pour comprendre ce qu'est réellement cet espace, de quoi il est fait. Et il est absolument nécessaire de parvenir à un certain stade de réflexion à la fois physique et métaphysique pour espérer enfin soulever le voile du grand

a   b

Figure 5-2 : un arbre tel qu'on le voit, en (a), et tel qu'il doit être en réalité, en (b), le creux dans les nuages laissant entrevoir la masse noire et pourtant transparente de l'éther.

mystère.

La question de la perception sensorielle est cruciale dès lors que l'on veut prendre en compte et bien comprendre le rôle fondamental, on a tendance à l'oublier, de l'observation en physique. Celle-ci est à la base de toute connaissance, mais d'une manière plus particulièrement aiguë dans certaines sciences où elle devrait systématiquement constituer le point de départ de nouvelles hypothèses. Une observation mal conduite mène à des hypothèses fallacieuses et à des pertes de temps préjudiciables. Or on ne peut pas observer correctement si on ne connaît pas avec suffisamment de précision les outils que l'on utilise, et non seulement nos sens en font partie, mais ils en constituent même la quintessence. Le microscope et la lunette astronomique ne sont que des équipements additionnels qui ne font que prolonger le champ d'action de l'œil, et les autres sens bénéficient eux aussi d'équipements qui les améliorent, souvent considérablement, mais qui ne les remplacent pas. Il faut donc en posséder la maîtrise, et pour cela il faut en connaître suffisamment les caractéristiques, les qualités et surtout les défauts. Mais surtout il ne faut jamais oublier qu'un sens donné est l'association d'un capteur (l'œil, l'oreille, le nez,...) et d'une zone cervicale où se fabrique la sensation qui lui donne son nom (la vue, l'ouïe, l'odorat,...). Il n'y a rien, dans cette association, qui soit susceptible de garantir le bien-fondé absolu de ce que l'on perçoit : les deux composantes sont faillibles. Si les imperfections de la première sont connues, celles de la seconde relèvent d'une appréciation personnelle qui est rarement rationnelle. La vue et l'ouïe, pour ne citer que les deux sens majeurs, correspondent à des perceptions à propos desquelles on ne se pose pas de question à priori : on s'en sert, elles sont là, attachées à nous, faisant partie de nous, et ceux d'entre nous qui croient à l'existence d'un créateur ont la conviction que le travail du Grand Ingénieur ne peut être que parfait, et que par conséquent les capacités dont nous sommes dotées à notre naissance à tous ne peuvent être suspectées de médiocrité, de mauvaise conception ou d'insuffisance. Mais même sans être croyant, rien ne pourrait éveiller en nous la moindre suspicion sur l'authenticité de nos perceptions, et le moindre doute sur le fait qu'elles nous transmettent la réalité des choses, tellement elles sont éblouissantes d'évidence. Et pourtant...

Est-ce que le noir est une couleur ? D'après les physiciens, c'est plutôt l'absence de couleur. Mais si vous vous rendez chez un droguiste pour acheter un pot de peinture noire, il ne va pas vous répondre que cette couleur n'existe pas, et si vous possédez une voiture noire vous ne direz pas non plus qu'elle n'a pas de couleur. Sur le même sujet, le blanc est aussi une couleur, mais pourtant les physiciens vous diront que c'est la composition de toutes les couleurs ou, quand ça les arrange, de trois couleurs dites fondamentales ou complémentaires. Le noir et le blanc ont donc peu de choses à voir ensemble, mais nous avons l'habitude à la fois de les réunir et de les opposer comme les deux limites d'une suite de couleurs étalées le long d'un spectre, sans d'ailleurs savoir où les positionner : tout contre, très loin au contraire, à côté, en-dessous, au-dessus ? Quoi que l'on pense de ces questions qui se situent à la limite entre la science et la philosophie, il se passe un phénomène curieux pour ce qui concerne plus spécialement la vue et la perception du noir. Quand on demande à quelqu'un, enfant ou adulte, ce qu'il voit quand il ferme les yeux, la réponse est immédiate et sans appel : « je ne vois rien ». Lui faire prendre conscience qu'il voit quelque chose paraît donc une entreprise sans espoir, étrange et dénuée de sens. Là encore, l'automatisme de la notion d'évidence se manifeste avec sa force habituelle et coupe court à toute tentative de réflexion : quand on ferme les yeux ou quand il fait nuit, on ne voit rien, point final. Pour montrer quelle erreur fondamentale se trouve dans cette affirmation, pourtant si indiscutable à priori, il semble nécessaire de passer par un intermédiaire plus compréhensible, une petite histoire inventée pour les besoins de la cause. Supposons donc que par un froid et calme matin d'automne, en Sologne ou dans les Cévennes, deux promeneurs se trouvent pris dans un brouillard « à couper au couteau », comme l'on dit. L'un d'eux dit à l'autre : « tu vois quelque chose » ? Et l'autre de répondre : « non, je ne vois rien ». En fait, les deux individus ne voient pas d'objet, pas de forme définie ayant un contour, ou une couleur, ou quoi que ce soit qui se distingue du fond uniforme. Pourtant, en y réfléchissant mieux, ce dernier possède une existence matérielle à la fois incontestable et préhensible : c'est le brouillard, et le brouillard c'est de la matière. Et si le premier questionneur fait précisément remarquer à son voisin qu'en fait il voit quelque chose, et que ce quelque chose est le brouillard, l'autre en conviendra probablement et fera, de ce fait, un tout petit pas vers la découverte de l'esprit critique et de la notion de réalité cachée. En revanche, si la même scène se déroule dans une cave sans éclairage, ou dehors par une nuit sans lune, le noir que nous voyons dans ce cas sera qualifié de « rien », parce que le réflexe qui nous fait dire cela a été acquis dès le plus jeune âge, avec le consentement et l'encouragement des adultes, victimes des mêmes habitudes ancestrales qu'ils transmettent avec naturel à leurs descendants, au nom de l'évidence. Et si par hasard ce noir n'était pas « rien », mais au contraire « tout » ?

Depuis une dizaine d'années, disons depuis le début du vingt-et-unième siècle, les astrophysiciens qui partagent leur existence entre la Terre et les nébuleuses lointaines et qui mettent en équations les évolutions et les mouvements de ces dernières, se sont aperçus que la cohérence de leurs résultats nécessitait l'hypothèse d'un paramètre nouveau qu'ils ont appelé « masse noire cachée ». Rien que l'appellation montre bien la perplexité qui habite ces cerveaux désorientés devant un phénomène qui leur échappe complètement et dont pourtant ils ne peuvent douter : cette masse qui leur est indispensable existe, elle est noire et en plus elle se cache ! Mais ce n'est pas tout. Le plus étonnant, toujours d'après les calculs, c'est que cette masse noire cachée représenterait à elle seule une proportion tellement grande de la masse totale de l'Univers qu'elle défie l'entendement : 80% pour certains, 90 pour d'autres, voire 98 pour d'autres encore ! Et tous ces spécialistes d'une profession de haut niveau sont à la recherche de cette formidable accumulation massique qui, si on se fie à ce que l'on raconte sur les trous noirs, devrait par analogie attirer dans son précipice gravitationnel tout ce qui existe dans l'Univers. Mais non, en fait tout est tranquille, on ne remarque nulle part, en dehors d'une hypothétique expansion, parfaitement discutable et de toutes façons bien difficile à mettre en évidence, la présence d'un point d'aspiration cosmique où devraient venir se perdre, d'abord les étoiles environnantes, puis l'Univers entier, par continuité. Mais alors, où donc peut bien se trouver une telle masse, si elle n'est pas localisée ? Car cette masse énorme existe, et le fait qu'elle soit apparue sous l'aspect d'un paramètre nécessaire dans les calculs de la physique théorique est un sujet de méditation qui ne peut être ignoré. Il y a là, en effet, quelque chose de miraculeux, de merveilleux même: deux conceptions radicalement différentes de la physique arrivent finalement, par des voies opposées, à la même conclusion que l'Univers est constitué ou doté d'une masse énorme. Mais si la physique théorique n'arrive pas à se dépêtrer d'un paramètre nouveau qui arrive soudainement, comme un chien dans un jeu de quilles, en jaillissant des équations, et qui ne trouve pas de place ailleurs, la physique rationnelle, au contraire, salue la reconnaissance par les théoriciens d'une vérité qu'elle-même connaît depuis qu'elle existe. Où donc peut bien se trouver une masse aussi importante, si elle n'est pas localisée, ou si elle n'est localisée que dans les nébuleuses lointaines situées au-delà de notre entendement, à plus de dix milliards d'années-lumière? La réponse est tellement évidente qu'elle ressemble à une lapalissade : si elle existe et qu'elle n'est pas localisée, cela signifie qu'elle est partout. Et dans ce cas la masse noire cachée ne représente pas 90 ou 98% de la masse totale de l'Univers, mais très exactement 100% : c'est l'Univers !

Mais alors, si l'éther est partout, pourquoi n'en avons-nous pas la moindre conscience ? C'est précisément parce qu'il est partout que l'éther est indétectable. Nous ne le voyons que quand nous fermons les yeux et que ceux-ci ne sont pas accaparés par les radiations lumineuses, mais nous déclarons alors que le noir que nous voyons est synonyme de « rien ». D'autre part nous ne pouvons le saisir parce que nous sommes, en tant qu'êtres de matière, constitués essentiellement de vide, et que le fluide universel se laisse traverser par notre main en mouvement comme l'eau par un filet à larges mailles. Il n'a pas d'odeur et ne porte aucun son, car les seules vibrations qu'il véhicule sont les ondes électromagnétiques, et parmi celles-ci seules les ondes caloriques sont capables d'émouvoir notre chair. Il y a une autre logique, encore plus élémentaire, qui nous empêche de voir l'éther : étant donné qu'il est partout, si on le voyait, on ne pourrait voir que lui, et nous serions réduits à la même condition que les aveugles, qui voient l'éther en permanence mais qui ne le savent pas.

Nous portons en nous-mêmes un patrimoine de connaissances innées, issues en grande partie de l'expérience de nos ancêtres, dont certaines ne sont d'ailleurs pas de vraies connaissances, mais plutôt des habitudes de pensée souvent erronées qui se sont consolidées à tort, au fil de l'existence et de l'évolution de l'espèce. Tant qu'il s'est agi de se préoccuper de la survie terrestre et du lendemain, la race humaine n'en a subi que peu de préjudice. Mais quand l'homme a commencé à avoir un peu de temps pour penser, quand il a découvert sa faculté de raisonner, puis la logique et quand la science a pris forme, les idées fausses étaient déjà solidement implantées dans notre mémoire profonde, si solidement qu'on ne se pose jamais de questions à propos d'elles, tellement elles semblent naturelles et exemptes de suspicion. Dans le domaine visuel, c'est le cas du noir, mais c'est aussi le cas du blanc, qui est comme le noir une absence de couleur aussi bien qu'une couleur, mais que les physiciens ont défini comme l'ensemble de toutes les couleurs en vertu des propriétés du prisme, qui réalise effectivement l'opération dans les deux sens, soit addition, soit partition. On se limite ici aux erreurs systématiques de la vision, mais tout ce qui concerne par exemple la masse et l'inertie, qui font intervenir de manière plus confuse l'ensemble de tous les sens, est également l'objet de regrettables mais indéfectibles habitudes, qui remontent à des millénaires et qui font que l'on prend souvent conscience des choses différemment de ce qu'elles sont en réalité.

La Nature donne l'impression qu'elle se protège des êtres trop curieux et destructeurs que nous sommes en nous présentant les phénomènes à travers un verre déformant, et qu'il est impossible à l'espèce humaine de soulever le voile du grand mystère tant qu'elle n'a pas atteint un certain niveau intellectuel. De toute évidence, nous n'y sommes pas encore parvenus, mais il faudra pour cela maîtriser cette sorte de filtre extraordinaire qui inverse toutes les images, visuelles, sonores, tactiles, que notre cerveau nous donne du monde extérieur. Pour donner corps au noir et au blanc et à la fragilité de la perception que nous en avons, prenons l'exemple d'un nuage, un gros nimbus bien épais, prêt à éclater, et vu du sol comme une masse sombre interceptant la quasi-totalité de la lumière solaire : ce même nuage sera parfaitement blanc pour le passager d'un avion qui le survole, ce qui nous indique que la couleur, et il y a bien d'autres manières de s'en rendre compte, n'est pas une caractéristique physique mais simplement la description usuelle de l'aspect d'une chose. La couleur n'a donc pas de valeur physique, ce qui ne l'empêche pourtant pas, blottie dans une minuscule fenêtre d'un spectre électromagnétique infini, d'être pour nous d'une importance vitale.

Quoi qu'il en soit, la masse noire cachée, que cela plaise ou pas, est là, autour de nous, en nous, partout ailleurs, et s'appelle l'éther. Les astrophysiciens qui ne la voient qu'à travers les évolutions des nébuleuses lointaines sont comme ce dessin humoristique où un chercheur de champignons, bredouille dans sa forêt automnale, panier vide et mine déconfite, ne se rendait pas compte que les deux troncs entre lesquels il se trouvait étaient en réalité les pieds de deux gigantesques cèpes de quatre mètres de haut. Pour trouver quelque chose que l'on cherche, en physique, il est certain que les mathématiques peuvent aider, mais rien ne peut remplacer une idée directrice. Et ces malheureux n'en ont pas.

5-2 : Matière et vide

On trouve dans le chapitre 3 l'expression d'une nouvelle conception de la masse, vue maintenant comme celle de la quantité d'éther qui remplit un certain volume de matière et lui communique de ce fait les caractéristiques classiques habituellement connues sous les noms de poids et d'inertie. Ce nouvel aspect des choses sous-entend que deux volumes égaux de matière, bien qu'ayant des masses volumiques mesurées différentes, contiendraient la même quantité d'éther. Ils devraient donc avoir la même masse ? Voilà une affirmation qu'il serait imprudent d'émettre, tant elle est violemment démentie par les faits, mais qui pose un certain nombre de problèmes de fond sur une notion qui est une des bases de la physique et qui, jusqu'à présent, n'a jamais été traitée ni correctement, ni même avec sérieux. Tous les doutes que l'on peut avoir sur le sujet ont été exprimés par un certain nombre de physiciens qui, désespérés de ne pas parvenir à définir correctement la masse, finirent par ne plus voir en elle qu'un coefficient commode pour exprimer la simple relation de proportionnalité entre une force et l'accélération qu'elle provoque, comme le suggérait Jean Perrin.

L'éther, du fait qu'il entraîne les planètes, doit avoir pour cette seule raison une masse volumique considérable, dont nous essaierons plus loin d'estimer l'ordre de grandeur. Si on lui a prêté pendant si longtemps une légèreté et une dureté extrêmes (à part Malebranche, qui avait compris qu'il devait être « lourd »), c'est parce que tout, dans notre manière de percevoir le Monde, nous suggère avec une si grande force que l'espace est vide qu'il faut vraiment lutter contre nos réflexes et nos habitudes pour oser imaginer autre chose. D'autre part, les acquis de la science sont tellement impressionnants que, même si on a tendance à émettre de temps en temps quelques critiques, même si les grandes théories suscitent régulièrement des polémiques, il est incontestable qu'une impression de solidité et de progression constante se dégage de cette activité si particulière qui différencie l'homme de l'animal.

Toutes les pages qui précèdent montrent cependant qu'une attention soutenue, assortie d'un minimum de curiosité, conduit à penser qu'il y aurait beaucoup à redire en ce qui concerne tout ce que nous apprenons dans le cadre de ce que nous appelons nos « études », et qu'une contestation de la vision du Monde que nous donne la science se révèle largement fondée, tant celle-ci heurte parfois la logique. Bien sûr, on peut faire confiance, se dire qu'il n'est pas possible que la communauté scientifique tout entière puisse se tromper, il n'empêche que les grandes découvertes sont toutes nées de la remise en cause des idées dogmatiques par un seul individu, à un moment donné. Imaginer un éther omniprésent, lourd, massif et noir défie l'entendement, et pourtant cette idée non seulement est la bonne, mais se trouve être la réponse à l'incohérence de la physique du $21^{\text{ème}}$ siècle. Sa logique est inhabituelle, elle se dresse violemment contre celle qu'on a l'habitude de pratiquer, mais elle constitue un ensemble beaucoup plus solide, en fin de compte, que le pardessus décousu de la physique moderne, laquelle s'étouffe dans son éparpillement, sa trop grande complexité et, il faut le dire et le répéter, ses contradictions. Mais il est également certain que l'effort intellectuel nécessaire pour admettre que le Monde réel est pratiquement le contraire de ce qu'on voit demande à la fois un temps et une volonté considérables. Perdre ses habitudes est l'une des choses que l'homme a le plus de mal à faire, c'est pourquoi il faut multiplier les images, les analogies, les rapprochements et toutes les techniques possibles de persuasion pour faire pénétrer dans les esprits cette théorie iconoclaste.

Il faut d'abord insister sur les questions basiques liées à la matière, dont une nouvelle lecture a été proposée au chapitre 3, et dont la vraie nature doit absolument être bien assimilée pour ensuite parvenir à digérer le remplacement du vide incolore par l'éther, noir et pourtant transparent.

Certains pilotes d'hélicoptères, évoluant au-dessus d'une mer particulièrement limpide, furent un jour surpris de voir dans l'eau de grosses masses sombres de forme vaguement sphérique mais ondulante et ne ressemblant à rien de connu, changeant brusquement de position avec une accélération étonnante. Le beau film de l'acteur-réalisateur Jacques Perrin sur les océans montre un exemple de ce phénomène vu dans l'eau sous le nom de « boule de chinchards » (voir sur Internet), mais il fallut aux premiers spectateurs aériens de cette vision bouleversante un certain temps et quelques discussions avec d'autres témoins pour se rendre compte que ce qu'ils avait vu n'était rien d'autre que des bancs de poissons, si serrés et si gros qu'à une certaine distance ils apparaissaient comme une entité unique, à la fois massive et opaque comme une matière

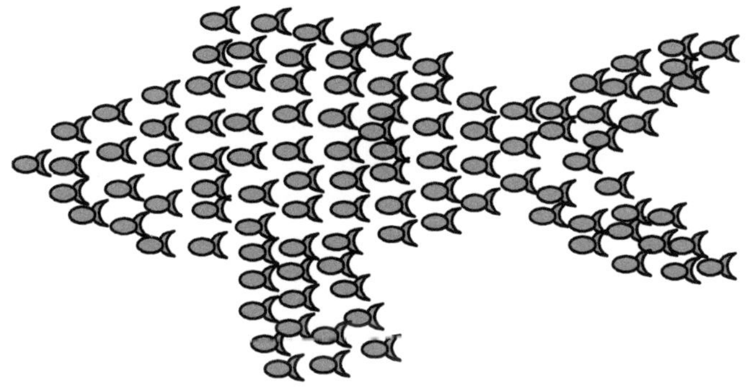

figure 5-3 : le « poissson-masse ».

dense. Un plongeur qui se serait trouvé à proximité aurait tout de suite su de quoi il s'agissait, il aurait pu noter avec une certitude absolue que le volume propre des poissons était négligeable devant celui de la masse d'eau qui les contenait, et ce qu'il aurait retenu du tableau vivant aurait été pour lui quelque chose d'ordinaire, et qui n'aurait eu à priori aucun rapport avec la description qu'aurait donnée de son côté le pilote de l'hélicoptère. Il s'agit pourtant du même objet, mais vu de deux manières différentes, à deux distances différentes, et la perception que l'on a de la matière, qu'elle soit vivante ou inanimée, est sujette aux mêmes conditions d'observation : quand celle-ci se fait à une distance grande devant le détail, la matière paraît continue. Quand la distance devient du même ordre que l'élément de sa construction, les discontinuités apparaissent, et si on se rapproche encore on découvre qu'il y a du vide entre les « briques ». Supposons maintenant que le banc de poissons qui intriguait le pilote ait lui-même la forme d'un poisson, que nous appellerons le « poisson-masse » (figure 5-3), et que ce poisson énorme et composite se déplace en ligne droite. Vu de haut et de loin, comme d'un hélicoptère par exemple, nul doute qu'il ne soit décrit que comme la découverte d'un spécimen inconnu et unique, mais ce n'est pas là l'important. Ce qui compte, c'est de constater qu'il a une forme, bien que changeante, et qu'il peut être perçu à une certaine distance comme une entité singulière. Nous donnons une vie individuelle, en quelque sorte, à un banc de poissons, parce qu'on peut lui attribuer un « comportement » autonome. Supposons maintenant que l'on puisse donner l'ordre à chaque poisson-individu d'obliquer brusquement à gauche : que se passerait-il et quel serait le temps de réponse ? La réponse est simple : le poisson-masse, sans changer de forme, passerait d'une translation axiale à une translation latérale, le temps d'un virage simultané à 90° de chaque poisson-individu, mais sans effectuer un virage selon un arc de cercle comme le ferait habituellement un poisson normal. Pour que le poisson-masse se comporte comme l'un quelconque de ses éléments constitutifs, c'est-à-dire pour qu'il ne transgresse pas les lois inertielles, il devra faire comme eux : prendre appui sur l'eau d'un côté plus que de l'autre, utiliser sa souplesse, son extensibilité et sa compressibilité pour changer légèrement de forme, mais sans la perdre pendant le virage, et retrouver sa forme normale dès qu'il aura pris son nouveau cap (figure 5-4).

On risque de se rendre compte que cet exemple, imaginé pour renforcer l'idée d'une matière poreuse qui ne doit sa masse qu'à celle du fluide qu'elle contient, pose en fait plus de questions qu'elle ne donne de réponses. C'est que tous les problèmes liés à la masse, et à l'inertie son autre aspect, ont été jusqu'à nos jours davantage des réflexions métaphysiques que des études vraiment scientifiques, faute d'hypothèse de départ. Si on admet celle d'un éther massique, en reportant sur lui tout ce qui était auparavant attribué à la matière comme quelque chose lui appartenant en propre, tous les phénomènes liés à la masse deviennent d'une étrange simplicité en se révélant être les manifestations d'une interaction permanente entre éther et matière, complètement analogue à celle qui existe entre l'eau et le poisson-masse. Ce poisson-masse est fascinant, car il nous livre une clé de l'explication de l'inertie, tout en posant, par ailleurs, d'autres problèmes que la physique théorique ne peut aborder, elle qui n'a comme toile de fond que le vide. Par exemple, rien n'empêche les poissons-individus de se désolidariser du groupe à tout moment, et c'est d'ailleurs ce qu'ils font lors de l'attaque d'un prédateur,

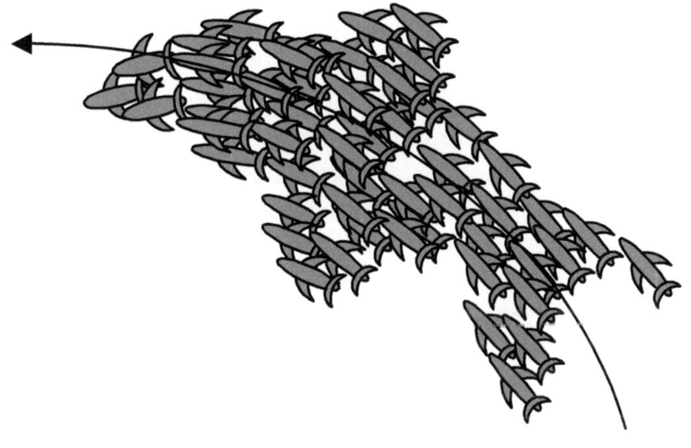

figure 5-4 : analyse d'un virage en groupe.
Déformation de la structure d'ensemble du poisson-masse.

quand il s'agit d'un banc réel. Mais en dehors de cette situation exceptionnelle, ils ne le font pas et suivent apparemment un leader, comme le feraient des coureurs cyclistes groupés en peloton. Il y a là un phénomène général qui concerne toutes les agrégations d'individus et qui est l'une des bases rationnelles de l'étude de la psychologie des foules. A ce titre, il ouvre la voie à des investigations pleines de promesses et probablement passionnantes, mais qui ne rentrent pas dans le sujet traité ici. Revenons donc à notre poisson-masse et à ses propriétés physiques.

A partir du moment où on considère le poisson-masse comme un poisson normal, simplement plus gros que les autres, on admet ce faisant qu'il existe entre ses éléments constitutifs une force de liaison qui provoque la stabilité dynamique de sa forme, autrement dit de son existence même en tant qu'être vivant unique et identifié. Pour la matière ordinaire, vivante ou non, cette force est la pression MBL de l'éther dynamique qui presse les molécules les une contre les autres, et que la physique théorique voit comme une force d'attraction intermoléculaire. Pour le poisson-masse, c'est autre chose. Pour préciser, supposons qu'il soit constitué par un banc de quelques dizaines de milliers de sardines, qu'il ait la forme d'un gros cachalot et qu'il se trouve à proximité d'un vrai cachalot de mêmes dimensions. Quand le vrai se déplace et effectue un virage, pour ce faire, une partie de son corps se contracte, celle qui est la plus proche de l'axe du virage, et la partie opposée s'allonge simultanément de manière à ce que l'ensemble se déforme pour pouvoir suivre une trajectoire courbée. Le poisson-masse fait de même, les sardines les plus proches du centre de giration se rapprochent l'une de l'autre, les plus éloignées font le contraire et l'ensemble se déforme exactement comme le fait le vrai cachalot qui évolue à quelques encablures de là. Il y a pourtant une différence énorme entre les deux êtres : l'un est fait d'une matière qui semble continue, l'autre de parties distinctes ayant chacune une existence autonome et qui s'agrègent sans faire intervenir un phénomène physique. Pourtant, physiquement parlant, on ne peut pas imaginer la cohésion d'un corps organisé et identifié sans faire intervenir des forces de liaisons internes qui en expliquent les propriétés mécaniques : extensibilité, compressibilité, dureté, élasticité, etc. Il y a donc nécessairement des forces qui maintiennent les poissons-individus les uns à côté des autres pour former le poisson-masse, mais quelles sont-elles ?

Voilà un problème susceptible d'embarrasser la physique théorique, dont la tactique en présence de l'effet d'une force nouvelle est de donner à celle-ci un nom, un matricule, un numéro d'ordre ou d'appel et de la classer dans le catalogue général, de manière à pouvoir la ressortir au moment opportun. Mais ici, comment définir cette force qui empêche le poisson-masse de se dissoudre dans l'océan, dans un nuage de plus en plus vaporeux d'individus libertaires ? Ce n'est ni une force d'attraction, ni une force de répulsion, puisque les individus évoluent de conserve, mais c'est aussi les deux à la fois, deux formes de contraintes qui s'équilibrent à chaque instant et déterminent, en fixant la distance moyenne entre les participants, le volume de l'ensemble.

L'origine de cette force est-elle située uniquement dans le cerveau des poissons, comme on imagine que cela doit se passer dans un peloton de coureurs cyclistes, ou y-a-t-il là le lien, inexploré du seul point de vue de la physique, entre le spirituel et le matériel ? Et ensuite, en tout état de cause, comment appeler autrement que « force » cette chose, ce pouvoir, cette action, qui maintient des objets vivants à une certaine distance l'un de l'autre et qui donne une certaine configuration à leur ensemble ? Il y a là une ouverture extraordinaire de la physique vers un domaine uniquement exploité jusqu'à présent par les psychologues mais aussi par des charlatans des « sciences » psychiques, et où les rares tentatives d'études sérieuses ont été foudroyées par l'Establishment, toujours lui, qui a excommunié et frappé d'ostracisme les imprudents qui, tels Yves Rocard, professeur renommé mais auteur malheureux du « Signal du Sourcier », ont osé s'aventurer en terre inconnue et surtout interdite. Mais en évoquant une étude nouvelle susceptible de convenir à la physique rationnelle, nous mettons aussi le pied sur un territoire dangereux où s'exercent les activités les plus troubles de la para-science et de ses supercheries. Revenons donc, après ce bref coup d'œil par une étrange fenêtre entrouverte, à la question tout aussi ambiguë mais plus académique de la masse.

Quelle est la masse du poisson-masse ? Est-ce la somme des masses individuelles ou bien la masse d'eau contenue dans le volume occupé par le banc ? Est-elle plus grande, ou moins grande, que celle du cachalot voisin qui a le même volume ? Dépend-elle du nombre d'individus ? Comment définit-on son inertie ? Ce qu'il y a de plus impressionnant, dans ces bancs de poissons parfois gigantesques, ce sont les accélérations fulgurantes qu'ils prennent soudain, quand par exemple un prédateur s'approche, et qui ne correspondent pas du tout aux dimensions qu'on associe instinctivement à leurs masses énormes. Ces masses composées de dizaines de milliers d'individus se transportent d'un endroit à un autre avec une vivacité qui étonne, car on s'attend à une inertie, un temps de réponse, proportionnels au volume, alors qu'ils réagissent en bloc avec la promptitude d'un seul élément. Un banc de sardines ou de capelans de plusieurs tonnes peut tout à coup filer comme une volute de fumée emportée par une bourrasque, et c'est tout à fait de cette manière qu'il faut se représenter le déplacement de la matière dans l'éther. Toutes ces questions, ainsi que toutes celles que l'on peut imaginer dans le même ordre d'idée, n'ont pas de réponses évidentes et péremptoires, mais montrent la complexité d'une notion qui est cependant l'une des bases originelles de la physique et que pourtant personne n'est capable de définir d'un seul mot, disons d'une courte phrase bien nette et sans équivoque. « Ce qui se conçoit bien s'énonce clairement, et les mots pour le dire arrivent aisément », disait Boileau dans l'Art Poétique. C'est une citation qu'on peut envoyer comme un javelot à la physique théorique, dont le langage provoque un tel éparpillement d'idées, parmi les auditeurs potentiels, qu'on est en droit de parler d'élitisme pour définir en un seul terme une physique qui, comme toutes les dictatures, s'accroche désespérément au pouvoir par la force de l'habitude.

Il y aurait pourtant peu de chose à faire, une toute petite concession à la logique, pour lui redonner à la fois lustre et légitimité: admettre l'existence de l'éther, et surtout ne pas séparer ce dernier de ses attributs indispensables, la masse et l'énergie, mais en précisant bien qu'il s'agit là de toute la masse et de toute l'énergie du Monde. Il est vrai aussi qu'on peut esquiver le problème et ne considérer la masse, comme il a déjà été dit, que comme le coefficient qui relie la force à l'accélération, tant qu'on n'a pas trouvé de définition valable, et de fait c'est plus ou moins ce qui se passe en pratique. Le gros problème de la physique théorique, qui agit de la sorte, c'est que ces notions systématiquement mises de côté commencent à s'empiler dans un « back log » infernal, une sorte de poubelle où s'entassent pêle-mêle des formules et des concepts nouveaux qui masquent les vraies définitions, celles qui devraient servir de bases à l'enseignement de la physique et dont l'étude est sans cesse reportée, faute d'idées mais surtout de volonté : la masse, le vide, l'éther, la matière, l'atome, la quantification, le neutrino, la vitesse de la lumière, etc., etc. Aucun étudiant, aujourd'hui, ne bénéficie au départ de ses études supérieures d'une formation logique préalable, solidement appuyée sur des principes bien carrés, mise à part une culture mathématique dominante qui lui donne à croire que c'est par cette voie, et uniquement par elle, que l'on peut découvrir les rouages de l'Univers. Nous sommes pourtant tout près de la vérité, nous la touchons, il suffirait simplement que dès notre enfance, pendant notre éducation primaire, à l'école du même nom, on commence à nous mettre en garde contre les apparences, à nous rendre capable de nous servir judicieusement de nos sens et à nous apprendre à maîtriser nos perceptions. C'est une éducation physico-psychologique qui fait actuellement totalement défaut et qu'il sera cependant absolument indispensable de mettre en place le jour où l'on aura décidé de donner sa chance à la physique rationnelle. Encore faut-il au préalable que l'existence et le bien-fondé de celle-ci soient reconnus, et que le petit peuple de la science y trouve intérêt, ce qui n'est pas une mince affaire.

Que faire pour convaincre ? Les exemples et les arguments proposés tout au long des pages qui précèdent devraient normalement inciter quelques-uns à repenser leur parcours en physique, à secouer leur torpeur, à réagir contre des notions auxquelles ils n'adhèrent pas toujours et qu'ils enseignent malgré tout à contrecœur, mais c'est sans compter la formidable inertie du système. Ce mot de « système » est bien pratique par son côté vague et indécis, mais il est employé ici parce qu'il désigne justement un ensemble qu'il est bien difficile de fragmenter. Il s'agit en fait de toute l'éducation et de la pratique de la physique dans sa globalité, comprenant tous ses aspects, son rôle social, son intérêt, son attirance et tout ce qui fabrique en nous ce qu'on en pense, l'idée que l'on s'en fait à la fois chez les étudiants, les professeurs et le grand public. La physique piétine parce qu'elle refuse de se remettre en question, parce qu'elle refuse d'imaginer une seule seconde qu'elle puisse s'être trompée, et surtout parce qu'elle a constamment négligé et traité par dessus l'épaule le problème majeur de l'éther. La rééducation, dans le sens le plus fort du terme, commence donc par là : que faut-il bien faire pour qu'un jour, on nous apprenne dès le plus jeune âge que le monde se présente à nous comme les fenêtres du système Windows de Microsoft, qu'une image en cache généralement une autre, qu'il suffit d'un clic judicieux pour la faire apparaître, que nous sommes constitutionnellement sans masse et que celle que nous croyons être la nôtre est celle de l'éther qui réside dans notre corps ?

Quand on parvient à discuter du problème de l'éther avec des universitaires, ceux-ci veulent bien admettre, majoritairement car ces gens instruits prêtent volontiers l'oreille, que celui-ci existe ou plus exactement que l'on puisse faire l'hypothèse de son existence. Mais on aboutit souvent, de leur part, à cette question surprenante, maintes fois entendue : « oui, mais quel intérêt ? ». Même quand on leur fait toucher du doigt que l'éther est un océan d'énergie et que, par conséquent, il en constitue une source inépuisable qu'on pourrait éventuellement exploiter, cette idée leur semble si farfelue et pour tout dire tellement incroyable qu'ils ne l'envisagent même pas. Cette réaction très fréquente, même chez ceux qui acceptent de faire l'effort d'écouter un exposé différent de ce qu'ils ont entendu jusque là, est tout à fait symptomatique et révélatrice de l'enfermement culturel des enseignants. Car ce sont tous des enseignants, il ne faut pas l'oublier et surtout ne pas sourire, parce que ce sont aussi ces personnages instruits, serviables, dévoués et gentils, qui vont s'occuper de l'éducation de nos enfants et leur mettre dans la tête, par continuité, toute leur science mais aussi toutes les inepties qu'on leur a eux-mêmes fait avaler de force, pendant leurs propres études, sans la moindre possibilité de critique ou de protestation. C'est ainsi que peut s'expliquer l'inertie intellectuelle de la société, et les efforts surhumains qu'il faut déployer, quand on essaye de promouvoir une idée nouvelle, pour tenter de convaincre et de faire changer les habitudes.

Un inventeur doit absolument prouver l'intérêt de son invention en la réalisant pour de bon, s'il veut qu'on lui prête attention. S'il n'y a pas une application ou un prototype à présenter, pour faire en sorte que la nouveauté ne puisse être contestée, c'est peine perdue. La seule exception à la règle se situe dans la physique théorique, où les chercheurs de haut niveau ont le droit de dire n'importe quoi, étant donné que personne ne les comprend et ne peut donc les contredire de manière argumentée. Pour ce petit monde d'initiés, qui connaît tant de ces choses si extraordinaires que nous ne pouvons même pas les concevoir, le fait qu'il y ait ou pas un éther n'a absolument aucune importance. Qu'il soit de surcroît énergétique et qu'il représente peut-être la solution définitive à nos problèmes d'énergie ne les trouble pas le moins du monde, ne suscite aucun intérêt particulier, aucun élan vers une piste nouvelle où pourraient s'épanouir leurs brillants cerveaux: ils sont heureux dans leur bulle douillette et ne veulent surtout pas en sortir. Cette ambiance est vraiment insupportable.

5-3: La nouvelle donne

Il est temps maintenant, de dépasser les critiques, bien qu'il y ait toujours un certain plaisir à ce faire, et à jeter définitivement les bases d'une nouvelle manière de penser, que la physique ne pourra pas continuer à ignorer, quoi qu'il arrive.

En complément, il n'est pas inutile d'insister sur les causes probables du fait que la question de l'éther ait toujours été si rebutante qu'elle a découragé des générations de physiciens, pour finalement aboutir à la prise de position drastique d'Albert Einstein et à l'avènement de la funeste Relativité. Il faut absolument, si on veut pouvoir repartir d'un bon pied, analyser le processus, comprendre pourquoi le problème a été si mal appréhendé, et surtout trouver comment il faut l'aborder pour le traiter efficacement. Tout le mal vient, comme il a été dit dans le paragraphe précédent, de notre conditionnement à notre perception immédiate du Monde, qui se fait par nos sens. Ceux-ci, répétons-le encore, sont parfaitement adaptés à la vie terrestre mais à rien d'autre. Ils nous permettent d'évoluer dans notre petit univers quotidien sans trop de problèmes. Le fait de voir, d'entendre, et de sentir nous donne suffisamment de renseignements sur notre environnement immédiat pour que nous n'ayons pas le sentiment d'avoir besoin de plus. C'est valable pour la vie ordinaire, ça ne l'est plus à partir du moment où on essaye de comprendre comment fonctionne l'Univers, c'est-à-dire quand on fait de la Physique.

Nos yeux et notre regard nous guident d'une manière forte et instinctive vers la notion de vide. Notre sens principal est tellement puissant, tellement dominateur, qu'il impose à notre esprit une évidence qu'on ne peut qu'accepter sans condition: entre un objet qui se trouve à quelque distance et nous-mêmes, il n'y a rien, hormis l'air que nous respirons, et ce rien c'est le vide. La transparence de l'espace conduit irrésistiblement à la notion de vide, aussi fortement que notre poids et notre inertie nous font croire que notre masse est quelque chose qui nous est propre. Il n'y a que la réflexion du physicien et une logique de raisonnement bien ordonnée qui puissent mettre en doute cette apparente réalité et lui permettre d'aller chercher la vérité scientifique là où elle se trouve, cachée derrière l'aspect trompeur des choses.

Mais encore faudrait-il que ce physicien ait la possibilité d'échapper au sort commun en ayant bénéficié, à un certain moment de sa vie, d'une liberté de réflexion que précisément il n'a pas eue s'il a suivi le cursus classique. En effet, dans notre société moderne, on ne peut pas à la fois être formé à un certain niveau, suffisamment élevé pour avoir au moins la sensation de bien connaître son sujet, et échapper aux dogmes de l'enseignement. Ce dernier a toute la souplesse et la maniabilité d'un rouleau compresseur, il est conçu de manière à faire entrer de force dans des cerveaux confiants tout ce que l'humanité considère, à tort ou à raison, comme un acquis indiscutable dont personne ne saurait mettre en doute la validité. D'autant plus que les étudiants, à qui on ne laisse aucune possibilité de réflexion critique, manifestent une soif d'apprendre qui chasse d'eux les doutes qu'ils pourraient éventuellement avoir sur le bien-fondé des théories qu'on leur enseigne, aidés en cela par des programmes et des horaires surchargés, bien qu'à peine suffisants pour leur faire avaler une macro-physique déshumanisée et noyée dans les mathématiques.

Pour changer tout cela, il suffirait probablement de pas grand-chose, peut-être une simple volonté, une prise de conscience, une remise en question de nos réelles possibilités intellectuelles, une pause dans la Recherche, peut-être aussi qu'il faudrait tout cela à la fois, et d'autres choses en plus....est-ce que, tout simplement, cela n'est pas envisageable à cause de la nature humaine? Pourtant, l'histoire des sciences nous enseigne que celles-ci ont vu dans leur progression de longues périodes de stagnation soudain secouées par le tremblement de terre d'une invention ou d'une théorie incroyable, mais le gros problème des êtres imparfaits que nous sommes est de ne pas savoir faire rapidement la différence entre des trouvailles géniales, comme les équations de Maxwell et la dé-couverte des ondes électromagnétiques, et les extravagances de la Relativité ou du Big Bang. Que faut-il donc faire pour que les physiciens s'intéressent de nouveau à l'éther, et pourquoi ne le font-ils pas? Quelle est au juste cette corporation qui semble se passionner pour ce qui se passe à 15 milliards d'années-lumière et qui patauge depuis cinquante ans dans la quête de l'énergie de fusion? Qui n'est heureuse que quand elle accouche dans la douleur d'une nouvelle équation incompréhensible pour les gens normaux? Qui nous raconte des fables sur la structure et l'histoire de l'Univers comme si elle s'adressait à des gosses de maternelle? Que faut-il donc faire pour convaincre une poignée de ces gens-là de se détourner un instant de leurs lubies et de jeter un coup d'œil sur les théories comme celles qui sont avancées ici, soit pour les prendre en considération, soit pour nous expliquer pourquoi elles sont infondées si par aventure elles l'étaient ?

Les idées précédemment exprimées sur la perception du noir constituent le point de départ de toute tentative pour se persuader de l'existence de l'éther. A partir du moment où, en fermant les yeux, on se persuade que ce n'est pas « rien » que l'on voit, mais la masse noire cachée que les astronomes situent au loin alors qu'elle est sous notre nez, on peut dire que la moitié du chemin est faite. C'est un processus très long, c'est une idée qui chemine tellement lentement pour prendre place dans une tête normale qu'il faut être d'autant plus patient pour lui laisser le temps de s'installer. Après, c'est affaire de volonté. Mais c'est également une affaire d'intérêt, au sens intellectuel du terme: la plupart des enseignants-chercheurs se contentent actuellement de la physique telle qu'elle est, telle qu'ils l'ont apprise et telle qu'ils l'enseignent. L'édifice de la science est tellement solide d'apparence, il demande tellement d'années d'études pour en assimiler les acquis, que personne n'a le temps ou simplement l'idée de laisser germer dans son esprit la moindre contestation, le moindre doute, et quand une notion un peu trop abstraite donne du fil à retordre, on cherche par habitude ou par obligation pourquoi on a tant de mal à la comprendre, par manque de confiance dans ses capacités, plutôt que d'essayer de voir si au contraire elle n'est pas un peu trop tordue pour être honnête. "Teachers teach" dit-on outre-manche, " only students can learn" (les enseignants enseignent, seuls les étudiants peuvent apprendre). Quoi qu'il en soit, c'est de cette façon que les choses se passent, et il n'y a qu'une alternative pour qu'elles changent: ou bien un inventeur créatif, utilisant l'une des pistes suggérées par une notion de l'éther bien comprise, offre à l'humanité et à son industrie une trouvaille bouleversante, comme par exemple un générateur électrique qui semble fonctionner tout seul ou un engin antigravitationnel, un objet de science-fiction en quelque sorte, ou bien les progrès scientifiques connaissent une période de stagnation tellement longue que les physiciens se verront contraints de fermer un moment leurs ordinateurs, en désespoir de cause, et d'essayer de refaire fonctionner leur matière grise ankylosée. La première hypothèse se réalisera un jour ou l'autre, on peut en être certain, la seconde est en cours et viendra aider la première, mais en attendant il faudra patienter, et il est très dur de patienter quand on connaît la valeur du temps.

Nous en arrivons maintenant à la justification la plus nette de la distinction qui a été faite jusqu'à présent entre physique théorique et physique rationnelle, et de l'existence nécessaire de cette dernière. Ce qui, pour les septiques, pouvait passer au début pour un jeu d'écriture ou un excès pathologique de rigueur, se révèle maintenant dans sa profondeur et sa pertinence. On ne peut pas progresser en physique si on n'utilise pas simultanément ou alternativement ces deux approches, semblables par leur complémentarité aux deux hémisphères cérébraux, qu'il est recommandé d'utiliser simultanément, et le mal actuel vient précisément de ce que la physique théorique a complètement étouffé sa sœur, qui officiellement n'existe même pas. Une autre évidence surgit en même temps, qui renforce la première: si on accorde à la physique théorique le fait qu'elle soit nécessaire à l'enseignement de cette science majeure, car son langage mathématique est le seul qui porte en lui la rigueur indispensable à cet exercice, la physique rationnelle est encore plus indispensable, car c'est elle qui la fait progresser grâce à l'inventivité née de l'inné et de l'intuition, et qui conduit aux idées neuves et aux vraies découvertes. Chacune des deux physiques a donc ses particularités. Elles sont en fait totalement différentes au point de vue du raisonnement et de la logique, tout en étant complémentaires et incapables d'exister l'une sans l'autre. L'ensemble contribue à l'intelligence du chercheur, qui ne peut être complète et efficace s'il oublie en chemin la moitié de son patrimoine intellectuel. Et c'est précisément ce que l'on fait quand on laisse aux mathématiques la maîtrise et les commandes de l'éducation, en oubliant la réflexion pure. Il faut absolument se servir des deux, et ne jamais se laisser griser par le flamboiement de la logique mathématique, dont la rigueur implacable peut conduire au délire si on en fait sa maîtresse ou son credo. Rappelons-nous que Cantor est mort fou.

Les bases essentielles de la physique rationnelle sont, d'une part l'existence de l'éther, et d'autre part le principe de son interaction permanente avec la matière. Tous les acquis de la physique théorique doivent maintenant être réinterprétés en fonction de ces vérités premières, chaque phénomène doit être considéré en fonction de la présence systématique de l'éther, qui joue un rôle plus ou moins important dans son déroulement, de presque rien à presque tout, mais qui est toujours là, incontournable, tranquille ou turbulent, immuable et indispensable. Sa prise en compte dans l'observation et la description des faits amène presque toujours à une révélation. Prenons pour exemple l'un des phénomènes qui nous plongent régulièrement dans l'étonnement et la crainte chaque fois qu'ils se produisent: les tornades. Ces événements impressionnants et destructeurs que connaissent bien les habitants du sud des États-Unis font régulièrement l'objet de reportages qui sont à peu de choses près toujours les mêmes, mais avec des images dont on ne se lasse pas. On y voit une trombe centrale ascensionnelle entourée à sa base, assurant la transition progressive entre la colonne d'aspiration et le sol, de ce que l'on appelle chez les physiciens de la météo une « zone de nourrissage », où l'air tourbillonne de plus en plus vite au fur et à mesure qu'il se rapproche du centre. Il s'agit donc d'une forme de vortex, différent du vortex astronomique décrit au chapitre 3, d'une part parce qu'il est unilatéral, d'autre part parce qu'il se produit dans un fluide très compressible, contrairement au précédent, ce qui lui donne de surcroît des formes beaucoup plus approximatives. Mais cela ressemble assez à un vortex hydraulique, dit de Rankine, qu'on aurait retourné verticalement. C'est dans la zone de nourrissage, ainsi nommé parce qu'elle « nourrit » en air la colonne centrale, que l'on observe la lévitation d'un nombre incroyable d'objets arrachés du sol par la puissance extraordinaire du météore. On voit flotter, comme des morceaux de liège sur de l'eau, tout ce que le tourbillon a trouvé sur son chemin, sans distinction. Tant qu'il s'agit de tôles, de planches, de branches d'arbres, d'outils, on n'est pas trop étonné. Mais quand on voit des motos, des voitures, des camions, voire des tracteurs se promener dans l'air comme des ballons de baudruche, quand on voit ces objets lourds se déplacer comme des éponges emportées par un courant sous-marin, comme si soudainement ils avaient perdu leur masse, il y a quand même quelque chose qui surprend, qui dépasse même l'entendement, parce qu'elle ne colle pas avec ce qu'on nous a appris. Est-ce qu'on se rend bien compte de la taille et de la puissance du dispositif aspirateur qu'il faudrait construire pour faire quitter le sol à un tracteur?

Le vent qui souffle dans la zone de nourrissage, là où flottent les objets arrachés du sol, peut atteindre les 500 km/h. Disons 150 m/s, pour se fixer un chiffre à la fois raisonnable et commode. Un tracteur moyen pèse environ 3 tonnes, et on dira que sa surface de prise au vent est de l'ordre de 3 m^2. Si on suppose que toute l'énergie cinétique de l'air est convertie en pression, il faudrait donc que celle-ci soit de l'ordre d'une tonne par m^2 pour faire décoller l'engin, et de plus qu'elle soit dirigée verticalement et de bas en haut, ce qui est en contradiction avec l'observation. D'autre part, la cheminée centrale aspirant vers le haut, la pente de l'air dans la zone de nourrissage devrait être descendante vers l'extérieur, mais si les objets lourds sont arrachés du sol et transportés à une certaine altitude, il faut en conclure qu'au moins à une certaine distance du centre, la pente est au contraire ascensionnelle. C'est là aussi paradoxal, mais on ne peut pas nier les faits. Poursuivons quand même. Plaçons-nous dans cette zone ascensionnelle juste pour effectuer un petit calcul qui fixera les ordres de grandeur. Pour cela, on suppose que la force de lévitation qui s'exerce sur le tracteur est uniquement due à un vent ascendant soufflant à une vitesse de 150 m/s (composante horizontale de la vitesse) sur une surface rigide de 3 m^2 et avec un angle d'attaque de 10°. L'énergie cinétique du fluide, qui est censée constituer sa force quand il soulève le tracteur, engendre une pression $p = \dfrac{\rho V^2}{2}$, où ρ est la masse volumique de l'air, soit 1,3 kg/m^3, et V sa vitesse. Dans le cas présent on a donc: $p = 0,5 \times 1,3 \times 22500 = 14600$ Newtons/m^2. S'exerçant sur une surface de moins de 3m^2, ceci représente une force pressante ascension-nelle de l'ordre de 5 tonnes, ce qui effectivement pourrait soulever notre tracteur, mais à condition que cette poussée s'exerce verticalement. Pour tenir compte de l'obliquité de l'effort, il faut multiplier cette valeur, comme pour une aile d'avion, par un certain coefficient qui est de l'ordre de quelques %, ce qui nous ramène à environ 50 kg. Une force de 50 kg pour soulever 3 tonnes? C'est une plaisanterie! Ou bien les témoins ont exagéré et n'ont jamais vu de tracteur voler dans une tornade, ou bien il y a autre chose qui se cache derrière le visible et qui explique une puissance qu'un fluide léger ne peut pas développer par lui-même. Et il y a effectivement autre chose, que nous commençons maintenant à bien connaître.

L'interaction éther/matière est valable et effective pour tous les corps en mouvement, qu'ils soient denses ou légers. L'éther entraîne les planètes, mais à la surface de l'une quelconque de celles-ci tout mobile entraîne une fraction d'éther, et cette fraction est fonction de la masse et de la vitesse de ce mobile, qu'il soit en translation ou en rotation. L'air a beau être léger, la masse d'une tornade en rotation, étant données ses dimensions, est considérable. Si on considère une tornade « moyenne » dont la zone de nourrissage, assimilée à un cylindre, fait de l'ordre de 1km de diamètre et 500m de haut, on a un volume tourbillonnaire d'environ 160 000 000 m^3 et une masse d'air en mouvement de 200 000 tonnes. Avec une vitesse moyenne de 100m/s, on a là une énergie cinétique de 2 milliards de joules, entièrement transformable en pression. Ce n'est pas rien, et on est autorisé à penser que, dans cette zone, l'entraînement de l'éther est conséquent et bien apte à expliquer les phénomènes destruc-teurs qu'on observe et qui ne peuvent être dus à l'action de l'air seul. Quand on regarde une tornade, ou une trombe qui est une petite tornade, ou un typhon qui en est une grosse, il faut donc s'imaginer, cachée sous l'apparence gazeuse de la furie tourbillonnaire, la présence d'un fluide immensément plus lourd que l'air et dont l'infime partie en mouvement, car l'entraînement n'est que partiel, suffit à communiquer à l'air une masse supplémentaire bien supérieure à sa masse propre et qui, elle, est responsable des effets et des dégâts considérables qui accompagnent ces phénomènes exceptionnels. L'air seul n'explique pas tout, il est trop léger. Mais le nombre colossal de ses molécules, en mouvement rapide comme c'est le cas dans une tornade, est apte à entraîner l'éther local, qui va donner au fluide aérien une densité dynamique qui n'a plus rien à voir avec ce qu'on peut mesurer statiquement, en laboratoire. Et ce fluide-là va soulever les maisons, les voitures et les tracteurs.

Il est bien évident que cette interprétation de la puissance des phénomènes tourbillonnaires de la météo change complètement l'approche de leur étude, mais cet exemple n'est que l'un des plus frappants parmi tout ce que nous offre l'observation directe. Il ne faut pas croire que ce n'est là que spéculation, l'existence de l'éther a été mise en évidence beaucoup plus directement et péremptoirement dans un domaine totalement différent. Il s'agit des avancées technologiques concernant les filtres passifs haute fréquence utilisés dans les stations de base des réseaux de téléphonie mobile. La modélisation de ces filtres, rendue possible par la prise en compte du milieu de propagation des ondes EM, qui dans ce cas est circonscrit dans un volume bien déterminé et à qui on peut donner, par conséquent, des caractéristiques géométriques, conduit à un équivalent purement mécanique du filtre HF. Et ce modèle a permis une solution inédite et évidente de certaines difficultés d'adaptation de ces filtres, qui n'a jamais pu être expliquée par l'électromagnétisme classique.[1]

5-4: Masse volumique de l'éther

Ce paramètre fondamental de l'éther a constitué le point de blocage de la Théorie Synergétique, Vallée n'ayant pas réussi à le faire émerger de ses équations. Était-ce d'ailleurs possible, en fonction de la méthode utilisée? Il faudrait, pour le savoir, qu'un mathématicien de la physique reprenne le sujet en main, mais il n'est pas facile de trouver dans ce domaine quelqu'un qui fasse preuve à la fois de l'intérêt, de la volonté et surtout de la compétence nécessaires pour se lancer dans cette aventure. Il serait pourtant très intéressant de trouver au moins un ordre de grandeur d'une quantité qui, une fois déterminée, éclairerait d'une lumière nouvelle un grand nombre de phénomènes que nous considérons pourtant comme connus.

Avant d'aller plus loin, faisons une parenthèse sur la recevabilité de l'hypothèse faite au cours des chapitres précédents, et qui consiste à dire que l'éther n'est pas un fluide extraordinairement léger, comme il a été supposé l'être jusqu'à présent, avant Vallée, mais au contraire extraordinairement lourd. Cette croyance à un éther léger provient d'un raisonnement trop rapide, manquant donc d'une réflexion suffisante, qui voudrait que la valeur que l'on connaît de la vitesse de la lumière ne puisse s'expliquer que par des propriétés extrêmes de son milieu de propagation, à savoir une infinie légèreté, suggérée par la transparence du vide, et une infinie rigidité, l'adjectif « infinie » étant à prendre seulement au sens imagé du terme. Supposons, pour illustrer cette remarque, qu'on ne connaisse pas la vitesse du son dans l'eau, mais qu'on essaie d'en faire une estimation à partir de celle supposée connue dans l'air, mesurée aux alentours de 340m/s. En suivant le même raisonnement, sachant que la masse volumique de l'eau est environ 770 fois plus grande que celle de l'air, on pourrait en déduire, en ne prenant en compte que cette différence de masses, que la vitesse dans l'eau est $\sqrt{770}$ fois plus petite que celle dans l'air. Or, au lieu de la trouver 28 fois plus faible, on la mesure 5 fois plus grande. La faute à la compressibilité, beaucoup plus faible, et aux valeurs très différentes des chaleurs spécifiques: un liquide n'est pas un gaz, c'est un autre état de la matière. Ceci pour dire que l'hypothèse d'une masse volumique très grande n'est pas incompatible avec une vitesse de propagation également très grande, si on suppose parallèlement que la compressibilité du milieu de propagation est quasi-nulle, propriété qui a été plus ou moins sous-entendue précédemment, notamment à propos du système solaire et de l'entraînement tourbillonnaire des planètes.

Ce principe étant exprimé et expliqué comme il convient, la tâche qui nous incombe est de trouver maintenant une approche qui permette, sinon de calculer exactement la masse volumique de l'éther, du moins d'en donner, soit des limites inférieure et supérieure, soit une valeur moyenne approximative, ou simplement un ordre de grandeur.

Quand, en physique rationnelle, on explique la radioactivité par une instabilité de la matière due à une trop puissante interaction de l'éther, c'est que l'on voit cette matière comme soumise au bombardement incessant des radiations, qui la malaxe au point de la transformer, quand sa densité dépasse une certaine valeur, en bouilloire au bord de l'ébullition. Autrement dit, la matière peut absorber de l'énergie vibratoire, mais jusqu'à une certaine limite, disons jusqu'à une certaine masse volumique au-delà de laquelle elle ne peut plus être stable, l'édifice devenant trop serré et ne pouvant plus contenir un apport énergétique trop grand pour elle. En fonction de cette façon de voir, on peut déjà raisonnablement penser que la valeur que nous cherchons doit être largement supérieure à la densité des éléments connus les plus lourds, et qui sont comme par hasard les éléments radioactifs, densité qui se situe autour de 150. Est-ce 10 fois, 100 fois, 1000 fois ou encore plus? Il ne faudra pas être surpris si on trouve une masse très supérieure à 1000 tonnes par m^3, mais le mieux est encore d'essayer de trouver une méthode d'approche qui permette, au moyen de ce que nous savons déjà en physique et en ordonnant les choses différemment, de quantifier et de fournir un résultat plus ou moins sorti des formules classiques simplement réinterprétées.

L'électromagnétisme, cette science si compliquée et si perfectionnée, qui n'existerait pas sans les mathématiques, est née du fait que les physiciens ont renoncé un jour à vouloir comprendre de quoi était constitué l'Univers et comment il fonctionnait, pour se répartir en chapelles de spécialistes besogneux, attachés chacun à explorer sa branche tout en ignorant celle des autres. C'est ainsi que les mécaniciens se sont progressivement séparés des électriciens, la chimie ayant dans cette voie joué les précurseurs. De sorte que, dans certains cas, il existe aujourd'hui plusieurs manières, chacune autonome et assortie de « sa » mathématique, d'aborder un problème donné. C'est une situation peut-être regrettable, par certains côtés, mais probablement inévitable tant la spécialisation, liée à la progression des connaissances et à l'augmentation corrélative de ce qu'il faut posséder avant d'exercer le métier de chercheur, est devenue indispensable à nos trop faibles cerveaux. Pourtant c'est précisément cet état de fait qui va nous permettre, paradoxalement, de trouver une voie pour cerner d'un peu plus près le mystère de la masse volumique de l'éther.

En effet, en physique rationnelle, l'électromagnétisme n'est jamais considéré que comme la mécanique de l'éther, les ondes électromagnétiques n'étant rien d'autre que des vibrations tout trivialement mécaniques, absolument identiques à celles du son qui se propage dans l'eau, et qui nous traversent sans nous perturber parce que nous faisons partie du milieu de propagation, imbibés que nous sommes par lui. Cela ne veut pas dire qu'il faille dès lors tout renier de la physique classique et jeter les travaux de Maxwell et des autres aux orties, surtout pas. Il ne serait pas raisonnable ni même concevable, en effet, de se passer d'une science autant confirmée par l'expérience, ainsi que d'un nombre aussi considérable de formules dont l'utilité n'est plus à démontrer, mais disons plutôt qu'il est maintenant possible de les justifier en les appuyant sur un modèle physique reflétant correctement, cette fois, la réalité. Ceci étant admis, la voie est ouverte à un rapprochement qui n'était pas évident, mais qui alors le devient, entre l'acoustique et l'électromagnétisme, spécialement en ce qui concerne la propagation des ondes.

Il faut maintenant chercher à écrire dans deux langages différents, dans ces deux domaines distincts de la dynamique générale des vibrations, l'expression d'un même phénomène en faisant intervenir la masse du milieu, après quoi l'identification mathématique des deux expressions devrait pouvoir conduire au résultat cherché. Il s'agira en l'occurrence, mais il y a probablement un très grand nombre de chemins possibles, d'évaluer une grandeur aussi bien connue d'un côté ou de l'autre, et qu'à titre d'essai nous choisirons comme étant l'impédance caractéristique. L'impédance est un paramètre qui, en électricité, exprime la proportionnalité entre la tension et le courant, et en mécanique entre la pression et la vitesse. Quand il s'agit de la propagation d'une onde, cette quantité devient l'une des caractéristiques du milieu, d'où son nom d'impédance caractéristique. On a déjà parlé précédemment de l'analogie électromécanique au sens restreint, c'est-à-dire vue simplement comme un moyen d'introduire une alternative dans l'explication d'un phénomène, ou plutôt, si on préfère, dans son interprétation. La notion sera maintenant généralisée en la présentant, non pas comme un simple exercice de style, mais comme l'unification de deux théories différentes en une seule, plus générale et englobant les deux premières.

Considérons une onde plane, soit sonore, soit électromagnétique, qui se propage dans un certain milieu (figure 5-5). Dans le premier cas, en acoustique, l'impédance caractéristique est $Z=\rho c$, ρ étant la masse volumique et c la célérité des ondes. La pression et la vitesse sont liées par la relation: $P=\rho cv=Zv$, analogue à la formule $V=ZI$ qui lie la tension et le courant. Dans le second cas, en électromagnétisme, si on se place dans le cas classique d'une propagation dans le vide, l'impédance caractéristique a

pour valeur: $Z = \sqrt{\dfrac{\mu_0}{\varepsilon_0}} = 377\Omega$, où μ_0 et ε_0 sont respectivement la perméabilité et la permittivité absolues du vide.

Or, selon la thèse qui est soutenue ici, on est en présence de deux relations équivalentes qui concernent le même fluide, l'une en physique rationnelle qui considère les ondes EM comme des vibrations mécaniques, l'autre en physique classique qui voit ces ondes comme particulières et relevant uniquement des lois de l'électromagnétisme. Ces deux relations sont donc, en fait, relatives au même milieu de propagation, et comme l'impédance caractéristique est unique et bien déterminée, elles sont nécessairement identiques. On peut donc écrire: $Z = \rho c_0 = \sqrt{\dfrac{\mu_0}{\varepsilon_0}}$, d'où

$\rho = \dfrac{1}{c_0}\sqrt{\dfrac{\mu_0}{\varepsilon_0}}$ .Or nous connaissons $c_0 = \dfrac{1}{\sqrt{\mu_0 \varepsilon_0}}$ d'où, en portant dans l'égalité précédente:

$$\rho = \mu_0 \qquad (5\text{-}1)$$

Devant cette égalité, surprenante de simplicité et qui semblerait vouloir nous dévoiler soudain la vraie signification de la perméabilité magnétique, on a l'impression d'avoir enfoncé une porte ouverte tout en éprouvant un fort sentiment de frustration. En effet, nous cherchons une masse volumique, qui s'exprime en kg/m^3 dans le système international, et nous la trouvons égale ici à une quantité dont l'unité, dans ce même système mais dans la section « électromagnétisme », est le Henry par mètre. Si nous voulons essayer d'exprimer cette grandeur en fonction des unités fondamentales, nous n'avons à notre disposition dans le système de correspondance que la relation:

$$1\ H/m = 1\ Wb/(A.m) = 1\ m.kg.s^{-2}.A^{-2}$$

Nous nous retrouvons donc Grosjean comme devant, à cause du *A* qui veut dire Ampère, qui est l'unité de courant électrique indépendante (ou fondamentale si on préfère, mais ici c'est la même chose), et qui nous empêche de pouvoir exprimer la perméabilité du vide avec des unités purement mécaniques: on tourne en rond. C'était en fait relativement

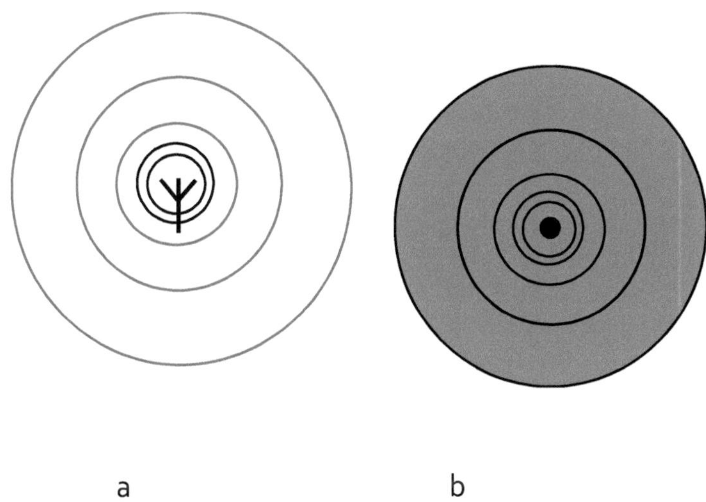

a   b

figure 5-5:   Les deux aspects d'une source omnidirectionnelle EM. A gauche l'antenne qui émet des ondes électromagnétiques dans le vide, à droite la sphère pulsante vibrant dans l'éther selon les mêmes lois qu'en acoustique.

prévisible en fonction de ce que nous savons de la naissance et de l'histoire de l'électromagnétisme, qui est une discipline autonome. Il faut donc réécrire la relation (5-1) de la manière suivante:

$$\rho = k\,\mu_0 \quad (5\text{-}2)$$

où k est le coefficient numérique qui permettrait de passer des unités mécaniques aux unités électromagnétiques, mais dont malheureusement nous ne connaissons pas la valeur. Il semblerait donc qu'il soit impossible de déterminer la masse volumique de l'éther, et que l'on doive se limiter aux hypothèses déjà faites précédemment sur sa probable valeur extrême. A moins que...

En fait, tout ceci est plein d'enseignement et appelle deux remarques très importantes. La première concerne le ou les systèmes d'unités, puisque c'est apparemment l'un des facteurs bloquants de notre entreprise. L'ajout de l'Ampère comme unité fondamentale, avec le Kelvin et la Candela, date de 1946 avec l'officialisation du système MKSA, dit « Giorgi rationalisé ». A cette époque, il y avait tellement de systèmes possibles que l'un des exercices de physique auquel on entraînait les futurs bacheliers consistait précisément à savoir passer de l'un à l'autre, car on pouvait les utiliser au libre choix de l'utilisateur : CGS, MKS, MK$_p$S, MKSA. Ce n'est qu'en 1960 que le dernier cité devint le Système International, avec l'ajout supplémentaire de la Mole. On voit donc que le fractionnement progressif de la physique en disciplines séparées et autonomes, conséquence du bâclage de l'étude de l'éther et ensuite du renoncement à la mener à son terme, a entraîné une multiplication des unités fondamentales pour en fin de compte les réunir de nouveau artificiellement, en essayant de les rendre cohérentes. C'est ainsi que l'Ampère, unité de courant électrique, est venu cohabiter avec les traditionnelles unités mécaniques de base que sont la longueur, la masse et la durée, pour essayer de raccommoder deux disciplines devenues indépendantes de fait, bien que tout les rapproche à partir du moment où on consent à faire intervenir la bonne définition de l'espace. Nous en sommes là, et rien, depuis Maxwell et excepté Vallée, avec le résultat que l'on sait, n'a été entrepris pour que cela change.

La deuxième remarque, c'est que l'identification entre masse volumique de l'éther et perméabilité magnétique est fondée, à condition de bien faire la part des choses. Les expressions (5-1) et (5-2) montrent qu'il s'agit bien de la même grandeur, de la même propriété de l'espace, mais aussi qu'il est impossible de la déterminer quantitativement parce qu'il n'existe pas de passerelle entre les unités mécaniques et électriques, et on sait dorénavant pourquoi: l'unité « Ampère » a été rajoutée au système mécanique comme unité indépendante, sans autre but que d'apporter plus de souplesse à l'ensemble. Il faut donc lire la première relation uniquement comme la simple formulation de l'identité physique de deux paramètres, et la seconde comme une expression mathématique plus rigoureuse, la seule à prendre en compte si on veut obtenir la valeur numérique de ρ, impossible à atteindre si on ne connaît pas k. De plus, et c'est le plus important, sous-entendre que la perméabilité magnétique, le μ comme on dit dans le jargon, représente une forme d'inertie, ne choquera pas grand-monde dans le petit univers des enseignants. Quel professeur de physique n'a pas succombé, pour illustrer le cours sur la loi de Lenz, à la tentation de l'analogie électromécanique entre le ballon plein d'eau qui éclate en s'écrasant au sol et l'étincelle de l'extra-courant de rupture? Ou de l'effort supplémentaire qu'il faut soudain exercer sur une dynamo à main au moment précis où on la relie à une ampoule? Ou de ce qui se passe quand on introduit un noyau de fer dans une bobine? Presque tous pratiquent cet exercice, car dans ces moments-là la physique retrouve ses vertus pédagogiques, mais aucun ne va plus loin dans les conclusions, sauf à l'occasion de réflexions personnelles, dont on s'aperçoit en discutant avec eux qu'elles ne sont pas aussi rares qu'on pourrait le penser. Le corps enseignant est mûr, aujourd'hui, pour mordre à pleines dents dans ces nouvelles vieilles idées de la vraie nature de l'espace, à condition qu'elles soient relookées comme il faut et rendues présentables. Il suffirait qu'une poignée d'entre eux prennent cette responsabilité, créent des groupes d'études et agissent en se constituant en équipes. Alors, pourquoi hésiter plus longtemps ?

En attendant, nous n'avons toujours pas trouvé ne serait-ce qu'une simple approche de la valeur de la masse volumique de l'éther. Son identification à la perméabilité du vide, bien que fondamentale, n'ayant rien donné du point de vue quantitatif, il faut essayer une autre méthode. Mais avant cela, une remarque très importante est à faire, qui découle immédiatement du contexte dès lors qu'on postule l'existence de l'éther: contrairement à ce que dit la formule relativiste, la masse ne croit pas indéfiniment quand sa vitesse se rapproche de celle de la lumière. Quand un objet de volume v est soumis à une accélération constante, sa masse croît jusqu'à une limite asymptotique, c'est-à-dire une limite qu'elle approchera de plus en plus sans jamais l'atteindre, et qui correspond à un entraînement total de l'éther par le mobile. Par conséquent cette masse serait égale à $v\rho$, ρ étant la masse volumique que nous cherchons. Il faudra donc compléter, en la compliquant un peu, la relation :

$$m = m_0 \frac{1}{\sqrt{1 - \dfrac{v^2}{c^2}}}$$, qui ne reste valable qu'en première approximation, de

la même manière que la loi de Van der Waals est venue préciser celle, trop simple, de Mariotte.

Ceci étant précisé, revenons à la détermination de la masse volumique. Le principe adopté pour en atteindre la valeur numérique est de comparer un même phénomène, judicieusement choisi, à travers deux présentations habituelles bien connues, disons sous l'aspect de deux formules mathématiques, l'une en mécanique, l'autre en électromagnétisme, puis d'identifier les deux expressions. Ce n'est pas tout : nous avons vu, précédemment, que l'unité de courant électrique avait été rajoutée aux unités mécaniques du MKSA rationalisé, devenu Système International, comme unité fondamentale, donc indépendante des autres. Il faudra donc, soit éviter de l'utiliser, sous peine de se retrouver dans une impasse déjà visitée, soit établir sa relation cachée avec les unités mécaniques. Ceci étant précisé, une des rares voies qui semblent permettre de jeter un pont entre la mécanique et l'électromagnétisme est celle de l'énergie, qui dans les deux domaines se manifeste par des effets thermiques identiques, que l'on peut à la fois mesurer et calculer avec les mêmes unités et qui sont donc absolument comparables. Une autre serait d'évaluer la puissance des vibrations émises dans l'éther par une source donnée et considérée sous ses deux aspects possibles, d'un côté celui d'une antenne, de l'autre celui d'une sphère pulsante, les deux étant omnidirectionnelles et de puissances égales (figure 5-5). Or on connaît cette puissance, et on sait très bien l'évaluer dans les deux cas. Par exemple, la puissance rayonnée par un dipôle de petite dimension, disons de l'ordre du dixième de la longueur d'onde, est:

$$P_1 = \sqrt{\frac{\mu}{\varepsilon}} \frac{\beta^2 I^2 L^2}{12\pi} \text{ , où } \beta = \frac{2\pi}{\lambda} .$$

I est le courant moyen et L la longueur du dipôle. (Antennas, Kraus, Mc-Graw et Hill, p216). En ce qui concerne la sphère pulsante équivalente, on trouve la valeur de la puissance rayonnée dans Rocard (Dynamique générale des vibrations, Masson, p344): $P_2 = \rho c \dfrac{8\pi^2 a^4}{\lambda^2} U_0^2$,où ρ est la masse volumique que nous cherchons, le rayon de la sphère et U_0 l'amplitude des vibrations. En supposant raisonnablement que $L=2a$, il suffit alors de faire $P_1=P_2$ pour faire émerger la valeur de ρ. Malheureusement, et il fallait absolument en arriver à ce point pour bien prendre conscience de ce qu'entraîne l'enfermement de la Physique Théorique, on constate que ρ, masse volumique, reste une fonction de I, courant électrique exprimé en Ampères et donc sans relation avec les autres unités fondamentales. Certes, l'Ampère a été définie dans le Système International comme l'intensité qui, parcourant deux conducteurs parallèles situés à 1m l'un de l'autre, génère entre eux une force, répulsive ou attractive selon le sens respectif des courants, de 2.10^{-7} N/m. Une force étant homogène à une masse multipliée par une accélération, on pourrait penser à première vue qu'il y a là la passerelle que nous cherchons, mais il n'en est rien: cette définition est bien basée sur un phénomène physique connu et incontestable, mais elle est purement conventionnelle et numérique. Autrement dit, on ne peut pas atteindre par cette méthode, ni par aucune autre faisant intervenir des relations mathématiques classiques, une valeur de ρ exprimée en tonnes/m^3.

Devant l'échec de toutes ces tentatives, il devient nécessaire de trouver une méthode radicalement nouvelle et non-conventionnelle. Pour ce faire, il sera fatal de mettre une fois de plus en opposition la physique théorique et la physique rationnelle, cette fois-ci en fonction de leur vision différente du phénomène si connu et en même temps si mystérieux que l'on désigne sous le nom de courant électrique. Remarquons d'abord que rien que le mot « courant » évoque fortement une notion de fluide en déplacement, à laquelle aucun physicien ne s'est jamais opposé. On suppose en outre que, les électrons libres étant les seuls éléments mobiles dans un conducteur, le courant ne peut être imputé qu'à eux et à leur mouvement. On considère donc qu'ils sont, dans leur ensemble, comparables à un gaz incompressible qui se déplace en bloc dès qu'une différence de potentiel est appliquée au circuit où ils se trouvent. On a l'impression, de prime abord, que cette circulation se fait à grande vitesse. En fait, les mesures effectuées par les physiciens montrent, ou semblent montrer, que la vitesse propre d'un électron qui se déplace dans un conducteur est extrêmement faible, de l'ordre de quelques cm ou quelques dizaines de cm par seconde. Pourtant, l'établissement du courant dans un circuit semble au contraire être un phénomène qui se produit à une vitesse assez voisine de celle de la lumière. Pour expliquer ces deux aspects à première vue contradictoires, on a défini deux vitesses, toutes deux mesurables à priori: la première est la vitesse locale d'un électron pris isolément, la seconde, baptisée bizarrement « vitesse d'information », celle du cortège total considéré comme un cylindre incompressible où le mouvement se transmet quasiment instantanément, comme l'eau dans un tuyau d'arrosage : quand on ouvre le robinet, l'eau coule immédiatement à l'extrémité du tuyau, mais les molécules qui en sortent ne sont pas celles qui viennent d'y entrer. Celles-ci mettront plusieurs secondes pour atteindre la sortie si le tuyau est d'abord vide, mais l'eau coule instantanément en sortie si le tuyau est déjà plein. Dans le cas du conducteur et des électrons libres, le tuyau est toujours plein.

La figure 5-6 montre les deux visions que l'on peut avoir du phénomène. La partie (a) du haut est la version classique de l'électromagnétisme, avec des électrons qui cheminent dans le conducteur et un champ magnétique, capable d'orienter une boussole, qui se crée au voisinage. La partie (b) est la réalité de la physique rationnelle, avec en chaque élément dL du conducteur un vortex de Rankine dont le filament d'éther, guidé par le métal, constitue le vrai courant, et dont la nappe perpendiculaire entraîne mécaniquement et de manière sélective les corps magnétiques et les oriente. Le fait que les électrons soient supposés se déplacer à faible vitesse dans un conducteur aurait certainement surpris nombre de physiciens du siècle dernier qui, comme Planté ou Le Bon, ont mis en évidence la violence des phénomènes électriques de forte intensité. D'autant plus qu'entre les deux vitesses extrêmes citées plus haut, on nous en propose une troisième, celle des courants électroniques dans le vide des tubes radio, qui serait d'environ 15 km/s, mais c'est ainsi: il faut faire confiance. Cela dit, revenons à nos moutons.

Les deux images et les deux interprétations de la figure 5-6 sont fondamentalement différentes, mais nous admettrons que chacune obéit aux lois de la logique universelle et qu'elles ne sont pas en contradiction, mais simplement indépendantes l'une de l'autre. En conséquence, nous

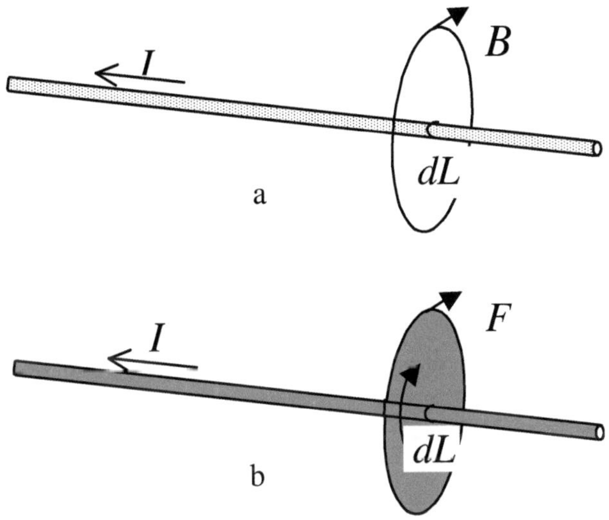

figure 5-6: les deux aspects du courant électrique. En (a), la présentation classique avec un flux d'électrons qui crée un champ magnétique B perpendiculaire au conducteur. En (b), le même courant devient le filament d'un vortex de Rankine dont la nappe entraîne un corps magnétique.

poserons comme hypothèse que, dans l'une et l'autre des deux conceptions du courant électrique, la masse en déplacement est la même. Cette masse est constituée d'un côté (5-6-a) par l'ensemble des électrons, seule entité mobile capable de représenter physiquement un courant, et de l'autre (5-6-b) par le filet vorticiel d'éther qui coule à grande vitesse dans le fil électrique, lequel nous supposerons être en cuivre, avoir une longueur d'un mètre et une section de 1 mm^2. Or, il se trouve que nous possédons toutes les données numériques nécessaires pour quantifier :

- 1mm^3 de cuivre contient $8,6.10^{19}$ d'atomes, et comme il y a un électron libre par atome, ce nombre est également celui des électrons libres. 1m de fil de cuivre de section 1mm^2 contient donc $8,6.10^{22}$ de ces électrons.

- Nous connaissons la masse de l'électron: $9,1.10^{-31}$ kg. La masse totale des électrons dans notre portion de conducteur est donc de $8,6.10^{22}$ $9,1.10^{-31}$ = $7,83.10^{-8}$ kg.

- Nous connaissons la vitesse « d'information » dans le cuivre, elle est de 273 000 km/s. Nous supposerons, nous n'avons guère le choix, que c'est la vitesse d'écoulement du filet d'éther dans le conducteur. On ne peut pas imaginer, en effet, qu'un jet de fluide sans frottement et incompressible puisse se déplacer à quelques cm/s à l'intérieur de lui-même. Or, la physique des conducteurs ne nous propose que deux valeurs possibles. Le débit massique est par conséquent, dans notre fil de cuivre de 1mm^2 de section, de $7,83.10^{-8}$ x $2,73.10^8$ = 21,4 kg/s. Il s'agit d'une masse en mouvement de 21,4 kg qui occupe un volume de 10^{-6} m^3. La masse volumique étant le rapport de la masse au volume qu'elle occupe, on a finalement:

$$\rho = \frac{21,4}{10^{-6}} = 21,4.10^6 \, kg \, / \, m^3$$

$$\rho = 21400 \; tonnes \, / \, m^3$$

Voici donc achevée la première tentative de quantification de la masse volumique de l'éther, autant dire de l'Univers. Le résultat est-il valable? Les hypothèses faites pour y parvenir sont-elles recevables? Ce sera maintenant l'affaire des contradicteurs éclairés de statuer, dans la mesure où ils voudront bien consentir à perdre quelques heures de leur précieux temps pour jeter un œil impartial sur ce travail d'amateur. En ce qui nous concerne, nous considérons que notre tâche est terminée. Si nous avions trouvé 10, voire 100 fois moins, nous serions encore plus satisfaits, mais l'essentiel était de parvenir à une valeur suffisamment importante pour bien expliquer, d'une part l'entraînement des planètes par une masse tourbillonnaire conséquente, d'autre part la limitation des densités des corps stables à une valeur voisine de 150 (soit 150 t/m^3). En effet, l'éther étant incessamment parcouru par des vibrations énergétiques de toutes fréquences, vibrations qualifiées d'ondes EM en physique classique mais en réalité, rappelons-le une fois encore, complètement mécaniques et de nature tout à fait analogue à celle des ondes sonores, on peut supposer qu'à partir du moment où un noyau présente une structure suffisamment serrée, avec un nombre suffisamment important de particules élémentaires, il se sature d'énergie vibratoire et a de plus en plus de mal à résister à la pression interne, qui finit par l'emporter sur la pression MBL externe, et c'est ainsi qu'il faut probablement voir le phénomène de la radioactivité. C'est en quelque sorte une chaudière qui ne peut plus contenir sa vapeur.

Nous voici donc enfin arrivés au terme de nos efforts pour essayer de donner une valeur, quelle qu'elle soit dans un premier temps, à la mystérieuse masse volumique de l'éther. Est-elle exacte? Rien n'est moins sûr, d'autant que nous n'avons pas tenu compte dans le mouvement des électrons dans le fil de cuivre d'une probable rotation. Mais c'est au moins une valeur qui ne détruit pas les hypothèses fondamentales faites jusqu'à présent, et principalement celle du caractère éminemment tourbillonnaire des lois de Kepler. Au contraire, elle va conforter cette idée majeure d'une théorie moderne de l'éther, qui prend le contre-pied des habitudes de pensée des physiciens et qui s'oppose en particulier à l'idée d'un fluide léger, suggérée par des sens de perception à qui on fait trop systématiquement confiance, avec toutes les contradictions qui en découlent. Même si le résultat est faux, et il l'est probablement, il ouvre par la méthode utilisée la voie à une réflexion que seront bien obligés de faire les futurs contradicteurs. Car maintenant qu'il existe une valeur numérique, il leur faudra désormais trouver les arguments, soit pour montrer qu'elle est fausse, soit pour la rectifier, soit, sait-on jamais, pour la confirmer. Certes les hypothèses de départ sont hardies, mais elles surgissent dans un paysage désertique où il n'y a pas de vraie concurrence et où les idées nouvelles ont du mal à pousser.

On en reparle au dernier paragraphe.

5-5: La force musculaire

Jusqu'à présent, à part quelques digressions indispensables sur les cinq sens de l'homme et leurs limites, il n'a été question que de physique au sens traditionnel du terme: masse, gravitation, astronomie, électromagnétisme, thermodynamique, etc., sans chercher à savoir si l'éther avait son mot à dire dans d'autres disciplines.

Pourtant il faut noter que quand les physiciens en viennent à parler des forces, dont ils énumèrent une quantité maintenant réduite à quatre, ils en oublient toujours une, qu'ils laissent avec prudence et respect dans le champ d'investigation de leurs collègues physiologistes et médecins, spécialistes de la troublante matière vivante : c'est la mystérieuse force musculaire. Pourquoi mystérieuse? Simplement parce que personne, quelle que soit sa spécialité, n'a réussi à en démonter le mécanisme. Ceux d'entre nous qui ont essayé de trouver, dans les librairies spécialisées voisines de la Faculté de Médecine, un ouvrage en français clair et bien expliqué sur la myologie, savent de quoi il est question : c'est un vide quasiment total, comme si aucun spécialiste n'avait jugé bon d'écrire pour le grand public. Et inutile de chercher la moindre piste: si par aventure on repère dans la boutique un représentant de la profession médicale, assez facilement reconnaissable si on a un peu de pratique, on a tout de suite affaire à une réaction d'une modestie surprenante chez des gens habituellement assez sûrs d'eux, et qui se traduit par des réponses du genre: « Oh, vous savez, ce n'est pas du tout ma spécialité », ou quelque chose de ce genre. Mais ni conseil, ni une quelconque orientation, et en prime une esquive en forme de fuite, comme si quelque chose de particulier, entraînant apparemment un repli systématique, était attaché à cette spécialité pourtant d'une importance considérable. En fait, la vérité est d'une limpide simplicité: c'est que personne ne sait vraiment comment fonctionne le muscle.

Pour l'obstiné qui, malgré tout, veut en savoir plus, le salut viendra en partie des bibliothèques hospitalières, là où existe un département de myologie, et d'autre part d'une profession parallèle, plus modeste bien qu'aussi utile mais où les auteurs font un louable effort pour rendre leur texte accessible à tous. En effet, si on persévère et si on fouine un peu plus dans les rayons, on trouve finalement une source conséquente de renseignements chez les kinésithérapeutes, source dont l'amateur devra se contenter mais qui prodigue en fait tout ce dont nous avons besoin. On n'y trouvera rien de plus en ce qui concerne le mécanisme réel de la force musculaire, mais une description anatomique suffisamment détaillée pour que l'on puisse travailler sur le sujet et élaborer des hypothèses nouvelles.

On s'émerveille souvent des performances athlétiques des insectes, comme la puce ou la sauterelle, qui font avec la plus grande facilité des bonds d'une quinzaine de fois leur taille, alors que nos plus grands champions ne parviennent pas à dépasser la leur de la moitié. Si on passe à l'éléphant qui arrive tout juste à décoller du sol de quelques décimètres,

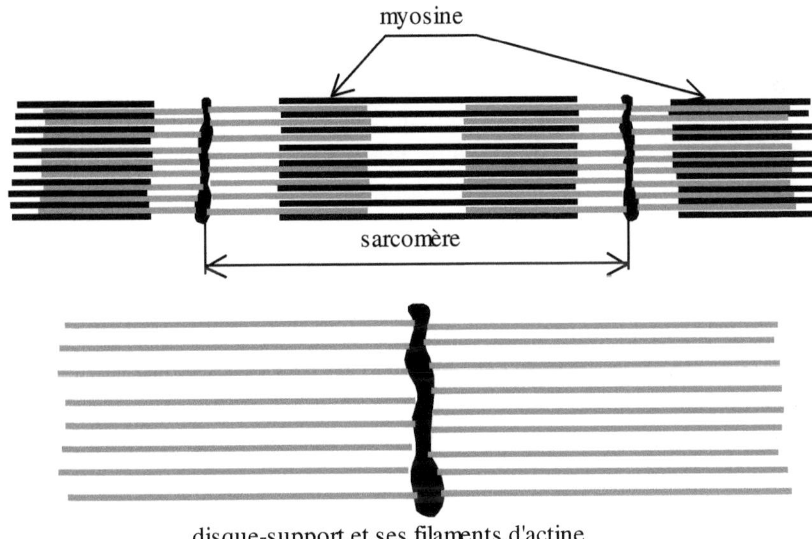

fig 5-7   détail de la fibre musculaire

on perçoit à travers ces simples constatations l'esquisse d'une première loi : si la force était proportionnelle au volume du muscle, le rapport poids/puissance serait en gros le même pour la sauterelle et l'éléphant, et celui-ci, à condition de pouvoir prendre appui sur un sol suffisamment ferme, devrait lui aussi sauter quinze fois sa taille. On imagine sans peine les dégâts, mais chacun sait qu'il n'en est pas ainsi, et qu'en fait plus l'animal est gros, moins il saute haut. On a donc la tentation de se dire, en se ramenant et en se limitant au muscle lui-même, que la force disponible à l'intérieur de ce dernier est proportionnelle non pas à un volume, mais à une surface. Mais quelle surface au juste ? Disons sa surface active, ou encore sa section efficace, c'est-à-dire celle qui est perpendiculaire à la direction de contraction. De cette manière, si l'hypothèse s'avère adaptée, on comprend très bien que plus l'animal est gros, et moins il dispose de force pour remuer sa masse. On pourra voir un peu plus loin que replacer le muscle dans son contexte éthérique permet d'expliquer convenablement et simplement le mécanisme mis en jeu, en apportant enfin toute la lumière sur son fonctionnement.

Au préalable, il est indispensable de se plonger quelque peu dans l'anatomie musculaire afin de bien définir le contexte, ainsi que l'objet précis de l'étude : la fibre musculaire. Pour simplifier, nous nous limiterons au muscle le plus connu, le muscle long strié, fait d'une juxtaposition de fibres musculaires constituant un fuseau, qui s'attache à un os à chacune de ses extrémités. On appelle aussi ce type de muscle « muscle squelettique », parce qu'il met en mouvement les différentes parties du squelette, comme par exemple le biceps, qui permet de rapprocher la main de l'épaule par un mouvement de l'avant-bras. Ces muscles sont constitués d'une sorte de fagot de fibres élémentaires, elles-mêmes formées de motifs identiques placés à la suite les uns des autres, dont la longueur est à peu près constante et définie par l'espacement entre deux disques successifs, qui apparaissent à l'examen microscopique. Chacun de ces motifs s'appelle un sarcomère.

La figure 5-7 montre, d'une manière volontairement simplifiée à l'extrême, comment est constitué ce sarcomère. Les disques sont en fait le support d'un double pinceau de filaments, perpendiculaires à ces disques, lesquels filaments sont maintenus en fourreau et en quelque sorte englobés par d'autres filaments, plus épais, d'une autre protéine appelée myosine. La longueur de tous ces filaments, que ce soit l'actine ou la myosine, est constante, le raccourcissement de la fibre musculaire pendant la contraction correspondant, non pas à une variation de longueur de ces éléments, mais à un rapprochement des disques. On peut donc considérer, si on veut faire un modèle mécanique simple équivalent, que la fibre en contraction fonctionne comme une suite de pistons libres (disques + actine), qui pénètrent plus ou moins dans des cylindres (myosine), comme le schématise la figure 5-8. On note sur ce schéma quelque chose de très important: quand le sarcomère raccourcit, sa section augmente simultanément. Chacun de nous sait en effet, pour avoir regardé gonfler ses biceps, que ceux-ci voient leur diamètre croître dans leur partie centrale

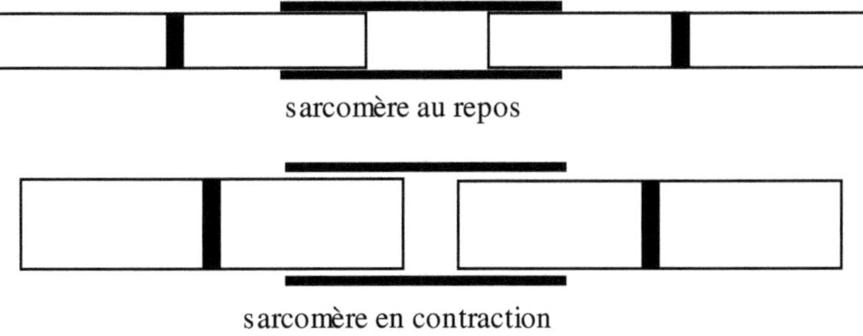

fig 5-8 modèle mécalique de la contraction musculaire

quand on les sollicite. C'est un phénomène tellement courant et tellement connu qu'on pourrait se contenter de le classer tel quel et de l'oublier, mais un physicien, qui est par définition un peu plus curieux que les autres, ne manquera pas de se poser la question de savoir quelle est la loi de variation du diamètre ou de la section d'une fibre en fonction de sa contraction linéaire.

Est-ce là un phénomène secondaire, ou bien y-a-t-il derrière lui quelque chose de plus fondamental? Afin d'être capable tôt ou tard de répondre à cette question, il faut d'abord l'étudier d'une manière plus méthodique, et avant tout voir si par hasard cette étude n'aurait pas été déjà faite. Or la réponse, ou du moins l'une des réponses, se trouve dans le tome II de « la science pour tous », de Lancelot Hogben, page 312, où l'auteur relate et commente une expérience déjà quelque peu ancienne qui permet d'affirmer que le muscle travaille à volume constant (figure 5-9). Cette expérience consiste à installer un muscle animal, encore vivant, dans un bocal transparent, scellé et complètement rempli de liquide, dont la seule communication avec l'extérieur est une étroite cheminée de verre où on a rajouté un peu de liquide pour que celui-ci émerge du bocal et où on peut apprécier, comme s'il s'agissait de la colonne d'un thermomètre, les variations éventuelles du volume interne (liquide + muscle). Sur le muscle est branché un circuit d'excitation électrique qui provoque à volonté sa contraction. Le résultat est sans appel : au moment où on envoie l'influx, le niveau dans la colonne ne bouge pas bien que le muscle change de forme. La contraction musculaire s'effectue donc à volume constant.

Il faut croire que cette constatation, à priori importante, ne l'est pas pour les spécialistes de la myologie, science apparemment récente et encore confidentielle car, dans les schémas qu'on trouve dans leurs rares ouvrages ou sur les quelques sites Internet relatifs à la contraction musculaire, on ne dessine nulle part la variation transversale de la fibre, tout comme si elle n'existait pas. Les livres un peu exhaustifs sur la myologie sont américains, les deux ouvrages de référence les plus récents étant « Skeletal Muscle Mechanism », de Walter Herzog, (chez Wiley), et surtout le plus important « Myology » de chez Mac Graw et Hill, dont les deux volumes de 1800 pages peuvent être considérés comme contenant l'état de l'art de la profession. En fait, dans ces deux ouvrages, la partie qui traite de l'anatomie et du fonctionnement du muscle est des plus concises, et c'est pratiquement la même dans chacun d'eux : même texte et mêmes croquis. L'essentiel de ces bibles professionnelles concerne surtout la description fonctionnelle du système musculaire humain et ses pathologies, puisqu'il ne faut pas oublier que le premier rôle du médecin est de soigner les maladies, mais c'est aussi et surtout parce que personne n'a encore trouvé, dans le cadre classique et le plus général qui soit de l'étude du vivant, les clés du fonctionnement mécanique du mouvement. C'est peut-être dans cette discipline que la prise en compte de l'existence de l'éther et de ses caractéristiques énergétiques décrites précédemment auront les résultats les plus spectaculaires et conduira à des bouleversements définitifs et déterminants dans l'étude du vivant, mais pour l'instant l'existence du fluide universel n'a pas plus d'existence ni de crédit dans les Facultés de Médecine que dans celles des Sciences.

L'une des conséquences les plus dramatiques et les plus dange-reuses de cette absence de théorie, due elle-même à une absence d'idée directrice, est la pénétration déjà bien marquée des mathématiques dans les ouvrages de médecine en général, et en particulier en myologie. De ce

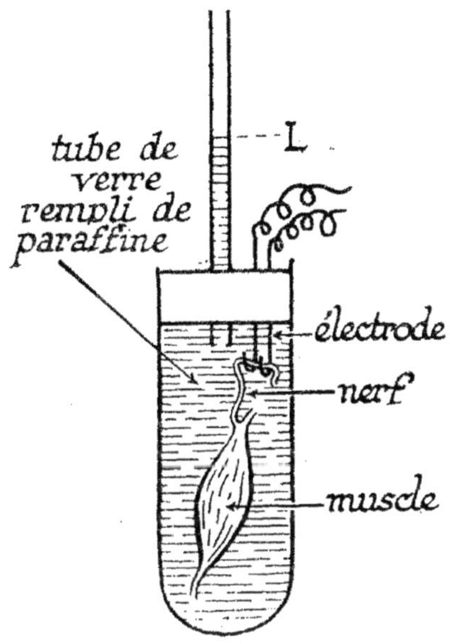

fig 5-9   le muscle se contracte à volume constant

point de vue, le premier ouvrage cité plus haut est tout simplement ef-frayant. Pratiquement la moitié du livre est couverte de formules d'une telle complexité que même les spécialistes doivent avoir du mal à les comprendre. Mais surtout, ce ne sont pas des équations sur des bilans énergétiques qui feront avancer la discipline : la motricité du corps hu-main est avant tout un problème de mécanique, dans lequel il faut avant tout identifier la force motrice et le dispositif qui la crée. Et là, on a beau chercher, on ne distingue dans les publications aucune hypothèse à la fois nouvelle, élégante et simple qui permette d'orienter les recherches et les réflexions. Cette situation de blocage a une explication qui concerne toute la médecine.

Depuis le Moyen-âge, on considère le corps humain comme une machine autonome qui ne fonctionne que grâce à un carburant unique : la nourriture. Il est particulièrement évident, nonobstant les réserves déjà faites sur cet adjectif et sa valeur relative, que manger est la condition sine qua non pour vivre : quand on s'arrête de manger, on meurt rapidement, c'est-à-dire que, pour dire la même chose mais en langage de physicien, on perd définitivement la totalité de sa mobilité. On est donc bien obligé de penser que c'est par la transformation de la nourriture, à l'intérieur du corps et par l'action de différents processus cellulaires qu'on a groupés sous le vocable de métabolisme, que naissent les forces vitales. Il est bien difficile de ne pas adhérer à cette logique simple et directe, mais une fois que la chose est dite, que le principe est adopté, expliquer le fonctionnement détaillé de cette transformation à la fois quotidienne et indispensable est tout sauf évident. C'est en fait tellement compliqué que les biologistes et la recherche médicale en général ont vite éprouvé le besoin d'aller voir si, dans les sciences théoriques et dites exactes, il n'y aurait pas quelque outil susceptible de les aider. Et comme les phénomènes vitaux s'accompagnent presque toujours d'échanges thermiques, à quelque niveau que ce soit, macroscopique ou cellulaire, la thermodynamique et ses prêtres se sont vus sollicités.

Amis toubibs, vous avez la chance et le privilège d'exercer l'un des plus nobles métiers qui soit, qui vous attire la considération de tous. Quoi de plus méritant et d'honorable, en effet, que de consacrer sa vie à soigner les autres et à soulager leurs douleurs? Mise à part une minorité pour qui cela représente surtout la réussite sociale et l'aisance financière, on ne peut faire cela que par vocation. Surtout, le contact permanent avec les autres, l'obligation d'essayer de les comprendre pour les mieux soigner, le dialogue nécessaire avec des gens diminués qui vous voient souvent comme leur sauveur, tout cela fait que votre métier a quelque chose de particulier qui ne se retrouve dans aucun autre. Les énormes et indispensables connaissances qu'il faut acquérir, toutes ces études d'une longueur exceptionnelle qu'il faut cependant assumer pour devenir docteur en médecine, et parallèlement le fait qu'il faille malgré tout parler à des gens de toutes conditions, en adaptant son langage au niveau de son patient de manière à le tranquilliser, à lui communiquer la confiance indispensable qui doublera l'efficacité de la thérapeutique, tout cela ne doit pas être altéré par des fréquentations douteuses. Votre science et votre savoir-faire se situent entre l'art et la technique, et font de votre discipline une activité à part où l'intelligence, pour être réellement efficace, doit être plus pratique que théorique. Alors, n'écoutez pas les sirènes de la physique théorique, éloignez-vous des mathématiciens et surtout des thermodynamiciens, ils ne vous apporteront que tristesse, ruine et désolation. Mais surtout, ils vont s'attaquer sournoisement à ce que nous avons tous de plus précieux sur le plan de nos facultés intellectuelles et qui est chez vous d'une importance capitale : l'intuition. Attention, il ne s'agit pas d'une vague menace. Le mal est déjà installé, le vers est dans le fruit.

Dans la préface d'un livre écrit par des chercheurs en biologie, on peut lire ces phrases qui font froid dans le dos: « *Ainsi, tandis qu'il est difficile de parler de développement biologique aujourd'hui sans faire appel aux propriétés des macromolécules informatives (ainsi d'ailleurs, il est vrai, qu'à l'épigenèse), l'approche thermodynamique revêt une importance incontournable pour qui s'intéresse au fonctionnement cellulaire. Sans son appui, le biologiste pourra au mieux décrire des réactions d'échanges, de transformations..., il n'en comprendra pas vraiment l'économie profonde pour autant* ». Suivi un peu plus loin de : « *L'ouvrage...devrait trouver un excellent accueil. Original, il rassemble, ce qui est rare, la thermodynamique axiomatique et la thermodynamique appliquée aux systèmes vivants. Utile, il apporte au biologiste moléculaire, aux spécialistes de la reproduction et du développement, de la bioénergétique, ou des interactions membranaires, toutes les « bases » qui leur sont nécessaires. Indispensable, il ouvre, comme on l'a dit plus haut, des voies nouvelles à l'étude, combien actuelle, du contrôle cellulaire et intercellulaire* ».

Au sujet du livre lui-même, on y cherche vainement, dans un océan de mathématiques que le préfaceur lui-même avoue ne pas comprendre, un texte explicatif ressemblant à de la recherche biologique telle qu'on l'imagine habituellement, c'est-à-dire une discipline avant tout expérimentale et déductive. Ce qui ne l'empêche pas de citer Schrödinger et Dirac, qui d'après lui auraient commis une tentative d'incursion dans ce domaine normalement interdit à la physique théorique, et surtout à la physique quantique. Qu'est-ce que Schrödinger et Dirac viennent faire en biologie cellulaire? Disons-le tout net : cet ouvrage, pour un simple curieux qui veut juste s'informer de l'état des recherches dans le domaine, est absolument inutile et de plus indigeste. Il n'est malheureusement pas exceptionnel dans les domaines connexes à la médecine et aux sciences de la vie. Les ouvrages de référence en myologie qui ont été cités plus haut n'échappent pas à la même tendance, mais ni plus ni moins que beaucoup d'autres. Ceci est en fait le signe du profond désarroi d'une recherche qui, totalement en panne d'idée directrice, ne voit plus son salut que dans la modélisation systématique, rejoignant ainsi la physique théorique dont elle pense, en désespoir de cause, que la rigueur de ses procédés pourrait lui offrir une planche de salut à travers un changement total de méthodologie. C'est dramatique, mais malheureusement d'une logique inexorable : à partir du moment où on pense, et on est forcé de le faire en fonction des hypothèses classiques, que c'est la nourriture qui, après de multiples transformations, constitue l'énergie primaire d'où naît celle du muscle, on est bien obligé de chercher en direction de ces transformations pour essayer de comprendre suivant quel cheminement une force peut provenir d'un aliment. Comme d'autre part tous les phénomènes vitaux, depuis la digestion jusqu'aux plus fines manifestations des métabolismes, s'accompagnent d'échanges thermiques, il était fatal que les chercheurs s'orientent instinctivement vers la thermodynamique, en ignorant que celle-ci ne pouvait rien pour eux, du moins en ce qui concerne le mécanisme musculaire proprement dit. De plus, certaines autres voies de réflexion comme celle des transmutations ont été carrément bâclées, et seuls quelques individus, qui ont d'ailleurs été immédiatement marginalisés par la communauté scientifique, ont mené des expérimentations dans ce domaine. Les expériences de Kervran, par exemple, qui a montré qu'une poule, contrainte de picorer un sol où il n'y avait pas un picogramme de calcaire, continuait paisiblement à fabriquer ses coquilles d'œufs dans les normes, sans déroger au cahier des charges, sont à la fois stupéfiantes, pleines de perspectives et totalement méprisées par ses collègues.

La voie thermodynamique a conduit très rapidement à l'introduction massive des mathématiques dans les ouvrages de référence en biologie, avec l'excès qui a été souligné précédemment. La complexité et la difficulté d'assimilation qui en découlent, car en plus il faut dire que le type de mathématiques qu'on y utilise est particulièrement rébarbatif, font que les étudiants à priori intéressés par cette filière, et ils ont bien raison de l'être à priori, se détournent rapidement de la recherche au profit des études pathologiques, plus pratiques, plus accessibles et moins aléatoires. Ce qui est encore plus grave, c'est qu'à force de raisonner uniquement sur des échanges, des bilans et des transformations thermiques, certains ont tendance à oublier que, parmi ces transformations, il en est un certain nombre qui ne sont pas réversibles, et qu'on ne peut pas manipuler arithmétiquement des quantités de chaleur comme on le fait avec des longueurs, des poids ou des masses. Il en est cependant que cela ne gène pas trop. Au Palais de la Découverte, qui est un énorme aide-mémoire vivant que beaucoup de hauts diplômés devraient fréquenter plus souvent, ne serait-ce que pour faire le point de leurs connaissances, on trouve des ateliers pour toutes les matières, avec des rappels écrits des principes les plus importants de chaque discipline. Pour la thermique, qui nous intéresse plus particulièrement ici, on peut lire par exemple ceci: « *L'énergie peut se transformer spontanément en chaleur, jamais l'inverse.* ». Pour transformer de la chaleur en travail, en effet, il faut une machine thermique qui fonctionne d'abord selon les lois de Carnot, c'est-à-dire avec deux sources de chaleur, une chaude et une froide, mais surtout il faut que cette machine existe réellement. A partir du moment où on regarde le dessin d'une locomotive à vapeur, n'importe qui saisira immédiatement l'enchaînement causal qui, à partir du foyer qui chauffe l'eau et l'amène à l'état de vapeur, processus que toute ménagère connaît par cœur, va provoquer le mouvement de translation d'un piston, que l'on transformera ensuite en mouvement circulaire pour faire avancer la motrice sur ses rails. Dans l'anatomie du muscle, en dépit du perfectionnement perpétuel des instruments d'observation, on n'a jamais trouvé aucun dispositif qui ressemble à celui-là, et on n'en trouvera jamais.

La prise en compte de l'existence de l'éther, tel qu'il a été décrit dans les chapitres précédents, change complètement la donne. Elle fournit une nouvelle hypothèse de travail en dévoilant une origine extérieure, par rapport au corps humain, de la force musculaire, alors que jusqu'à présent on ne pouvait la situer ailleurs que dans le muscle lui-même. Des deux caractéristiques principales de l'éther, sa masse volumique d'une part et sa nature énergétique vibratoire d'autre part, c'est évidemment la seconde qui entre en jeu : la force primaire qu'utilise le muscle, son premier moteur, c'est la pression que nous avons appelée MBL, celle qui existe partout dans l'espace, quand à la machine capable de transformer cette pression en force motrice, nous la connaissons déjà (fig 5-8), mais ce nouveau contexte va lui donner une tout autre dimension et un niveau de compréhension inédit. Il s'agit bien entendu du sarcomère. Avant d'aller plus loin, il n'est pas inutile de faire ce rappel important des chapitres précédents : les vibrations multifréquences qui sont responsables de la pression vibratoire dans l'espace peuvent être regardées de deux manières. En physique classique, on les appelle ondes électromagnétiques, en physique rationnelle ce sont des vibrations mécaniques qui se propagent dans le milieu "éther", d'où leur propriété de nous traverser sans que nous le sachions, mise à part la petite quasi-octave des radiations visibles qui n'affectent que notre œil. Mais il est maintenant bien entendu qu'il s'agit de la même chose, rigoureusement.

Nous avons modélisé la structure macroscopique du sarcomère, celle que nous révèle l'observation microscopique, comme la concaténation de petits pistons dont l'ensemble, constituant la fibre musculaire dans toute sa longueur, est mécaniquement capable d'un raccourcissement irréversible commandé par le système nerveux. En fait, si on veut être plus précis, le muscle ne sait que se contracter, son retour à la longueur au repos ne se faisant que par relâchement ou par l'action d'un muscle antagoniste. Le repositionnement du muscle dans le contexte éthérique, c'est-à-dire dans un milieu fluide énergétique qui à la fois l'imbibe et l'entoure, appelle donc immédiatement l'image d'une action directe et mécanique de la pression MBL sur chacun des sarcomères. Le fait que ceux-ci se dilatent simultanément quand il y a contraction n'est pas mystérieux, puisqu'il a été montré que le phénomène se déroule à volume constant. Mais ceci n'est qu'une constatation expérimentale, qui doit dissimuler quelque chose de plus subtil, qui reste à découvrir. On peut néanmoins travailler sur ce nouveau modèle, en sachant que trouver enfin l'origine physique de la force musculaire ne résoudra pas pour autant les mystères du processus complet de la contraction, et en particulier celui qui, à partir de l'excitation nerveuse, la commande uniquement dans le sens longitudinal.

La polarisation qui intervient au moment où le muscle passe de l'état de repos à celui de travail, maintenant que l'origine de l'énergie primaire est établie, va immédiatement devenir le nouveau problème à résoudre, et la tâche s'avère immense. Mais si on veut vraiment comprendre ce qui se passe, il ne faut ni se décourager, ni se dire qu'il n'est pas possible qu'on ait travaillé pour rien jusqu'à présent. C'est exactement la même situation qu'en physique: la Relativité a mené les chercheurs dans une impasse dont ils ne pourront sortir qu'en faisant marche arrière, de même qu'un automobiliste qui s'est fourvoyé doit rebrousser chemin jusqu'à l'endroit où il s'est trompé. Autrement dit, il faudra bien un jour ou l'autre, la chose a été dite quinze fois déjà, abandonner le mythe des constantes universelles et admettre enfin l'existence de l'éther pour repartir dans la bonne direction. De même, pour ce qui est de la myologie, il faudra abandonner l'idée que la force musculaire provient des transformations de la nourriture ainsi que des différents flux thermiques et électriques qui accompagnent le mouvement squelettique. Ces flux existent d'une manière incontestable, mais il est plus vraisemblable qu'ils soient liés au processus de commande du muscle plutôt qu'à son fonctionnement mécanique proprement dit: la polarisation du sarcomère, c'est ainsi que nous appellerons désormais le phénomène qui est associé à sa contraction axiale et à l'expansion radiale concomitante, autrement dit à son activation, exige pour son exécution une série de commandes physico-chimiques qui correspondent à l'acheminement des "ordres" donnés par le système nerveux et où on trouve toutes les formes possibles, chimiques, thermiques, électriques ou autres, des énergies de transmission de ces messages. L'information demande de l'énergie, elle est elle-même de l'énergie, et on peut très bien voir l'ensemble des flux énergétiques de toutes natures qui accompagnent la contraction musculaire comme lui étant entièrement dédié.

Cette hypothèse étant faite, on doit dès lors reporter en totalité l'explication du mécanisme de contraction du muscle sur l'action de la pression MBL, dont l'existence n'est par ailleurs pas contestable et à qui on attribue alors l'intégralité de l'origine de la force musculaire. Finie l'interprétation interne, fini le recours à la thermodynamique. Il faut alors nous reporter au schéma 5-8 pour revoir comment se comporte globalement la fibre en contraction. Ses zones sombres correspondent à la myosine, dont la longueur ne change pas, et qui alternent avec des zones claires d'actine, plus étroites. Ce sont ces zones claires qui rétrécissent quand le muscle est au travail, ce qui fait que les manchons de myosine se rapprochent les uns des autres. Le terme "manchons", qui suggère que la

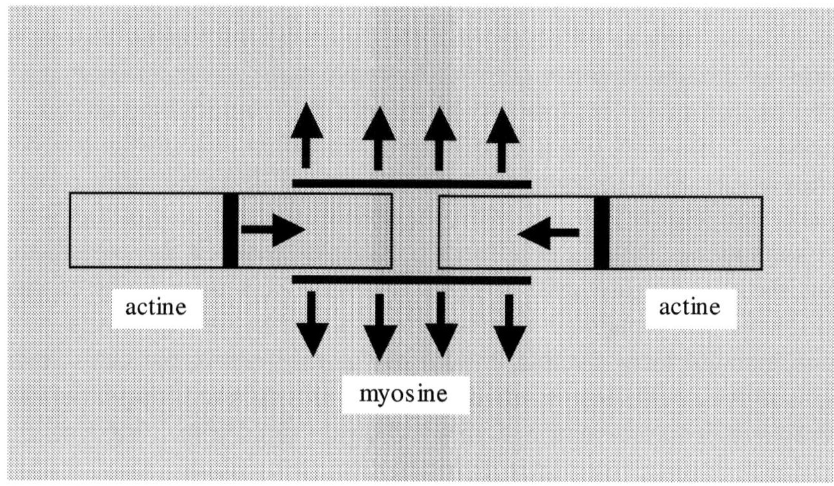

figure 5-10: la contraction du sarcomère
revue dans son contexte éthérique

myosine englobe l'actine, n'est d'ailleurs pas vraiment correct, puisque l'actine et la myosine s'interpénètrent comme le feraient les poils de deux pinceaux poussés l'un dans l'autre. Mais dans le modèle que nous avons adopté, qui est certes simplifié mais qui rend bien compte du comportement global de la fibre, on dira que l'actine joue comme un piston à l'intérieur d'un cylindre de myosine. La figure 5-10 illustre ce modèle, représenté baignant dans l'éther qui l'imbibe de sa masse et de son énergie vibratoire, et avec les deux séries de vecteurs force qui correspondent à la déformation du sarcomère: les forces d'expansion radiales, qui correspondent au gonflement du muscle, et celles longitudinales de contraction. On ne sait pas à priori si les unes sont la cause des autres, ou si l'ensemble des actions simultanées a une cause unique, mais on sait maintenant d'où vient l'énergie motrice.

Reste maintenant, et ce n'est pas le plus facile à imaginer, ou plutôt à découvrir, comment s'opère le processus que nous avons appelé polarisation et qui, sous l'action physico-chimique des ordres en provenance du système nerveux, modifie les différentes parties du sarcomère de manière à créer un déséquilibre de la pression MBL sur sa géométrie pour provoquer sa déformation. Si on se rappelle la nature électromagnétique de l'éther, il ne fait guère de doute qu'il s'agisse là, transposé à l'échelle cellulaire, d'un phénomène analogue à la gravitation qui, on s'en souvient, est le résultat d'un déficit de la pression de radiation causé dans l'espace par la présence perturbatrice d'une masse. Il est bien évident qu'avec cette manière de voir, tout est à reconsidérer. Il faudra repartir de zéro, et il est tout aussi évident que les myologues ne vont pas être d'accord pour jeter aux orties des dizaines d'années de travail et de réflexion: c'est, de ce point de vue, le même problème qu'avec les physiciens. Mais il faut savoir ce que l'on veut, ou bien continuer à travailler à l'aveugle sur des hypothèses, soit mal fondées, soit trop théoriques, ou bien chercher la vérité physique, seule attitude intellectuellement correcte pour un chercheur, quel que soit son domaine. Les 300 pages qui précèdent devraient lui faciliter le travail.

Cette nouvelle hypothèse, cette nouvelle manière de penser, l'acceptation de l'éther comme base incontournable de la physique, auront autant de mal à s'imposer en biologie que dans les autres sciences. Il est extrêmement difficile de lutter contre les habitudes et l'ordre établi, l'espèce humaine aimant la stabilité et détestant viscéralement les changements. L'exemple de la Relativité est tout à fait démonstratif de cet état d'esprit, mais n'insistons pas sur ce qui a déjà été dit plusieurs fois et faisons plutôt campagne, tous ensemble, pour la reconnaissance de l'existence de l'éther. Celui-ci, du point de vue de la compréhension des phénomènes, change tout, partout. A partir du moment où on lui accorde la considération qu'il mérite et un minimum de temps de réflexion, au lieu de le rejeter sans examen, il procure au scientifique tout ce que l'aridité de la physique théorique lui refusait jusqu'alors: la simplicité, l'intuition, les analogies puissantes, en fait tout ce qui lui manque pour qu'elle puisse redémarrer. Mais il faut craindre que sa prise en compte, même si elle apporte la satisfaction d'une base philosophique qui unit toutes les sciences, exactes ou pas, ne puisse se faire que quand la physique théorique aura donné tout ce qu'elle peut donner et se trouvera en état manifeste de stérilité. Elle y est presque, mais pas encore suffisamment semble-t-il. C'est comme cela, on n'y peut rien, c'est la nature humaine. Pourquoi se creuser la tête avec des idées nouvelles, surtout si elles ont un arrière-goût suranné mais trompeur d'idées anciennes, même rénovées, alors que la société se sent intellectuellement très bien avec les études qu'elle a planifiées et que les crédits sont là? Tant qu'il y aura du pétrole, même cher, et du nucléaire, même dangereux, la nécessité du tout électrique ne se fera pas sentir avec suffisamment de force pour que l'on se décide enfin à chercher à l'extraire du fantastique et inépuisable réservoir d'énergie que constitue l'espace. Et les myologues ne comprendront toujours pas comment fonctionne le muscle.

Et puis, de toutes façons, ne pas penser présente un avantage certain: pas de maux de tête.

5-6: L'électricité

C'est l'abandon du concept de l'éther, apparemment impossible à manier, qui a entraîné au 19ème siècle la naissance de l'électromagnétisme et favorisé son essor. Même Maxwell, qui était pourtant convaincu de son existence, n'en a jamais fait mention dans ses traités d'électricité et de magnétisme, bien que par endroits les allusions soient tellement fortes qu'il est difficile de passer à côté. Mais c'est dans les « Scientific Papers » qu'il faut aller fouiner pour trouver les articles qu'il lui a consacrés, et cet aspect janusien de son œuvre écrite n'est pas le moins extraordinaire : d'un côté, pour les grandes publications, un exposé rigoureux et mathématique, rigoureusement dans les normes et apte à ne pas courroucer l'Establishment, de l'autre, dans des notes à diffusion plus restreinte, de courts billets traitant de sujets délicats ou carrément interdits et dont chacun constitue un trésor de logique et d'intuition. Ceux qui ont lu les deux aspects de son œuvre savent que c'est parce qu'il a essayé constamment de s'approcher de la structure intime de l'éther, malheureusement imaginée avec trop de complication et qu'il n'a finalement pas élucidée, qu'il a émis cette idée géniale du courant de déplacement, qui fut la porte vers les équations unificatrices à qui on a donné son nom.

Si les analogies qui ont été exposées dans ce livre ne sont pas celles de Maxwell, elles sont plus ou moins inspirées d'un nombre considérable de tentatives qu'ont faites les physiciens des siècles précédents pour se représenter les mécanismes de la science de l'invisible, car c'est bien comme cela qu'il faut considérer l'électromagnétisme : la mécanique de l'invisible, disons même de l'éther invisible. Voir une aiguille aimantée bouger quand un courant électrique passe à proximité, sentir un aimant tenu à la main irrésistiblement attiré par une ferraille, tout cela entraîne automatiquement deux séries de réactions. D'abord avoir la sensation d'assister à un phénomène mystérieux, qu'il est obligatoire de comprendre si l'on est scientifique, ensuite réaliser qu'il va falloir faire des mesures précises, en faisant varier les paramètres, pour donner corps à quelque chose d'impalpable, qui échappe à la fois à nos sens et à notre inné. Des mesures on tirera des lois, d'où on essaiera ensuite de déduire mathématiquement d'autres lois, et l'électricité et le magnétisme seront nés, avant qu'on ne s'aperçoive que ce ne sont que les deux aspects d'une même chose qu'on appellera électromagnétisme. En disant qu'en fait ces deux sciences, qui paraissent avoir chacune son champ d'étude bien particulier et bien distinct des autres, ne sont que des manifestations différentes venant de propriétés générales de l'espace, même sans prononcer le mot d'éther que l'on sera bien obligé de postuler à un moment ou un autre, on ramène la totalité de la physique à la mécanique, en étendant celle-ci à toutes les subdivisions qui sont nées, faute d'hypothèses cohérentes, de l'abandon des réflexions sur la nature de l'espace. Ainsi naquirent en tant que spécialités autonomes, outre l'électricité et le magnétisme déjà cités, l'acoustique, la capillarité, la mécanique ondulatoire, la physique nucléaire, la physique quantique et d'autres, avant que la Relativité n'apporte son cortège de fantasmes et d'élucubrations destructrices.

Maintenant que la physique est éclatée en mille morceaux, il s'agit de la reconstituer. Le travail ne consiste pas à détruire ce qui existe, du moins pas totalement, mais de lui ajouter les fondations qu'on a dédaignées jusqu'à présent, afin d'ajouter à la rigueur de la physique théorique ce qui lui manque pour faire en sorte que la connaissance soit solidement appuyée sur la compréhension réelle des phénomènes, grande absente de l'éducation malgré les efforts constants du corps enseignant, et ne soit pas réduite au catalogue mathématique que l'on connaît et qui rebute tant de personnes. Il était donc évident qu'après avoir éclairé des phénomènes aussi différents à priori que le mécanisme de la gravitation ou celui de la force musculaire, l'hypothèse éthériste fasse jeter un regard nouveau sur d'autres disciplines. Le parallèle entre un courant continu et le filament d'un vortex ayant déjà été établi plus haut (voir figure 5-6), on se limitera ici à l'électricité, et plus spécialement à travers l'un de ses objets les plus connus, le condensateur plan.

Il existe dans les Notes et Mémoires de l'AFAS (Association Française pour l'Avancement des Sciences), des comptes-rendus d'expériences qui sont tombées dans l'oubli et que personne n'a essayé de réexaminer, mais qui sont pourtant d'une importance considérable dans le domaine délaissé des analogies électromécaniques, parent pauvre de la physique. Il s'agit en l'occurrence d'une expérience réalisée par Henri Bénard, préparateur au Collège de France, relatée dans la 29ème session (Paris 1900) et dont le titre évoque des courants de convection tourbillonnaires. Le dispositif de l'expérience consiste en une plaque de fer épaisse de bonne surface que l'on peut chauffer par en-dessous par un moyen quelconque, mais régulier et uniforme (gaz, électricité, peu importe), et sur laquelle est placé un récipient peu profond et de dimensions légèrement inférieures (figure 5-11), dans lequel repose un liquide qui a été choisi avec une certaine viscosité. Après plusieurs essais, Bénard utilisera finalement le spermaceti, un peu au-dessus de sa température de fusion (40°). Le dispositif est mis en chauffe, et on attend le temps qu'il faut pour que les températures des différentes parties puissent, en fonction des mesures de contrôle effectuées, être considérées comme constantes. Et... on ne re-marque rien de spécial. Vu de loin, en faisant abstraction du système de chauffage qui fonctionne mais que l'on peut éventuellement arrêter un instant, rien ne bouge, et un quidam qui aurait vu le dispositif quelque temps avant et qui entrerait de nouveau dans la salle d'expérimentation ne pourrait noter aucune modification visible. Pourtant, la mesure précise des températures montre, s'il en était besoin, car la chose est évidente, que celle de la surface du liquide, qui est au contact de l'air ambiant, est inférieure à celle du fond, elle-même égale à celle du haut de la plaque chauffante. Autrement dit, il existe dans la mince couche de liquide un gradient thermique vertical. Et il ne se passe toujours rien, du moins en apparence. Cette manipulation est d'ailleurs exemplaire car elle illustre parfaitement la différence qui existe entre un physicien et un simple

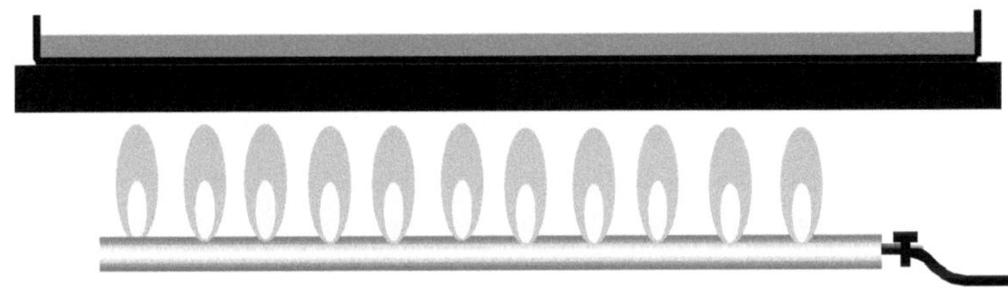

figure 5-11 : dispositif de Bénard pour l'étude de la convection tourbillonnaire en couche mince.

curieux, ou un mathématicien. Car pour Mr Bénard, physicien, il n'était pas concevable que le chauffage de la vasque et l'existence du gradient thermique ne se manifeste par aucun phénomène. Il eut alors l'idée de saupoudrer la surface liquide avec une sciure extrêmement fine et légère, et vit qu'il se passait effectivement quelque chose à l'intérieur du liquide. En effet, au bout d'un certain temps, il constata que la poudre s'éloignait de certains points et se groupait ailleurs, en lignes fermées d'abord irrégu-lières, ensuite nettement polygonales, puis prenant progressivement la forme d'hexagones, irréguliers au début mais de plus en plus parfaits au fil de la manipulation, pour finir en une belle structure plane en nid d'abeilles semblable à celle du rayon d'une ruche. Bénard aiguisa alors ses moyens d'observation et mesura au microscope les différentes vitesses du fluide au sein des hexagones, ce qui lui permit de déterminer avec exactitude la forme des tourbillons dévoilés par les hexagones et reproduits dans la figure 5-12. L'expérience fut ensuite refaite plusieurs fois en changeant la densité de la poudre, celle-ci passant de plus légère que le fluide à plus dense que lui, ce qui permit de voir ce qui se passait au fond et de préciser en totalité la forme des tourbillons, que nous appellerons gyrostats pour des raisons que l'on aura devinées, et en particulier de noter que leur diamètre était beaucoup plus grand que leur hauteur. Les proportions, en effet, ne sont pas quelconques. Il y a d'autre part toujours ascension au centre et descente du fluide sur les côtés, comme dans une bouilloire ordinaire. Ce qui nous intéresse le plus dans cette expérience, outre le phénomène qu'elle met en lumière, c'est le contraste entre l'aspect statique du liquide et la formidable agitation qui se passe à l'intérieur et que l'œil humain ne peut voir.

Cherchons maintenant quel dispositif électrique pourrait présenter une analogie quelconque avec celui de Bénard. C'est là que la physique rationnelle prend une fois de plus l'avantage sur la physique théorique. En effet, cette dernière ignore totalement l'éther, qui est un fluide, et ses pratiquants n'ont aucune raison de faire un parallèle immédiat entre le liquide contenu dans la vasque de la figure 5-11 et l'espace compris entre les deux armatures d'un condensateur plan. Pour les physiciens rationnels, au contraire, cela saute aux yeux : le liquide est l'éther, qui remplit le volume occupé par le diélectrique, que ce soit l'air, le vide ou n'importe quel isolant, et la différence de potentiel entre les armatures est l'analogue de la différence de température entre le fond et la surface du liquide dans le montage de Bénard. Dès lors, l'imagination trouve un nouveau champ d'action où pouvoir s'ébattre, un nouveau degré de liberté où pouvoir s'aventurer, en prenant toutefois bien garde de se discipliner suffisamment et de ne pas s'égarer dans des fantasmes trop faciles. C'est pourquoi les thèses qui vont être seulement suggérées plus loin ne seront à prendre que comme une simple proposition, avec la prudence qui s'impose et au conditionnel. Leur rôle n'est pas d'affirmer une nouvelle vérité, mais plutôt d'indiquer avec réserve et prudence une direction encore inexplorée.

Ceci étant précisé, revenons à l'objet de nos réflexions : quel parallèle peut-on faire, et à quel niveau, entre les tourbillons de Bénard et le condensateur plan ? La similitude des deux géométries est évidente, au point que c'est elle qui appelle l'analogie. Mais que représentent les tourbillons d'éther emmagasinés dans le diélectrique ? Se pourrait-il qu'il s'agisse des charges ? Or la réponse est évidente : quoi d'autre sinon ?

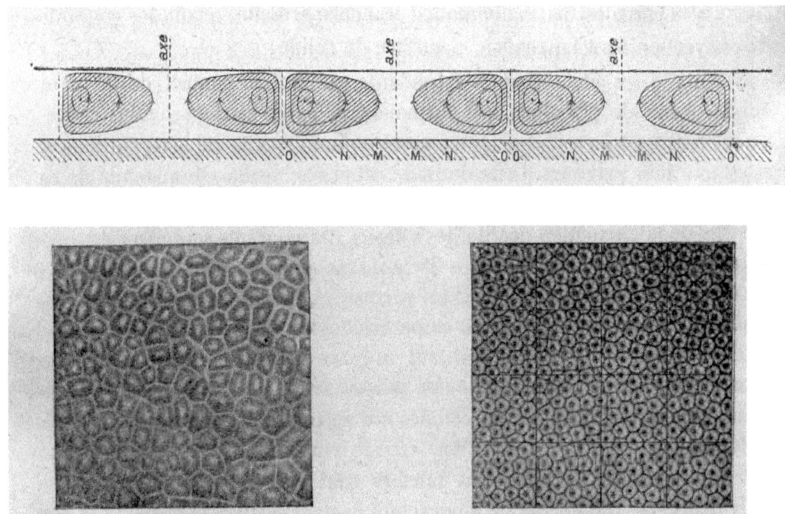

figure 5-12 : les tourbillons de convection de Bénard. Modèle et aspect de la surface après saupoudrage.

Rappelons d'abord ce qu'est un condensateur plan : deux armatures conductrices parallèles séparées par un diélectrique. Ce diélectrique peut être de l'air, un gaz, le vide, le fonctionnement est identique, mais pour le comparer plus facilement au montage de Bénard on supposera que le diélectrique est solide et rigidement fixé aux électrodes, ce qui en fait un ensemble compact, transportable et manipulable. Il permet en outre, sous cette forme, une expérience remarquable qui est relatée dans les vieux traités d'électricité et qui va tellement dans notre sens qu'il n'est pas possible de la laisser pour compte, ce que font au contraire tous les ouvrages modernes sur le sujet. Il s'agit de l'électrophore de Volta, dont nous parlerons plus loin.

Quand on applique à un condensateur une tension continue, il se charge par l'intermédiaire d'un courant qui diminue exponentiellement avec le temps et il emmagasine une certaine puissance qui resterait indéfiniment disponible si le diélectrique était parfait. La relation qui lie la quantité d'électricité Q et la tension de charge V est : $Q=CV$. C s'appelle la capacité et ne dépend que des caractéristiques géométriques du condensateur (surface S et épaisseur e), ainsi que de la permittivité de l'isolant :

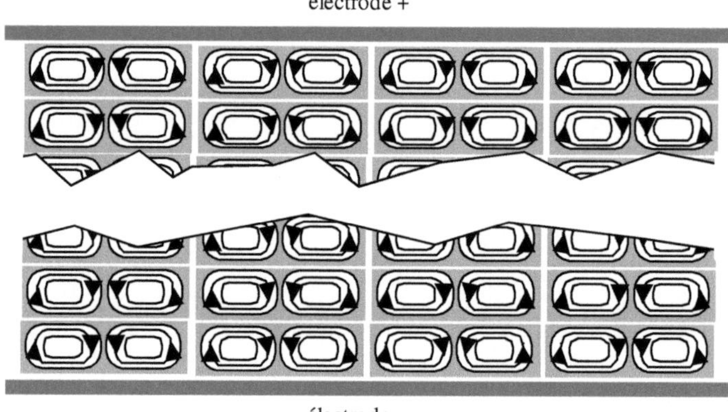

figure 5-13 : les charges électriques dans le
condensateur plan, vues comme des tourbillons.

$$C = \frac{\varepsilon_0 \varepsilon_r S}{e}$$

On présente un courant comme un déplacement de charges, celles-ci étant vues par les physiciens comme un fluide qui remplirait le « récipient » condensateur. On peut donc voir le condensateur chargé comme un réservoir contenant un certain nombre de charges électriques empilées, et celles-ci, dans l'analogie proposée, ne peuvent être que des tourbillons d'éther ayant chacun la forme d'un tore, plus ou moins déformé sous la pression du voisinage (c'est-à-dire des autres charges). La première conséquence de cette représentation de l'électricité captive est qu'il n'y a pas, contrairement à ce qui est habituellement enseigné, d'un côté des charges positives et de l'autre des charges négatives : il y a des charges électriques toutes identiques entre elles et qui ont une polarité positive ou négative selon le côté de leur axe depuis lequel on les regarde. Ce sont les électrodes qui mettent en évidence cette différence, car l'une et l'autre sont en contact avec les côtés opposés des charges, qu'on peut désormais appeler encore une fois gyrostats, en hommage à Gustave Le Bon. La figure 5-13 illustre une disposition de ces gyrostats, représentés en coupe, directement inspirée des découvertes de Bénard auxquelles il faut ajouter que, contrairement aux tourbillons de convection qui n'existent que dans leur liquide chauffé, les charges-gyrostats ont une existence individuelle et peuvent s'organiser éventuellement à la fois en couches et en piles.

Le dessin montre un arrangement géométrique qui correspond au condensateur complètement chargé. Mais qu'en est-il en régime transitoire, quand le courant de charge I a une valeur quelconque entre zéro et I_{max} ? Est-ce que les gyrostats ont des dimensions fixes, immuables, et dans ce cas forment-ils une sorte de nuage indiscipliné dans le volume du diélectrique, ou bien leurs dimensions s'apparient-elles à chaque instant avec leur nombre, de telle sorte qu'ils remplissent exactement ce volume ? Quand on examine alternativement les deux hypothèses, on s'aperçoit très vite que la première pose beaucoup de problèmes alors que la seconde, une fois admis le principe que les charges captives ont des dimensions variables, en pose beaucoup moins : les charges se comportent comme des ballons de baudruche qu'on enfoncerait de force dans un récipient et dont le volume individuel diminuerait progressivement au fur et à mesure que leur quantité augmenterait, un ballon seul occupant la totalité du récipient, deux la moitié chacun, cent le centième chacun, etc. Cette image est d'ailleurs extrêmement parlante, puisque l'on peut voir, dans l'augmentation de pression proportionnelle au nombre de ballons, un parallèle exact avec l'augmentation de la tension aux bornes du condensateur en fonction du nombre de charges, autrement dit de la quantité d'électricité emmagasinée.

Pour en terminer provisoirement avec cette série de comparaisons didactiques, quelques mots sur le condensateur d'Aepinus, évoqué plus haut (figure 5-14), et qui vient conforter par sa commodité d'expérimentation la représentation donnée ci-dessus de l'arrangement des charges dans un diélectrique. Il s'agit en quelque sorte d'un condensateur « démontable », dont les deux armatures peuvent être éloignées séparément de l'isolant grâce à un dispositif à glissières, puis rapprochées

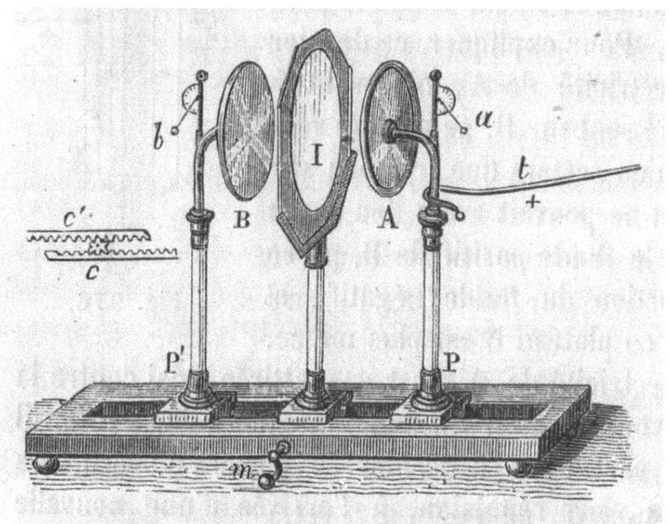

figure 5-14 : condensateur d'Aepinus

jusqu'au contact, et ceci autant de fois que l'on veut et à la distance que l'on veut. Les deux armatures conductrices étant plaquées sur le disque isolant, on commence par charger le condensateur ainsi formé à l'aide d'un générateur non représenté. Les électromètres à boules de sureau, solidaires des armatures, prennent une position oblique et indiquent ainsi que les armatures sont chargées. On éloigne alors celles-ci du plateau central (en verre dans la version originale), et on constate qu'elles emportent leur charge électrique. On les décharge alors au moyen du crochet relié à la terre : les boules de sureau retombent. On rapproche alors les deux armatures du disque isolant, jusqu'au contact, et on constate alors qu'elles récupèrent leur charge initiale ainsi que l'indiquent les électromètres. On peut répéter l'expérience plusieurs fois de suite sans que l'on constate le moindre affaiblissement de l'électrisation des armatures. Cette expérience, ainsi que de nombreuses variantes comme l'électrophore de Volta, nous indique que les charges envoyées dans le condensateur sont totalement localisées dans l'isolant, et le schéma de la figure 5-13 s'en trouve à la fois renforcé et justifié. Il ne faudrait pas pour autant commettre l'imprudence d'en conclure que tout ceci « prouve » le bien-fondé d'une analogie électromécanique particulière, choisie parmi d'autres laissées à l'initiative et à la convenance de ceux qui voudront bien faire l'effort d'en chercher, mais le but final était d'offrir un exemple de représentation des phénomènes cachés de l'électricité et du magnétisme par une image simple de l'un d'eux. De plus, en prime, rien n'empêche de croire que c'est la vérité.

Voilà donc un exemple typique de ce que la physique rationnelle peut apporter : clarté des modèles, rapprochement systématique avec des phénomènes mécaniques compréhensibles par tout le monde, simplicité pédagogique, et surtout avec une petite, voire même une bonne chance que ce soit réellement comme cela que les choses se passent. Il y a beaucoup d'autres analogies mécaniques couvrant le domaine de l'électromagnétisme, oubliées aujourd'hui, dont un nombre important revient aux physiciens de la fin du $19^{\text{ème}}$ siècle et du début du $20^{\text{ème}}$, et qui dorment dans les vieux bouquins où il suffit d'aller fouiner pour les dénicher. Parmi elles, il en est une qu'on ne peut passer sous silence, tellement elle est démonstrative, et c'est elle qui marquera la fin de ce paragraphe. Elle est due à Maurice Gandillot, l'un des plus virulents pourfendeurs de Relativité, déjà cité dans ce livre à ce titre. C'est la raison pour laquelle on l'appelle « paradoxe de Gandillot ». L'expérience qu'il décrit, qui peut aussi bien être réelle ou virtuelle, est extrêmement simple (figure 5-15) : à l'aide d'une source de courant continu utilisable par l'intermédiaire de l'interrupteur I_1, on peut charger deux condensateurs identiques C_1 et C_2, de capacité C, séparés l'un de l'autre par un second interrupteur I_2. Au début, I_2 est ouvert, on ferme I_1 pour charger C_1 avec la tension V. l'énergie emmagasinée dans C_1 est $W_1 = 1/2\ C_1V^2$. On ouvre alors I_1 et on ferme I_2. La charge précédemment contenue dans C_1 se répartit pour moitié dans chacun des deux condensateurs avec une tension commune V/2, et chaque condensateur a maintenant une énergie de 1/8 CV^2, ce qui donne une énergie totale, pour l'ensemble des deux condensateurs, de W_2 = 1/4 CV_2. La moitié de l'énergie semble s'être évaporée, et Gandillot utilisait ce résultat comme preuve de l'existence d'un éther dans lequel aurait disparu l'énergie manquante. Une autre conclusion est aussi qu'on peut être polytechnicien et commettre des erreurs de raisonnement, ce qui soulagera peut-être certains.

Si Gandillot avait lu Maxwell, il aurait su que l'état final d'une transformation, du point de vue énergétique, est égal à l'état initial moins la somme des travaux mis en jeu pour passer de l'un à l'autre. Pour ceux

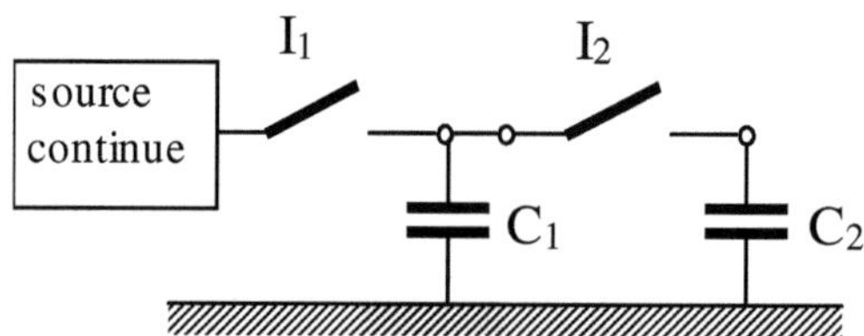

figure 5-15 : expérience de Gandillot

qui préfèrent les équations, même petites, cela veut dire que le résultat apparent de l'expérience ci-dessus n'est pas W_2 = W_1 /2, mais W_1 = W_2 + W_3, où W_3 = W_2 = $W_1/2$ représente précisément des opérations invisibles, se déroulant pendant l'ouverture de l'interrupteur I_2 et permettant de ne pas faire d'entorse au principe de conservation de l'énergie.

Cependant le mystère reste entier, car on ne voit rien se passer, comme dans beaucoup de phénomènes électriques, et Gandillot aurait été plus crédible s'il avait poussé son raisonnement plus loin. Quand on veut essayer de prouver l'existence de l'éther, ou de n'importe quoi d'ailleurs, il faut prendre bien garde de ne pas transgresser des principes reconnus comme universels, et celui de la conservation de l'énergie en est l'un des plus solides. C'est ici que l'analogie mécanique, et plus précisément hydraulique, qui respecte ces principes, va faire la démonstration de la facilité déconcertante avec laquelle elle peut résoudre un problème en apparence hermétique en électricité.

La figure 5-16 montre un dispositif où des réservoirs seront considérés comme les équivalents des condensateurs. Beaucoup de professeurs de physique du secondaire ont recours à cette image, l'électricité se comportant souvent comme un fluide et la charge d'un condensateur pouvant alors être assimilée au remplissage d'un réservoir. Pour renforcer l'analogie, on a gardé les mêmes notations : le condensateur C_1 devient le vase C_1, l'interrupteur I_2 devient la vanne ou le robinet I_2, l'interrupteur I_1 n'est pas matérialisé, puisque son ouverture dans le schéma 5-15 équivaut au remplissage du vase C_1 dans 5-16. L'expérience d'électricité devient la suivante en hydraulique : on commence par remplir C_1, I_2 étant fermé. Ensuite on ouvre I_2, en supposant qu'on sache le faire d'une manière instantanée, et on regarde ce qui se passe, ce qu'on ne peut pas faire avec le montage 5-15 puisqu'on n'y voit rien se passer. Le liquide libéré, mu par la pesanteur, se précipite à travers I_2 et, emporté par son inertie, remonte dans le vase C_2 pour s'arrêter au même niveau qu'il avait dans C_1. Là, il est de nouveau sollicité par la pesanteur pour faire le trajet inverse, et s'il n'y avait pas de frottement l'oscillation continuerait de se produire indéfiniment. S'il y a des frottements, autrement dit si nous passons d'un montage théorique à un montage réel, les oscillations vont s'amortir selon un certain décrément logarithmique, disons plus ou moins rapidement si on veut parler plus simplement, et les deux vases se retrouveront au repos avec chacun la moitié du liquide. On remarque au passage que l'équivalent de la tension de charge est la hauteur du liquide. Voici donc élucidé le mystère de l'énergie cachée W_3 qui manquait tant à Gandillot : il s'agit d'une énergie dynamique oscillante dont la modalité et le processus sont parfaitement limpides, et qui se transforme lentement mais totalement en chaleur par le fait des frottements.

Maintenant que l'on sait exactement ce qui se passe dans l'expérience décrite en 5-15, est-ce que tout est devenu clair ? Doit-on balayer d'une chiquenaude et ranger aux oubliettes une remarque qui semblait être une petite porte ouverte vers l'inconnu ? Gardons-nous en.

Il reste de tout ceci le constat expérimental extrêmement important, voire fondamental, que connaissent également et par d'autres voies les ingénieurs Hautes Fréquences, qu'on ne peut pas diviser les charges d'un condensateur sans en perdre la moitié, et que cette moitié se transforme complètement en chaleur. De la même manière, ces mêmes ingénieurs

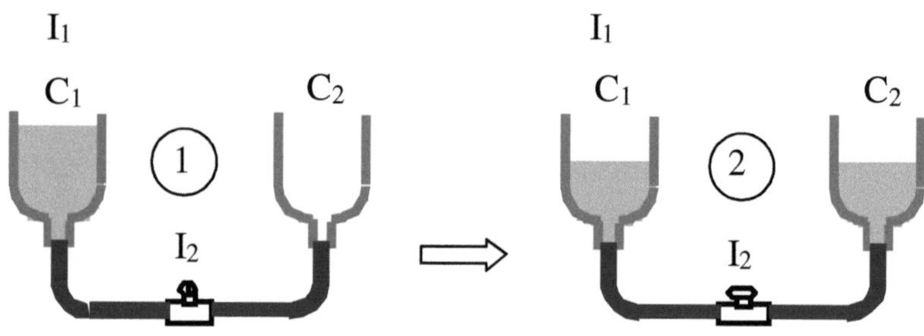

figure 5-16 : l'analogie hydraulique

vous diront qu'en radio on ne peut pas coupler deux signaux sans subir la même sanction. C'est ensuite bien commode et bien facile de dire que la chaleur produite se dissout dans le voisinage et qu'elle finit par se perdre en se répartissant de proche en proche dans les autres objets plus ou moins au contact, la vérité n'est pas si évidente et, quoi qu'on dise, on est en présence d'une énergie qui en fait se perd on ne sait trop comment, à moins qu'on ne prenne simplement en compte, naturellement, l'éther omniprésent ? Dans ce cas, il est évident que les choses deviennent beaucoup plus claires, mais nous sommes alors dans une autre physique.

5-6 : conclusion du 5ème chapitre

Voici donc la fin du périple, le terme d'une exploration critique de nos connaissances réelles dans l'univers broussailleux et compliqué de la physique moderne, et parallèlement celui du plaidoyer pour l'acceptation de l'existence de l'éther en tant que donnée fondamentale de la science, de toute la science. Nous disons bien « acceptation », et non pas « démonstration », car cette dernière, il faut l'espérer du moins, est maintenant avérée et ne souffre plus la moindre équivoque. L'éther est là, partout, noir mais transparent, massique et lourd mais au milieu duquel la matière, faite de vide, se meut sans problème, comme un filet de pêche que l'on traîne dans l'eau, et notre existence est liée à la sienne comme un embryon est lié au placenta de sa mère. Nous lui sommes redevables de tout ce qui conditionne notre existence, la masse, l'énergie, la vie elle-même. Pourquoi, dans ces conditions, y-a-t-il un tel désintéressement, une telle méfiance, un tel refus, dès que l'on aborde le sujet ? La posture des scientifiques devant les idées nouvelles a toujours été la même et, bien qu'elle soit souvent démoralisante, ce n'est pas le côté le moins intéressant dans l'analyse de l'évolution de la science. En fait, on a trop tendance à voir en eux des gens exceptionnels, à l'intellect au-dessus du niveau moyen, alors que de ce point de vue ils sont exactement comme tout le monde, avec des préoccupations et des soucis parfaitement ordinaires et une intelligence standard. Les plus clairvoyants d'entre eux le savent et ne manifestent aucun sentiment de supériorité, mais tous sont sujets, comme n'importe lequel d'entre nous, aux mêmes réflexes grégaires devant l'inconnu : la méfiance, le poids des habitudes et l'horreur du changement. Et pour certains, représentants d'une engeance qui pollue toutes les professions, on ajoute en prime le calcul et l'avidité, ce qui n'arrange rien mais explique certaines réactions tout à fait contraires au bien commun.

Quand on a le privilège de capter l'attention d'un universitaire et qu'on parvient à l'orienter petit à petit vers des questions de physique générale, flirtant un tant soit peu avec le domaine philosophique, et concernant par exemple, au hasard, le milieu de propagation des ondes électromagnétiques, on voit soudain, dès qu'ils s'aperçoivent qu'on mène la conversation et qu'on cherche à les entraîner vers un terrain où ils se sentent désarmés, leur regard devenir méfiant et leur attitude se transformer, jusqu'à devenir insensiblement moins cordiale. Ce sont des gens qui, en général, ont passé énormément de concours, ont subi des interrogatoires multiples, se sont souvent sentis obligés d'être sur la défensive, et il leur en est resté quelque chose. Ils retrouvent tout à coup leurs réflexes d'étudiants stressés, et ce sont eux qui, à leur tour, commencent à poser des questions, en particulier celle-ci, qui revient régulièrement et qui souvent annonce la fin de la conversation : pourquoi s'intéresser à ces choses-là, dont on sait très bien qu'elles donnent lieu à des discussions sans fin, alors que la physique théorique nous procure à satiété des équations qui permettent de résoudre tous les problèmes pratiques avec une rigueur absolue. Quand l'un d'eux, plus conciliant que les autres, veut bien convenir de la possibilité que l'éther existe, cette concession arrachée dans la douleur est en général suivie de cette question finale, formulée de manières légèrement différentes mais se ramenant toujours à la même : « d'accord, peut-être, mais quel intérêt ? ». Même quand ils admettent que l'éther puisse être hautement énergétique, et ils peuvent le concéder si on a été bon dans la discussion avec eux, ils ne voient pas du tout ce qu'on pourrait en faire. A moins de faire partie de l'espèce en voie de disparition qui a suivi les cours de Vallée, l'idée de la captation de cette énergie, gigantesque et inépuisable, ne semble pas leur venir à l'esprit. C'est désolant.

Cette attitude, malheureusement si commune, est déplorable et démoralisante. Un physicien n'a pas le droit de fermer son esprit de cette manière. En ce qui concerne plus précisément l'éther, son rôle, sa mission, son utilité, son éventuelle justification dans la pratique, le problème du physicien n'est pas de savoir si sa présence est commode ou pas, mais s'il existe. Et tout ce qui a été écrit ici jusqu'à présent n'a qu'un objectif, c'est justement de prouver qu'il existe, tout en livrant une lutte farouche à l'engourdissement qui a gagné l'ensemble de la Recherche, de l'Éducation et de tous ceux qui dans ce domaine pratiquent, comme l'avouait un professeur de Faculté également directeur de collection chez un éditeur scientifique, la politique de l'autruche.

Parmi les grands sujets qui, dans les pages qui précèdent, ont fait l'objet de thèses non-conformistes réellement compétitives avec les thèses officielles, revenons un instant sur celui qui est peut-être le plus important, non seulement par sa portée philosophique et scientifique, mais surtout par son accessibilité. Le fait que n'importe qui ait la possibilité d'en discuter, tellement son exposé est simple et ne dépend que de la logique ordinaire, est un gage de solidité. Il s'agit du système solaire. La démonstration faite au chapitre 3 que les lois de Kepler ont été mal interprétées et qu'elles sont en fait la traduction d'un système de nature tourbillonnaire devrait quand même faire se poser des questions aux universitaires les plus conservateurs. On prête à Oscar Wilde l'affirmation que seuls les imbéciles ne jugent pas selon les apparences. Si on applique cette formule irrespectueuse à l'aspect que présente à quiconque le cosmos nocturne, éventuellement un peu aidé par les instruments d'optique de l'astronome, on peut y reconnaître un tel nombre de nébuleuses spirales qu'il n'est pas sérieusement possible d'y voir autre chose qu'autant de tourbillons. On remarquera que ce mot de tourbillon ne figure que très rarement dans les livres de vulgarisation astronomique, et encore n'est-ce que dans des comparaisons vaseuses, anodines et sans profondeur. Pourtant, tout le monde sait qu'une telle géométrie, d'une forme à la fois aussi unique et aussi caractéristique, ne se rencontre que quand de la matière dispersée est entraînée par un fluide en état de vortex. C'est d'une évidence consensuelle. Et cette matière morcelée, de forme spiralée si caractéristique, n'est autre que l'image fidèle et visible de la configuration dynamique instantanée du fluide moteur qui, lui, est invisible. Elle en est le révélateur, tout comme les feuilles d'automne dévoilent un tourbillon aérien qu'on ne saurait voir autrement. Car c'est bien le fluide qui est moteur, et non pas les forces mystérieuses associées aux modèles théoriques, créées de toutes pièces par les physiciens de l'astronomie pour être capables d'appréhender ce genre de phénomènes, en suivant les principes de Duhem et de la physique théorique.

Quand on a décidé d'étudier un système dont on sait, en première analyse, qu'il ne peut pas être stable tel quel, et c'est le cas d'un système solaire dans le vide, on invente toutes les forces fictives nécessaires pour qu'il le devienne. Ainsi les deux visions d'un système solaire, celle de la physique théorique qui le considère comme un système figé évoluant dans le vide, sans moteur initial, et celle de la physique rationnelle qui replace le même manège dans un fluide qui l'entraîne en lui communiquant la structure qu'on lui connaît, sont d'une opposition totale, et pourtant elles savent justifier toutes deux l'aspect du phénomène, chacune avec ses méthodes et ses arguments. C'est ce qui est grave. Car un système solaire tel que Kepler nous le présente ne peut pas être stable dans le temps. Quand, dans la présentation classique, deux planètes quelconques arri-

vent à la conjonction, elles se perturbent l'une l'autre sous l'action supposée de forces d'attraction (qui, rappelons-le, n'existent pas, voir la lettre
de Newton à Bentley), mais aucune autre force ne vient corriger cette
perturbation. Or, les deux planètes retrouvent finalement leur trajectoire,
comme si de rien n'était. Voilà quand même une chose extraordinaire !
Qui a déjà demandé à un astronome le pourquoi de ce miracle? Est-ce que
simplement, quelqu'un, quelque part, a déjà posé la question ? Et qu'en
est-il des autres questions embarrassantes qui ont été posées au chapitre
3 et auxquelles seule la physique rationnelle et son modèle tourbillonnaire
sont capables d'apporter une réponse, comme par exemple le fait que les
planètes soient dans un même plan? Ou que leurs aspects soient si différents ?

On voit donc bien le danger de la physique théorique, danger dont
n'ont jamais parlé ses promoteurs institutionnels Duhem et Poincaré :
quand les hypothèses de départ sont bonnes et la modélisation faite correctement, tout va bien et on se congratule. Encore que, la modélisation
pratiquée dans cette École se faisant avec des objets mathématiques aux
propriétés impossibles, on peut s'attendre parfois à des résultats aber-
rants, ce qui s'est déjà produit. Mais quand le système bafouille, quand le
modèle oublie de tenir compte des lois de la logique ordinaire, le résultat
peut être catastrophique. Le système solaire en est peut-être le meilleur
exemple, mais il y en a beaucoup d'autres comme ceux qui ont été dénon-
cés précédemment, avec en tête la Relativité, cette théorie absconse devant laquelle les scientifiques d'aujourd'hui se prosternent comme les
croyants à l'église, mais qui ne leur apporte que mirages et désillusions, en
même temps qu'une complexité inutile qu'ils transmettent avec conscience à leurs étudiants. Mais essayer de convaincre des gens à qui on a
mis en tête qu'ils sont les gardiens de la connaissance est chose impossible.

Il semblerait que les pionniers des théories nébuleuses qui cherchent la « masse noire cachée » commencent à fatiguer. Il faut se mettre à
leur place : avoir trouvé par le calcul, en mettant en équations le mouvement de certaines galaxies lointaines, aux limites des possibilités
d'observation, qu'il existe quelque part dans l'Univers une masse représentant au moins 80% de sa masse totale, et ne pas être capable de dire

où elle se trouve, il y a effectivement de quoi perdre le moral. Revenons donc sur Terre. Les ingénieurs qui travaillent dans les hautes fréquences ont l'habitude de séparer les constantes de lignes qu'ils utilisent en deux familles : les constantes réparties et les constantes localisées. La capacité d'un condensateur, par exemple, est localisée dans le condensateur. Celle d'une ligne HF, au contraire, est répartie tout le long de la ligne, elle est présente et identique en chacun de ses point. Mais ce qui est valable pour les constantes HF est aussi valable pour nombre d'autres choses, c'est même un principe général que n'aurait certes pas renié Monsieur de La Palisse : ce qui n'est pas localisé est réparti, ce qui n'est pas réparti est localisé. Appliquons cette maxime à la masse noire cachée. Ou bien elle est localisée, et une masse tellement énorme aurait déjà dû, si on se réfère déjà à ce qu'on nous dit à propos des trous noirs, qui ont une gravitation tellement gigantesque qu'elles piègent la lumière, se manifester par un énorme tsunami cosmique qui nous aurait probablement déjà tous engloutis, ou bien elle est répartie. Là, les choses redeviennent possibles : si la masse noire est répartie, on comprend parfaitement qu'on ne puisse pas la localiser. Mais dans ce cas, à la lumière de ce qui est exposé dans les chapitres précédents, on sait très bien de quoi il s'agit : la masse noire cachée, c'est l'éther. Et le plus remarquable de l'histoire, c'est que ces spécialistes qui ont trouvé cette hypothèse d'une masse noire cachée, ont probablement retrouvé la vérité par le calcul, ce qui tendrait à prouver, à leur crédit, que leurs modélisations sont correctes. Simplement, cette masse ne représente pas 78, ou 80, ou 90%, voire plus selon les sources, de la masse totale de l'Univers, mais rigoureusement 100% puisqu'elle est partout.

Il n'y a donc plus qu'un tout petit pas à faire pour que tout s'éclaire et que l'évidence s'impose aux théoriciens du cosmos, mais ceux-ci se retrouvent alors confrontés, comme tout un chacun, à l'obstacle incoercible de la force des habitudes ataviques, des certitudes et de la faiblesse du jugement. Que les planètes soient entraînées par un tourbillon de fluide d'une masse volumique énorme, cela pourrait passer en ne considérant cette hypothèse que comme un modèle mécanique. On peut toujours présenter la chose comme cela. Tout ce qui en découle pourrait aussi être admis par des esprits un tant soit peu ouverts aux idées neuves et sachant raisonner, car la théorie tourbillonnaire des systèmes solaires ne comporte ni impossibilité, ni contradiction, de même que la théorie rationnelle de la gravitation. En revanche, essayer de persuader quelqu'un, même dans de bonnes dispositions, qu'il voit tout à l'envers et qu'il est une créature sans inertie propre qui évolue dans un liquide appelé éther ou masse, est chose pratiquement impossible à faire admettre de suite. Si, au préalable, on ne fait pas aux candidats à la découverte de l'Univers, tel qu'il est vraiment, un véritable lavage de cerveau pour les débarrasser des réflexes fallacieux et trompeurs comme ceux qui, par exemple, font dire à n'importe quel individu qu'il ne voit plus rien quand il ferme les yeux, la mission est impossible, la chose a été vérifiée de multiples fois. Car nous savons maintenant que lorsque nous fermons les yeux, nous ne faisons jamais que priver instantanément notre cerveau de tous les stimuli transmis par les fréquences visibles, tout en gardant celui qu'on ne peut ni retirer, ni éviter et qui s'appelle, selon les points de vue, éther ou masse noire, en supprimant maintenant pour celle-ci l'adjectif « cachée » qui n'a plus de raison d'être.

Pour le physicien, la maîtrise indispensable du maniement de ses outils, et en premier lieu du raisonnement, passe, ou plutôt devrait passer, par celle de ses sens d'observation, puisque la physique, originellement et structurellement, est une science d'observation avant d'être une science théorique. Et puisque l'observation est la base de son activité, la réflexion venant seulement après, il est difficilement concevable qu'un physicien puisse réfléchir correctement s'il ne sait pas comment fonctionnent ses propres capteurs et de quelle manière son cerveau fabrique l'image globale qu'il a du monde extérieur. La vision étant dans ce contexte le sens dominant et l'œil son élément principal, celui qui en a fait son outil de base serait bien avisé d'avoir une connaissance précise de son mode opératoire et de sa physiologie. Or une longue fréquentation des enseignants de tous les niveaux ainsi que des discussions choisies qu'on peut exceptionnellement avoir avec eux à ce sujet, montrent qu'il n'en est rien. Les professeurs de physique, qu'ils soient du secondaire ou du troisième cycle, n'ont aucune connaissance approfondie de la physiologie de la vision, en dehors de celle que certains d'entre eux, plus consciencieux que la masse de leurs collègues, acquièrent par eux-mêmes en s'intéressant aux sciences voisines. Quant aux autres sens, n'en parlons même pas. C'est en fonction de cette ignorance, transmise de génération en génération, que ces gens pourtant instruits n'auraient aucune objection pédagogique à émettre si quelqu'un leur soutient que quand on ferme les yeux, ou quand on descend dans une cave, on ne voit plus rien. Il serait pourtant d'une grande importance pour eux qu'ils puissent en discuter, et donner à développer l'exemple du brouillard épais, qui fait dire par réflexe qu'on n'y voit rien quand on est dedans. On voit en fait le brouillard, mais celui-ci n'a pas de contours et n'est pas perçu comme un objet, et c'est pareil pour l'éther et le noir. Mais ce genre de discussion se déroule presque toujours avec un certain détachement de la part de celui qui écoute, et le lendemain il a déjà oublié.

Il existe bel et bien une preuve matérielle de l'existence de l'éther, une seule si on considère que le cœur de cet ouvrage ne peut être qualifié que de présomptions, même si elles sont fortes. Il s'agit d'une découverte directement déduite d'un modèle mécanique des filtres HF, ceux-là mêmes qui sont installés dans les stations de base des réseaux de télécommunications mobiles (voir éventuellement, pour les spécialistes, Multicoupleurs et filtres VHF/UHF, du même auteur, chez Hermes). L'avancée technologique en question concerne le réglage de l'adaptation des filtres de type « combline », qui se fait par des boucles en fil argenté dont on ajuste la surface par déformation en passant un tournevis par un trou du boîtier. C'est un réglage délicat, la surface de la boucle ne doit être ni trop grande ni trop petite par rapport à celle qui convient et dont la valeur est unique. Quand on veut augmenter la bande passante du filtre, il faut agrandir la boucle, mais on est vite limité par la géométrie du filtre. Or, si on se rappelle l'analogie électromécanique de la fig 5-6, où une boucle magnétique est comparée à la nappe d'un vortex, l'autre idée est d'en augmenter l'épaisseur pour en accroître l'effet, ou la puissance si on préfère. Pour ce faire, on a eu l'idée de souder un deuxième fil en parallèle sur la boucle d'adaptation, ce qui dans la représentation classique ne change pas le flux magnétique traversant, seule grandeur habituellement prise en compte et qui ne dépend que du courant, lequel reste constant, qu'il y ait une ou plusieurs boucles. Selon les lois connues de l'électromagnétisme, il ne devrait donc rien se passer. Or l'effet est fulgurant : on peut ainsi facilement doubler la bande d'adaptation du filtre, ce qui augmente considérablement sa souplesse d'emploi et permet de diviser par 2 ou 3 le nombre de modèles nécessaires. Mais ce qui est le plus remarquable au sens physique, c'est que si, au lieu de rajouter la seconde boucle contre la première, on la soude dans le même plan, ce qui électriquement est absolument équivalent, il n'y a aucun effet. Il semble donc bien y avoir confirmation du fait qu'on agisse là sur l'épaisseur du vortex, conformément à la nouvelle théorie. Bien que ce procédé inédit ne concerne qu'un créneau industriel très confidentiel, ses implications en physique théorique sont énormes et prouvent de manière irréfutable la validité du modèle mécanique, donc de l'existence de l'éther qui en est l'hypothèse de départ. On pourrait donc supposer que des universitaires aient eu envie d'y regarder d'un peu plus près : il n'en est rien, absorbés qu'ils sont par des tâches pour eux beaucoup plus importantes. Peut-être que la diffusion du livre est trop limitée pour qu'il parvienne à leur connaissance, mais en revanche il a l'air d'intéresser les ingénieurs, dont certains se voient très satisfaits d'utiliser le procédé, sans forcément comprendre ce qu'ils font. Peut-être qu'avec le temps un nombre suffisant d'utilisateurs sera amené à réfléchir davantage sur le fonctionnement du système et fera avancer les choses, mais l'espoir est mince. Pour que cela se produise, pour que l'ensemble de la communauté scientifique, chercheurs, ingénieurs, professeurs et étudiants, se sentent confrontés au problème de l'éther, il faudra que survienne un événement beaucoup plus retentissant, impliquant un nombre plus important de personnes et dans un domaine plus essentiel, où pratiquement tout le monde se sentira concerné.

Il n'y a en fait pour notre sujet phare, semble-t-il, que deux possibilités d'évolution. La première est liée au piétinement de la physique, dont les récents et pathétiques fiascos comme celui de la fusion contrôlée ne pourront plus longtemps être tolérés par les pourvoyeurs des budgets de la recherche. Ceux-ci seront fatalement tentés, un jour ou l'autre, d'imposer une réelle obligation de résultats, sous peine de suppression des crédits, ou disons du moins leur réduction drastique car on voit mal comment la grosse machine pourrait s'arrêter complètement. Par ailleurs, ce n'est pas ce genre de sanction qui fera repartir la Recherche, car le moteur de celle-ci, ce sont les idées. Or, une fois que l'on aura pressé comme des citrons tous les modèles de la physique mathématique, une fois qu'on en aura extirpé tout le jus possible, quand les idées directrices feront totalement défaut, quand les physiciens auront enfin conscience qu'il leur manque quelque chose d'essentiel pour leur permettre de sortir de l'impasse où les a inexorablement conduit la décision de la physique théorique de se passer de l'éther, alors on assistera probablement à un nouveau départ, à une renaissance qu'en réalité beaucoup de chercheurs désabusés appellent déjà de leurs vœux.

La seconde possibilité, c'est qu'un individu, un chercheur indépendant, forcément un physicien rationnel, parvienne à trouver le moyen, tellement simple que personne n'y pense, de transformer l'énergie diffuse de l'espace en énergie utilisable par l'homme. René-Louis Vallée a peut-être été trop ambitieux, ou trop pressé, en voulant transformer directement cette énergie invisible en énergie électrique. Les expériences qu'il a conduites au CEA sur les Tokamak et qui sont rappelées au chapitre 2, avant qu'on en fasse disparaître la moindre trace, étaient probablement une des voies prometteuses pour atteindre ce résultat, qu'il a dû certainement frôler. Après avoir détruit l'individu et ses idées, on a préféré construire, sur des principes dont les résultats expérimentaux ont démontré des centaines de fois qu'ils étaient mal fondés, des machines encore plus grosses, encore plus coûteuses, qui ne donneront pas plus de résultats mais qui grèveront pour rien le pouvoir d'achat du contribuable.

Mais il y a une autre voie de captation de l'énergie vibratoire de l'éther, celle qui consiste à la transformer d'abord en chaleur. C'est théoriquement possible, c'est même probablement beaucoup plus simple que la conversion directe sous forme électrique, et c'est une voie d'études qui, à priori, ne demande pas d'appareillage compliqué : le chercheur indépendant du paragraphe précédent serait capable, avec un peu d'intuition et une vision claire de l'espace, d'être le premier à offrir à l'humanité la solution définitive et complètement écologique au grand problème de l'homme, l'énergie. On peut imaginer un prototype qui ressemblerait à un cylindre de quelques décimètres de haut, de quelques centimètres de diamètre, qui aurait la particularité de toujours avoir une température propre supérieure à celle de son environnement immédiat. Tous les polytechniciens, héritiers spirituels de Sadi Carnot, ainsi que leurs homologues centraliens, nous diront que c'est chose impossible, car cela équivaudrait au mouvement perpétuel. Quand on connaît l'existence de l'éther et de ses propriétés, le principe de conservation de l'énergie, qui semble pris en défaut parce qu'il est défini dans un système fermé, prend une nouvelle signification en système ouvert et la création de chaleur dans la pile thermogène, c'est ainsi que l'on pourrait appeler le prototype, ne poserait plus de problème de principe. On peut ensuite imaginer un groupement de quelques milliers de piles thermogènes dans un « vaisseau », comme l'aurait appelé Descartes, disons plutôt un réservoir étanche muni d'un accès inférieur, par où de l'eau entrerait, mettons à une température de 10°, et d'un accès supérieur d'où elle ressortirait avec une température de 30°, et ensuite un groupement vertical de 5 ou 6 de ces réservoirs dont le plus haut fournirait en sortie une eau à plus de 100°, autrement dit de la vapeur. Ensuite, comme cela se passe dans tous les types de centrales, rien de plus facile à cet équipement que de faire tourner une turbine à vapeur, qui entraînerait un alternateur et transformerait l'ensemble en mini-centrale thermogène dont chacune aurait la capacité d'alimenter en courant électrique l'un des 36 000 villages de France. Ce serait la fin du pétrole en tant que carburant, la fin du gaz, l'avènement du tout-électrique, la fin de la pollution par effet de serre et un formidable bouleversement de la société occidentale. C'est d'ailleurs peut-être pour toutes ces raisons que cela ne se fait pas. Mais n'est-ce pas là un beau projet ?

Bonne chance aux candidats !

Conclusion provisoire

Voilà donc terminée cette petite excursion au pays utopique des idées neuves, territoire inculte mais fertile où l'on voit déjà percer au loin, tout là-bas, les fleurs de la physique rationnelle. Nombreux encore sont les scientifiques qui se sentent à leur aise dans l'environnement mathématique de la physique théorique, mais nombreux aussi sont ceux qui n'y trouvent pas leur compte. L'ambition de l'homme est de comprendre les choses, il y a visiblement en lui un désir irrésistible de connaître qui prend toute son importance, en nos temps modernes, chez celui d'entre nous qui a décidé pour lui-même d'une carrière scientifique. Ce quelqu'un là risque malheureusement, malgré sa soif d'apprendre et de découvrir les secrets du Monde, de déchanter bien vite. Certes, quand on pense avoir la vocation et qu'on a fait le choix de ce métier, on imagine quantité de choses merveilleuses, le frisson de la découverte, un quotidien fait de surprises sans cesse renouvelées, une excitation permanente, avant de redescendre sur Terre en constatant que de merveille il n'y a point, mais plutôt mathématiques à gogo, dans toutes les branches.

Il est absolument nécessaire, si l'on veut vraiment comprendre pourquoi la physique théorique n'est pas le bon chemin qui mènera à la connaissance du Monde, de revenir sur le sujet fondamental des forces d'attraction. Il ne faut plus qu'il y ait le moindre doute, dans l'esprit de tous, scientifiques ou pas, que ces forces n'existent pas réellement mais ne sont qu'une vue de l'esprit, destinée principalement aux mathématiciens de la physique pour leur permettre de mettre en équations un phénomène dont la vraie nature leur échappe. Il en a été ainsi de la loi de l'attraction universelle, qui a fait la gloire de Newton, mais dont l'auteur a été le premier, pour ne pas dire le seul, à mettre en garde les futurs utilisateurs contre l'idée que ces forces soient réelles. Sa lettre au révérend

Bentley, dont on peut trouver une citation dans les Scientific Papers de Maxwell, est sans équivoque :

« Il est inconcevable que la matière brute inanimée puisse, sans l'entremise de quelque chose d'autre, qui ne soit pas matériel, agir sur un autre corps matériel sans qu'il y ait un contact mutuel, comme il doit le faire si la gravitation, au sens d'Épicure, faisait partie de son essence et de lui-même... Que la gravité doive être innée, inhérente et essentielle à la matière de manière à ce qu'un objet puisse agir à distance sur un autre, à travers un espace vide, sans la médiation de quelque chose d'autre, par laquelle et à travers laquelle l'action et la force puisse être véhiculées de l'un à l'autre, est pour moi d'une si grande absurdité, que je pense qu'aucune personne douée de faculté de réfléchir en matière de philosophie, puisse jamais tomber dedans. »

Il faut maintenant essayer de voir par quel processus, et pour quelles raisons, le concept de force d'attraction a vu le jour. Que la chose se soit produite dans le cerveau de Newton ou chez quelqu'un d'autre est sans importance. Le système solaire, le nôtre ou n'importe quel autre, est éminemment instable. Quand deux planètes se trouvent en conjonction et perturbent l'une l'autre leurs trajectoires, il n'existe aucune force susceptible de compenser la perturbation et de remettre les deux planètes chacune dans leur course. La vraie question à se poser serait alors de se demander pourquoi elles le font malgré tout. La physique théorique, elle, ne s'embarrasse pas de ces états d'âme : si les planètes retrouvent leur cours normal, c'est justement parce que cette force correctrice existe, et qu'il ne saurait en être autrement. Peu importe d'où elle vient ou ce qui la provoque. Inutile d'en chercher la cause ou de mettre en doute son existence à partir du moment où son postulat permet de trouver une relation mathématique liant les divers paramètres géométriques des trajectoires.

Un autre exemple parmi quantité d'autres est fourni par la capillarité, branche particulière de la physique où l'introduction des forces d'attraction est encore plus suspecte. Quand on plonge un anneau dans un récipient où se trouve de l'eau savonneuse et qu'on le retire, on constate la présence dans cet anneau d'un film mince qui s'y accroche et qui présente une certaine solidité, comme un tissu. On peut même en faire des bulles en soufflant dessus. En guise d'explication, la physique théorique a immédiatement postulé l'existence de forces de cohésion, qui sont en l'occurrence des forces d'attraction intermoléculaires, sans se voir troublée par le fait qu'un liquide où n'existe justement aucune force de cohésion se transforme subitement en une membrane souple qui, elle, montre soudain une élasticité qui n'existait pas dans le récipient où elle n'était que liquide. Ensuite il n'y a plus qu'à baptiser tension interne la force qui maintient des molécules devenues subitement solidaires, et les lois de Jurin peuvent alors éclore.

Le mal des forces d'attraction est profond, car il a comme point de départ le renoncement immédiat à toute tentative, toute volonté, toute envie de comprendre le phénomène que l'on a choisi d'étudier. On pourrait tolérer cette méthode si elle était honnête, c'est-à-dire si le physicien qui la pratique prévenait dès le début de son étude qu'il prenait comme hypothèse l'existence de forces d'attraction uniquement pour lui permettre de trouver des lois exprimées en langage mathématique, sans pour autant affirmer que ces forces existent réellement. Mais il n'en est rien, et toute cette physique ravagée par les mathématiciens ne lève pas le petit doigt, d'une année scolaire à l'autre, pour extirper cette idée pernicieuse des têtes studieuses.

Cependant il existe toujours une majorité de physiciens qui se sentent parfaitement satisfaits dans leur activité, et qui pensent comme Duhem que vouloir mettre la Nature en équations est plutôt un acte de modestie par rapport à ceux qui veulent absolument comprendre. Et il faut le répéter sans relâche, exprimer un phénomène à travers une équation ne veut pas dire comprendre, et comprendre réellement un phénomène physique ne peut se faire en ignorant son contexte environnemental, c'est-à-dire en premier lieu l'éther. Il faut donc essayer de retrouver le chemin qui mène à lui.

Rappelons d'abord deux questions qui suffisent, quand on y répond correctement, à dégrossir le problème et à indiquer la voie à suivre pour découvrir la physique rationnelle. La première est la suivante : « qu'est-ce qui maintient en mouvement les molécules d'un gaz ? ». Justifions la question. Il y a à la Cité des Sciences et de l'Industrie, dans l'espace du niveau 1 consacré aux mathématiques, une sorte de billard carré d'environ un mètre de côté dont les bandes peuvent être mises en vibration.

Sur le tapis se trouvent des billes en acier, immobiles. Quand les bandes se mettent à vibrer, les billes se trouvent projetées les unes contre les autres dans un mouvement aléatoire que le spectateur est invité à comparer, nous y sommes, à celui des molécules d'un gaz. Quand les bandes ne sont plus excitées, les billes s'arrêtent. Au Palais de la Découverte, on trouve l'équivalent électrostatique de l'expérience, avec cette fois un dispositif plan circulaire muni d'une électrode centrale et d'une électrode périphérique, et entre les deux une piste en anneau où attendent là aussi des billes en acier. Quand la haute tension continue s'établit, les billes sont pareillement projetées les unes contre les autres, et de même qu'à la Cité le spectateur est invité à comparer leur mouvement à celui des molécules d'un gaz. Quand la tension électrique disparaît, les billes s'arrêtent. Dans un gaz, qui est censé être représenté par les deux dispositifs décrits ci-dessus, les molécules ne s'arrêtent jamais : d'où la question posée au début du paragraphe. Or cette question est fondamentale, car il est impossible de trouver une cause de mouvement qui soit interne au gaz, et il est exclu de dire qu'il s'agit d'un auto-entretien qui serait synonyme de mouvement perpétuel, notion définitivement rejetée par tous les physiciens. On en déduit que la cause est extérieure au gaz lui-même, quel que soit l'endroit où se trouve ce gaz, quel que soit son récipient, et il ne peut donc s'agir que de l'espace en général, sans autre précision. Ce dernier est donc énergétique, et seules des ondes électromagnétiques, de fréquences par ailleurs inconnues mais qu'il est facile d'approximer, sont capables de faire ce travail d'entretien du mouvement moléculaire.

La deuxième question que l'on doit se poser et qui permet de découvrir l'autre caractéristique importante de l'éther arrive tout naturellement lorsque l'on contemple la photographie d'une galaxie spirale : « que signifie cette forme ? ». Il n'y a en fait qu'un seul phénomène qu'on puisse associer d'une manière certaine à cet aspect si particulier, c'est le tourbillon. Or le tourbillon concerne obligatoirement un fluide, dont il est un mouvement particulier. Les innombrables soleils que l'on désigne habituellement sous l'appellation de galaxie spirale ne sont en réalité que les marqueurs visibles qui permettent de savoir qu'il y a là (ou qu'il y avait là il y a quelques milliards d'années, pour être rigoureux) un tourbillon. Et comme on a localisé un grand nombre de ces galaxies un peu partout dans l'espace cosmique, il ne paraît pas déraisonnable de supposer que le fluide dont nous parlons est partout, qu'il remplit totalement l'espace et qu'il tourbillonne en certains endroits. C'est l'éther.

La logique la plus simple qui soit permet donc à n'importe qui doué de raison, en quelques minutes, de cerner les caractéristiques essentielles du fluide universel : il est partout, il est lourd, il recèle une énergie vibratoire et il est à la fois noir et invisible. Et une fois que l'on a dit cela, on peut ajouter : ce n'est pas possible. Toutes nos habitudes de penser, en effet, se dressent contre un système du Monde qui nous vient pourtant de notre propre raisonnement mais que nous ne savons pas assimiler. Comment l'éther peut-il être à la fois noir et invisible ?

Pour bien se pénétrer de cette réalité, il faut d'abord fermer les yeux et regarder ce noir qui auparavant ne signifiait rien. Jamais, d'ailleurs, on ne verra autre chose, car la vision normale, qui n'existe que par les radiations électromagnétiques appelées « visibles », ce qui est par ailleurs parfaitement illogique puisque elles-mêmes sont totalement invisibles, suppose un éther complètement transparent. Sans la lumière, il nous paraît noir et impénétrable. Avec la lumière, il disparaît tout en restant là, pour nous laisser contempler un monde tel que nous le connaissons, mais tel qu'il n'est pas, bien que notre sensation ne soit pas vraiment fausse : elle est simplement l'inverse de la réalité, c'est-à-dire en réalité à peu près semblable, car l'inverse d'une chose est toujours très proche de la chose en question et s'en déduit en général par une transformation simple, pour utiliser le langage des mathématiciens qui tiennent absolument à tout modéliser.

L'exercice le plus simple, pour découvrir le monde éthéré et mettre à l'épreuve de la critique les habitudes coupables de notre pensée instinctive, n'est pas compliqué. Il faut simplement se ménager un instant de calme et de solitude. On peut par exemple se rendre la nuit tombée sur la plage d'un lac perdu où on est sûr qu'il n'y aura personne d'autre, et marcher pieds nus sur le sable fin, de manière à ne faire aucun bruit. On choisit de suivre un cap dégagé sur quelques dizaines de mètres, on ferme les yeux et on avance lentement en répétant intérieurement : « l'éther est noir et je le vois...l'éther est noir et je le vois...l'éther est noir et je le vois... ». Il faut, simultanément, imaginer son propre corps comme l'agrégation de particules sans masse, tellement éloignées les unes des autres qu'il avance sans difficulté dans un fluide très lourd, qu'on peut imaginer être du mercure pour s'en faire une image, mais qui est cent ou mille fois plus dense, peu importe combien. Cette petite expérience qui ne coûte rien, répétée autant de fois qu'il est nécessaire, est le moyen idéal pour fixer solidement les idées. C'est une technique que ne renieraient pas les sophrologues, c'est en tous cas de cette manière que l'autre image de la réalité va faire son nid dans la mémoire profonde, et venir cohabiter avec celle qui s'y trouve dès la naissance.

Le fait d'être seul est extrêmement important. Il permet d'être totalement concentré et, en particulier, de ne pas craindre les railleries éventuelles de compagnons moins ou pas du tout motivés. Si on n'a pas de lac de montagne à portée de main, on peut faire la même chose dans une rue tranquille la nuit, ou un chemin de campagne, ou même dans sa cave si ses dimensions permettent de faire quelques pas sans risquer d'accident, mais dans tous les cas ce doit être une expérience solitaire et silencieuse. Quand on a fait cela un certain nombre de fois, en jouant le jeu honnêtement, l'idée de l'éther massique ne paraît plus du tout ridicule, son hypothèse prend sa place dans le cerveau et l'esprit peut alors aborder dans de bonnes conditions, ayant acquis de nouvelles armes, la revisitation des questions plus physiques, comme par exemple la nature tourbillonnaire des lois de Kepler ou la répartition homogène, dans l'espace, de la masse noire cachée. Il faudra néanmoins pratiquer cette gymnastique régulièrement, pour ne pas en perdre l'acquis, mais heureusement l'exercice est de plus en plus facile au fur et à mesure que l'idée est progressivement assimilée par le subconscient, et on parvient avec un peu de persévérance à mémoriser et à digérer l'aspect d'abord incroyable de la vraie nature de l'Univers, tout en gardant dans l'énorme mémoire dont nous sommes pourvus le modèle imposé de la physique théorique, les deux visions pouvant cohabiter sans aucun problème. Et si votre entourage vous prend pour un fou, laissez dire.

Mais pourquoi, dira-t-on, faire tant d'efforts cérébraux pour finalement admettre une hypothèse qui ne donne rien de plus, du moins immédiatement, en matière de découvertes ? Que peut donc nous apporter le fait de savoir que l'on ne peut pas voir, de part notre constitution même, l'Univers tel qu'il est vraiment, alors que la Science s'est toujours accommodée de cet état de fait et a constamment progressé avec les moyens habituels et l'usage prioritaire des mathématiques ? D'abord, cette impression de progrès permanent est tout à fait contestable. Si on se tient un tant soit peu au courant de l'état d'avancement des voies de recherche prioritaires, comme par exemple celle de la fusion contrôlée, on est bien obligé de constater qu'en cinquante années il n'y a eu aucune avancée significative. Depuis 1970 et l'épisode des Tokamaks, on tourne en rond. L'aventure de Vallée, qui aurait pu être l'élément déterminant dans cette affaire lamentable, n'a produit que des conflits internes qui se sont transformés en chasse à l'homme, et l'homme seul a perdu, évidemment. Les Tokamaks n'étant plus maîtrisables, les émissions d'énergie dite parasites n'étant expliquées que par celui qu'on avait licencié, on décréta que l'appareillage était dangereux et on le détruisit. Tout cela pour faire quoi ? Pour reconstruire un Tokamak géant nommé ITER, dix fois plus coûteux et qui ne donnera rien de plus, à part quelques manipulations où on a vu, certes, se produire des flux énergétiques impressionnants pendant des temps extrêmement courts, mais en se gardant bien de dire que le rendement énergétique global est toujours inférieur à l'unité. Mais, comme il y a cinquante ans, on explique au public contribuable que c'est la seule voie qui permette d'accéder à l'énergie gratuite et permanente en imitant le Soleil, auquel on prête la propriété invérifiable de rayonner son énergie à partir des réactions nucléaires de son plasma. Alors on crée ce plasma, et on essaie de le porter à la température du Soleil, et on n'y arrive pas. Et quand bien même on y arriverait dans une centaine d'années, on ne saurait pas le transformer directement en énergie électrique avec un rendement plus grand que un.

On a donc là un premier argument pratique pour justifier qu'on déploie quelques efforts pour essayer de créer une nouvelle manière de penser : la science ralentit, la science piétine, elle ne crée plus. Elle est à court d'idées directrices, tandis que sa fille la technologie fonce à cent à l'heure et inonde le marché de perfectionnements dont l'utilité est de moins en moins évidente, et la nocivité sur le comportement individuel de plus en plus flagrante. Il y a même des domaines, comme la biologie ou l'astrophysique, où la négation de l'éther et la création concomitante de forces fictives qui le remplacent, indispensables à la cohérence des hypothèses mais dissimulant les vraies forces, conduit soit à des théories invraisemblables, soit à des impasses totales et définitives.

Mais l'argument principal n'est pas de cet ordre. Il touche à la physique elle-même, à son rôle dans le développement intellectuel de l'homme, à son éthique, à sa justification profonde en tant qu'outil indispensable et unique de la progression de son savoir. Le savoir, ce n'est pas le catalogue des inventions, ce n'est pas non plus la vitrine technologique des commodités de la vie humaine, pas plus que le scintillement de la production industrielle, c'est la satisfaction de découvrir, pas à pas, petit à petit, patiemment et avec humilité, les secrets de la grande machine où le hasard nous a placés, là où nous sommes, et qu'a si bien chanté Maeterlinck, entomologiste de profession mais physicien de cœur et d'âme. Lire « le grand secret » ou « la grande féerie » est infiniment plus profitable, à l'individu qui veut réfléchir et se cultiver, qu'essayer de comprendre la Théorie de la Relativité, ce lac boueux qu'il faut impérativement contourner sous peine d'une horrible noyade. L'attitude des physiciens vis-à-vis de l'éther, en général et à tous les niveaux, de l'étudiant au spécialiste de recherche fondamentale, cette manière qu'ils ont d'ignorer superbement et avec mépris un problème qui est la base de leur physique et qui leur reviendra tôt ou tard en pleine face, est intolérable. Évidemment, on ne peut pas leur reprocher d'utiliser et de cautionner un système qu'on leur a appris de force et qui n'a pas si mal fonctionné pendant si longtemps, mais en revanche on peut se demander où sont passées chez eux les valeurs fondatrices que sont la curiosité, la remise en question permanente, le doute cartésien, le désir d'apprendre pour apprendre, le goût de l'observation ou le plaisir de l'investigation ? La physique n'est pas morte, elle ne mourra jamais, mais elle est malade. Malade de ses physiciens, qui eux-mêmes sont malades du système où ils sont prisonniers. La spécialisation à laquelle ils se sont vus soumis les coupent les uns des autres et les font ressembler à des chevaux de course équipés de leurs œillères : obligation de rester sur la piste et de courir à fond avec les autres, et interdiction de regarder à droite et à gauche.

L'éther, quand on veut bien convenir de son existence, que seuls des esprits entêtés peuvent maintenant contester, donne à la vision du

Monde une profondeur et une densité qui ne peuvent exister en physique théorique. Les systèmes solaires supposés évoluer dans le vide, sans que leurs trajectoires changent, sans que l'on sache par ailleurs comment leurs mouvements ont été initialisés, sont une aberration et un défi au bon sens. Les mêmes, replacés dans leur fluide moteur, n'ont plus de mystère, ils ne sont que les repères visibles du tourbillon qui les entraîne. Ceux qui ont accepté de comparer les deux schémas ont convenu que le modèle tourbillonnaire est bien supérieur, le seul problème est qu'il oblige à tout reprendre à zéro pour ce qui est de la vision du Monde qu'il entraîne. Il n'est pas envisageable qu'un étudiant, à qui on donnerait le temps de réflexion nécessaire et à qui on expliquerait pourquoi le modèle de système solaire, tel qu'on le décrit habituellement, est instable de conception, puisse continuer à y croire, surtout si on lui propose à côté le modèle tourbillonnaire. De même le modèle planétaire de l'atome, directement inspiré du précédent et tout aussi improbable, ne pourrait soutenir la comparaison avec un modèle multi-résonnant, le seul qui justifie la quantification sans avoir besoin de la physique quantique et sans autre aide que la théorie classique de la résonance.

Il y a autant de différence entre l'espace vide des théoriciens et l'espace réel, où l'éther omniprésent ne tolère aucun vide, sauf à l'intérieur des particules, qu'entre le dessin d'une automobile et l'automobile elle-même, qu'entre une carte et le territoire qu'elle dessine. Les physiciens et les astronomes évoluent dans un monde virtuel où ils vivotent sans états d'âme depuis des siècles, mais ce monde leur assure la nourriture quotidienne, et ils n'ont de ce fait aucune envie de l'abandonner. Le jour où un nombre suffisant d'entre eux aura pris fait et cause pour la promotion de l'éther, les opinions basculeront et la physique repartira comme une fusée, et alors même les plus récalcitrants seront obligés de suivre le mouvement et de se défaire de leurs certitudes.

Cela dit, il faut reconnaître qu'imaginer son corps et toute la matière visible qui l'habille comme des structures sans masse propre, et faites essentiellement de vide, demande au début un effort d'auto-persuasion tout a fait considérable et hors de portée de l'individu moyen. Il faut être aidé. C'est pourquoi il est fortement recommandé aux personnes intéressées de travailler en groupe et de débattre. L'essentiel est de commencer, en prenant l'hypothèse par n'importe quel bout, pourvu qu'elle provoque une interrogation, qu'elle excite la curiosité, et une fois qu'on a démarré on s'aperçoit très vite qu'on est satisfait de se prendre au jeu. Ce mot de jeu est d'ailleurs le mot-clé de l'aventure : il faut, pour garder la motivation, prendre l'affaire comme un jeu. Ensuite les choses s'enchaînent et le jeu devient de plus en plus sérieux, pour finir par une réflexion plus profonde, d'ordre métaphysique, qui va prendre sa place dans la mémoire profonde et n'en plus bouger. Cela peut représenter des années d'efforts et de doutes, mais c'est le prix à payer pour enfin entrevoir la vérité physique du Monde. Celle-ci ne peut être ce que nous voyons, car nous ne voyons pas l'éther quand la lumière est là, et l'éther est le Monde.

La lumière se propage dans l'éther, ainsi que toutes les autres ondes électromagnétiques. Mais parmi celles-ci, seule la lumière ne traverse pas la matière ordinaire et nous permet de voir les choses telles que nous avons l'habitude de les voir. Si nos yeux étaient sensibles aux rayons X au lieu des rayons lumineux, nous verrions quand même le monde mais nous en aurions une image différente, avec d'autres couleurs et où l'intérieur des corps serait plus visible que leur surface. S'ils étaient sensibles aux infrarouges, nous verrions au contraire une image qui serait le reflet de la température des corps au lieu des corps eux-mêmes, mais avec une certaine ressemblance des formes. Ces deux exemples sont plus parlants que d'autres parce que nos appareils de laboratoire savent transposer ces deux sortes d'images dans le spectre visible, donc nous les connaissons, et nous avons ainsi une idée approximative, bien que fausse, de ce que serait notre vision dans une autre bande de fréquences. Mais il faut également noter que, si nous avions le choix de notre conception fonctionnelle, il est fort probable, en connaissant ou même sans connaître à quoi ressemblent les autres images dans les autres bandes de fréquences, que nous choisirions quand même celle qui est véhiculée par les ondes lumineuses, car celle-là est certainement la mieux adaptée à la vie de l'homme sur Terre.

Dans cette nouvelle vision du Monde, la notion d'infini prend soudain un autre aspect et une autre signification. Elle a maintenant un support, ce fluide omniprésent, caché à nos yeux qui ne savent que voir à travers, et qui étend partout sa masse énorme, ne laissant aucun endroit inoccupé et confirmant de manière péremptoire son horreur du vide. Le Big Bang, qui a déjà été classé parmi les mythes de la science, reçoit ici le coup de grâce : l'espace étant plein et homogène, il ne peut y avoir d'expansion. Les seuls mouvements permis à l'intérieur d'un fluide sont le glissement laminaire sur lui-même et le tourbillon. Ce dernier n'est visible que quand des corps célestes le dévoilent à nos instruments d'observation ou à notre regard, sous la forme de systèmes solaires ou de galaxies-spirales. Quand au glissement, il est semblable au mouvement que la fumée de cigarette révèle dans l'air d'une pièce. L'immobilité apparente du ciel étoilé, d'une année sur l'autre, n'est en fait que lenteur majestueuse d'un impalpable placenta cosmique, dans lequel nous baignons et dont seule une longue scrutation, à notre échelle des temps, peut révéler qu'en fait il se meut lentement, dans toutes les directions d'un Univers à trois dimensions qui, tout en restant globalement stable, n'en finit jamais, comme quelqu'un qui dort en rêvant, de changer de position sans se déplacer, en se retournant sur lui-même. C'est ainsi que les constellations bougent les unes par rapport aux autres.

Il y a un peu partout, dans ce pays comme dans beaucoup d'autres de culture scientifique, des chercheurs indépendants qui, déçus par la physique traditionnelle, découragés par sa complexité suspecte et irrités par la dictature des équations, essaient de se faire une idée personnelle de l'Univers. Certains d'entre eux possèdent peut-être une intelligence aussi brillante que celle de Descartes ou d'Huygens, probablement y en a-t-il aussi qui partagent leur puissance de raisonnement, et il est donc possible que, de temps à autre, n'importe où, dans un modeste appartement de banlieue ou dans une chambre d'hôtel, puisse éclore des idées d'avant-garde, des solutions lumineuses à des problèmes réputés inaccessibles, des tranches de physique belles et bonnes. Mais on n'aura jamais connaissance de leurs travaux d'amateur, ce mot d'amateur étant pris dans son acception étymologique, celui qui aime. Tous prennent avidement des notes, ils ont tous des bibliothèques personnelles qui représentent souvent des dizaines d'années de recherche, ils sont tous animés de la même passion, mais ils mourront tous sans que leur travail soit publié. Ces ouvrages inconnus finiront probablement à la poubelle ou seront brûlés par des descendants qui ne pourront en saisir l'importance. Personne ne saura jamais si ce qu'ils ont trouvé est important ou pas, ainsi va la vie.

Comprendre les bases de l'Univers, connaître enfin, même approximativement, la structure et le fonctionnement de l'éther, démolir sans pitié l'étalage d'élucubrations de chercheurs égarés, tout cela est certes d'une grande satisfaction personnelle, mais que faire de connaissances tellement contraires à la pensée ordinaire que personne ne veuille en débattre, ni même les étudier ? Savoir que l'on est peut-être en avance sur les autres ne sert pas à grand-chose si on ne peut pas partager ses idées, d'autant qu'un individu qui a l'habitude de réfléchir seul finit toujours par se tromper, tôt ou tard. On peut aussi prendre la mesure, à ce propos, de la solitude beaucoup plus dramatique des hommes qui se sont trouvés pris dans un ostracisme injuste et stupide, comme Maxwell, avant que le microcosme scientifique ne se soit vu obligé de reconnaître, à contrecœur, le bien-fondé de ses découvertes, ou comme Tommasina ou Vallée, qui n'ont même pas eu cette chance.

D'un autre côté, on peut aussi se demander s'il est bien raisonnable de vouloir tout connaître. Est-ce que cette curiosité fait partie de la nature humaine, ou bien n'est-elle apparue que le jour où l'un d'entre nous a décidé que l'homme ne devait pas subir la Nature, mais la maîtriser à son profit ? Est-ce ainsi qu'est née l'industrie, au départ artisanat nécessaire du bois, de l'os et plus tard des métaux, pour devenir ce qu'elle est aujourd'hui, un formidable moyen, pour certains, d'accéder à la fortune ? Est-ce que la Science, dont nous voulons à tout prix penser qu'elle est une activité désintéressée aux motivations pures, peut réellement tenir ce rôle de madone éclairant le monde humain en lui montrant la voie du progrès ? Il est évident que non. Le monde occidental moderne, dirigé par la finance et le commerce, a depuis longtemps étouffé une activité déjà fragile de nature, en la détournant à son unique profit de son rôle essentiel, la quête de la Connaissance.

Alors, que faudrait-il faire ? Cela vaut-il vraiment la peine de se torturer les méninges pour essayer de percer les secrets du Cosmos ? Est-ce qu'au contraire il ne vaut pas mieux faire comme la majorité des citoyens, prendre la vie comme elle vient, avec toutes les tentations qu'offre la civilisation technologique, en profitant au maximum de l'instant présent et en se mettant la tête dans le sable dès qu'on parle d'écologie ou de morale sociale? Il est certain qu'il y a d'autres valeurs que celles qui visent à augmenter le savoir, bien que l'absolue nécessité de trouver d'autres sources d'énergie que le pétrole et le gaz, clé de la survie pour une population mondiale qui enfle dramatiquement, fait qu'il y aura plus que jamais de quoi faire pour les ingénieurs et les chercheurs. Et si le bonheur c'est pour les Curie la découverte du radium, il y a aussi pour les autres les plaisirs de la vie, les joies simples qui font supporter l'existence sans se prendre la tête et qui donnent au moins l'illusion momentanée de toucher à l'aspiration éternelle et profonde de l'homme, le bonheur, avec ou sans la physique. Mais il ne faut jamais oublier que c'est grâce à celle-ci que nous arrivons, petit à petit, pas à pas, à progresser, et pour qu'elle joue pleinement son rôle éducatif il faut qu'elle soit simple, attractive et partagée par tous, ce qui n'est pas du tout le cas. Il faut donc en finir avec cette physique théorique qui curieusement, au lieu de simplifier les choses comme on pourrait s'y attendre, devient de plus en plus hermétique au fur et à mesure que le temps passe, et lui associer le plus rapidement possible sa sœur de sang, la physique rationnelle, et son fidèle compagnon l'éther.

La route sera longue.

Bibliographie

1- Général

- Abraham-Sacerdote : Recueil de constantes physiques, Gauthier-Villars, 1913.

- Arnould Henri : L'énergie, Quillet, 1920.

- Auger Léon : Gilles Personne de Roberval, Albert Blanchard, 1962.

- Bamberger Yves : Mécanique de l'ingénieur, Hermann, 1997.

- Belot Emile : Essai de cosmogonie tourbillonnaire, Gauthier-Villars, 1911.

- Belot Emile : L'origine dualiste des mondes, Payot, 1924.

- Belot Emile : La naissance de la Terre, Gauthier-Villars, 1931.

- Boll Marcel: la Science, ses progrès, ses applications, Larousse, 1933.

- Boll Marcel-Féry André : Précis de physique, Dunod, 1927.

- Bouasse Henri : Bibliothèque Scientifique de l'Ingénieur et du Physicien, 1917-1947 (45 volumes).

- Bruhat Georges : Le Soleil, Felix Alcan, 1931.

- Bureau des Longitudes: Encyclopédie scientifique de l'Univers, Gauthier-Villars, 1981.

- Castelfranchi Gaeteno : La physique moderne, Dunod, 1949.

- CNRS : Roemer et la vitesse de la lumière, Vrin,1978.

- CNRS : œuvres de Jean Perrin, CNRS, 1950

- Cochin Denys : Le Monde extérieur, Masson, 1895.

- Cornu M.A : Mémoire sur la détermination de la vitesse de la lumière.

- Couderc Paul : Univers 1937, Editions Rationalistes, 1937.

- De Broglie : Introduction à l'étude de la mécanique ondulatoire, Hermann, 1930.

- Davies Paul : Les forces de la nature, Armand Colin, 1989.

- De Heen P. : La matière, Hayez, Bruxelles, 1905.

- De Schryver I. : L'éther, la matière et la force, Béranger, 1924.

- Descartes René : Le Monde, Chez Jacques le Gras, 1664.

- Draper John William : Les conflits de la Science et de la Religion, Germer-Baillière, 1882.

-Dreyfus F.Camille : L'évolution des mondes et des sociétés, Alcan, 1893.

- Einstein Albert : La théorie de la relativité restreinte et générale, Gauthier-Villars, 1976.

- Esclangon Ernest : La notion de temps, Gauthier-Villars, 1938.

- Fabry Charles : Physique et Astrophysique, Flammarion, 1935.

- Feuer Lewis : Einstein and the Generations of Science, Basic Books, 1974.

- Gallais-Rumeau : Chimie Générale, Delagrave, 1958.

- Gauzit J. : Les grands problèmes de l'Astronomie, Dunod, 1957.

- Gilpin Robert : La science et l'état en France, Gallimard, 1970.

- Grove W.R. : Corrélation des forces physiques, chez Leiber, 1867.

- Guyon-Hulin-Petit : Hydrodynamique physique, CNRS éditions, 2001.

- Hugolin L. : L'inertie – La force d'inertie, Blanchard, 1977.

- Lakhovsky Georges : Le grand problème, Alcan, 1935.

- Llambi Campbell P. : Le grand secret de l'Univers, Hachette, 1934.

- Laplace (Marquis de) : Exposition du Système du Monde, Bachelier, 1824.

- Larminat (J. de) : L'éther, Plon-Nourrit, 1920.

- MaeterlinckMaurice : La grande loi, Fasquelles éditeurs, 1933.

- Maeterlinck Maurice : La grande féerie, Charpentier, 1929.

- Maxwell J-C : Traité d'Electricité et de Magnétisme, Gauthier-Villars, 1885.

- Maxwell J-C : Traité élémentaire d'Electricité, Gauthier-Villars, 1884.

- Maxwell J-C : The Scientific Papers, Hermann, 1927.

- Millikan Robert-Andrews: L'électron, Alcan, 1926.

- Newton Isaac: Traité d'Optique, Gauthier-Villars, 1955.

- Nodon Albert : Eléments d'Astrophysique, Blanchard, 1926.

- Pacotte Julien : La physique théorique nouvelle, Gauthiers-Villars, 1921.

- Parenty H: Les Tourbillons de Descartes, Louis Bellet, 1903.

- Perrin Jean : Masse et Gravitation, Hermann, 1940.

- Poincaré Henri: La Mécanique Nouvelle, Jacques Gabay/ Gauthier-Villars, 1989.

- Poincaré Henri: La Théorie de Maxwell, Scientia.

- Popper Karl : La Connaissance sans certitude, PPUR, 1991.

- Romani Lucien : Théorie générale de l'univers physique, Blanchard, 1975.

- Ronchi Vasco : Histoire de la lumière, Armand Colin, 1956.

- Royer Clémence : La Constitution du Monde, Schleicher Frères, 1900.

- Sesmat Augustin: Systèmes de Référence et Mouvements, I-VII, Physique Relativiste, Hermann, 1937.

- Thellier Michel/Ripoll Camille: Bases Thermodynamiques de la Biologie Cellulaire, Masson, 1992.

-Thirring H. : L'idée de la théorie de la Relativité, Gauthier-Villars, 1923.

- Tommasina Thomas : La Physique de la Gravitation, Gauthier-Villars, 1928.

- Vincent Maxime : Les dépressions sidérales, Librairie du moniteur juridique, scientifique et littéraire, 1910.

2 - Les anti-relativistes.

- Bessière Gustave : Calculs et Artifices de Relativité, Dunod, 1932.

- Bouasse Henri : La Question Préalable contre la Théorie d'Einstein, Albert Blanchard, 1923.

- Bourbon B. : Pesanteur Electricité Magnétisme, Dunod, 1939.

-Brisset D. : La matière et les forces de la Nature, Dunod, 1911.

- Colliard Paul : Les deux Ethers, Chiron, 1925.

- Cornelissen Christian : Les Hallucinations des Einsteiniens, Albert Blanchard, 1923.

- Décombe L. : La Célérité des Ebranlements de l'Ether, Scientia $n_o 9$, Gauthier-Villars, 1909.

- Destieux Jean : Incroyable Einstein, éd du Carnet critique, 1924.

- Dive Pierre : Les Interprétations physiques de la Théorie d'Einstein, Dunod, 1945

- Duport H : Critique des Théories Einsteiniennes, Imprimerie Darantière à Dijon, 1923.

- Gandillot Maurice : Véritable Interprétation des Théories Relativistes, Gauthier-Villars, 1922.

- Leredu Raymond : L'Equivoque d'Einstein, PUF, 1925.

- Leredu Raymond : La Théorie d'Einstein ou la Piperie Relativiste, Douriez-Bataille, 1928.

- Prunier F. : Essai d'une Physique de l'Ether, Blanchard, 1932.

Appendice

En physique, la contestation n'est pas interdite et peut même devenir un droit, voire une obligation morale, à partir du moment où on commence à ne plus comprendre son message. C'est également l'arme du chercheur insatisfait qui, se sentant mal à l'aise dans le cadre officiel, veut avancer en suivant sa propre route et qui n'a d'autre recours, pour progresser, que de désobéir aux instances scientifiques. Comme dans d'autres domaines, on ne peut pas créer sans détruire, c'est une loi universelle. La contestation, en science, peut prendre des formes très diverses, mais elle se doit d'être renseignée et passe donc obligatoirement par la compilation des écrits des anciens, dont une grande partie des travaux et des idées est largement oubliée ou ignorée et où on peut piocher à volonté pour retrouver l'inspiration. Leur lecture est souvent sujet d'étonnement, elle a été l'une des bases de cet ouvrage et c'est pour cette raison, ainsi que pour rendre hommage aux pionniers de la physique, que suit ce court florilège. La dernière page, laissée blanche, permettra au lecteur complice d'y rajouter le résultat de ses propres investigations.

Paul Couderc : « *Selon une idée chère au professeur Langevin, il semble que la nature prenne un malin plaisir à présenter les phénomènes par le mauvais bout : des phénomènes accessoires viennent le plus souvent, dans tous les domaines de la science, nous masquer la simplicité du fait fondamental ; qui songerait, devant la chute capricieuse d'une feuille, à la loi élémentaire de la gravitation ? Je vois dans la cinématique stellaire un nouvel exemple des malices de la Nature.* »

Poincaré : « *Les mathématiques sont quelquefois une gêne, ou même un danger quand, par la précision même de leur langage, elles nous amènent à affirmer plus que nous ne savons .* »

Sturgeon : « *Il paraît que les chiens ne prêtent pas attention à leur reflet dans un miroir parce qu'ils ne le sentent pas et qu'ils se fient à leur nez, pas à leurs yeux. Il n'en va pas vraisemblablement de même pour les humains. quand votre cerveau nous dit quelque chose et vos yeux une autre, on ne sait pas ce qu'il faut croire.* »

Gustave le Bon : « *Les théories nouvelles sur la structure de la matière conduisent à la considérer comme composée de petits tourbillons d'éther dont la rigidité et l'énergie sont dus uniquement à la rapidité de leurs mouvements de rotation.* »

« *La matière étant considérée comme composée d'éléments en rotation ne se touchant jamais, on pressent le rôle de la vitesse dans les équilibres matériels. En réalité, la matière, c'est de la vitesse. Seule, l'imperfection de nos sens nous la montre immobile. Si le mouvement constitutif des atomes s'arrêtait un seul instant, ces derniers s'évanouiraient en une invisible poussière d'éther et ne seraient plus rien, absolument rien, pas même une légère vapeur. Le repos de la matière serait la fin des choses, leur retour au néant.*

« *Un fluide, liquide ou gazeux, gêné dans sa translation, prend aussitôt la forme tourbillonnaire... Les tourbillons possèdent une grande stabilité et tendent à entraîner avec eux les corps qu'ils rencontrent, ainsi qu'on l'observe dans les cyclones.* »

Jean Perrin : « *On dit que la masse croît avec la vitesse. Cette expression me paraît vicieuse et l'extension recherchée illusoire. En tout cas nous retiendrons que : il devient de plus en plus difficile d'accroître la vitesse d'un objet donné qui va de plus en plus vite.* »

Parenty : « *L'entendement de Descartes n'a pu concevoir ce fil invisible qui retiendrait le satellite prisonnier de sa planète ou de son soleil, il a remplacé la tension de ce fil par la pression antagoniste de la matière des cieux. Newton n'hésite pas à donner corps à ce fil invisible, il peut alors supprimer la matière des cieux, mais cette action rectiligne est une fiction, une simple résultante des forces du mécanisme inconnu.* »

Descartes : « *Toutes les planètes sont donc emportées autour du soleil par le ciel qui les contient, la révolution est de trente ans pour Saturne, douze ans pour Jupiter, deux ans pour Mars, huit mois pour Vénus,* trois mois pour Mercure. Les corps opaques qui sont les tâches de soleil en font le tour en 26 jours... »

Malebranche : « Les savants même, et ceux qui se piquent d'esprit, passent plus de la moitié de leur vie dans des actions purement animales, ou telles qu'elles donnent à penser qu'ils font plus état de leur santé, de leurs biens et de leur réputation, que de la perfection de leur esprit. Ils étudient plutôt pour acquérir une grandeur chimérique, dans l'imagination des autres hommes, que pour donner à leur esprit plus de force, et plus d'étendue. Ils font de leur tête une espèce de garde-meuble, dans lequel ils entassent sans discernement et sans ordre, tout ce qui porte un caractère d'érudition, je veux dire tout ce qui peut paraître rare et extraordinaire, et exciter l'admiration des autres hommes. »

« Il me paraît que le rapport du poids de l'éther (domaine de la lumière) à celui de l'atmosphère (domaine du son) est beaucoup plus grand que six cent mille à un. »

Leredu : « Parmi toutes les équations qui créent un lien apparent entre sa cinématique et sa dynamique, seules les équations (7-9) permettent à Einstein d'incorporer dans sa théorie certaines concordances avec les faits astronomiques et expérimentaux. Il subit, à son insu, l'attraction de ces accords qui viennent, lui semble-t-il, corroborer ses idées et il accepte comme démonstrative une proposition qui est, en réalité, vide de tout sens mathématique. Et c'est ainsi que la théorie de la Relativité, qui n'était rien, va se trouver revêtue de ce lustre trompeur qui, pendant trop longtemps, assurera son existence. »

Clausius : « Tous les corps de la nature, bien qu'ils paraissent complètement en repos, sont cependant en proie aux mouvements intérieurs les plus intenses, et ces mouvements se communiquent à l'éther ambiant, de telle sorte que l'espace universel est incessamment traversé, dans les directions les plus diverses, par des vibrations ondulatoires, et c'est à cet ensemble de vibrations que nous donnons le nom de température. »

Grove : « Le fait que la structure ou l'arrangement moléculaire des corps influence, je pourrais dire en réalité détermine, son pouvoir conducteur, n'est nullement expliqué dans la théorie qui fait de l'électricité un fluide, tandis que, si l'électricité est seulement une transmission de force ou de mouvement, l'influence de l'état moléculaire est précisément ce qu'elle doit être. »

Verdet : « ...ou bien qu'il existe, dans l'économie actuelle de la nature, une source de chaleur qui restitue incessamment au soleil ce que son rayonnement lui fait perdre .»

« En ce qui concerne le langage, le mot attraction serait avantageusement remplacé par aspiration, mot qui décrit aussi bien le phénomène mais sans suggérer le concept de force d'attraction. Au contraire il suggère un déséquilibre dû à la destruction d'un équilibre. »

« La chaleur rayonnante est produite par les vibrations d'un fluide répandu dans tout l'espace et auquel on a donné le nom d'éther. »

de Broglie : « ...nous savons que le mouvement brownien d'une particule résulte d'un échange continuel et aléatoire d'énergie entre cette particule et un milieu caché... »

Aristote : « L'acte de ceci vers cela et de ceci sous l'effet de cela sont différents par la raison d'être .»

Roberval : « Le soleil étant puissamment chaud échauffe fortement la matière fluide et diaphane où il est plongé, matière qui est d'autant moins raréfiée qu'elle s'éloigne du soleil. Sa densité va donc croître avec la distance. »

« Il existe, dans toute la matière du monde et chacune de ses parties, une certaine propriété par la force de laquelle toute cette matière se réunit en un seul et même corps continu dont les parties se portent les unes vers les autres, dans un effort perpétuel, pour se joindre étroitement au point de ne pouvoir être séparés que par une force plus grande. »

Roger Bacon : « La science expérimentale ne reçoit pas la vérité des sciences supérieures ; c'est elle qui est la maîtresse, et les autres sciences sont ses servantes ; »

Maeterlinck : « Il est à peu près certain que tous les mouvements des astres que nous croyons des cercles et des ellipses ne sont que des spirales que la trop courte existence de l'humanité n'a pas encore permis de mesurer. »

Maxwell : « Mais le milieu (l'éther) a d'autres fonctions et d'autres opérations autres que celle de transmettre la lumière d'humain à humain et de monde à monde, et de mettre en évidence l'unité absolue du système de mesure de l'Univers. Ses minuscules constituants doivent avoir des mouvements rotatoires aussi bien que vibratoires, et leurs axes de rotation forment ces lignes de force magnétiques qui se prolongent avec une continuité ininterrompue dans des régions qu'aucun œil n'a vu et qui, par leur action sur nos aimants, nous disent dans un langage non encore interprété, ce qui se passe dans le monde caché, de minute en minute et de siècle en siècle. »

Notes personnelles

Notes personnelles